Science Networks · Historical Studies
Volume 14

Birkhäuser Verlag
Basel · Boston · Berlin

Ursula Klein

Verbindung und Affinität

Die Grundlegung der neuzeitlichen Chemie
an der Wende vom 17. zum 18. Jahrhundert

1994

Birkhäuser Verlag
Basel · Boston · Berlin

Die Autorin:

Frau Dr. Ursula Klein
Forschungsschwerpunkt Wissenschaftsgeschichte
und Wissenschaftstheorie
Jägerstrasse 10/11
D–10117 Berlin

Die Drucklegung des Werkes wurde freundlicherweise unterstützt durch den Stifterverband der deutschen Wissenschaften, Essen

Deutsche Bibliothek Cataloging-in-Publication Data

Klein, Ursula:
Verbindung und Affinität : die Grundlegung der neuzeitlichen Chemie an der Wende vom 17. zum 18. Jahrhundert / Ursula Klein. – Basel ; Boston ; Berlin : Birkhäuser, 1994.
(Science networks ; Vol. 14)
Zugl.: Konstanz, Univ., Diss., 1993
ISBN 3-7643-5003-2
NE: GT

Gedruckt auf säurefreiem Papier, hergestellt aus chlorfrei gebleichtem Zellstoff
Printed in Germany
ISBN 3-7643-5003-2

9 8 7 6 5 4 3 2 1

INHALTSÜBERSICHT

***

Danksagung

Dieses Buch ist eine überarbeitete Fassung meiner Doktorarbeit, die ich an der Universität Konstanz geschrieben habe. Die anregende und kollegiale Arbeitsatmosphäre in der Konstanzer Fachgruppe Philosophie hat meine Arbeit wesentlich gefördert. Ich danke ganz besonders Jürgen Mittelstraß und Gereon Wolters, die mich zu dieser Arbeit ermutigt haben und in ihren ausführlichen Gutachten wertvolle Hinweise für die Überarbeitung der ursprünglichen Fassung gaben.

Aus meiner langjährigen Teilnahme an einem Kolloquium zur Begriffsentwicklung in den Naturwissenschaften an der Freien Universität Berlin, das von Peter Damerow und Wolfgang Lefèvre geleitet wird, stammen die wichtigsten wissenschaftsphilosophischen und wissenschaftshistorischen Voraussetzungen zu diesem Buch. Die Diskussion einzelner Abschnitte meines Buchmanuskripts, für die ich allen Teilnehmerinnen und Teilnehmern an diesem Kolloquium danke, hat Wesentliches zur Endfassung des Buches beigetragen. Ich danke Peter Damerow für die intensive Lektüre einzelner Kapitel und seine beharrliche Kritik, aus der ich viel gelernt habe. Ebenso danke ich Peter McLaughlin für hilfreiche Hinweise. Mein ganz besonderer Dank gilt Wolfgang Lefèvre, der mir in unzähligen Diskussionen wertvolle Anregungen gab und mir über Phasen aufkeimender Mutlosigkeit hinweghalf.

Ferner gilt mein Dank dem Stifterverband für die Deutsche Wissenschaft, der meine Arbeit im Rahmen seines Förderungsprogramms „Chemie und Geisteswissenschaften" finanziell unterstützt und auch zur Finanzierung der Buchveröffentlichung großzügig beigetragen hat. Christoph Meinel danke ich für seine Hilfe bei der Veröffentlichung der Arbeit.

EINLEITUNG

Die Diskussion über die wissenschaftliche Revolution des 16. und 17. Jahrhunderts konzentrierte sich lange Zeit vorwiegend auf die damaligen exakten Wissenschaften, d.h. die Astronomie, Mechanik und Mathematik, und deshalb auf Werke wie die Keplers, Galileis oder Newtons. Vorschläge zur Erweiterung der Forschung auf andere Wissensgebiete, wie z.B. der von I. B. Cohen gemachte, auch die „biologischen oder Lebenswissenschaften" einzubeziehen[1], klammern die Chemie zumeist aus. Die Ursache dafür liegt darin, daß unter Chemiehistorikern, Wissenschaftshistorikern und Wissenschaftsphilosophen weitgehend Konsens herrscht, daß von einer wissenschaftlichen Revolution in Bezug auf die Chemie, also von einer „chemischen Revolution", erst gegen Ende des 18. Jahrhunderts die Rede sein kann, wo auch immer diese Umwälzung genau geortet wird bzw. unabhängig davon, ob man Lavoisier als den Hauptakteur und geistigen Inspirator sieht oder als Vollender eines schon in der Stahl-Schule einsetzenden Neuanfangs der chemischen Theorie oder als bloßen Initiator einer Revolution, deren Höhepunkt erst mit Dalton erreicht wurde.

Völlig unvermittelt mit diesem Paradigma der chemischen Revolution am Ende des 18. Jahrhunderts hat die Wissenschaftshistoriographie aber auch zur Zeit der verschiedenen wissenschaftlichen Revolutionen des 17. Jahrhunderts in der Korpuskulartheorie Robert Boyles den Beginn der modernen Chemie gesehen. Nicht selten werden in chemiehistoriographischen Gesamtdarstellungen wie z.B. in J.R. Partingtons *A Short History of Chemistry* Robert Boyle im 17. und Lavoisier Ende des 18. Jahrhunderts gleichermaßen als Begründer der modernen Chemie beziehungslos nebeneinander gestellt.[2]

Wenn Boyle als einer der Begründer der modernen Chemie angesehen werden kann, ist implizit die Frage nach einer möglichen Beziehung zwischen der chemischen Revolution und der in den anderen exakten Naturwissenschaften im 17. Jahrhundert aufgeworfen. Gleichwohl wird sie selten gestellt, vielleicht weil schon mit der Bezeichnung *chemische* Revolution die Eigenständigkeit und die Begrenzung des Vorgangs auf eine Einzelwissenschaft unterstellt ist. Butterfield geht auf diese Frage indirekt ein, wenn er die These aufstellt, die chemische Revolution sei eine verzögerte wissenschaftliche Revolution, verzögert, weil eine gradlinige kontinuierliche Entwicklung von Boyle und Hooke zu Lavoisier durch das Intermezzo der „konservativen" Phlogistontheorie aufgehalten worden sei.[3] Crosland, der das Problem der Beziehung zwischen den Revolutionen der anderen exakten Naturwissenschaften und der chemischen Revolution aufwirft, vertritt dagegen die Position, daß es sich um unabhängige Entwicklungen handele, da die Boylesche Korpuskulartheorie keine *chemische* Theorie sei und die von Lavoisier entwickelte chemische Theorie von Boyle unabhängige Wurzeln im 18. Jahrhundert habe.[4]

---

[1] COHEN (1985) 176 ff.

[2] Vgl. PARTINGTON (1960) 71 ff. u. 122 ff.

[3] Vgl. BUTTERFIELD (1957) 210 f. Das Kapitel über die Chemie trägt den Titel: „The Postponed Scientific Revolution in Chemistry".

[4] CROSLAND (1980) 392 f. Gillispie und Hankins argumentieren in dieselbe Richtung, wenn sie sagen, Boyle habe zwar eine rationale mechanistische Philosophie entwickelt, aber erst bei Lavoisier beginne die Rationalisierung „chemischer Qualitäten und Operationen" (HANKINS (1985) 84) bzw. die Entwicklung einer „atomistischen Chemie" (GILLISPIE (1960) 204).

Weil Lavoisier bzw. Dalton als Begründer der modernen wissenschaftlichen Chemie gelten, waren der Inhalt und Kontext ihrer theoretischen Leistung lange Zeit der Schwer- und Bezugspunkt der chemiehistorischen Forschung über die Chemie des 18. Jahrhunderts. Bis in die 70er Jahre hinein bestand dabei unter Chemie- und Wissenschaftshistorikern Konsens über den Sachverhalt, an dem diese chemische Revolution festzumachen sei. Dieser wurde in der Verbrennungstheorie gesehen, und die chemische Revolution als Bruch mit der Phlogistontheorie und Aufstellung der Oxidationstheorie verstanden. Weitere Detailforschungen brachten dann aber neue Aspekte dieser chemischen Revolution zu Tage: von der Entstehung der experimentellen Chemie der Gase im letzten Drittel des 18. Jahrhunderts, über die neue Theorie der Säuren, die Veränderung der chemischen Terminologie, die Entwicklung der Begriffe „Element" und „chemische Verbindung" und ihr Verhältnis bis hin zu methodologischen, epistemologischen und ontologischen Gesichtspunkten.[5] Dies führte Ende der 80er Jahre zu heftigen Kontroversen über die Rekonstruktion eines annähernd vollständigen Gesamtbildes der chemischen Revolution, die von einigen Wissenschaftshistorikern als Krise der Chemiehistoriographie empfunden wurde.[6]

Die Paradoxien der chemischen Revolution haben dazu geführt, daß die Vorstellung, es handele sich bei dieser Revolution um einen vollständigen Neuanfang und Bruch mit allen vorausliegenden Theoriebeständen, in Frage gestellt wurde. In den letzten Jahren wurde von verschiedener Seite gefordert, der „prä-lavoisierschen Chemie", wie sie häufig genannt wird, mehr Aufmerksamkeit zu schenken.[7] Die Ursache für die Entstehung der Paradoxien wird u.a. darin gesehen, daß man bisher nicht in der Lage gewesen sei, die Stahlsche Theorie in ihrer Gesamtheit und nicht reduziert auf den Einzelaspekt Phlogistontheorie zu rekonstruieren.[8] Jedoch – wie auch immer im Hinblick auf die „prä-lavoisiersche Chemie" die Akzente gesetzt werden, ob auf die Stahlsche Theorie des Aufbaus der Körper und seinen Begriff des „chemischen Moleküls" (Gough) oder auf die experimentelle Chemie der Gase im begrifflichen Rahmen der Stahlschen Theorie (Perrin u.a.), – die Chemie des 18. Jahrhunderts wird unter dieser Forschungsperspektive allein von der chemischen Revolution ausgehend ins Auge gefaßt.

Die Einseitigkeit dieser Perspektive ist bisher vor allem von denjenigen kritisiert worden, die auf dem zweiten, aber bedeutend weniger elaborierten Forschungsschwerpunkt hinsichtlich der Chemie des 18. Jahrhunderts, der Affinitätstheorie, tätig sind. Die Affinitätstheorie wird als Resultat des Einflusses des Newtonianismus auf die Chemie des 18. Jahrhunderts gewertet.[9] Der Newtonianismus, so lautet die These, habe zu einer Systematisierung und Verwissenschaftlichung der Chemie des 18. Jahrhunderts geführt, die schließlich in die chemische Theorie Daltons einmündete. Dabei wurde die Art dieses Einflusses mehr oder weniger explizit als bloße Übernahme der in Newtons *Opticks* formulierten Materietheorie verstanden. Die Differenz zwischen der begrifflichen Struktur der Newtonischen Materietheorie und der von den Chemikern von der Mitte des 18. Jahrhunderts an entwickelten chemischen

---

[5] Vgl. die Aufsatzsammlung *The Chemical Revolution* in OSIRIS 4(1988) – DONOVAN (1988).
[6] Vgl. PERRIN (1988) 79.
[7] Vgl. insbesondere John G. McEvoy, J.G. Gough und C.E. Perrin in DONOVAN (1988).
[8] Vgl. PERRIN (1988) 55.
[9] Literaturangaben siehe Teil II.

Affinitätstheorie wird dabei aber übersehen.[10] Ausgeklammert wurde bisher auch die Frage, aus welcher der chemischen Theorie des 18. Jahrhunderts immanenten Problemlage heraus sich die Chemiker dem Newtonianismus zuwandten und warum von seiten der Chemie, die in der Wissenschaftslandschaft des 18. Jahrhunderts wenig wissenschaftliche Anerkennung fand[11] oder deren Wissenschaftsfähigkeit z.B. von Kant prinzipiell in Frage gestellt wurde[12], überhaupt die konzeptuellen Voraussetzungen für eine Assimilation der Newtonischen Materietheorie bestanden. Auch der Frage nach einem möglichen Zusammenhang zwischen der chemischen Affinitätstheorie und der Lavoisierschen Theorie wurde nicht nachgegangen. Beide Forschungsschwerpunkte wurden bisher isoliert voneinander verfolgt. Diejenigen, die über die Affinitätstheorie gearbeitet haben, verstehen ihre Forschungsresultate zwar meist als Korrektiv zur „Standard-Chemiehistoriographie" und betonen die Verwissenschaftlichung der Chemie schon vor der chemischen Revolution, stellen aber keine inhaltlichen Beziehungen zwischen beiden Gebieten her.

F.L. Holmes hat an den Vertretern beider Forschungsschwerpunkte kritisiert, daß sie anachronistisch vorgehen, wenn sie die Chemie des 18. Jahrhunderts ausschließlich aus der Perspektive eines späteren Entwicklungsresultats untersuchen und sie nicht zugleich als Ergebnis einer früheren Entwicklung begreifen.[13] Diese Kritik muß noch schärfer ausfallen, wenn man sie auf die Chemiehistoriographie des 17. Jahrhunderts ausweitet. Mehr noch als für die Chemie des 18. müssen sich für die des 17. Jahrhunderts anachronistische Fehlinterpretationen ergeben, wenn man die paradigmatische Forschungsmethode des Mainstreams der Chemiehistoriographie auch auf diese frühere Epoche anwendet und sie nur als „prä-lavoisiersche" oder „prä-daltonsche" Chemie ins Auge faßt. Die herausragende Bedeutung, die die Chemiehistoriographie den chemischen und korpuskulartheoretischen Arbeiten Robert Boyles beimißt, ist vor allem dem Einfluß dieses Paradigmas zuzuschreiben. Mit einer Infragestellung dieses Paradigmas stellt sich aber erneut die Frage nach dem Zusammenhang zwischen der wissenschaftlichen Revolution in den damaligen exakten Wissenschaften und der in der Chemie.

Thomas S. Kuhn machte den Vorschlag, bei der Untersuchung der wissenschaftlichen Revolution des 16. und 17. Jahrhunderts zwischen „klassischen" und „baconischen" Wissenschaften zu unterscheiden und beide in ihrer Besonderheit zu untersuchen.[14] Unter klassischen Wissenschaften versteht Kuhn die schon in der Scholastik an den Universitäten vertretenen Disziplinen wie Statik, Optik, Astronomie, Mathematik und Harmonielehre, denen eine einheitliche mathematische Grundlage gemeinsam gewesen sei und die allein in der wissenschaftlichen Revolution eine Umwälzung erfahren hätten. Die „baconischen" Wissenschaften, wie Magnetismus-, Elektrizitäts-, Wärmelehre und Chemie, seien dagegen in der wissenschaftlichen Revolution abseits von den Universitäten und ohne theoretische Vorläufer neu entstanden und hätten erst im Laufe des 18. Jahrhunderts unter Herausbildung einer Methode,

---

10 Während Newton vor allem in der Query 31 der *Opticks* Begriffe der Chemie nur im Rahmen von Beispielen verwendet, enthält die chemische Affinitätstheorie Begriffe wie Auflösung, Sättigung, Präzipitation, chemische Verbindung und chemische Analyse als Grundelemente ihrer begrifflichen Struktur.

11 Vgl. dazu z.B. Venels Artikel „Chymie" in ED, Bd. 5.

12 Vgl. I. Kant *Metaphysische Anfangsgründe der Naturwissenschaft* (1786), Vorrede.

13 Vgl. HOLMES (1989) 3 ff.

14 KUHN (1977).

in der das Experiment eine Schlüsselfunktion für die Theoriebildung hat, konsistente Theorien entwickelt.[15]

Die Umwälzungen in den klassischen wie baconischen Wissenschaften während des 17. Jahrhunderts sind aber für Kuhn gleichermaßen Resultat und Ausdruck der damaligen wissenschaftlichen Revolution, weil für sie gleiche Erklärungsfaktoren in Anschlag zu bringen sind. Bedeutende Erklärungsfaktoren für die wissenschaftliche Revolution sieht Kuhn in der Brechung des Monopols der mittelalterlich strukturierten Universitäten auf Gelehrsamkeit und der neuen Rolle, die dem „Handwerk" (handicraft) zukommt.[16] In Hinblick auf die vorgeschlagene Trennung von klassischen und baconischen Wissenschaften stellt er entsprechend den möglichen „Nutzen auch nur einer analytischen Trennung von mechanischen und nichtmechanischen Handwerken"[17] zur Diskussion. Während die Träger der Umwälzungen der klassischen Wissenschaften, die Künstler-Ingenieure der Renaissance und die auf ihnen fußenden Wissenschaftspioniere wie Galilei oder Simon Stevin sich den „mechanischen Handwerken" wie Bildhauerei, Architektur, Festungsbau, Wasserversorgung, Bau von Kriegs- und anderen Maschinen zugewendet hätten, seien die „paracelsisch eingestellten" Autoren wie Biringuccio, Agricola, Palissy und die vielen Mediziner unter ihnen mit „nichtmechanischen Handwerken" beschäftigt gewesen.

Der Schlüsselrolle der gewerblichen Praxis bzw. der Zuwendung zu ihr und der Reflexion praktischer gewerblicher Operationen in der wissenschaftlichen Revolution stellt er einen zweiten wesentlichen Faktor zur Seite, den er als das durch die korpuskularmechanische und hermetische Philosophie geschaffene „neue geistige Klima" bezeichnet.[18] Das Verhältnis von hermetischer Philosophie und Korpuskulartheorie in der wissenschaftlichen Revolution, das auch in der philosophiegeschichtlichen Forschung der letzten Jahre erneut und kontrovers diskutiert wird[19], ist allerdings bei Kuhn unbefriedigend gefaßt.

Die neuere Bacon-Forschung hat gezeigt, daß die bis dahin mit weitgehendem Konsens vertretene Ansicht, nach der Bacon als Begründer einer rationalen, experimentellen und induktiven Methode fungiert, zumindest in ihrer Einseitigkeit korrigiert werden muß. Nach Thorndike haben Autoren wie Vickers, Rossi und Rees den Einfluß der hermetischen oder okkulten und paracelsischen Philosophie auf Bacon stärker herausgearbeitet.[20] An solchen Forschungsergebnissen ansetzend bezeichnet Kuhn Bacon als „Übergangsfigur" zwischen Paracelsus und Boyle[21], wobei Paracelsus als der typische Vertreter der hermetischen und Boyle als der der korpuskularmechanischen Philosophie verstanden werden. Ist aber Bacon als der Wortführer der nach ihm benannten Wissenschaften als Übergangsfigur zu denken, so ist auch die Einheitlichkeit der baconischen Wissenschaften in Frage zu stellen. Wenn Kuhn schreibt, in der baconischen Wissenschaft sei im Vergleich zu den klassischen der „Übergang

---

[15] Vgl. KUHN (1977) 93 ff. Kuhn sagt zwar wörtlich, die „baconischen" Wissenschaften seien ohne „professionelle Lehrtradition" und „scholastische Wurzeln" (105) entstanden, aus dem Kontext geht aber hervor, daß er damit das Fehlen jeglicher Theorietradition meint.

[16] Vgl KUHN (1977) 108 ff.

[17] Vgl. KUHN (1977) 109.

[18] KUHN (1977) 105 ff.

[19] Vgl. außer L. Thorndikes *History of Magic and Experimental Sciences* (1923) vor allem die neueren Aufsätze von HUTCHISON (1982), MILLEN (1985), WILSON (1988) und YATES (1967).

[20] Vgl. VICKERS (1984), ROSSI (1968) und REES (1975).

[21] Vgl. KUHN (1977) 107.

zur Korpuskularphilosophie" nicht so eindeutig gewesen, auf dem Gebiet der Chemie und anderen habe sich der Hermetismus „länger gehalten", so wird in diesen Formulierungen deutlich, daß er den Versuch der Rekonstruktion der Facettenhaftigkeit und Komplexität der baconischen Wissenschaften zugunsten einer Dichotomisierung in eine rationale, korpuskulartheoretische und irrationale, hermetische Komponente aufgibt. So ist es letzten Endes auch bei Kuhn wieder die Korpuskulartheorie, die die „experimentellen Wissenschaften von der Magie" schied und auf die die neue Einstellung gegenüber der Rolle des Experiments zurückzuführen sei.[22]

Gerade weil Kuhn zuzustimmen ist, daß ein adäquates Verständnis der baconischen Wissenschaften für eine unverkürzte Theorie der wissenschaftlichen Revolution am Beginn der Neuzeit unverzichtbar ist, muß das für diese Wissenschaften charakteristische Verhältnis zwischen der Reflexion praktischer Operationen des „nichtmechanischen Handwerks" und den ein „neues geistiges Klima" bereitstellenden naturphilosophischen Strömungen befriedigender und genauer gefaßt werden. Dies läßt sich nicht erreichen, wenn man bei dem allgemeinen Typus der baconischen Wissenschaften stehenbleibt, sondern nur, wenn man dieses Verhältnis an einer der baconischen Wissenschaften detailliert untersucht.

Die vorliegende Arbeit versucht dies anhand der Chemie des 17. Jahrhunderts. Sie versucht nachzuweisen, daß die Chemie in die wissenschaftliche Revolution des 17. Jahrhunderts einbezogen war und daß aus dieser ersten chemischen Revolution das chemische Verbindungskonzept resultierte, das zu Beginn des 18. Jahrhunderts von E.F. Geoffroy zusammenfassend formuliert wurde. Im Vergleich zur chemischen Theorie der paracelsischen Chemie des 16. und 17. Jahrhunderts war das chemische Verbindungskonzept ein im Gehalt und Methodenverständnis völlig neues Konzept, das nur durch einen Bruch mit seinen theoretischen Ausgangsbedingungen entstehen konnte. Es war die Grundlegung der neuzeitlichen Chemie und insbesondere die einheitsstiftende Basis aller nachfolgenden chemischen Theorien des 18. Jahrhunderts, sei es die chemische Affinitätstheorie, die Phlogiston- oder Oxidationstheorie oder die Lavoisiersche Konzeption der chemischen Elemente. Die sogenannte chemische Revolution Ende des 18. Jahrhunderts und die Chemie des 19. und 20. Jahrhunderts bewahrten trotz aller Varianten der einzelnen chemischen Verbindungsbegriffe und ihrer theoretischen Fundierungsversuche die Grundgedanken dieses zu Beginn des 18. Jahrhunderts formulierten chemischen Verbindungskonzepts.

Bisher gibt es nur wenige systematische Studien zur Genese und Entwicklung des chemischen Verbindungsbegriffs. Dies mag auf die auch unter Wissenschaftshistorikern verbreitete Auffassung zurückzuführen sein, der chemische Verbindungsbegriff sei ein universeller und überhistorischer Begriff. Die wenigen vorliegenden Untersuchungen, die diese Auffassung nicht teilen, vertreten allesamt die These, der neuzeitliche chemische Verbindungsbegriff sei im Zuge der Durchsetzung der Korpuskulartheorie im 17. Jahrhundert entstanden. Sehr prononciert wird diese Behauptung von Pierre Duhem in seiner Schrift *Le mixte et la combinaison chimique* (1902) vorgetragen. Er versteht die Herausbildung des neuzeitlichen chemischen Verbindungsbegriffs als „évolution d'une idée", der Idee des Atomismus Epikurs und Lukrez', die sich im „erbitterten Kampf der verschiedenen Systeme"[23], nämlich der peripate-

[22] Vgl. KUHN (1977) 107 u. 95.
[23] Vgl. DUHEM (1902) 179.

tischen Physik und des antiken Atomismus, durchgesetzt habe und durch neue Entdeckungen kontinuierlich präzisiert worden sei. In der wenig später erschienen Schrift Ida Freunds *The Study of Chemical Composition* (1904), die sich auf die Chemie des späten 18. und des 19. Jahrhunderts konzentriert, heißt es über die historischen Entwicklungsbedingungen des chemischen Verbindungsbegriffs des 18. Jahrhunderts: „All previous advance in the establishment of clearer conceptions concerning chemical combination and chemical change must be considered as due to the use of a corpuscular theory of matter (...)". (FREUND (1904) 284) Eine kontinuierliche Entwicklungslinie vom Verbindungsbegriff des antiken Atomismus bis zu dem der Chemie des 20. Jahrhunderts zieht auch E. Ströker in ihrem Aufsatz *Element und Verbindung* (1968). Sie vertritt insbesondere die These, Robert Boyle sei es gelungen, durch Vermittlung der scholastischen Minima-naturalia-Lehre mit dem Atomismus Demokrits die Schwierigkeiten zu beheben, „die sich auf beiden Seiten der präzisen begrifflichen Fassung der chemischen Verbindung entgegengestellt hatten". (STRÖKER (1968) 750) Auch in der Studie B. Vidals *La liaison chimique: Le concept et son histoire* (1989) über den chemischen Verbindungsbegriff des 20. Jahrhunderts finden wir im Kapitel über die Vorgeschichte dieses Begriffs dieselbe Auffassung: „C'est dans l'atomisme que la notion de liaison chimique trouve son identité." (VIDAL (1989) 11) Die gemeinsame Grundthese dieser Studien, die besagt, der neuzeitliche chemische Verbindungsbegriff habe sich im Zusammenhang mit der Durchsetzung des Atomismus bzw. der Korpuskulartheorie im 17. Jahrhundert herausgebildet, ist eine Hypothese, die aus einem ideengeschichtlichen wissenschaftshistorischen Ansatz folgt, die aber am historischen Material nicht belegt wird. Alle angeführten Studien vertreten diese Hypothese wie eine völlig evidente und unbezweifelbare Tatsache, die einer historischen Überprüfung gar nicht bedarf.

Eine detaillierte Aufarbeitung der historischen Quellen, wie sie die vorliegende Arbeit vornimmt, zeigt jedoch, daß sich diese These nicht halten läßt. Zu dem gleichen Resultat führt auch die immanente Analyse des Hauptwerkes der auf die Chemie bezogenen Korpuskulartheorie des 17. Jahrhunderts, des *Sceptical Chymist* Robert Boyles. Die Hauptthese, die dagegen in der vorliegenden Studie vertreten und durch eine systematische Aufarbeitung der historischen Quellen zu belegen versucht wird, lautet, daß die Genese des chemischen Verbindungskonzepts Resultat der Reflexion der chemischen Operationen einer veränderten gewerblichen chemischen Praxis des 17. Jahrhunderts ist.

Im Teil I wird zunächst der Gegenstand, um dessen Genese es in dieser Studie geht, näher bestimmt. Eine solche Analyse der Bedeutungsmomente des chemischen Verbindungskonzepts ist notwendig, weil die Fachwissenschaft Chemie selbst sie nicht vornimmt und weil sie auch in den vorliegenden wissenschaftshistorischen Studien, denen eine solche Klärung auf der Grundlage ihres ideengeschichtlichen Ansatzes als erläßlich erscheint, unterbleibt.

Im Teil II wird dann die 1718 erschienene Tabelle Geoffroys mit dem dazugehörenden Kommentar, die das chemische Verbindungskonzept erstmals zusammenfassend formulieren, vorgestellt und neue Vorschläge für ihre Interpretation gemacht. Diese Interpretationsvorschläge beruhen auf einer detaillierten inhaltlichen Analyse der Tabelle und des Kommentars, die in den bisherigen wissenschaftshistorischen Studien zur Tabelle Geoffroys weitgehend zu vermissen ist. Dem geht eine Kritik dieser bisherigen Studien voraus, die mehr oder weniger explizit eingestehen, daß ihnen eine lückenlose und plausible Interpretation bisher nicht möglich gewesen sei. Die im Teil II gemachten Interpretationsvorschläge werden dann im abschließenden Teil VI im Zuge der historischen Rekonstruktion der Genese des chemischen Verbindungskonzepts wieder aufgegriffen und vertieft. In methodischer Hinsicht kann daher die Interpretation der Tabelle und ihres Kommentars als interne Überprüfungsinstanz für diesen Rekonstruktionsversuch fungieren.

Teil III der Arbeit beschäftigt sich mit den naturphilosophischen Ausgangsbedingungen des chemischen Verbindungskonzepts. Zunächst wird gezeigt, daß die Chemisten des 16. und 17. Jahrhunderts eine Theorie der Konstitution der Naturkörper vertraten, die sich fundamental vom chemischen Verbindungskonzept unterscheidet. Danach wird durch eine Analyse des *Sceptical Chymist* Robert Boyles nachgewiesen, daß Boyles mechanische Korpuskularphilosophie kein chemisches Verbindungskonzept enthält und daß er die einzelnen chemischen Verbindungsvorstellungen, die er in Bezug auf bestimmte chemische Operationen der zeitgenössischen gewerblichen chemischen Praxis entwickelte, nicht integrierte und theoretisch fundierte.

Die Teile IV und V verfolgen dann einen anderen methodischen Ansatz. Dieser Ansatz stützt sich auf die schon in den 20er und 30er Jahren unseres Jahrhunderts von Borkenau, Großmann, Zilsel u.a. vertretene und neuerdings, wie gesehen, vor allem von Thomas S. Kuhn wieder in die Debatte gebrachte These von der Bedeutung der gewerblichen Praxis (handicraft) für die wissenschaftliche Revolution.[24] In Teil IV wird versucht, vermittels einer bestimmten Gattung chemischer Schriften des 16. und 17. Jahrhunderts, die als technologische Literatur charakterisiert werden, Aufschluß über diese gewerbliche chemische Praxis zu erhalten. Mit Hilfe dieser Literatur und einiger Hinweise, die der Sekundärliteratur entnommen wurden, läßt sich der systematische Nachweis führen, daß sich das chemische Verbindungskonzept auf chemische Operationen der Metallurgie des 16. und vor allem des pharmazeutischen Gewerbes des 17. Jahrhunderts bezieht.

Im Teil V wird dann der Frage nachgegangen, wie die Autoren der chemisch-technologischen Literatur die chemischen Operationen der gewerblichen Praxis reflektierten. Diese Autoren waren, wie zuvor in Teil IV gezeigt, Praktiker, jedoch keine einfachen Handwerker, sondern gebildete Praktiker, die mit den Ingenieuren der italienischen Renaissance vergleichbar sind. Es wird gezeigt, daß in die Beschreibungen der chemischen Operationen der Metallurgie implizit ein Verständnis einfließt, das dem chemischen Verbindungskonzept sehr nahekommt. Die Autoren der pharmazeutischen Schriften dagegen verstanden die chemischen Operationen des Apothekergewerbes zunächst, im scharfen Kontrast zum chemischen Verbindungskonzept, als Initiierung und Forcierung natürlicher biologisch-physiologischer Veränderungsprozesse. Dieses Verständnis wurde von der paracelsischen Naturphilosophie gestützt, stand aber auch, wie ebenfalls nachgewiesen wird, im Einklang mit den Erfahrungen, die die pharmazeutische Praxis des 16. und frühen 17. Jahrhunderts ermöglichte, und war insofern keineswegs irrational, wie häufig unterstellt wird. Sodann wird gezeigt, wie von etwa Mitte des 17. Jahrhunderts an auf der Grundlage einer veränderten pharmazeutischen Praxis auch die Autoren der pharmazeutischen Schriften bezogen auf bestimmte chemische Operationen, nämlich solche, die reversibel durchgeführt wurden, chemische Verbindungsvorstellungen entwickelten.

---

24 Vgl. KUHN (1977). Zur Rolle der gewerblichen Praxis vgl. außerdem HALL (1959) u. (1983), MITTELSTRASS (1970), ROSSI (1970), LEFÈVRE (1978) und EAMON (1984).

Von dieser Ausbildung erster chemischer Verbindungsvorstellungen bei den Autoren pharmazeutischer Schriften läßt sich eine kontinuierliche Entwicklungslinie bis zur Formulierung des chemischen Verbindungskonzepts E.F. Geoffroys nachzeichnen. Erste Integrationsschritte zu diesem chemischen Verbindungskonzept unternahmen, wie im abschließenden Teil VI gezeigt wird, im letzten Drittel des 17. Jahrhunderts N. Lemery und W. Homberg. Die mit dieser Integration einhergehenden Abstraktionen und grundlegenden Umwälzungen im Theorie- und Methodenverständnis sowie im Naturbild der Chemisten werden in diesem letzten Teil thematisiert. Dabei wird auch der Stellenwert der Korpuskulartheorie in der Genese des chemischen Verbindungskonzepts neu bewertet. Es wird in dieser abschließenden Rekonstruktion der Genese des chemischen Verbindungskonzepts versucht, die spezifische Wechselbeziehung sogenannter externer und interner Faktoren bei der Herausbildung einer Wissenschaft transparent zu machen.

Im Hinblick auf die Debatten um das Problem anachronistischer wissenschaftshistorischer Rekonstruktionen ist es vielleicht nicht überflüssig, eigens darauf hinzuweisen, daß es ein bestimmter Gesichtspunkt ist, unter dem in dieser Arbeit die Chemie des 16. und 17. Jahrhunderts betrachtet wird, nämlich die Herausbildung des Verbindungskonzepts der neuzeitlichen Chemie. Daß dieses Konzept nicht aus heutiger Perspektive in die Tabelle Geoffroys, die den terminus ad quem dieser Untersuchung bildet, hineinprojiziert wurde, sondern deren Gehalt darstellt, kann einleitend natürlich nur behauptet werden, während die inhaltliche Analyse dieser Tabelle, die im Teil II unternommen wird, es nachzuweisen hat. Wenn weiterhin untersucht wird, welche Voraussetzungen es waren, auf die sich Geoffroy bei seiner Formulierung dieses Konzeptes stützen konnte, und wie diese Voraussetzungen im 16. und 17. Jahrhundert entstanden, so impliziert das selbstverständlich nicht die finalistische Annahme, daß sich diese Voraussetzungen wegen oder im Hinblick auf das von Geoffroy formulierte Verbindungskonzept entwickelt hätten. Die historischen Untersuchungen der Teile III bis V werden nicht allein zeigen, daß sich diese Voraussetzungen aus ganz anderen Gründen herausbildeten, sondern darüber hinaus, daß die Konzeptualisierungen, die vor Geoffroy mit ihnen verbunden waren, zum Teil nur in einem naturphilosophischen Rahmen verständlich sind, der gerade das chemische Verbindungskonzept ausschloß und mit dem Geoffroy also brechen mußte, um seine Tabelle aufstellen zu können.

In den Teilen III bis V wird zum Teil sehr ausführlich zitiert, weil die historischen Quellen weitgehend unbekannt und oft nur schwer zugänglich sind. In den historischen Teilen werden die Fachtermini der Chemisten des 16. und 17. Jahrhunderts gebraucht, weil es nicht möglich ist, sie in die Fachterminologie der heutigen Chemie zu übersetzen. (Die Formelgleichungen, die sich vor allem in den Anmerkungen von Teil IV finden, sind natürlich *keine* Übersetzungen des Verständnisses der entsprechenden chemischen Operationen, das die untersuchten Autoren hatten, sondern dienen allein der Orientierung des heutigen Lesers.) Die alten Fachtermini werden, genauso wie alle Zitate aus der untersuchten Literatur, in einer anderen Schriftart wiedergegeben, und zwar insbesondere deswegen, weil einige dieser Termini auch heute gebraucht werden, freilich mit einer anderen Bedeutung. Ein Glossar zu den wichtigsten dieser Termini findet sich im Anhang.

TEIL I

CHEMISCHE VERBINDUNG UND AFFINITÄT

Der Gegenstand der vorliegenden Arbeit ist die Herausbildung des chemischen Verbindungskonzepts in der zweiten Hälfte des 17. und zu Beginn des 18. Jahrhunderts. Als neuzeitliches chemisches Verbindungskonzept werden die Grundannahmen bezeichnet, die allen einzelnen chemischen Verbindungsbegriffen vom Beginn des 18. Jahrhunderts bis heute gemeinsam sind. Trotz tiefgreifender Differenzen der jeweiligen historischen Varianten des chemischen Verbindungsbegriffs und der sie fundierenden chemischen Theorien lassen sich die folgenden Grundbestimmungen des chemischen Verbindungskonzepts festhalten, durch die es sich zugleich fundamental von den historisch vorausgehenden, die Konstitution und qualitativen Veränderungen von Naturkörpern betreffenden Begriffe im Kontext von Naturtheorien unterscheidet, sei es der antike Atomismus, die peripatetische Elemententheorie, die paracelsische Elementen- und Prinzipientheorie, die atomistischen Elemententheorien oder die mechanischen Korpuskulartheorien des 17. Jahrhunderts:

1.) Die Entitäten des chemischen Verbindungskonzepts sind empirische chemische Reinstoffe.
2.) Das chemische Verbindungskonzept enthält die Annahme der Erhaltung stoffspezifischer körperlicher Teile in allen chemischen Veränderungen. In die Begriffe chemische Synthese und chemische Analyse geht diese Erhaltungsvorstellung ein.
3.) Das chemische Verbindungskonzept enthält die Annahme empirisch feststellbarer gesetzmäßiger Beziehungen zwischen chemischen Reinstoffen, aufgrund derer die chemischen Synthesen und Analysen sowie die Erhaltung und die Homogenität chemischer Verbindungen erklärt werden.

Der heutige chemische Verbindungsbegriff wird aufgrund seines fundamentalen Status, den er in der Chemie einnimmt, von nahezu allen ausdifferenzierten chemischen Theorien berührt. Die Fachdisziplin Chemie unterläßt daher den wenig sinnvollen Versuch einer vollständigen Definition dieses Begriffes, die dem Entwicklungsstand dieser chemischen Einzeltheorien angemessen wäre. Dennoch sind in Lehrbüchern der Chemie eher propädeutisch gemeinte abgrenzende Bestimmungen dieses Begriffes zu finden. Meist wird dabei der chemische Verbindungsbegriff von dem des chemischen Elements abgegrenzt, beide werden als chemische Reinstoffe bestimmt und als solche wiederum von Stoffgemischen unterschieden. Es ist somit allgemein unumstritten, daß der heutige chemische Verbindungsbegriff in enger Beziehung zu den nicht minder fundamentalen Begriffen chemisches Element, chemischer Reinstoff und Stoffgemisch steht. Die enge Beziehung zwischen dem Begriff der chemischen Verbindung und dem des chemischen Elements besteht nicht allgemein für alle neuzeitlichen chemischen Verbindungsbegriffe. Im historischen Rückblick erweist sich diese enge Beziehung als ein relativ spätes Entwicklungsresultat des ausgehenden 18. und frühen 19. Jahrhunderts, das den chemischen Elementbegriff Lavoisiers voraussetzt. Wie im Zusammenhang mit der historischen Rekonstruktion seiner Genese genauer gezeigt werden wird, entstand das chemische Verbindungskonzept relativ unabhängig vom damaligen Elementbegriff, der sich in vielerlei Hinsicht vom späteren Elementbegriff Lavoisiers unterschied.[1]

[1] Der Begriff des Elementes im 17. und frühen 18. Jahrhundert ist ein Grundbegriff der damaligen peripatetischen und paracelsischen Naturtheorien, die von der Reflexion der Operationen der chemischen Kunst zunächst streng separiert waren. Elemente galten als Konstituentien der Naturkörper, die man ihrerseits als vollkommene Mixta auffaßte. Vgl. dazu unten Teil III, V u. VI.

Fundamentaler als der chemische Elementbegriff ist der Begriff des *empirischen chemischen Reinstoffs* für das chemische Verbindungskonzept. Die heutige Chemie unterscheidet chemische Reinstoffe von Stoffgemischen und versteht unter den ersteren einheitlich und konstant zusammengesetzte Stoffe, die konstante, beobacht- und meßbare Stoffeigenschaften und ein konstantes chemische Reaktionsverhalten aufweisen. Unter den chemischen Reinstoffen unterscheidet sie wiederum solche, die durch chemische Analyse nicht mehr in andere Reinstoffe zerlegbar sind, nämlich die chemischen Elemente, von den in Elemente zerlegbaren chemischen Verbindungen. So selbstverständlich und universell der Begriff des empirischen chemischen Reinstoffs erscheint, so liegen ihm doch Abstraktionen und theoretische Annahmen zugrunde, die erst im Zuge der Genese des chemischen Verbindungsbegriffs entwickelt wurden.

Für den Begriff des empirischen chemischen Reinstoffs ist es erstens unerheblich, ob ein Stoff in der Natur vorkommt oder durch chemische Kunst gewonnen wird. Zweitens bedeutet empirisch in diesem Zusammenhang nicht nur, daß ein Reinstoff konstante *beobachtbare* Eigenschaften besitzen soll, sondern daß er sich in chemischen Analysen und Synthesen als einheitlich zusammengesetzter Stoff erweist, weil er ein einheitliches chemisches Reaktionsverhalten zeigt. Beide Annahmen sind für das chemische Verbindungskonzept und für alle neuzeitlichen chemischen Theorien so fundamental, daß man sie als Paradigma bezeichnen könnte. Sie sind jedoch in den vorausgehenden Naturtheorien nicht zu finden. Die peripatetische und die paracelsische Naturtheorie haben ausschließlich Naturkörper zum Gegenstand, die sie durch bloße Beobachtung und ohne eingreifende, die natürlichen Zusammenhänge und Veränderungen störende Operationen zu bestimmen versuchten. Aber auch die Atom- und Korpuskulartheorien des 17. Jahrhunderts enthalten – wie weitgehend auch immer die Unterscheidung zwischen natürlichen und künstlichen Veränderungen in ihnen aufgehoben sein mag – keinen Grundbegriff, der mit dem des chemischen Reinstoffs auch nur annähernd gleichbedeutend wäre. Die grundlegenden Entitäten dieser Theorien sind Atome oder Korpuskeln, und zwar unabhängig davon, ob diese als Teilchen empirischer Stoffe oder der stofflich unspezifischen Materie gelten sollen. Alle neuzeitlichen chemischen Verbindungsbegriffe beziehen sich dagegen auf empirische chemische Reinstoffe als Entitäten. Der Begriff des chemischen Reinstoffs wird zwar in der ersten allgemeinen Formulierung des chemischen Verbindungskonzepts durch E.F. Geoffroy noch nicht verwendet, sein Konzept bezieht sich aber ausschließlich auf solche Stoffe, die nicht nur konstante beobachtbare Merkmale besitzen, sondern zugleich – ganz im Sinne des späteren Begriffs des empirischen chemischen Reinstoffs – aufgrund ihrer einheitlichen Zusammensetzung ein einheitliches und konstantes Verhalten in chemischen Operationen zeigen.

Die zweite Grundannahme des chemischen Verbindungskonzepts ist die der *Erhaltung* stoffspezifischer und körperlicher Teile bei der Entstehung chemischer Verbindungen und in allen chemischen Veränderungen. Diese Erhaltung wird nicht als Vergehen und Neuentstehen, d.h. als reproduktive Erhaltung gedacht, sondern als identische Erhaltung der Teile. Im Rahmen dieses Konzepts wird die Entstehung chemischer Verbindungen als chemische Synthese konzipiert. Chemische Synthese bedeutet die Herstellung chemischer Verbindungen aus chemischen Reinstoffen, seien es chemische Elemente oder andere chemische Verbindungen, wobei eine unmittelbare oder mittelbare Erhaltungsbeziehung zwischen den Bestandteilen der chemischen Verbindung und den empirischen Ausgangsstoffen oder ihren Bestandteilen angenommen wird. Dabei ist es für den Begriff der chemischen Synthese irrelevant, ob diese Verbindungsbildung von selbst in der Natur oder durch chemische Kunst erfolgt. Chemische Analyse bedeutet die Zerlegung chemischer Verbindungen in verschiedene chemische Reinstoffe, wobei ebenfalls eine Erhaltungsbeziehung zwischen den Bestandteilen der Verbindung und den Analyseprodukten oder deren Bestandteilen vorliegen soll. Alle chemischen Veränderungen werden im Rahmen des chemischen Verbindungskonzepts entweder als chemische Synthesen oder als chemische Analysen bzw. als synchron verlaufende chemische Analysen und Synthesen verstanden.

Im ersten neuzeitlichen chemischen Verbindungsbegriff des 18. Jahrhunderts wurde die Erhaltungsbeziehung zwischen den Bestandteilen einer chemischen Verbindung und den Ausgangsstoffen der Synthese bzw. den Produkten der Analyse als eine Erhaltung chemischer Stoffe bestimmt. Unabhängig vom Elementbegriff wurden bestimmte chemische Stoffe, darunter z.B. auch Säuren und Alkali- oder Erdalkalicarbonate, als relativ stabile Entitäten chemischer Synthesen und Analysen aufgefaßt. Daraus differenzierte sich ein absoluter chemischer Elementbegriff im Sinne empirischer chemischer Reinstoffe heraus, die stets in allen Synthesen und Analysen erhalten bleiben.

Die Auffassung, daß chemische Elemente als stoffliche Bestandteile in chemischen Verbindungen erhalten bleiben, kommt auch noch heute in der theoretisch undifferenzierten Umgangs- oder Laborsprache der Chemiker zum Ausdruck. Z.B. sagt man, Salpetersäure bestehe aus Wasserstoff, Stickstoff und Sauerstoff. Die Nomenklatur zahlreicher chemischer Verbindungen, wie z.B. Schwefelwasserstoff oder Chlorwasserstoff, die Formelsprache, in der in den Formeln für chemische Verbindungen die Symbole für die Elemente aneinandergereiht werden, oder der Begriff der qualitativen und quantitativen „Elementaranalyse“, mit der ermittelt werden soll, wieviel Kohlenstoff, Wasserstoff, Sauerstoff und eventuell noch andere Elemente in einer organischen Verbindung enthalten sind, weisen auf diese Auffassung des Erhaltungstheorems ebenfalls hin. Bei genauer Nachfrage würde jeder Chemiker heute natürlich antworten, daß Wasserstoff, Stickstoff und Sauerstoff nicht als empirische chemische Stoffe in der Salpetersäure enthalten seien, sondern daß deren stoffspezifischen oder elementspezifischen Atomkerne und die spezifische Anzahl der Elektronen und damit auch ungefähr die Masse erhalten blieben und daß durch die Umstrukturierung der Elektronenhülle ein einheitlicher neuer chemischer Reinstoff entstehe.

Gegenüber den historisch vorausgehenden Naturtheorien ist hinsichtlich der Erhaltungsvorstellung des chemischen Verbindungskonzepts sowohl die Annahme der Stoffspezifität als auch die der Körperlichkeit der erhaltenen Teile hervorzuheben. Stoffspezifität der erhaltenen Teile soll heißen, daß es für bestimmte *empirische* chemische Reinstoffe ganz spezifische, wie auch immer in den Einzeltheorien konzipierte Teile sind, die in der Verbindung als Bestandteile erhalten bleiben. Dies ist ein bedeutsamer Unterschied zwischen dem *chemischen* Verbindungskonzept und dem Verbindungskonzept des philosophischen Atomismus der Antike und des 17. Jahrhunderts. Auch für den philosophischen Atomismus ist ein Theorem der individuellen Erhaltung von Teilen grundlegend. Dieses Erhaltungstheorem unterscheidet sich von dem des chemischen Verbindungskonzepts aber darin, daß nicht die Erhaltung stoffspezifischer Teile bestimmter *empirischer* chemischer Reinstoffe angenommen wird, sondern von Materieteilen oder Korpuskeln als solchen.

In der peripatetischen Elemententheorie und der paracelsischen Elementen- und Prinzipientheorie gibt es dagegen nur reproduktive Erhaltungsvorstellungen. Diesen Theorien gemäß sollen in Naturkörpern, die in der Natur aus verschiedenen Teilen entstanden oder generiert sind, die konstituierenden Teile nicht als individuelle Teile erhalten bleiben, sondern in allen ihren Teilen gleiche, homogene Einheiten bilden, aus denen durch Scheidung die konstituierenden Teile wieder hervorgebracht werden können. Die paracelsische Elementen- und Prinzipientheorie versteht diese die Naturkörper konstituierenden Teile nicht als körperliche Teile, sondern als verschiedene Qualitätssets oder Prinzipien, die beim Zusammentreten auch die Körperlichkeit der Naturkörper erst hervorbringen. Wie auch immer dagegen im Rahmen des chemischen Verbindungskonzepts die körperlichen Bestandteile konzipiert und bezeichnet werden, als konstituierende Teile (parties constituantes in der Chemie des 18. Jahrhunderts), als Korpuskeln, Atome oder Moleküle oder als Atomkerne und Elektronen, es sind Teile, die einen Raum ausfüllen und die eine Masse besitzen.

Die dritte Grundannahme des chemischen Verbindungskonzepts ist die von *gesetzmäßigen Beziehungen* zwischen empirischen chemischen Reinstoffen. Die Unterschiede der chemischen Verbindungsbegriffe im Rahmen dieses Konzepts waren an die Unterschiede der erklärenden Theorien dieser gesetzmäßigen Beziehungen gebunden. Diese erklärenden Theorien sollen hier, ausgehend vom historisch ersten Namen einer solchen Theorie, übergreifend als Affinitätstheorien bezeichnet werden. Trotz aller Differenzen dieser Affinitätstheorien vom 18. Jahrhundert bis heute kommen sie darin überein, das selektive Verhalten chemischer Stoffe bei chemischen Veränderungen, den synchronen Verlauf chemischer Analysen und Synthesen sowie die Erhaltung und Einheitlichkeit chemischer Verbindungen und ihren Unterschied zu mechanischen Mischungen erklären zu wollen. E.F. Geoffroy konstatierte bloß solche gesetzmäßigen Beziehungen zwischen chemischen Reinstoffen, ohne selbst eine erklärende Theorie dafür zu entwikkeln, und versuchte ihre unterschiedlichen Grade durch eine Tabelle darzustellen. Von der Mitte des 18. Jahrhunderts an wurde dann auf der Grundlage der Gravitationstheorie Newtons eine chemische Theorie anziehender Kräfte oder Affinitäten zwischen chemischen Reinstoffen aufgestellt. Als diese scheiterte, wurden elektrochemische Fundierungsversuche unternommen bis schließlich auf der Grundlage der physikalischen Thermodynamik des späten 19. Jahrhunderts in der chemischen Thermodynamik die Erklärungsprobleme lösbar wurden.

Auch in der strukturellen Zusammengehörigkeit der neuzeitlichen chemischen Verbindungsbegriffe mit den Affinitätstheorien unterscheidet sich das chemische Verbindungskonzept fundamental von vorangehenden naturtheoretischen Erklärungen chemischer Veränderungen. Anders als im philosophischen Atomismus ist der Begriff des empirischen chemischen Reinstoffs in allen diesen Affinitätstheorien vorausgesetzt, und, soweit Atom- oder Korpuskulartheorien einfließen, werden die Grundbegriffe dieser Theorien auf den Begriff des empirischen chemischen Reinstoffs bezogen. Die Annahme gesetzmäßiger Beziehungen zwischen empirischen chemischen Reinstoffen setzt aber nicht nur den Begriff des empirischen chemischen Reinstoffs voraus, sondern im Zusammenhang damit auch die abstrahierende Auffassung der jeweils konkreten chemischen Operationen als chemische Reaktionen zwischen Reaktionspartnern sowie die Aufhebung der Trennung zwischen natürlichen und künstlichen chemischen Veränderungen. Im Begriff des Gesetzes chemischer Beziehungen sind alle Annahmen natürlicher finaler Ursachen und animistischer Kräfte der peripatetischen und paracelsischen Naturtheorien und ihre Unterscheidung zwischen natürlichen und künstlichen Veränderungen ausgeschlossen.

Teil II

Das chemische Verbindungskonzept zu Beginn des 18. Jahrhunderts

II.1 E. F. Geoffroys Tabelle der stofflichen Beziehungen

II.1.1 *Die Tabelle Geoffroys in der Chemiehistoriographie*

1718 stellte Etienne François Geoffroy (1672–1731) der Pariser Akademie eine Tabelle stofflicher Beziehungen (Table des differents rapports)[1] mit einem Kommentar vor, die längere Zeit die einzige ihrer Art und Prototyp für weitere, ergänzte und verbesserte Tabellen in der zweiten Hälfte des 18. Jahrhunderts war.[2] In geradezu emphatischer Weise würdigte Fourcroy gegen Ende des 18. Jahrhunderts im Artikel „Chimie" der Encyclopédie méthodique die Leistungen Geoffroys als wegweisend für die Entwicklung der Chemie.[3] Daß diese Würdigung durchaus keine Übertreibung ist und daß Geoffroy mit seinen Arbeiten die Grundlagen der neuzeitlichen chemischen Theorien gelegt hat, läßt sich tatsächlich en détail am historischen Material belegen.

Die Chemiehistoriographie des 19. und zunächst auch des 20. Jahrhunderts ließ die Tabelle Geoffroys und ihren Kommentar nahezu unbeachtet. Dies änderte sich anfangs der 60er Jahre, als man begann, der Tabelle Geoffroys unter zwei Aspekten mehr Aufmerksamkeit zu schenken. Erstens wurde sie in die Studien über die chemische Affinitätstheorie des 18. Jahrhunderts einbezogen und als Ausdruck des Einflusses des Newtonianismus auf die Chemie gewertet. Zweitens wurde aus einer empiristischen Perspektive die Systematisierung des chemischen Wissens durch die Tabelle hervorgehoben.

Newton hatte in der Query 23 der 1706 erschienenen lateinischen Ausgabe der Opticks und in der Query 31 der später folgenden englischen Ausgaben (von 1717 an) eine Atomtheorie aufgestellt, in der undurchdringliche, bewegte Atome mit zwischenatomaren kurzreichenden attraktiven und repulsiven Kräften angenommen wurden, und sie vor allem auf chemische Beispiele bezogen. Die bedeutendsten Affinitätstheoretiker des 18. Jahrhunderts entwikkelten ihre Theorien auf der Grundlage atomtheoretischer Voraussetzungen unter Berufung auf Newton. In seinem Aufsatz *The Development of chemistry in the eighteenth century* hat Maurice Crosland 1963 die Tabelle Geoffroys in eine Entwicklungslinie eingeordnet, die mit Newtons *Opticks* (1704) beginne und zu den Affinitätstheorien der zweiten Hälfte des 18. Jahrhunderts führe.[4] Geoffroys Tabelle bewertet er als Ausdruck „of the success and prestige of Newtonian gravitational attraction to the field of chemistry" (Crosland (1963) 382). Die spezifische Bedeutung der Tabelle Geoffroys innerhalb der Entwicklung der Newtonschen „Ideen der chemischen Attraktion" sieht Crosland in der Reduktion der Fülle des empirischen Materials unter dem Gesichtspunkt chemischer Anziehungskräfte.[5]

---

[1] Geoffroy (1718).

[2] Einen Überblick über diese nachfolgenden Tabellen gibt Duncan (1964) 178 ff.

[3] „Mais aucune découverte n'est plus éclatante dans cette époque des grands travaux (...) que celle qui est relative à la détermination des affinités entre les corps (...). Cést à Geoffroy l'ainé (...), qu'on doit cette belle idée de la table des rapports ou des affinités chimiques (...). Cette idée lumineuse a servi de flambeau pour guider les pas des chimistes." (EM III 333 f.).

[4] „The next event in the history of chemical affinity after the publication of Newton's *Opticks* came in August 1718 when Etienne François Geoffroy presented to the Académie des sciences in Paris a table in which various chemical substances (metals, acids, alkalis, earths, etc.) were systematically arranged according to their relative chemical affinities." (Crosland (1963) 383)

[5] „Tables of affinity are important in the history of chemistry in the eighteenth century for a number of reasons. In the first place, they reduced a multiplicity of chemical reactions to a series of simple sequences." (Crosland (1963) 383)

Nun enthält die Tabelle Geoffroys bzw. ihr Kommentar weder Andeutungen der Übernahme des Newtonschen Atomismus noch den Versuch der Entwicklung einer Affinitätstheorie oder auch bloß Begriffe wie Affinität oder Attraktion. Die Bemühungen derjenigen, die die Tabelle als Ergebnis des Einflusses der Ideen Newtons verstanden wissen wollen, mußten sich daher zunächst darauf konzentrieren nachzuweisen, daß überhaupt ein Einfluß Newtons vorliege. Das häufigste Argument, das in diesem Zusammenhang angeführt wurde, lautet, Geoffroy habe Affinität oder Anziehungskraft im Newtonischen Sinne gemeint, wenn er von „rapport" spricht, und diesen Begriff wegen der besonders in Frankreich vorherrschenden „Abneigung gegen den Gebrauch jedes eine neue ‚vis occulta' involvierenden Ausdrucks wie z.B. Affinität" vermieden.[6] Auch der zeitliche Umstand, daß die Tabelle zwölf Jahre nach der lateinischen Ausgabe der *Opticks* erschien, wurde als Argument ins Feld geführt. Arnold Thackray, der in seinem 1970 erschienenen Buch *Atoms and Powers* die gesamte Entwicklung der Chemie des 18. Jahrhunderts als Resultat des Einflusses des Newtonianismus interpretiert, führt, ausgehend von einer Untersuchung I.B. Cohens[7], die verschiedenen Kontakte Geoffroys mit der Royal Society und die Rezeption der Schriften Newtons in Frankreich als Belege für den Einfluß Newtons auf Geoffroys Tabelle an (THACKRAY (1970) 84 ff.). Allerdings ist nur die Bekanntschaft Geoffroys mit der ersten, 1704 erschienenen Auflage der *Opticks* gesichert, und diese enthält die für diese Position bedeutsame Query 31 über die „chemical attractions" noch nicht. Henry Guerlac bemüht sich daher plausibel zu machen, daß die Bekanntschaft Geoffroys mit einer der späteren, die Query 31 enthaltenden Auflagen wahrscheinlich ist.[8] Gegen diese Argumentation hat schon W.A. Smeaton eingewendet, daß die bloße Bekanntschaft mit der Newtonschen Theorie noch nicht deren Übernahme beweise.[9]

Erstaunlicherweise wurde nicht versucht, durch eine begriffliche Analyse des Kommentars zu der Tabelle oder auch anderer Schriften Geoffroys den Einfluß Newtons nachzuweisen. Auch die Kriterien, nach denen Geoffroy die untersuchten Stoffe und chemischen Operationen auswählte, seine Klassifizierungs- und Systematisierungskriterien sowie die historische Herkunft jenes empirischen und theoretischen Wissens bleiben bei den genannten Autoren im Dunkeln. Statt dessen sah man sich von der Interpretation der Tabelle als Resultat des Einflusses des Newtonianismus her genötigt, gerade umgekehrt dem Problem nachzugehen, wie das Fehlen bestimmter, aus der Perspektive dieser Interpretation zu erwartender Inhalte zu erklären ist.

Obwohl eine inhaltliche Analyse der Tabelle Geoffroys und ihres Kommentars unterblieb, stellte Thackray dennoch Behauptungen über die Genese der Tabelle und über die Herkunft des in ihr enthaltenen empirischen Materials auf. „Einfluß des Newtonianismus" bedeutet bei Thackray nicht nur irgendeine Art von intellektueller Inspiration, von Motivation und Ausrichtung der Interessen und Zwecke, die Geoffroy mit der Aufstellung der Tabelle verfolgte, sondern einen konstitutiven Einfluß auf den empirischen Gehalt der Tabelle. Die in

---

6 SPLETER (1929) 221. Vgl. auch CROSLAND (1963) 384; PARTINGTON HC III 52; THACKRAY (1970) 90.

7 Vgl. I.B. COHEN (1964).

8 „Was Geoffroy, like Father Laval, unaware of the Latin *Optice* of 1706? In view of his close connection with Royal Society, his contact – albeit indirect – with Newton, and his interest he seems to have displayed in the *Opticks* when it first appeared, this is unlikely." (GUERLAC (1981) 77)

9 Vgl. SMEATON (1971) 212. Smeaton weicht insofern von den beiden hier besprochenen Hauptströmungen der Geoffroy-Interpretation ab, als er einen Einfluß der mechanischen Korpuskulartheorie Descartes' auf Geoffroy postuliert.

den *Opticks* von 1706 bzw. 1717 enthaltenen chemischen Beispiele, so wird behauptet, bildeten die Grundlage der Tabelle Geoffroys.[10] Aber diese Behauptung wird nicht an den historischen Quellen, durch einen Vergleich des empirischen Gehalts der Tabelle Geoffroys mit den in den *Opticks* enthaltenen Beispielen, belegt. Abgesehen davon, daß sich auch im Falle der Richtigkeit dieser Behauptung die Frage der Herkunft des empirischen Materials nur verlagern würde[11], zeigt eine empirische Untersuchung, wie später belegt werden wird, daß die Behauptungen Thackrays unhaltbar sind. Eine ähnliche These stellte Martin Carrier auf, der, die wesentlichen Positionen Thackrays teilend, die Meinung vertritt, die Tabelle Geoffroys sei als Resultat einer ersten experimentellen Phase im Rahmen eines Newtonschen „Forschungsprogramms" – Forschungsprogramm im Sinne von Lakatos – zu verstehen.[12]

Während die Interpretation der Tabelle Geoffroys als Resultat des Einflusses des Newtonianismus mit dem Fehlen einer Theorie der Affinität in Geoffroys Schriften zu kämpfen hat, setzt die Interpretation A.M. Duncans in seinem 1964 erschienenen Aufsatz *Some Theoretical Aspects of Eighteenth-Century Tables of Affinity I* an diesem scheinbaren Mangel an. Er fügt die noch weitergehende Behauptung hinzu, die Tabelle enthalte nicht nur keine Affinitätstheorie, sondern basiere überhaupt nicht auf theoretischen Grundlagen. Die Bedeutung der Tabelle sieht Duncan gerade darin, daß sie sich in einer Zeit, die noch nicht reif für die Aufstellung einer wissenschaftlichen Theorie und quantifizierter chemischer Naturgesetze gewesen sei, jeglicher theoretischen Spekulationen enthalte und sich in wissenschaftlich korrekter Manier damit begnüge, das vorhandene empirische Material erst einmal zu ordnen und zu systematisieren.[13] Die Frage, welches das systematisierte empirische Material sei und nach welchen Kriterien die Systematisierung erfolge, beantwortet Duncan mit dem Hinweis, den Chemikern sei ihre eigene Wissenschaft in Anbetracht des nach systematischer Ordnung verlangenden Zeitgeistes der Aufklärung und der beträchtlichen Systematisierungsleistungen in der Physik, insbesondere der dort entwickelten Methoden der Tabellierung experimentellen Materials, zu ungeordnet erschienen.[14] Demnach sollen sich die Chemiker des 18. Jahrhun-

---

[10] „After all, it was in the 1706 *Opticks* and again in the 1717 English edition that Newton had provided just such a list of relative attractions as was to form the basis of Geoffroy's table." (THACKRAY(1970) 90).

[11] Newtons Beschäftigungen mit der Chemie seiner Zeit, die gewiß den Hintergrund dieser chemischen Beispiele abgeben, hat insbesondere B.J.T. Dobbs untersucht. Mit ihrem 1975 erschienen Buch *The Foundations of Newton's Alchemy, or „The Hunting of the Greene Lyon"* brachte sie einen völlig neuen Newton, nämlich Newton als Alchemisten, in die wissenschaftshistorische Debatte. Auf diese Debatte und die inzwischen beträchtlich angewachsene Literatur zu diesem Thema kann hier nicht eingegangen werden. Dies ist aber auch deshalb erläßlich, weil Thackray ja gerade nicht diese alchemistische Seite des „Janusgesichts Newtons" (Dobbs zweites, 1991 erschienenes Buch zu diesem Thema trägt den Titel *The Janus faces of genius*) ins Visier nimmt. Vielmehr bezieht sich die Rede vom Einfluß des Newtonianismus bei ihm wie bei anderen auf das traditionelle Newton-Bild, das Newton als Atomisten und mathematischen Physiker zeigt.

[12] „Was blieb, war die Ausfüllung dieses skizzenhaft vorliegenden Programms, die Bestimmung der Affinitätsverhältnisse bei den bekannten Substanzen, die Erstellung von Affinitätsreihen. Mit diesen trat Etienne François Geoffroy (1672–1731) 1718 an die Öffentlichkeit." (CARRIER (1986) 330)

[13] „Affinity tables have been much criticized on the ground that they are merely lists of reactions with no underlying theory. But this was exactly what was wanted: the first thing was to provide a convenient summary of a large body of experimental results, and not to assume any theories or principles or causes a priori. From such a table of experimental results generalizations might in time be correctly derived – not theories of occult qualities, but genuine quantitative natural laws." (DUNCAN (1964) 181) – Ebenso heißt es in DUNCAN (1970) XIX: „The correct procedure was to bring the mass of experimental results into order, and then to look for some general pattern which might be perceived in them. Tables of affinity were one way of trying to reduce such results into an ordered pattern."

[14] „To philosophers of the early eighteenth century, an age that prided itself on solving all problems in a spirit of reason and enlightenment, and on reducing everything to systematic order, chemistry must have seemed very untidy and unorganized. (...) Nowadays we are accustomed to relating all the facts of chemistry to the periodic table, and the whole science seems to fit into a pattern (...)". (DUNCAN (1964) 180) „To chemists who felt that their own branch of philosophy was undeveloped in comparison with astronomy or physics, and that a developed science ought to display order, mathematical reaso-

derts und insbesondere Geoffroy an außerhalb ihrer Wissenschaft liegenden Maßstäben der Systematisierung orientiert haben, und dieselben Maßstäbe, so wird weiter behauptet, lägen auch dem späteren Periodensystem zugrunde. Es wird aber weder der Nachweis des Einfließens solcher allgemeiner Systematisierungskriterien in die Tabelle geführt noch werden diese Kriterien selbst benannt. Die Annahme, die Systematisierungskriterien der Tabelle Geoffroys seien dieselben wie die des Periodensystems, die Tabelle sei ein Ersatz für das spätere Periodensystem und beziehe sich auf den gleichen Gegenstand wie dieses, führt Duncan in erhebliche Interpretationsschwierigkeiten. Das Periodensystem ist eine Klassifizierung von Stoffen, und zwar eine vollständige Klassifizierung aller bekannten Grundstoffe oder Elemente, zunächst nach Eigenschaftsähnlichkeiten und später anhand des Kriteriums des Aufbaus der Elektronenhülle. Nimmt man an, die Tabelle Geoffroys beinhalte und beabsichtige eine Klassifizierung von Stoffen schlechthin oder von Reaktionen schlechthin, so kommt man auf der anderen Seite doch nicht umhin festzustellen, daß Geoffroy eine Auswahl aus den zu seiner Zeit bekannten Stoffen trifft. Schon ein flüchtiger Blick auf die Anfang des 18. Jahrhunderts bekannten Stoffe zeigt, daß die Auswahl sogar relativ eng ist. Es gibt daher Gründe anzunehmen, daß die Tabelle Geoffroys keine dem Periodensystem vergleichbare vollständige Systematisierung von Stoffen anstrebt und daß gerade in der von Geoffroy getroffenen Auswahl, aus dem Vergleich mit den Reaktionen und Stoffen, die keinen Eingang in die Tabelle fanden, wichtige Hinweise für das Verständnis der Tabelle gefunden werden können. Duncan bleibt angesichts dieser Auswahl nur Ratlosigkeit und Enttäuschung[15], denn unter der vorausgesetzten Bedeutung der Tabelle als Systematisierung des gesamten chemischen Wissens muß diese dann doch etwas dürftig erscheinen. Sympathien mit der Position Duncans läßt in jüngster Zeit Goupil erkennen, wenn sie Geoffroy einen „Empiristen" nennt, dessen Tabelle eine Feststellung von Tatsachen darstelle.[16] Obwohl Goupil in ihrer Geschichte des Affinitätsbegriffs[17] auch auf die Bedeutungen dieses Begriffs im späten 16. und im 17. Jahrhundert eingeht, faßt auch sie die Tabelle Geoffroys ausschließlich aus der Perspektive der späteren Affinitätstabellen des 18. Jahrhunderts ins Auge.

Eine andere Perspektive als die ideengeschichtlichen Untersuchungen, die die Tabelle Geoffroys als Resultat des Einflusses des Newtonianismus oder einer allgemeinen Idee von notwendiger Systematisierung und Wissenschaftlichkeit begreifen, nimmt F.L. Holmes ein.[18] Holmes kritisiert das Fehlen einer inhaltlichen Analyse in den bis dahin veröffentlichten Untersuchungen der Tabelle Geoffroys[19] und ihre anachronistische Herangehensweise an das

ning precision, and enlightenment, chemistry before Lavoisier must have seemed untidy and unorganized, with no underlying pattern. Nowadays the perodic table is the framework of organization for inorganic chemistry." (DUNCAN (1970) XIX)

15 „However, as a summary of chemistry or even a classification of substances, it must be admitted that Geoffroy's and most later tables are a little disappointing. (...) Geoffroy's sixteen columns are headed Acid Spirits, Acid of Marine Salt, Nitrous Acid, Vitriolic Acid, Absorbent Earth, Fixed Alkaline Salt (...), Volatile Alkaline Salt (...), Metallic Substances, Mineral Sulphur, Mercury, Lead, Copper, Silver, Iron, Regulus of Antimony (...), and water. These are far from being all the substances which were known, or even which were believed to be elementary." (DUNCAN (1970) XX ff.)

16 „Il s'agit là d'une simple constatation de faits (...). Bien que Geoffroy ne soit ni un 'mécaniste', ni un 'newtonien', mais plutôt un empiriste (...)." (GOUPIL (1991) 134 f.)

17 Vgl. GOUPIL (1991).

18 Vgl. HOLMES (1989).

19 „Overlooked in most of these historical discussions of Geoffroy's table is the particular character of the chemical substances and changes summarized in it." (HOLMES (1989) 39)

historische Material.[20] Er weist, wie zuvor schon Multhauf[21], auf den spezifisch französischen Kontext der Arbeiten Geoffroys und vor allem auf Wilhelm Hombergs (1652–1715) Untersuchungen der Salze als wichtige Voraussetzung der Tabelle hin.[22] Holmes interpretiert die Tabelle Geoffroys als „Knotenpunkt einer kontinuierlichen Entwicklung einer pragmatischen Chemie chemischer Operationen", die von Hombergs Konzeption der Salze ausgehe.[23] Die Bedeutung der Arbeiten Hombergs und Geoffroys bestehe darin, daß sie einen begrifflichen Rahmen zur Organisierung und Klärung des Wissens über chemische Substanzen und Operationen lieferten.[24] Dieser begriffliche Rahmen, so wird weiter behauptet, sei in Konkurrenz zur zeitgenössischen naturphilosophischen Theorie der Naturkörper, der Elementen- und Prinzipientheorie, entwickelt worden.[25] Jedoch erweist sich Geoffroy in anderen seiner Berichte an die Pariser Akademie durchaus als Vertreter der Elementen- und Prinzipientheorie[26], und dies geht auch aus der Tabelle selbst hervor, in die er ein Prinzip, nämlich das ölige Prinzip oder Schwefelprinzip, aufnimmt. Bereits diese Tatsache läßt Zweifel an der These aufkommen, Geoffroys Leistung bestehe hauptsächlich in einer „pragmatischen und operationalen Interpretation" chemischer Operationen. Der begriffliche Rahmen der Tabelle Geoffroys und ihres Kommentars scheint jedenfalls mit dieser Interpretation nicht hinreichend geklärt zu sein.

Eine weitere noch zu klärende Frage ist die nach der Herkunft der in der Tabelle enthaltenen empirischen Kenntnisse. Alle bisher dargestellten Interpretationen der Tabelle setzen voraus, daß es Experimente im engeren Sinne des Wortes sind, die den Erfahrungshintergrund der Tabelle bilden.[27] Diese Voraussetzung müßte aber am historischen Material erst überprüft werden und dabei die Möglichkeit eingeräumt werden, daß empirische chemische Kenntnisse auch aus anderen Bereichen chemischer Praxis als dem Experiment stammen können.

Als erster Schritt zur Klärung dieser Fragen soll zunächst (II.1.2) die bisher von der Chemiegeschichtsschreibung unterlassene inhaltliche Analyse der Tabelle Geoffroys folgen, das in der Tabelle enthaltene empirische Material vorgestellt und untersucht werden, worin ihre Systematisierung und die zugrundeliegenden Systematisierungskriterien bestehen. Dazu ist ein Vorgriff auf das im Teil IV ausgebreitete historische Material notwendig, um zum einen Geoffroys Nomenklatur transparent zu machen und um zum anderen den Vergleich mit diesen historischen empirischen Vorkenntnissen zu erleichtern. Danach (II.1.3) soll unter Zu-

20 Vgl. Holmes (1989) 5.

21 Vgl. Multhauf (1966) 305 ff.

22 Vgl. Holmes (1989) 40.

23 „In any case, the table was a nodal point in the continuing evolution of a pragmatic chemistry of operations oriented around the concept of the middle salt." (Holmes (1989) 40)

24 „Homberg's classification of middle salts and Geoffroy's table provided conceptual frameworks to organize and clarify knowledge of chemical substances and operations that had been accumulating over the preceding century." (Holmes (1989) 41)

25 „Concurrently, they found it possible to interpret the composition of certain mineral substances more pragmatically in terms of tangible constituents into which they could decompose them and from which they could sometimes recompose them. (...) By the end of the century these operational interpretations of composition had gained a practical ascendancy over the older conceptions based on principles and elements (...)". (Holmes (1989) 36 f.)

26 Vgl. Geoffroy (1704) u. (1709).

27 Für diese Position ist u.a. charakteristisch, daß der von Geoffroy verwendete Begriff experience in den englischen Übersetzungen meist mit „experiment" übersetzt wird. So übersetzt z.B. Holmes den Satz „J'expose aujourd'hui dans cette Table ces differents rapports que j'ai recüeillis tant des experience & des observations des autres Chimistes que des miennes propres" (Geoffroy (1718) 203) mit „as much from the experiments and observations of other chemists as from my own" (Holmes (1989) 40).

hilfenahme des Kommentars zur Tabelle gezeigt werden, daß der begriffliche Rahmen von Tabelle und Kommentar das chemische Verbindungskonzept ist und daß dieses auch als Auswahlkriterium für die aufgenommenen Stoffe und chemischen Operationen dient. Dabei kann es sich in diesem Teil zunächst nur um eine Interpretationsskizze handeln, die Thesen aufstellen muß, auf die im letzten Teil VI, nachdem die historischen Voraussetzungen der Arbeit Geoffroys genauer beleuchtet worden sind, zurückgekommen wird.

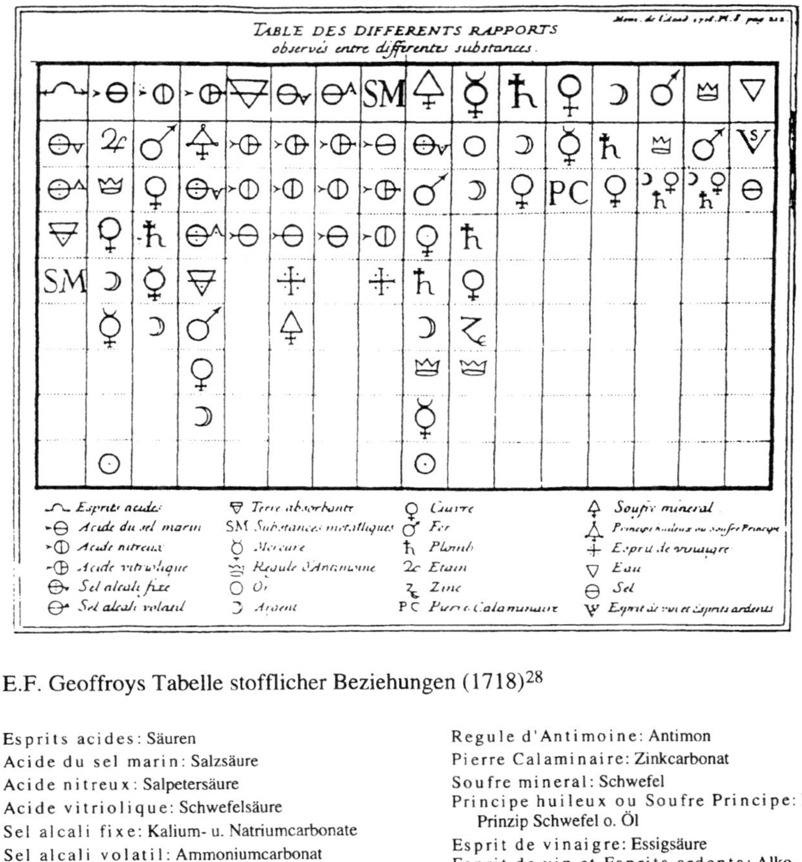

E.F. Geoffroys Tabelle stofflicher Beziehungen (1718)[28]

Esprits acides: Säuren
Acide du sel marin: Salzsäure
Acide nitreux: Salpetersäure
Acide vitriolique: Schwefelsäure
Sel alcali fixe: Kalium- u. Natriumcarbonate
Sel alcali volatil: Ammoniumcarbonat
Terre absorbante: Alkalische Erden, Oxide und Carbonate der Leichtmetalle, z. B. Kalziumcarbonat
Regule d'Antimoine: Antimon
Pierre Calaminaire: Zinkcarbonat
Soufre mineral: Schwefel
Principe huileux ou Soufre Principe: Das Prinzip Schwefel o. Öl
Esprit de vinaigre: Essigsäure
Esprit de vin et Esprits ardents: Alkohole u. andere brennbare u. nicht saure flüchtige organische Stoffe wie z.B. Aceton

[28] Aus GEOFFROY (1718).

II.1.2 *Analyse des Inhalts der Tabelle*

Die Tabelle führt in einer Reihe nebeneinander angeordnet die alchemistischen Symbole für sechszehn Substanzen bzw. Substanzgruppen auf. Unter jedes dieser Substanzzeichen sind in senkrechten Spalten die Symbole für alle diejenigen chemischen Substanzen untereinander gereiht, aus denen sich mit dieser ersten Substanz chemische Verbindungen herstellen lassen. Aus der Kombination der am Kopf jeder Spalte symbolisierten Substanzen, den Bezugssubstanzen, und den darunter stehenden erhält man nahezu alle zur Zeit Geoffroys synthetisierbaren chemischen Verbindungen.

Da die in einer Spalte enthaltenen Substanzen mit der Bezugssubstanz ähnlich aufgebaute chemische Verbindungen mit ähnlichem chemischen Verhalten bilden können, ist mit der Spalteneinteilung zugleich eine Klassifikation verbunden. Jede Spalte der Tabelle stellt eine Verbindungsklasse dar. Die erste Hälfte der Tabelle enthält Salze, und zwar in den ersten vier Spalten die Klasse der Salze allgemein und die Salze der drei Mineralsäuren, gefolgt von den Salzen der verschiedenen Salzbasen, der Erden, der festen und flüchtigen Alkalien und der Metalle. Geoffroy übernahm für diese erste Hälfte der Tabelle Wilhelm Hombergs Klassifikation der Salze[29], ordnete in die Salzklassen einige weitere Stoffe ein und ergänzte diese Klassen durch weitere, analog gebildete Verbindungsklassen, die der Metalle mit Schwefel, die der Amalgame, die der Legierungen und schließlich die der Auflösungen in Wasser.

Das zweite Systematisierungsprinzip der Tabelle besteht in der Einhaltung einer bestimmten Reihenfolge der Substanzen innerhalb einer Spalte. Die Ordnungsreihe soll die Unterschiede der Beziehungen der Substanzen zur Bezugssubstanz, ihre unterschiedliche Tendenz, sich mit dieser zu verbinden, wiedergeben. An oberster Stelle steht die Substanz mit der größten „disposition à s'unir“, dem größten „rapport d'union“ zur Bezugssubstanz, gefolgt von denen mit abnehmender Verbindungstendenz. Die weiter oben angeordneten Substanzen sollen die jeweils darunter angeordneten aus ihrer Verbindung mit der Bezugssubstanz verdrängen und somit diese Verbindung chemisch zerlegen oder analysieren können.

II.1.2.1 *Die Spalten eins bis vier der Tabelle*

Die *erste Spalte* der Tabelle repräsentiert die Klasse der Salze allgemein und noch undifferenziert hinsichtlich der sauren Spiritus (Esprits acides; Säuren). Unter dem Symbol für die sauren Spiritus stehen die Symbole für die vier Typen von Salzbasen, die sogenannten fixen und flüchtigen alkalischen Salze (Sel alcali fixe, Sel alcali volatile), die absorbierenden Erden (Terre absorbante) und Metalle. Diese vier Salzbasen sollen mit den Säuren jeweils, der Terminologie Hombergs entsprechend, die Mittelsalze, die ammoniakalischen Salze, die Salze der Erden und die Salze der Metalle ergeben. Geoffroy faßt in seinem Kommentar alle diese Salze unter der Bezeichnung Mittelsalze (Sels moyens) zusammen.

Unter dem Begriff fixe Alkalien oder fixe alkalische Salze wurden die aus Pflanzenasche ausgelaugten, nicht-flüchtigen, wasserlöslichen Salze (Kalium- und Natriumcarbonate) ver-

29 Vgl. dazu unten Teil VI und HOMBERG (1702) u. (1708).

standen.[30] Als flüchtige Alkalien bezeichnete man aus Harn, Blut oder Salmiak destilliertes Ammoniumcarbonat, wobei wegen der unterschiedlichen Herkunft dieses Salzes der Plural verwendet wurde. Unter den sogenannten absorbierenden, nämlich Säuren absorbierenden, Erden wurden alkalische Oxide und Carbonate der Leichtmetalle verstanden, von denen um 1700 nur die Kalkerde (Kalziumcarbonat), die z.B. aus Marmor, Kalkstein oder Muschelschalen stammen konnte, und die aus Alaun (Kaliumaluminiumsulfat) nach dem Abdestillieren der Schwefelsäure erhaltene Erde (ein Gemisch aus Kalium- und Aluminiumoxid) bekannt waren.[31]

Den Säuren am nächsten stehen die fixen Alkalien, gefolgt von den flüchtigen Alkalien, den Erden und den Metallen, deren Verbindungstendenz mit den Säuren in dieser Reihenfolge abnehmen soll. Die aus den fixen Alkalien Weinsteinsalz, Pottasche oder Soda und einer Säure gebildeten Mittelsalze (Kalzium- und Natriumsulfate, -chloride, -nitrate und -acetate) sollen demnach durch keine der darunter stehenden Substanzen chemisch zerlegbar sein, während umgekehrt fixe Alkalien alle anderen Salze zerlegen können sollen. Durch Zugabe von Weinsteinsalz zu dem von Glauber hergestellten Sal ammoniacum secretum Glauberi (Ammoniumsulfat)[32] z.B. wird flüchtiges Laugensalz freigesetzt, und das fixe Alkali verbindet sich mit der vitriolischen Säure (Acide vitriolique; Schwefelsäure) zu einem neuen Salz, dem vitriolisierten Weinstein (Kaliumsulfat). Daß Geoffroy die absorbierenden Erden unter die flüchtigen Alkalien anordnet, ist schon kurz nach der Veröffentlichung der Tabelle kritisiert worden. Denn die Zerlegung des Salmiaks mit gebranntem Kalk, einer Erde also, war bekannt und ist z.B. bei Glauber beschrieben.[33] Am Ende der ersten Ordnungsreihe stehen die Metalle, da aus wässrigen Lösungen der Metallsalze mit fixen oder flüchtigen Alkalien oder mit Kalkwasser sogenannte Metallkalke ausgefällt werden konnten, aus denen beim Schmelzen im Kohle- oder Holzkohlenfeuer die ursprünglich eingesetzten Metalle wiedergewonnen wurden.[34]

Der ersten Spalte für die Säuren im allgemeinen folgen drei weitere, die die Kombinationsmöglichkeiten der Salzsäure, Salpetersäure und Schwefelsäure gesondert und aufgeschlüsselt für verschiedene Metalle angeben. Als Begründung für eine solche gesonderte Darstellung anstelle einer einheitlichen, die etwa vergleichbar wäre mit der heutigen Redoxreihe der Metalle, schreibt Geoffroy:

---

30 Kaliumcarbonat und Natriumcarbonat unterschied man erst seit 1736 als vegetabilisches Alkali und mineralisches Alkali. Kaliumcarbonat wurde im Handel unter der Bezeichnung Pottasche geführt und durch Auslaugen von Holzasche und mehrfaches Umkristallisieren gewonnen. Für besondere Zwecke benutzte man das aus verkohltem Weinstein (Kaliumtartrat) erhaltene Weinsteinsalz (Kaliumcarbonat), auch sal tartari genannt. Diese auf verschiedene Weise hergestellten und häufig nur für ähnlich gehaltenen Salze wurden zusammen mit der Soda (Natriumcarbonat) unter der Bezeichnung fixe Alkalien zu einer einheitlichen Stoffklasse zusammengefaßt und den flüchtigen Alkalien gegenübergestellt. Vgl. unten Teil IV und KOPP GdCh IV 6 ff., III 24 f.

31 Die aus dem Alaun erhaltene Erde wurde mit der Kalkerde zusammen als kalkichte Erde bezeichnet und von dieser lange Zeit nicht chemisch unterschieden – vgl. KOPP GdCh IV 59 f. Darüber hinaus hielt Geoffroy auch die Base des Kochsalzes für eine Erde – vgl. GEOFFROY (1718) 207.

32 Zu diesem und den folgenden im 17. Jahrhundert hergestellten Salzen vgl.unten Teil IV.

33 Geoffroy erwidert auf diese Kritik in den Memoiren der Pariser Akademie von 1720, gebrannter Kalk sei keine gewöhnliche absorbierende Erde, denn er zeige größere Übereinstimmungen mit fixen Alkalien als mit Erden. Vgl. GEOFFROY (1720) 21.

34 Dabei handelte es sich in Abhängigkeit vom Löslichkeitsprodukt um Metallcarbonate, -oxide oder -hydroxide. Der Terminus Metallkalk bedeutete aber im 17. und frühen 18. Jahrhundert pulverisiertes Metall. Die reduzierende Wirkung des Brennmaterials hat erst Stahl erkannt und in seiner Phlogistontheorie behauptet.

„Comme les Substances metalliques n'ont pas une égale convenance avec les Esprits acides, l'acide du Sel marin dissolvant certains metaux que l'acide nitreux ne dissout point, &c. j'ai disposé chacun des trois Esprits acides mineraux à la tête des trois colonnes suivantes (...)." (GEOFFROY (1718) 205)

Unterschiedliche Auflösungen der Metalle durch verschiedene Mineralsäuren infolge ihrer unterschiedlichen Übereinkunft (convenance) bedeutet hier nicht unterschiedliches Auflösungsvermögen bzw. unterschiedliche Auflösungsgeschwindigkeit, sondern unterschiedliche Metallverbindungen dieser Säuren.[35] Denn es waren zu Beginn des 18. Jahrhunderts noch nicht die Chloride, Sulfate oder Nitrate aller Metalle bekannt. Eine vollständige Ordnungsreihe der Verbindungsmöglichkeiten der einzelnen Mineralsäuren ergibt sich, wenn man den konstant bleibenden Teil aus der ersten Spalte hinzunimmt.

In der *zweiten Spalte*, die für die Säure des Meersalzes (Acide du sel marin; Salzsäure), steht dieser das Zinn (Etain) am nächsten, das mit Salzsäure den von Libavius Ende des 16. Jahrhunderts entdeckten Spiritus fumans Libavii (Zinnchlorid) bildet, danach regulinisches Antimon (Regule d'Antimoine; Antimon), das mit ihr die Antimonbutter (Antimontrichlorid) ergibt, dann Kupfer (Cuivre), dessen salzsaures Salz im 17. Jahrhundert als Oleum Veneris (Kupferchlorid) bezeichnet wurde, danach Silber (Argent), das mit Salzsäure Silberkalk (Silberchlorid) bildet, und an vorletzter Stelle Quecksilber (Mercure), von dem die zwei salzsauren Salze Sublimat (Quecksilber(II)-chlorid) und Kalomel (Quecksilber(I)-chlorid) bekannt waren. Am Ende der zweiten Spalte steht das Symbol für Gold (Or), das nur mit Königswasser[36] aufgelöst werden kann. Da sich die salzsauren Salze der edlen Metalle Kupfer, Silber und Quecksilber nicht auf direktem Weg aus dem Metall und der Salzsäure gewinnen lassen[37], muß die Schlußfolgerung gezogen werden, daß die durch die Tabelle angegebenen Kombinationsmöglichkeiten von Stoffen zu chemischen Verbindungen nicht identisch sind mit deren Herstellungsverfahren, sondern die Zusammensetzung der hergestellten Verbindungen angeben. Im vorliegenden Fall bedeuten sie, daß z.B. Silberkalk (Silberchlorid) aus Silber und Salzsäure zusammengesetzt ist. Die Herstellung von Silberkalk erfolgte jedoch im 17. Jahrhundert durch Auflösung des Silbers in Salpetersäure und Präzipitation mit Kochsalzlösung oder Salzsäure.

Die Reihenfolge der Metalle innerhalb der zweiten Spalte gibt die Möglichkeit der Zerlegung von Metallchloriden durch ein Metall an. An letzter Stelle steht das Gold, dessen Ausfällung mit Quecksilber aus seiner Auflösung in Königswasser z.B. schon bei Glaser beschrieben ist.[38] Die in der chemisch-pharmazeutischen Praxis übliche Herstellung von Spiritus fumans Libavii (Zinn(IV)-chlorid) durch Destillation von Zinn mit Sublimat (Quecksilber(II)-chlorid), bei der zugleich Quecksilber frei wird[39], oder die von Antimonbutter (Anti-

[35] Der Terminus Auflösung wurde in der Chemie des 18. Jahrhunderts synonym mit dem der chemischen Verbindung verwendet. Gerade in Hinblick auf die von Geoffroy hervorgehobenen Fälle, der Salzsäure und Salpetersäure, würde die Lesart als unterschiedliches Auflösungsvermögen wenig Sinn machen, da es speziell die Salzsäure und nicht die Salpetersäure ist, die zahlreiche Metalle, nämlich diejenigen, deren Normalpotential über dem des Wasserstoffs liegt, nicht auflösen bzw. nicht oxidieren kann.

[36] Königswasser ist ein Gemisch, das zum größeren Teil aus Salzsäure und zum kleineren aus Salpetersäure besteht.

[37] Entsprechend der Spannungsreihe der Metalle können die edlen Metalle Platin, Gold, Quecksilber, Silber und Kupfer, deren Normalpotentiale über dem des Wasserstoffs liegen, nur von oxidierenden Säuren, nicht aber von Salzsäure aufgelöst werden.

[38] Vgl. GLASER (1663/D) 123.

[39] $Sn + 2HgCl_2 \rightarrow SnCl_4 + 2\ Hg$

mon(III)-chlorid) durch Destillation von Spießglanz (Antimonsulfid) mit Sublimat[40] mögen einen empirischen Hintergrund für die Anordnung des Quecksilbers an vorletzter Stelle und die des Zinns und Antimons an erster bzw. zweiter Stelle abgeben.

In der *dritten Spalte*, die für die Säure des Salpeters (Acide nitreux; Salpetersäure), steht an erster Stelle das Eisen, das in der chemischen Praxis des 17. Jahrhunderts in Salpetersäure aufgelöst und als sogenannter Crocus Martis (Eisen(III)-oxid) ausgefällt wurde. Diesem folgt Kupfer, aus dessen Auflösung in Salpetersäure Kupfervitriol (Kupfernitrat) erhalten wurde, danach Blei, dessen salpetersaures Salz seit Libavius bekannt war, und Quecksilber, das ein im 17. Jahrhundert als Quecksilbersalpeter oder Quecksilbervitriol (Quecksilbernitrat) bezeichnetes Salz bildet. Zuletzt kommt Silber, aus dessen salpetersaurer Auflösung die Crystalli Dianae (Silbernitrat) auskristallisiert wurden.[41] Wie in der zweiten Ordnungsreihe gibt auch die dritte die Möglichkeiten der Präzipitation eines Metalls durch die in der Reihe jeweils darüber angeordneten Metalle an, in diesem Falle die Präzipitationen aus der Auflösung in Salpetersäure. Daß die Reihenfolge von Silber und Quecksilber im Vergleich zur zweiten Ordnungsreihe vertauscht ist, mag auf eine chemische Operation des 17. Jahrhunderts zurückzuführen sein, bei der man durch Zugabe von Quecksilber zu einer Auflösung von Silber in Salpetersäure einen sogenannten Silberbaum herstellte.[42]

II.1.2.1.1 *Das ölige Prinzip*

Die vierte Spalte, die für die vitriolische Säure (Acide vitriolique; Schwefelsäure), weist eine Besonderheit auf. Auf Platz eins ordnet Geoffroy zusätzlich zu den vier Salzbasen das ölige Prinzip oder Schwefelprinzip (Principe huileux ou Soufre Principe) ein, das demnach die engste, durch die nachfolgenden Stoffe nicht zerlegbare Verbindung mit der Schwefelsäure bilden sollte. In diesem Fall mußten, um eine vollständige Ordnungsreihe zu erhalten, die fixen und flüchtigen Alkalien und die Erden wieder eingefügt werden. Dies ist die einzige Stelle, an der Geoffroy nicht ausschließlich empirische Stoffe im heutigen Sinn, sondern ein Prinzip anführt. Aus der Kombination dieses öligen Prinzips mit der Schwefelsäure müßte, nach der bisherigen Verfahrensweise, eine Verbindung entstehen, die in die Klasse der Salze der Schwefelsäure eingeordnet werden könnte. Die Anordnung beruht auf Experimenten, die Geoffroy im Jahre 1704 der Pariser Akademie in einem Vortrag mit dem Titel *Maniere de recomposer le Souffre commun par la réünion de ses principes, & d'en composer de nouveau par le mélange de semblables substances avec quelques conjectures sur la composition des métaux* vorstellte.[43] Ein Jahr zuvor hatte W. Homberg einen *Essay de l'analyse du souffre commun*[44] vorgelegt, in dem Versuche zur chemischen Analyse von Schwefel beschrieben

[40] $Sb_2S_3 + 3\ HgCl_2 \rightarrow 2\ SbCl_3 + 3\ HgS$

[41] Zinn, aus dem der von Kunckel in seinem *Laboratorium Chymicum* (1716) beschriebene weiße Zinnkalk (Zinnitrat) gebildet werden kann, fehlt in dieser Reihe.

[42] Vgl. dazu auch KOPP GdCh IV 199. Die Redoxpotentiale von Ag/Ag^+ und Hg/Hg^{2+} liegen nahe beieinander. Bei höherer Silberionenkonzentration als der Normalkonzentration kann das Redoxpotential von Ag/Ag^+ höher werden als das von Hg/Hg^{2+}.

[43] AdS (HuM) von 1704, (M) 278–286.

[44] HOMBERG (1703) 31–40.

waren. Geoffroy versuchte nun, wie etwa zur gleichen Zeit in Deutschland G.E. Stahl[45], den Schwefel aus den Analyseprodukten zu resynthetisieren. Diese Experimente waren von großer Relevanz für die Elementen- und Prinzipientheorie in einer Zeit, in der diese sehr umstritten war.[46] Anders als bei pflanzlichen und tierischen Stoffen glaubte man nämlich im Schwefel einen Naturstoff gefunden zu haben, der nicht nur zerlegbar sei, sondern der auch aus den Analyseprodukten resynthetisiert werden könnte. Geoffroy mischte in mehreren Versuchen Salze der Schwefelsäure, darunter z.B. Glaubersalz (Natriumsulfat) oder vitriolisierten Weinstein (Kaliumsulfat), mit einer brennbaren organischen Verbindung, die nach der Elementen- und Prinzipientheorie reich an öligem Prinzip sein sollte, und destillierte das Gemisch. Nach dem Ansäuern des in der Retorte verbleibenden Rückstandes fiel Schwefel aus.[47] Geoffroy interpretierte diese Experimente als Schwefelsynthesen aus der im Glaubersalz enthaltenen Schwefelsäure und dem öligen oder schwefligen Prinzip des zweiten Stoffs.[48] Besteht aber der so synthetisierte gemeine Schwefel aus Schwefelsäure und öligem Prinzip, so ist er ein den anderen Vitriolen analoges Salz, und das ölige Prinzip kann wie die anderen Salzbasen der Vitriole ebenfalls als Salzbasis in die gleiche Spalte bzw. Klasse der Tabelle eingeordnet werden.[49] Auf Platz eins gehört das ölige Prinzip, weil einerseits seine Verbindung mit Schwefelsäure, der Schwefel also, unzerlegbar ist mit den darunter angeordneten Stoffen. Andererseits wurde auf dem Hintergrund vermeintlicher Schwefelsynthesen angenommen, daß z.B. Glaubersalz, eine Verbindung aus einem fixen Alkali und der Schwefelsäure, durch Zugabe des öligen Prinzips zerlegt wird, indem das ölige Prinzip das fixe Alkali aus seiner Verbindung mit Schwefelsäure verdrängt und mit dieser Schwefel bildet. Es folgen in derselben Reihenfolge wie in den Spalten zuvor das Salz des flüchtigen Alkali mit der Schwefelsäure, das Sal ammoniacum secretum Glauberi (Ammoniumsulfat), Gypsum arte factum (Kalziumsulfat) und die verschiedenen meist als Vitriole bezeichneten Metallsalze der Schwefelsäure (Metallsulfate).

Den ersten vier Spalten der Tabelle können somit erstens die Kombinationsmöglichkeiten der Säuren mit den verschiedenen Salzbasen zur Bildung der Salze allgemein und der Salze der Salzsäure, den Chloriden, der Salpetersäure, den Nitraten, und der Schwefelsäure, den Vitriolen, entnommen werden und zweitens die Möglichkeiten der Zerlegung dieser Salze in die freie Salzbasis bei gleichzeitiger Bindung der Säure an eine Salzbasis, deren Verbindungstendenz mit dieser Säure größer als die der freigesetzten Salzbasis ist.

---

45 Vgl. STAHL (1718). Geoffroys öliges Prinzip ist identisch mit Stahls Phlogiston, wie Geoffroy explizit erwähnt – vgl. GEOFFROY (1720) 28.

46 Vgl. unten III.1.

47 Im ersten Reaktionsschritt entsteht ein Sulfid, z.B.:

$Na_2SO_4 + 4\,C \rightarrow Na_2S + 4\,CO$

Durch Ansäuern erfolgt eine Oxidation des Schwefels mit Luftsauerstoff:

$2\,S^{2-} + O_2 + 4\,H^+ \rightarrow 2\,S + 2\,H_2O$

48 „Je ne doute point aprés cela que suivant ce même procédé on ne tirait du souffre de toutes les liqueurs inflammables mêlées avec les acids vitrioliques.“ Und: „(...) il paroît par les differentes compositions que j'ay faites du souffre, & par l'Analyse de ce mineral que le souffre commun n'est contenu ni dans les sels vitrioliques, ni dans les matieres huileuses separément, & qu'il ne se forme que de l`union des deux ensemble.“ (GEOFFROY (1704) 283 f.)

49 Zu dieser Klassifikation des Schwefels als Salz siehe KOPP GdCh III 308.

II.1.2.2 *Die Spalten fünf bis acht der Tabelle*

Die darauf folgenden vier Spalten bringen nun die umgekehrte Zerlegungsmöglichkeit der vier Salzklassen, nämlich die in freie Säuren und der Bindung der Salzbasis an eine Säure mit größerer Verbindungstendenz, zum Ausdruck.

Bei den Erden (*Spalte fünf*), fixen Alkalien (*Spalte sechs*) und flüchtigen Alkalien (*Spalte sieben*) steht an erster Stelle die Schwefelsäure, gefolgt von der Salpetersäure und der Salzsäure, da die Vitriole (Sulfate) durch keine der nachfolgenden Säuren zerlegbar sind, aber umgekehrt durch Zugabe von Schwefelsäure aus den Nitraten bzw. Chloriden der Alkalien und Erden Salpetersäure bzw. Salzsäure freigesetzt werden kann. Bei den Metallen (*Spalte acht*) dagegen nimmt die Salzsäure den ersten Platz ein, da Salzsäure oder wässrige Kochsalzlösung in der chemischen Praxis des 17. Jahrhunderts häufig verwendete Präzipitationsmittel waren, mit denen unlösliche Metallchloride aus der Auflösung eines Metalls in Salpetersäure oder Schwefelsäure ausgefällt wurden. Als vierte Säure, deren Salze mit den fixen Alkalien und den Metallen durch alle Mineralsäuren zersetzbar sind, fügt Geoffroy den essigsauren Spiritus (Esprit de vinaigre; Essigsäure) hinzu. In die vier Salzklassen ordnet Geoffroy an die letzte Stelle der sechsten Spalte den Schwefel ein. Aus der Kombination von Schwefel mit Pottasche oder Weinsteinsalz konnte nämlich die sogenannte Schwefelleber (Kaliumsulfid) hergestellt werden, aus der durch Zugabe von Säure, wie weiter oben bei der Schwefelsynthese bereits beschrieben, der Schwefel wieder ausgefällt, also scheinbar verdrängt werden kann. Durch die Einordnung des Schwefels in die sechste Spalte kann dieser nun nicht nur als ein den Vitriolen analoges Salz aufgefaßt werden, sondern auch als ein den Säuren analoger Stoff, der mit der Salzbasis fixes Alkali ein kompliziert strukturiertes Salz höherer Ordnung bildet.

Die acht Spalten der ersten Hälfte der Tabelle Geoffroys entsprechen also Salzklassen, eingeteilt in die beiden Zerlegungsvarianten dieser Salze.

II.1.2.3 *Die zweite Hälfte der Tabelle*

Während in der ersten Hälfte der Tabelle chemische Reaktionen in sauren Auflösungen dominieren, werden in der zweiten Hälfte vorwiegend chemische Reaktionen im Schmelzzustand angeführt. Die in dieser Hälfte enthaltenen Stoffe werden dem gleichen Klassifikationsschema wie die Salze unterworfen.

Aus der *neunten Spalte* können die Kombinationsmöglichkeiten der Metalle mit Schwefel zur Klasse der Schwefelmetalle (Metallsulfide) entnommen werden. Wiederum sind die Metalle so angeordnet, daß die weiter oben stehenden die weiter unten stehenden aus den Metallsulfiden verdrängen können, so daß abnehmende Verbindungstendenzen mit Schwefel dargestellt werden. Auch für diese Ordnungsreihe spielen Erfahrungen aus der gewerblichen Praxis, und zwar aus der Metallurgie, eine Rolle. Daß sehr viele Erze Schwefel enthalten, war im Hüttenwesen eine wohlbekannte Tatsache. Nicht nur wurde Schwefel unter anderem auch aus Pyrit (Eisensulfid) durch Erhitzen unter Luftabschluß gewonnen[50], sondern beim Rösten der Erze oxidierte der Schwefel nicht vollständig zu Schwefeldioxid, vielmehr schlug sich ein

50 Vgl. dazu AGRICOLA *De re metallica* Buch 12, (1556) 704.

Teil davon an der Gewölbeöffnung und am Boden der Öfen nieder.[51] Die Notwendigkeit des Röstens der Erze wird von Agricola folgendermaßen begründet:

„Schwefel findet sich aber öfter in metallhaltigen Erzen, und meist schadet er mehr als die anderen Mineralien allen Metallen mit Ausnahme des Goldes; doch am meisten schadet er dem Eisen, weniger dem Zinn als dem Wismut, dem Blei, dem Silber oder dem Kupfer. Da sich aber sehr selten Gold findet, in dem nicht Silber enthalten ist, muß man auch das Golderz, das Schwefel enthält, rösten, bevor es geschmolzen wird; denn Schwefel löst in einem sehr starken Ofenfeuer das Metall in Asche auf und macht daraus Schlacke; (...) ja, bisweilen verzehrt es auch das Silber." (AGRICOLA (1556) 353)

Wir finden in diesem Zitat einen interessanten Vergleich des Reaktionsverhaltens von Schwefel gegenüber verschiedenen Metallen, der gewisse Übereinstimmungen mit der neunten Ordnungsreihe der Tabelle zeigt.

Bei den Amalgamen (*Spalte zehn*) und den Legierungen (*Spalte elf bis fünfzehn*)[52] hat die Ordnungsreihe ebenfalls die Bedeutung von oben nach unten abnehmenden Verbindungstendenzen, allerdings ohne auf Präzipitationen als experimentelle Grundlage rekurrieren zu können.[53] Auch hinsichtlich der Präferenzen der Metalle bei der Amalgamierung konnte die metallurgische Praxis Aufschluß geben. Glauber gibt z.B. im vierten, metallurgischen Teil seiner *Furni novi philosophici* bereits eine Reihe der Präferenzen bei der Amalgamierung an, die weitgehende Übereinstimmungen mit der 10. Ordnungsreihe zeigt:

„Und hat der Mercur solche Eigenschafft / daß er allzeit auß der Erden nur ein Metall / und auch das beste auff einmal herauß zeucht / und so dasselbe herauß gezogen / auch endlich das schlechteste zu sich nimmt: Als zum Exempel: Wan in einer Erden Gold / Silber / Kupffer und Eisen were / so würde der Mercur erstlich nur das Gold allein zu sich nehmen und hernach das Silber / dan das Kupffer / und das Eisen gantz ungern (...)." (GLAUBER (1646–49) IV 42)

In den *Spalten vierzehn und fünfzehn*, die der Legierungen des Eisens und des Antimons, mußte Geoffroy mehrere Symbole an der gleichen Stelle nebeneinander anordnen, weil der Vergleich dieser Substanzen noch keine Unterschiede ergeben hatte.

In der *sechszehnten* und letzten Spalte werden die wässrigen Auflösungen von Salzen sowie von Weingeist (Esprit de vin) und anderen Esprits ardents – das sind bei der Destillation erhaltene flüchtige Substanzen, die den Geruchs- und Geschmackssinn erregen, wie z.B. Aceton[54] – aufgelistet, die ebenfalls als Bildung einer Verbindung interpretiert wurden. Der Weingeist und die Esprits ardents stehen hier an erster Stelle, weil zahlreiche Salze durch Zugabe von Alkohol oder Aceton aus ihren wässrigen Lösungen präzipitiert werden können.

---

[51] Vgl. dazu AGRICOLA *De re metallica* Buch 8, (1556) 357.

[52] Unter Pierre calaminaire ist Galmei (Zinkcarbonat) zu verstehen, das man im 17. und 18. Jahrhundert für ein Metall oder Halbmetall hielt und auch oft mit Zink (Zinc) verwechselte.

[53] Geoffroy spielt auf diesen Umstand am Schluß seines Kommentars an: „Il faut observer que dans plusieurs de ces experiences la séparation des matieres n'est pas toûjours parfaitement exacte & précise." (GEOFFROY (1718) 212.) Auch Macquer geht in seinen *Elemens de Chymie Theorique*, in denen er die Tabelle Geoffroys unverändert übernahm, auf dieses Problem ein: „(...) die verschiedenen Grade von den Verwandtschaften der metallischen Substanzen mit dem Merkur sind nicht so gut bestimmt, als die anderen Verwandtschaften, davon wir bisher geredet haben; angesehen sie sich meistentheils mit ihm vereinigen, ohne daß sie einander ausschließen. Man kann also von ihrem Grade der Verwandtschaft nicht viel urtheilen, als nach der Leichtigkeit, mit welcher sie sich mit ihm amalgamieren." (MACQUER (1749/D) 285) Vgl. dazu auch C.E. Gellert im Kommentar zu seiner 1751 veröffentlichten Tabelle der Auflösungen verschiedener Körper (GELLERT (1751) 173).

[54] Aceton wurde durch Erhitzen von Acetaten erhalten.

II.1.2.4 *Resümee*

Die Tabelle Geoffroys gliedert die aufgenommenen Substanzen erstens nach dem Klassifikationskriterium ihrer chemischen Zusammensetzung in Verbindungsklassen und ordnet zweitens diese Substanzen in Ordnungsreihen gemäß ihrer Wirkung als Mittel der chemischen Analyse, die als Maß für die jeweils ins Auge gefaßten stofflichen Beziehungen oder Verbindungstendenzen gelten sollte.[55]

Diese Systematisierungskriterien der Tabelle wurden unter Anwendung des chemischen Verbindungskonzepts herausgearbeitet, wobei die Begriffe chemische Verbindung, Verbindungsklasse oder chemische Analyse als anscheinend selbstverständliche vorausgesetzt wurden. Bereits die Rede vom Kombinieren von Stoffen und ihrem gegenseitigen Verdrängen setzt das Erhaltungstheorem des chemischen Verbindungskonzepts voraus. Um die Zulässigkeit einer solchen Voraussetzung zu belegen und um damit zugleich den oben kritisierten Interpretationen, die Tabelle sei als theoretisch voraussetzungsloses Ordnen empirischen Materials zu verstehen bzw. der begriffliche Rahmen sei hinreichend mit dem Hinweis auf eine neue pragmatische und operationale Einstellung bestimmt, mit einer Gegenthese antworten zu können, wird im folgenden der Kommentar Geoffroys zu seiner Tabelle näher beleuchtet.

II.1.3 *Das chemische Verbindungskonzept – Zum begrifflichen Rahmen der Tabelle Geoffroys*

Geoffroy präsentierte der Pariser Akademie seine Tabelle stofflicher Beziehungen mit einem Kommentar. Die Lektüre der Tabelle und ihres Kommentars aus heutiger Perspektive führt zu ganz anderen Bewertungen als die aus einer historisch früheren. Aus der Perspektive der Chemie des 19. und 20. Jahrhunderts scheint der Kommentar geradezu Trivialitäten und Selbstverständlichkeiten zu enthalten. Er hinterläßt Ratlosigkeit angesichts der Wertschätzung Geoffroys durch die Chemiker des 18. Jahrhunderts. Die Chemiehistoriker, die sich der Tabelle und ihrem Kommentar aus dieser späteren Perspektive genähert haben, sind daher vornehmlich zu Negativresultaten gekommen, so z.B. es sei *noch* kein Gesetz chemischer Beziehungen oder *noch* keine Affinitätstheorie formuliert, es sei zwar *schon* eine Systematisierung, aber *noch* kein Periodensystem vorhanden etc.. Aus der Perspektive des 16. und 17. Jahrhunderts ergibt sich jedoch ein völlig anderes Bild. Aus ihr läßt sich erkennen, daß Geoffroy erstmals die vorhandenen Einzelerkenntnisse zu einem chemischen Verbindungskonzept integrierte und damit die Grundlage der neuzeitlichen chemischen Theorien legte. Genau diese Modernität Geoffroys ist der Grund, warum seine Arbeit dem heutigen Leser so verständlich ist und warum sie sich in Selbstverständlichkeiten zu erschöpfen erscheint. Verkannt wird dabei aber, daß das heute als selbstverständlich erscheinende chemische Verbindungskonzept kein überhistorisches Konzept ist, sondern eins, das unter bestimmten historischen Voraussetzungen und Bedingungen entwickelt wurde.

---

55 Aus heutiger Sicht gelten nicht alle Stoffkombinationen der Tabelle als chemische Verbindungen in dem engeren Sinn von stöchiometrischen Verbindungen, nämlich die wässrigen Auflösungen, die Amalgame und die Legierungen. Die Ordnungsreihen der Metalle mit den Säuren und mit Schwefel können heute als Redoxreihen bei Normalbedingungen reformuliert und die Ordnungsreihen der übrigen Stoffe auf die Unterschiede des Dissoziationsgleichgewichts bzw. des Löslichkeitsprodukts in wässrigen Lösungen oder Schmelzen zurückgeführt werden.

Es ist freilich zutreffend, daß Geoffroy keine Affinitätstheorie formuliert hat und auch keine erklärende Theorie der chemischen Verbindung. Jedoch zeigt die Analyse des Kommentars, daß alle Momente des chemischen Verbindungs*konzepts*, die eingangs in Teil I entwickelt wurden, vorhanden sind.

Geoffroys Auswahl der aufgenommenen Stoffe ist eine sehr spezifische und enge Auswahl vor allem in Anbetracht der zahlreichen Naturstoffe, die im 17. Jahrhundert zum Untersuchungsgegenstand gemacht wurden. Die Säuren, Alkalicarbonate, Erdalkalicarbonate, Salze, Alkohol und Wasser sind aus heutiger Sicht chemische Verbindungen, die anderen Stoffe, nämlich die Metalle und Schwefel, chemische Elemente. Es sind, ebenfalls aus heutiger Sicht, empirische chemische Reinstoffe. Auch das ölige Prinzip oder Phlogiston mußte unter den historischen Voraussetzungen, da seine Existenz experimentell belegt zu sein schien, als empirischer Stoff gelten. Obwohl im 17. und frühen 18. Jahrhundert der Terminus des chemischen Reinstoffs nicht verwendet und die genannten Stoffe auch anders klassifiziert wurden als heute, behandelt Geoffroy alle diese Substanzen unter einem einheitlichen Gesichtspunkt wie empirische chemische Reinstoffe. Er redet meist von Substanzen (substances), zuweilen auch von Körpern (corps) oder Materialien (matieres) und insbesondere von „Materialien und Substanzen, die man gewöhnlich in der Chemie verwendet".[56] Diese Substanzen wurden in der chemischen Praxis des 17. und frühen 18. Jahrhunderts erstens durch chemische Operationen aus natürlichen Stoffgemischen oder natürlichen vollkommenen Mixta[57] isoliert und zweitens wurden sie von Geoffroy als Entitäten der jeweils ins Auge gefaßten chemischen Verbindungsbildungen und der reversiblen chemischen Zerlegungen dieser Verbindungen verstanden.

Die Erhaltungsvorstellung des chemischen Verbindungskonzepts ist eine fundamentale Voraussetzung für die Möglichkeit einer solchen Tabelle, wie sie Geoffroy aufstellt. Wenn die Stoffe bzw. Stoffsymbole der Spalten mit der Bezugssubstanz wie Bausteine kombiniert werden sollen, so bedeutet dies notwendig, daß sie als stoffliche Entitäten erhalten bleiben. Die sprachlichen Formulierungen im Kommentar zur Tabelle unterstreichen dieses Verständnis nochmals. Geoffroy beschreibt dort die Veränderungen als mechanische Bewegungen sich erhaltender Substanzen.

Die Annahme stofflicher Beziehungen, ein weiterer Aspekt des chemischen Verbindungskonzepts, liegt dem Ordnungsprinzip der Reihenfolge der Substanzen in den Spalten der Tabelle zugrunde. Diese stofflichen Beziehungen sollen die chemischen Verbindungsbildungen und ihre reversiblen Zerlegungen verursachen und steuern. Die Formulierungen, die Geoffroy neben dem Terminus rapport wählt, verweisen auf Vorstellungen im Sinne des neuzeitlichen Begriffs eines Naturgesetzes, ein Begriff, den er selbst in der Einleitung seines Kommentars verwendet.[58] Geoffroy vermeidet den Begriff der Affinität, den die Chemisten in den Jahrzehnten zuvor im Sinne von Liebe, Sympathie oder Kraft der Stoffe verwendeten. Seine

56 „(...) matieres qu'on a coûtume de travailler en Chimie"; „substances qui s'employent en Chimie (...)". (GEOFFROY (1718) 203)

57 Zur Bedeutung dieses Begriffs vgl. unten III.1.

58 „On observe en Chimie certains rapports entre differens corps, qui font qu'ils s'unissent aisément les uns aux autres. Ces rapports ont leurs degrés & leurs loix." (GEOFFROY (1718) 202) Andere Formulierungen sind: „disposition à s'unir", „l'ordre de rapport", „convenance" und „regle constante".

Intention ist es, eine richtige Idee der Beziehungen der Substanzen zu vermitteln[59] und eine Methode anzugeben, die geeignet ist, diese Beziehungen zu entdecken.[60] Die diesbezügliche Proposition Geoffroys lautet, eine Substanz A besitze dann eine größere Beziehung als eine Substanz B zu einer Substanz C, wenn sie die Substanz B aus ihrer Verbindung mit C verdrängen könne.[61]

Bevor im folgenden Teil III nachgewiesen wird, daß die Tabelle Geoffroys mit ihrem Kommentar tatsächlich ein historisches Novum war, das als revolutionäre Umwälzung der vorhandenen historischen Voraussetzungen und Grundlegung der neuzeitlichen chemischen Theorien zu verstehen ist, soll ein kurzer Blick auf das unmittelbare historische Umfeld, in dem Geoffroys Arbeit entstand, geworfen werden.

II.2 Das unmittelbare historische Umfeld der Tabelle Geoffroys

Jeder Versuch, eine Vorstellung von den verschiedenen theoretischen und praktischen Beschäftigungen der französischen Chemiker im Umfeld E.F. Geoffroys zu gewinnen, erfordert zunächst die Klärung der keineswegs trivialen Frage, wer in dieser Zeit als „Chemiker" zu bezeichnen wäre. Die Chemie war noch kein institutionalisiertes universitäres Fach, und die Grenzen der Chemie zur Naturphilosophie, Mechanik und den sich herausbildenden physikalischen Disziplinen sowie zur Alchemie und der chemischen Technologie im chemischen und metallurgischen Gewerbe waren fließend. Wen, so sollte man stattdessen fragen, meinte man im 17. Jahrhundert, wenn man von Chemisten sprach. Wen meinte z.B. Robert Boyle in seinem *Sceptical Chymist* mit the chymists oder wen bezeichneten die Mitglieder der Pariser Akademie als les chimistes und wer konnte in der Abteilung Chimie der Memoiren der Akademie veröffentlichen? Präzisiert man die Frage auf diese Weise, so stellt sich heraus, daß die Chemisten des 17. Jahrhunderts fast ausschließlich Ärzte und Apotheker waren. Die Wissenschaftsgeschichtsschreibung des 19. Jahrhunderts bezeichnete diese in die Medizin und Pharmazie involvierten Chemisten des 16. und 17. Jahrhunderts als Iatrochemiker. Die Iatrochemiker waren gebildete Praktiker, die die Elementen- und Prinzipientheorie der Naturkörper vertraten und sich in ihrer praktischen Arbeit chemischer Methoden bedienten. Als typisch chemische Methode galt im 16. und frühen 17. Jahrhundert die Anwendung des Feuers. In einem sehr weitem Sinn können daher nicht nur die Iatrochemiker, sondern alle Praktiker, die

59 „(...) une juste idée du rapport que les differentes substances ont les unes avec les autres" – Geoffroy (1718) 203.

60 „(...) une methode aisée pour découvrir ce qui se passe dans plusieurs de leurs operations" – Geoffroy (1718) 203.

61 „Et j'ai crû qu'on pourroit déduire de ces observations la proposition suivante (...) Toutes les fois que deux substances qui ont quelque disposition à se joindre l'une avec l'autre, se trouvent unies ensemble; s'il en survient une troisième qui ait plus de rapport avec l'une des deux, elle s'y unit en faisant lâcher prise à l'autre." (Geoffroy (1718) 202 f.)

sich dieser chemischen Methode bedienten, z.B. die Metallraffineure, Goldschmiede, Destillierer, Glas- und Seifenhersteller etc. als Chemisten bezeichnet werden.[62]

Auch E.F. Geoffroy[63] war zunächst Apotheker und studierte dann Medizin. Er war der Sohn eines wohlhabenden Pariser Apothekers und erhielt seine erste pharmazeutische Ausbildung in der Apotheke seines Vaters. Danach wurde er in Montpellier von einem mit seinem Vater befreundeten Apotheker unterrichtet. Nach verschiedenen Reisen, darunter auch nach England, wo er Mitglied der Royal Society wurde, kehrte er nach Paris zurück und wurde 1699 als ein Schüler des renommierten Chemisten Wilhelm Homberg in die Pariser Akademie aufgenommen. Für kurze Zeit übernahm er die Apotheke seines Vaters, gab diese Arbeit aber bald auf und begann, Medizin zu studieren. 1704 wurde er Doktor der Medizin und drei Jahre später begann er, Vorlesungen am Pariser Jardin Royal des Plantes zu halten, wo er 1712 den Lehrstuhl des Démonstrateur de l'Interieur des Plantes et Professeur en Chimie et Pharmacie au Jardin Royal übernahm. Daneben war er auch Professor für Medizin am Collège Royal, wo er bis zu seinem Tod unterrichtete. Geoffroys Interesse für Chemie wurde von Wilhelm Homberg geweckt, der zu den regelmäßigen Besuchern eines Zirkels angesehener Mediziner und Apotheker im Hause seines Vaters gehörte.

Wilhelm Homberg (1652–1715)[64], der zuerst Advokat in Magdeburg war, war ein vielseitig interessierter und vielgereister Mann, der während seiner Reisen zahlreiche Studien trieb, vor allem Medizin in Padua, Amsterdam und Wittenberg, sowie Bergwerke und metallurgische Betriebe in Sachsen und Ungarn besuchte und Kontakte zu bedeutenden Chemisten wie Nicolas Lemery in Frankreich, Robert Boyle in England und Johann Kunckel in Deutschland unterhielt. Bevor er sich endgültig in Frankreich niederließ, praktizierte er mehrere Jahre lang als Arzt in Rom, von wo er 1691 nach Paris ging und im selben Jahr noch in die Pariser Akademie berufen wurde. In der Pariser Akademie avancierte er sehr schnell zum einflußreichsten Chemisten, der insbesondere die Richtung der theoretischen Diskussionen bestimmte.

Wie Wilhelm Homberg gruppierten sich auch alle anderen bedeutenderen Chemisten Frankreichs[65] der Generation E.F. Geoffroys und der davor um den Jardin Royal des Plantes und die Pariser Akademie. Dazu gehörte vor allem Nicolas Lemery (1645–1715), dessen *Cours de Chymie* (1675) das berühmteste und auflagenstärkste pharmazeutische Lehrbuch der Zeit wurde und den man 1699 zum Akademiemitglied ernannte. Samuel Cottereau Duclos († 1715), Leibarzt Louis XIV., und der Apotheker Louis-Claude Bourdelin (1621–1699) waren Gründungsmitglieder der 1666 gegründeten Pariser Académie Royale des Sciences und die ersten Vertreter der Abteilung Chimie. Ihnen folgten Pierre Borel (1620–1689), der Apotheker Moyse Charas (1619–1698), Denis Dodart (1634–1707), ebenfalls Leibarzt des französischen Königs, und Simon Boulduc (1652–1729)[66], den Louis XIV. zum apothicaire artiste ernannte.

---

62 Vgl. dazu HALL (1983) 272 f.: „Robert Boyle frequently applied the word ‚chemist' in this way, as describing those who thought and worked in accordance with the tree-principle theory. Otherwise the chemist was only distinguished from other men by the nature of his methods: ‚What is accomplished by fire', wrote Paracelsus, ‚is alchemy – whether in the furnace or in the kitchen stove.' The chemist was indeed primarily a pyrotechnician (...). In this sense the metal-refiner, the soap-boiler and the distiller were chemists (...)."

63 Vgl. zum Folgenden neben PARTINGTON (HC III 49 f.) SPLETER (1929), CONTANT (1952) 55 ff. und SMEATON (1972) 352 ff.

64 Vgl. zum Folgenden PARTINGTON HC III 42 ff.

65 Vgl. PARTINGTON HC III 10 ff. und CONTANT (1952).

66 Vgl. CONTANT (1952) 51 f.

Über die unmittelbaren praktischen Beschäftigungen dieser Chemisten kann man sich unter anderem aus den veröffentlichten Berichten und Memoiren der Pariser Akademie informieren[67]. Duclos untersuchte neben Trinkwasser die Zusammensetzung von über 60 verschiedenen *Mineralwassern* und identifizierte die in ihnen enthaltenen Salze, worüber er der Akademie Bericht erstattete. Mineralwasseruntersuchungen wurden auch von Bourdelin und noch später z.B. von N. Lemery durchgeführt. Die *Kalzinierung* von Kalkstein und vor allem von Metallen und die Messung der dabei stattfindenden Gewichtsveränderungen war von Anfang an hin und wieder Untersuchungsgegenstand[68]. Die *Gewinnung von Phosphor* aus Urin war eine Neuentdeckung, über die ebenfalls mehrmals berichtet wurde. In unmittelbarem Zusammenhang mit der Tabelle Geoffroys standen die Arbeiten über die Zusammensetzung chemisch hergestellter Salze und die chemischen Veränderungen in sauren Auflösungen.

Den eindeutigen Interessenschwerpunkt der Akademie-Mitglieder bildeten die Analysen pflanzlicher und tierischer Materialien durch Destillation.[69] Duclos begann in den Jahren 1668 bis 1673 mit der Pflanzenanalyse, und Bourdelin setzte diese Arbeit über 15 Jahre lang fort. Auch Borel, Dodart und N. Lemery und von 1700 an vor allem Boulduc widmeten sich der Analyse tierischer und pflanzlicher Stoffe. Die Akademie verfolgte diese Untersuchungen mit großem Interesse. Zwölf Jahre nach der Gründung der Akademie, im Bericht von 1678, konnte die Zahl der bis dahin durchgeführten Pflanzenanalysen mit 450 beziffert werden. Am Ende dieser Periode, im Jahre 1719, als man den Sinn solcher Analysen in Frage zu stellen begann, sollen nach dem Akademiebericht des Sekretärs der Akademie, Fontenelle, mehr als 1400 Pflanzen analysiert worden sein.[70] Chemische Zerlegungen pflanzlicher und tierischer Materialien durch Destillation wurden schon lange vorher im Apothekergewerbe praktiziert. Durch Paracelsus und seine Anhänger avancierte die Destillation zur bedeutsamsten chemischen Operation überhaupt. Daß man diese Operation gegen Ende des 17. Jahrhunderts als Analyse zu bezeichnen begann und ihr so großes Interesse schenkte, stand im Zusammenhang mit der Elementen- und Prinzipientheorie, die den theoretischen Rahmen der Arbeiten der Akademie-Mitglieder bildete.

Die Elementen- und Prinzipientheorie war eine Theorie über Naturkörper, über deren Herkunft und Konstitution und deren natürliche Entwicklungsmöglichkeiten. Die Operationen der chemischen Praxis, auf die sich die Tabelle Geoffroys und deren Problemstellungen beziehen, wurden von ihr nicht thematisiert. Die Elementen- und Prinzipientheorie unterscheidet sich vielmehr in ihrem Gehalt und ihrer Methodik grundlegend vom chemischen Verbin-

---

[67] Siehe Histoire de l'Académie Royale des Sciences depuis 1666 jusqu'à son Renouvellement en 1699, 2 Bde., Paris 1733; Memoires de l'Académie Royale des Sciences depuis 1666 jusqu'à 1699, Bd.3–10, Paris 1733; Table générale des matières contenues dans l'Histoire et les Mémoires de l'Académie Royale des Sciences, Bd.1, Paris 1734.

[68] Unter Kalzinierung versteht man starkes Erhitzen an offener Luft. Dabei entsteht aus Kalkstein der sogenannte Ätzkalk oder gebrannte Kalk, und aus Metallen entstehen die Metallkalke (Metalloxide).

[69] Rückblickend konstatierte Fourcroy im Artikel „Chimie" der *Encyclopédie méthodique*, daß seit der Gründung der Akademie die Pflanzenanalysen planmäßig unternommen wurden: „Presque dès les premières séances de l'académie des sciences de Paris, on traça le plan de l'analyse des végétaux par la distillation (...)". (EM III 338)

[70] „L'Académie commença ses travaux Chymiques par des Analyses faites selon la pratique ordinaire. Plus de 1400 plantes (...) ne lui donnerent que les mêmes produits, quelque différentes qu'elles fussent entr'elles, & ne lui apprirent autre chose, sinon que ce travail ne pouvoit conduire à la connoissance de l'intérieur des Mixtes. Tout devenoit égal par ces décompositions, ce n'étoient que des matériaux & des platras tout semblables de bâtimens détruits, & il ne restoit dans cet amas confus aucunes marques des dispositions régulieres qui avoient formé les différens bâtimens. M. Lemery, dont nous empruntons cette comparaison, a proposé des Réflexions sur ces anciennes & inutiles Analyses." (AdS (HuM) 1719 (H) 51) – Mit Monsieur Lemery ist Louis Lemery, der Sohn Nicolas Lemerys, gemeint.

dungskonzept. Um einerseits die Sonderstellung und die Neuartigkeit der Arbeit Geoffroys herauszuarbeiten und andererseits die theoretische Ausgangssituation der neuzeitlichen Chemie, über die bisher keine zusammenhängende Rekonstruktion vorliegt[71], zu klären, wird im folgenden Teil III die Elementen- und Prinzipientheorie näher beleuchtet.

[71] Die einzige relativ ausführliche Gesamtdarstellung der Elementen- und Prinzipientheorie in Frankreich gibt Hélène Metzger (METZGER 1923). Ihre Darstellung verfährt aber referierend und verbleibt weitgehend deskriptiv. Einen Einblick gibt auch DEBUS (1991) 129–134.

TEIL III

DER HINTERGRUND I – DIE NATURPHILOSOPHISCHEN AUSGANGSBEDINGUNGEN

III.1 DIE ELEMENTEN- UND PRINZIPIENTHEORIE DER NATURKÖRPER

Die Elementen- und Prinzipientheorie befaßte sich mit Naturkörpern, und zwar mit den Naturkörpern aus allen drei Reichen der Natur, dem Tier-, Pflanzen- und Mineralreich. Diese Naturkörper galten gleichermaßen als Mixta, d.h. als Körper, die aus Verschiedenem, nämlich aus Elementen und Prinzipien konstituiert werden. Gleichwohl wurden die Mixta als homogene Einheiten begriffen. Unter Elementen verstand man Naturkörper generierende Anfänge und unter Prinzipien unzerlegbare Träger irreduzierbarer und ursprünglicher Qualitäten, durch deren Zusammenwirken alle Eigenschaften der Naturkörper zustandekommen.

Die Elementen- und Prinzipientheorie, wie sie von der übergroßen Mehrheit der Chemisten des 17. Jahrhunderts akzeptiert und vertreten wurde, geht auf Paracelsus zurück. Paracelsus nahm drei konstituierende Prinzipien an, nämlich Sulphur, Mercur und Sal. Diese Grundannahme versuchte er empirisch durch die Verbrennungserscheinungen der Naturkörper zu untermauern. Die späteren Prinzipientheoretiker des 17. Jahrhunderts machten die Destillation pflanzlicher Materialien zu ihrer wichtigsten Erfahrungsgrundlage und postulierten, ausgehend von den verschiedenen Destillationsprodukten, meist fünf Prinzipien, neben den drei Paracelsischen noch Erde und Wasser.

Im letzten Drittel des 17. Jahrhunderts war diese Elementen- und Prinzipientheorie in eine Krise geraten. Die kontrovers geführte Debatte konzentrierte sich auf die Fragen, welche Destillationsprodukte und wieviele als Prinzipien gelten können, und auf methodische Probleme. Zweifel wurden an der Rolle des Feuers als dem universellen und auf natürliche Weise zerlegenden Mittel des Chemisten geäußert. Konnte das Feuer die Prinzipien der Naturkörper nicht auch verwandeln oder transmutieren oder auf sonstige Weise verändern?[1] Und selbst wenn man annahm, das Feuer scheide lediglich bereits Vorhandenes, so war damit noch keineswegs bewiesen, daß diese Prinzipien auch die letzten und konstituierenden Prinzipien der Naturkörper seien.[2] Hatte man sich bisher zur Klärung der Frage nach den konstituierenden Prinzipien empirisch nur auf die chemische Zerlegung der Naturkörper gestützt, so wurde zu Beginn des 18. Jahrhunderts erstmals die Forderung nach einer Ergänzung der Analyse durch

---

[1] Den Einwand, das Feuer verändere die Substanzen, machte z.B. der Brüsseler Iatrochemiker van Helmont (1579–1644): „(...) by a Transmutation made by the Fire, they are there generated, as it were new Beings, and there is made that, which was not before." (Zit. n. DEBUS (1977) 321.) – Nicolas Lemery zitiert in seinem *Cours de Chymie* „einige moderne Philosophen", die Zweifel hegten, ob die bei der Analyse erhaltenen Prinzipien tatsächlich unveränderte Bestandteile der „vollkommen gemischten" Körper seien: „Quelques Philosophes modernes veulent persuader qu'il est incertain que les substances qu'on retire des mixtes, & que nous avons appellées Principes de Chymie, resident effectivement & naturellement dans le mixte: ils disent que le feu en rarefiant la matiere dans les distillations, est capable de luy donner ensuite un arrangement tout different de celuy qu'elle avoit auparavant, & de former le sel, l'huile & les autres choses qu'on en tire." (N. LEMERY (1675) 5) – Louis Lemery, der Sohn Nicolas Lemerys und Kollege E.F. Geoffroys, behauptet in seinem 1719 gehaltenen Bericht an die Pariser Akademie – *Réflexions Physiques. Sur le défaut & le peu d'utilité des Analyses ordinaires des Plantes & des Animaux* (AdS (HuM) von 1719 (M) 173 ff.) –, die bisherige Analyse durch Feuer habe die durchaus verschiedenen unmittelbaren Bestandteile gewaltsam zerstört bzw. so weit zerlegt, daß alle pflanzlichen und tierischen Stoffe trotz ihrer großen Verschiedenheit immer die scheinbar gleichen unmittelbaren Bausteine ergeben hätten.

[2] Auch auf diesen Einwand geht N. Lemery in seinem *Cours de Chymie* ein: „D'autres attaquent les principes de Chymie d'une maniere un peu differente: ils avouent que les substances sont dans les mixtes naturellement, à peu près comme on les retire; mais ils disent qu'on n'a point de preuve que ces mixtes ayent esté composez de ces mêmes substances – là qu'on appelle Principes, ni que ces substances ayent esté tirées du suc de la terre en cette forme: qu'il se peut faire que le sel, le soulfre, &c. ont esté formez dans les fermentations & dans les autres élaborations naturelles qui sont arrivées au mixte pendant son accroissement (...)". (N. LEMERY (1675) 7)

Resynthese erhoben.[3] Diese Forderung konnte nur von außen an die Elementen- und Prinzipientheorie herangetragen werden, denn die paradigmatische Operation der Prinzipientheoretiker, die Destillation pflanzlicher Materialien, erlaubte keine Resynthese. Die Methode reversibler Analysen und Synthesen wurde neben und völlig unabhängig von der Elementen- und Prinzipientheorie im Zusammenhang mit der Aufstellung des chemischen Verbindungskonzepts entwickelt, und die Anwendung dieser Methode auf die Prinzipientheorie ist bereits Ausdruck des Versuchs, die beiden disparaten Konzepte zu integrieren. Diese Integrationsbemühungen kamen erst Ende des 18. Jahrhunderts mit den Arbeiten Lavoisiers zu einem erfolgreichen Abschluß. Zu Beginn des 18. Jahrhunderts war die Elementen- und Prinzipientheorie noch im Umbruch begriffen mit allen Schwankungen und Kontroversen, die zu solch einer Situation gehören.[4]

Diesen Umbruch genauer darzustellen und die Linie, die von da zur Elemententheorie Lavoisiers führt, zu verfolgen, wäre ein ganz eigenes Thema. Der grundlegende Wandel im Naturbild, die erklärende Potenz der Korpuskulartheorie und neue methodische Standards[5] mögen dabei ausschlaggebend gewesen sein. In dieser Arbeit geht es hauptsächlich darum, die Differenz der Elementen- und Prinzipientheorie zum chemischen Verbindungskonzept herauszuarbeiten. Dazu ist es zweckmäßig, die Elementen- und Prinzipientheorie in ihrer ungebrochenen Form, wie sie vor dem letzten Drittel des 17. Jahrhunderts vorlag, darzustellen. In einem ersten Abschnitt wird die Ausgangsform dieser Theorie bei ihrem Begründer Paracelsus thematisiert. Danach folgt die Darstellung der Grundzüge der Elementen- und Prinzipientheorie seiner Nachfolger im Frankreich des 17. Jahrhunderts, deren wichtigster Exponent Le Fèvre war.

---

[3] Auch E.F. Geoffroy schließt sich in seinem Bericht an die Pariser Akademie von 1704 der Forderung nach einer Resynthese an: „Mais ce que nous assure entierement que nous avans réüssi dans la recherche que nous faisons de la composition des corps, c'est lorsqu'aprés avoir réduit le corps mixte en des substances aussi simples que la Chimie puisse les réduire, nous le recomposons par la réünion de ces mêmes substances.“ (AdS (HuM) von 1704, (M) 279) – Wilhelm Homberg, der einflußreichste französische Prinzipientheoretiker zu Beginn des 18. Jahrhunderts, übernahm die Forderung und versuchte sie zu integrieren, indem er eine Begründung dafür lieferte, warum eine Resynthese pflanzlicher Materialien unmöglich sei. Das Feuer sollte das natürliche Arrangement der Bausteine verändert haben: „(...) pourquoy l'on ne sçauroit recomposer un mixte en rejoignant ensemble les principes dans lesquels il a été reduit par l'analyse, parce que le feu ayant changé leur arrangement naturel & leurs degrés de volatilité & de fixité, & même en ayant dissipé sans qu'il soit possible d'empêcher cette perte, ces principes étant rejoints ensemble ne se trouvent plus ny dans la même quantité, ny dans la même qualité, ny dans le même arrangement qu'ils étoient dans le mixte avant l'analyse.“ (AdS (HuM) von 1701, (M) 116)

[4] Bei N. Lemery und Homberg sind einerseits Formulierungen zu finden, die für eine Übernahme des Verbindungskonzeptes in die Theorie der Naturkörper sprechen. Andere Formulierungen wiederum lassen keine eindeutige Interpretation zu. Auch ist weiterhin von einer Generation und einem Wachstum aller, nicht nur pflanzlicher und tierischer Naturkörper die Rede. Vgl. dazu N. LEMERY (1675) 7 und 69 ff..

[5] Die Frage dieser neuen methodischen Standards wird unten in den Teilen IV und V aus einer anderen Perspektive wieder aufgegriffen.

III.1.1 DIE ELEMENTEN- UND PRINZIPIENTHEORIE DES PARACELSUS

III.1.1.1 *Naturkörper als homogene Einheiten*

Paracelsus hat seine Elementen- und Prinzipientheorie nicht systematisch ausgearbeitet und dargestellt. In mehreren seiner Schriften finden sich Passagen wie die folgende, die besagen, alle natürlichen Körper seien aus den ersten und irreduzierbaren drei Prinzipien Schwefel, Quecksilber und Salz zusammengesetzt.[6] Die natürlichen Körper sind

> „(...) aus drei Dingen zusammengesetzt, aus Mercurius, Sulfur und Sal. Diese drei Dinge machen also einen Körper." (PARACELSUS *Philosophie an die Athener*, W III 808)[7]

Die anachronistische Lesart dieser Textstellen würde „zusammengesetzt" verstehen als Zusammensetzung aus spezifischen körperlichen Bestandteilen und entsprechend Prinzipien als chemische Elemente, als empirische, durch chemische Analyse nicht mehr zerlegbare Stoffe, wie es der neuzeitlichen chemischen Elementen- und Verbindungstheorie entspricht.[8] Irritierend für dieses Verständnis ist aber bereits die Tatsache, daß die Paracelsische Prinzipientheorie die aristotelische Elemententheorie nicht ersetzt, sondern daß Prinzipien und Elemente nebeneinander vorkommen. Sulfur, Sal und Mercurius, so heißt es bei Paracelsus,

> „(...) sind der Anfang aller Dinge, die von den vier Müttern entspringen, das ist von den vier Elementen." (PARACELSUS *Über die Entstehung der Metalle und Minerale*, W III 1033)[9]

Daß Paracelsus unter Prinzipien nicht die gleichnamigen sinnlich wahrnehmbaren Naturkörper oder Stoffe versteht, zeigt ein Vergleich der den Prinzipien zugesprochenen Qualitäten mit den wahrnehmbaren Eigenschaften der entsprechenden empirischen Stoffe. Zwar gibt es einige Eigenschaftsanalogien zwischen den Prinzipien und den gleichnamigen Naturkörpern. Das Prinzip Schwefel soll dem Körper die Verbrennlichkeit, Quecksilber die Flüchtigkeit und Salz den Geschmack verleihen. Diese Eigenschaftsanalogien lassen sich aber nur begrenzt ziehen und treffen auf die Mehrzahl weiterer Qualitäten und Funktionen, die mit den Prinzipien in Verbindung gebracht werden, nicht zu. Das Prinzip Schwefel, das von Paracelsus zuweilen auch Feuer genannt wird, soll nicht nur das Prinzip der Verbrennlichkeit, sondern das jeglicher Körperlichkeit sein. Das Salz gilt außer als Prinzip des Geschmacks auch als das der Farbe, der Koagulation oder des Festwerdens und des Balsams, das heißt der Erhaltung der Naturkörper. Der Mercurius soll Prinzip der Kraft und Heilkraft, der Tugend und der chemischen Wirksamkeit als solcher sein:

---

[6] Paracelsus übernimmt hier die mittelalterliche alchemistische Sulfur-Mercur-Theorie des Aufbaus der Metalle und erweitert sie, indem er sie auf Naturkörper schlechthin anwendet und sie durch das dritte Prinzip Sal ergänzt. Die Theorie des Aufbaus der Metalle aus den Prinzipien Mercur und Sulfur geht auf den im 8. Jahrhundert lebenden arabischen Gelehrten Jabir ibn Hayyan (latinisiert: Geber) zurück. Ende des 13. Jahrhunderts wurde diese Theorie über die Geber zugeschriebene, wahrscheinlich aber von einem anderen Autor stammende Schrift *Summa perfectionis magisterii* verbreitet. Vgl. DEBUS (1977) 12.

[7] Oder an anderer Stelle: „Diese drei ersten Substanzen sind Mercurius, Sulfur und Sal. Aus diesen dreien ist die Welt geschaffen und zusammengesetzt worden." (PARACELSUS *De natura rerum*, W III 271 f.)

[8] Eine solche Interpretation gibt z.B. R. HOOYKAAS (1935) 177.

[9] An einer anderen Stelle heißt es: „Diesen Körper hat er [sc.: Gott – U.K.] aus drei Dingen zusammengesetzt, aus Mercurius, Sulfur und Sal. Diese drei Dinge machen also einen Körper. Diese drei Dinge machen alles, was in den vier Elementen ist und wird." (PARACELSUS *Philosophie an die Athener*, W III 808)

„Verstehet hier kurz, daß alle Farben vom Salz stammen, denn das Salz liefert die Farben, den Balsam und die Koagulation. Der Sulfur liefert den Körper, die Substanz und das Gebäude. Der Mercurius liefert die Eigenschaften, Kräfte und Arcana." (PARACELSUS *Über die Entstehung der Metalle und Minerale*, W III 1041)[10]

Den Prinzipien werden nicht nur Qualitäten zugesprochen, die in der aristotelischen Tradition als elementare galten und die vor allem im 17. Jahrhundert und auch schon früher als primäre und sekundäre unterschieden wurden, sondern auch die sogenannten okkulten Qualitäten.[11] Den okkulten, durch die Sinne nicht unmittelbar wahrnehmbaren, aber gleichwohl an ihren Wirkungen erkennbaren Qualitäten, die Paracelsus als Balsam, Arkana oder Kräfte bezeichnet und die den Peripatetikern als unbegreifliche, nicht auf Elemente zurückführbare Eigenschaften der natürlichen Körper galten, wird mit den Prinzipien eine Erklärung gegeben. Zu den unmittelbar sinnlich wahrnehmbaren, in der aristotelischen Tradition auf die Elemente zurückgeführten sogenannten manifesten Qualitäten zählt Paracelsus auch die Körperlichkeit als solche, die vom Prinzip Schwefel herrühren soll. Die Prinzipien gelten somit in der Paracelsischen Theorie als Ursachen sämtlicher in der aristotelischen Tradition entweder als okkulte und manifeste oder als okkulte und elementare unterschiedenen Qualitäten und als Konstituentien der Körperlichkeit.

Als Konstituentien von Naturkörpern können die Prinzipien nicht selbst Naturkörper sein. Dies ist einer der wesentlichen Unterschiede zum modernen Elementbegriff. Es stellt sich somit die Frage, welcher ontologische Status ihnen und den Elementen zukommen sollte.

Partington greift in seiner *Chemiegeschichte* die Interpretation Rodwells auf, nach der die Prinzipien als „representative bodies, types of classes, types of qualities" zu verstehen seien (PARTINGTON HC II 142). Diese Interpretation unterstellt den Paracelsianern einen nominalistischen Gebrauch ihrer Grundbegriffe, eine Unterstellung, die im Widerspruch zum Kontext der Schriften des Paracelsus und zum realistischen Gebrauch anderer Grundbegriffe steht. Eine Interpretation, die den theoretischen Kontext, in dem die Begriffe Prinzip und Element stehen, stärker berücksichtigt, gibt Marie Boas. Sie stellt diese Begriffe in die Tradition der aristotelischen Materie-Form-Theorie, insbesondere in die durch die mittelalterlichen Peripatetiker geprägte Variante der Theorie substantieller Formen[12], und interpretiert sie als „ideal substances".[13] Daß Paracelsus aber keineswegs in der bei M. Boas angenommenen Ausschließlichkeit in die scholastische Tradition einzuordnen ist, sondern daß die in der Renais-

---

[10] „Im Sulfur ist nichts, nur der Körper, im Sal ist auch nichts, nur im Mercurius ist etwas. Sulfur und Sal sind da, damit das eine den Körper liefere (...) und das andere die Festigkeit. Die Natur, die Kraft, die Tugend, die Eigenschaft, das Wesen und die Art stammen nur vom Mercurius. (...) Wisset, daß das Sal ein Balsam ist und den Mercurius erhält, so daß dessen Kräfte und Eigenschaften nicht faulen und hinfällig werden." (PARACELSUS *Über die Entstehung der Metalle und Minerale*, W III 1048) „Wisset zuerst, daß jedes Ding aus den drei Dingen besteht, aus Feuer, Salz und Mercurius. Im Feuer liegt die Verwandlung und Feinheit. Im Salz die Farbe. Im Mercurius die Arznei (...) Alles, was da ist, ist nicht ohne Geschmack. Er wird durch das Salz bewirkt. Es gibt kein Ding, das nicht in seinem ersten Körper oder bei seiner Verwandlung brennt. Dies wird durch das Feuer bewirkt. Es gibt auch kein Ding, es sei etwa einem feind, das für einen anderen böse oder gut ist. So ist der Mercurius." (PARACELSUS *Ein Fragment des I. Buches über die Tugenden der Dinge*, W III 578)

[11] Zum Begriff der okkulten Qualitäten in der scholastischen Tradition und am Beginn der Neuzeit vgl. HUTCHISON (1982).

[12] BOAS (1952) 417: „(...) substantial forms played as important a rôle in the chemical theory of the followers of Paracelsus as they did in that of the followers of Aristotle."

[13] „It cannot be too often emphazised that the chemists did mean something different from what we mean today when they spoke in terms of elements. For their elements and principles were ideal substances, real in the sense that they existed in matter, but not real in the sense that they could be handled and observed." (BOAS (1958) 85 f.)

sance weit verbreiteten neuplatonistischen, stoizistischen und alchemistischen Naturtheorien in die Naturphilosophie des Paracelsus einfließen, hat Walter Pagel in seiner Paracelsus-Studie gezeigt.[14] Nach Pagel sind die Elemente und Prinzipien bei Paracelsus im Sinne des stoischen Weltseele-Begriffs zu verstehen, d.h. sie werden weder rein körperlich noch rein ideell gedacht, sondern als Pneuma, als Stoff feinster Körperlichkeit und als Kraft in den einzelnen Dingen.[15]

Paracelsus selbst gebraucht in mehreren seiner Schriften als Synonyme für Element und Prinzip auch die Begriffe Geist, Seele, Kraft und Leben. „Damit besser verstanden werde, was ein Element ist“, schreibt Paracelsus, „sage ich“,

> „(...) daß ein Element nichts anderes als eine Seele ist. Sein Wesen ist zwar nicht wie eine Seele, doch es gleicht der Seele. (...) Die Seele der Elemente ist das Leben aller Geschöpfe. Das Feuer, das da brennt, ist nicht das Element des Feuers, wie wir es sehen, sondern die Seele, die darinnen ist, uns unsichtbar, ist das Element Feuer und sein Leben. Das Element des Feuers kann aber in einem grünen Holze wie in dem Feuer sein.“ (PARACELSUS *Philosophie an die Athener*, W III 781)[16]

In der Annahme beseelter, belebter Körper stimmt die Naturtheorie des Paracelsus mit dem alchemistischen Naturbild des Mittelalters und seiner Zeit überein.[17] In diesem gemeinsamen Naturbild wird die gesamte Natur als ein einheitlicher, beseelter Organismus aufgefaßt. Die Idee eines Dualismus von Materie und Geist, die sich in der neuzeitlichen Philosophie seit Descartes durchgesetzt hat, ist der Paracelsischen Naturphilosophie vollkommen fremd. Die Natur ist bei Paracelsus belebte und beseelte Materie[18] und als solche einheitlich. Diese Einheit umfaßt ein Spektrum natürlicher Wesen, an dessen einem Ende die Naturwesen mit grober Körperlichkeit und am anderen die himmlischen, spirituellen – im Sinne von intelligiblen – Wesen stehen. Dazwischen werden Wesen und Substanzen mit subtiler Körperlichkeit – so auch die Spiritus und Dämpfe, die man mit chemischen Mitteln wie Destillation und Verbrennung aus Naturkörpern freisetzen konnte – und die Elemente und Prinzipien eingeordnet, die dem Körperlichen nur sehr nahekommen. Die Vorstellung einer kontinuierlichen Kette der Wesen[19], die noch im 19. Jahrhundert vor der Aufstellung der biologischen Evoluti-

[14] Vgl. PAGEL (1958) 203 ff.. In dieser Einschätzung stimmt Pagel z.B. mit LASSWITZ (1890) I 298 ff. und mit DEBUS (1977) 60 f. überein.

15 PAGEL (1958) 86: „The true ‚Elements‘ and true ‚Principles‘ are forces and archetypes of finest corporality hidden in the objects of nature and imprinting on them a certain ‚signature‘. They form units of ‚prime matter‘, each with a spiritual and a corporeal aspect.“

[16] Zwei Seiten vorher heißt es: „Es ist ein blinder Verstand, das Nasse für das Element Wasser zu halten oder das Brennende für das Element Feuer. Denn nicht aus dem Körper, der Substanz oder nach der Geschicklichkeit soll das Element verstanden werden. Denn was da sichtbar ist, das ist nur die Einfassung und das Element ist ein Geist. Er lebt in den Dingen wie eine Seele im Leib. Die erste Materie der Elemente ist unsichtbar und ungreifbar, doch sie ist in allen Dingen. Die erste Materie der Elemente ist nichts anderes als das Leben, das in den Geschöpfen ist.“ (PARACELSUS *Philosophie an die Athener*, W III 779) In Bezug auf die drei Prinzipien heißt es: „(...) Sulfur, Sal und Mercurius (...) sind die Seele, der Geist und das richtige Wesen des Elements.“ (PARACELSUS *Über die Entstehung der Metalle und Minerale*, W III 1039) In manchen seiner Schriften vergleicht Paracelsus die drei Prinzipien auch mit der Trinität von Geist, Seele und Körper. Über die Entstehung der Metalle heißt es: „(...) daß alle sieben Metalle aus drei Materien geboren werden, nämlich aus Mercurius, Sulfur und Sal (...). Der Mercurius ist der Geist, der Sulfur die Seele und das Sal der Leib. Die Verbindung aber zwischen Geist und Leib, wovon auch Hermes spricht, ist die Seele, die der Sulfur ist, der die zwei einander widerwärtigen Dinge vereinigt und in ein Wesen bringt etc.“ (PARACELSUS *De natura rerum*, W III 227 f.)

[17] Vgl. dazu GANZENMÜLLER (1938) 128 ff. und PAGEL (1958) 258 ff.

[18] Vgl. de VRIES (1983) 67 zur „Geistigen Materie“ in der Scholastik.

[19] Vgl. dazu LOVEJOY (1985).

onstheorie eine große Rolle spielte, ist neben der Mikorkosmos-Makrokosmos-Idee die konkrete Form, in der Paracelsus den Allzusammenhang von Natur und menschlicher Welt denkt.

Die grundlegende Denkfigur, in der Paracelsus die Konstitution der Naturkörper konzipiert, ist weder die des Nebeneinanders verschiedener selbständiger körperlicher Bestandteile, wie im antiken Atomismus, noch die aristotelische Unterscheidung von Materie und Form, sondern die Unterscheidung von Körper und Geist in dem weiten Sinn, der Seele, Leben, Kräfte und die in chemischen Operationen empirisch feststellbaren chemischen Spiritus umfaßt. Diese Unterscheidung wird an der sinnlichen Wahrnehmung festgemacht. Der Körper ist das unmittelbar sinnlich Wahrnehmbare des Mixtums, vor allem das Sichtbare und Tastbare, metaphorisch als seine äußere Hülle bezeichnet. In dieser Redeweise von Äußerem und Inneren ist der Geist das unsichtbare und untastbare, gleichwohl an seinen Wirkungen erkennbare Innere des Körpers.[20] Der Geist der Naturkörper hat in dieser Konzeption ebensowenig wie Seele und Geist des Menschen einen bestimmten Ort, sondern durchdringt den ganzen Körper und bildet eine Einheit mit ihm. Das natürliche Mixtum ist somit kein aus heterogenen körperlichen Teilen zusammengesetztes Ganzes, sondern eine homogene Einheit.

Auf dem Hintergrund dieser Denkfigur verliert die in der chemiehistorischen Literatur fast durchgängig aufgeworfenen Problematik des Verhältnisses von Elementen und Prinzipien im Zusammenhang mit der Konzeption des Aufbaus der Naturkörper ihre Brisanz[21]. Erst die anachronistische Fragestellung, welches die Bestandteile wovon seien, führt zu einem Problem, das im Denken von Paracelsus kein Problem gewesen ist. Dies zeigt sich noch deutlicher, wenn die Theorie der Naturkörper in Zusammenhang gebracht wird mit der Theorie ihrer Entstehung. Dieser Zusammenhang erlaubt nicht nur eine vollständigere Bestimmung der Begriffe Element und Prinzip, sondern wirft zugleich ein neues Licht auf das Verhältnis zwischen beiden.

III.1.1.2 *Elemente als Mütter und Prinzipien als Samen*

Das Paracelsische Verständnis der Naturkörper als belebte Wesen geht mit dem ihrer Entstehung als Geburt einher. Die Generation oder Geburt der Naturkörper wird nicht als einmaliger Akt am Anfang der Welt, sondern als fortwährender Vorgang verstanden. Erst in der Theorie der Generation der Naturkörper wird die Funktion der Elemente deutlich. Sie werden als die Mütter der Naturkörper angesehen:

> „(...) daß nur auf vier Dingen alle Geschöpfe haben beruhen müssen und aus ihnen kommen. Diese vier sind Mütter aller Geschöpfe und werden Elemente genannt. (...) Die vier Mütter als die vier Elemente sind alle Dinge zu erschaffen gewaltig gewesen." (PARACELSUS *Philosophie an die Athener*, W III 778 f.)

---

[20] Diese Denkfigur erlaubt es, zur Erklärung spezifischer Vorgänge beliebige weitere Kräfte einzuführen, wie den Archeus, den Vulcanus und den Iliaster, die neben den Elementen und Prinzipien steuernde Kräfte der Spezifität und Entwicklung eines Naturkörpers sein sollen – vgl. PAGEL (1958) 105 ff..

[21] Das Verhältnis von Prinzipien und Elementen in den iatrochemischen Theorien wird in der chemiehistorischen Literatur häufig als unklar und problematisch bezeichnet. So auch DEBUS (1977) 79: „Further confusion was added by Paracelsus' failure to make clear the relationship of the new triad to the traditional elements". Oder PAGEL (1958) 83: „Apart from the ambiguous terminology there is the question of the relationship between the ‚elements' and ‚principles' in any of the various meanings of these terms". Ebenso HOOYKAAS (1935) 184.

Jedes der vier Elemente soll seine besonderen Früchte gebären.[22] Die Vielfalt der Naturwesen läßt sich deshalb in einem ersten Schritt nach ihrer Herkunft aus ihrem generierenden Element ordnen. Das Element Erde bringt alle „Bäume, Kräuter und andere(n) Gewächse der Erde" hervor (PARACELSUS W III 840) und das Wasser die Salze, Metalle, Steine und Mineralien (W III 862 ff.). Das Feuer ist Ursprung des Firmaments mit Sonne, Sternen, Licht und Finsternis, Winden, Wolken, Regen und Schnee (W III 813 ff.). Das vierte Element, die Luft, soll dagegen nur Behältnis aller Dinge sein (W III 807).

Die generierenden Elemente signieren zwar ihre Früchte durch ihre vorherrschende Grundqualität. Diese ist, in Anlehnung an die aristotelische Elementenlehre, entweder trocken oder feucht, heiß oder kalt. Jedoch soll das wesentliche formierende Prinzip im Samen liegen.[23] Der Samen, Paracelsus spricht davon meist im Singular, steht in enger, nicht völlig eindeutig gekennzeichneter Relation zu den drei Prinzipien. Die Prinzipien „mischen sich im Samen", heißt es an einer Stelle.[24] Andere Textstellen lassen die Interpretation einer synonymen Verwendung beider Begriffe zu.[25]

Die Generation der Mineralien beschreibt Paracelsus folgendermaßen:

„Nun folgt, daß es nur drei Dinge gibt, die jedes Mineral vollenden, nämlich Sulfur, Sal und Mercurius. Die drei tun alles. Zuerst muß ein Körper dasein, in dem man wirkt; das ist der Sulfur. Dann muß die Eigenschaft, die Kraft dasein, das ist der Mercurius. Dann muß die Festigkeit, die Erstarrung, die Vereinigung da sein, das ist das Sal. Jetzt ist das da, was entstehen soll." (PARACELSUS *Das Buch über die Minerale*, W III 1043)

In Bezug auf die Konstitution der Naturkörper ist die grundlegende Denkfigur die Unterscheidung von äußerlicher Körperlichkeit und innerem Geist. Dagegen greift Paracelsus bei der Konzipierung ihrer Entstehung auf traditionelle peripatetische Denkfiguren zurück. Das Verhältnis von Element und Prinzipien im Kontext der Entstehung der Naturkörper entspricht dem peripatetischen Materie-Form-Verhältnis, das hier „vitalistisch" uminterpretiert wird. Das Element, auch als Elementmatrix bezeichnet, ist relativ zum hervorgebrachten Naturkörper ungeformte Materie[26], und die Prinzipien sind die Form. Der Formbegriff schließt den Körperbegriff ein, denn die Körperlichkeit wird einem der drei Prinzipien, dem Sulfur, zugeordnet.

Anders als zeitgenössische alchemistische Theorien der Generation der Naturkörper, die der Generation einen Zeugungsakt zwischen Elementmatrix und von außen kommenden Sa-

[22] „Es ist aber falsch, wenn man glaubt, daß die Elemente sich vereinigen müssen, weil alle Dinge aus den vier Elementen geschaffen sind. (...) Das Element hat, wie das Mysterium Verschiedenes (Divertallum) zu erzeugen. (...) Das Element Feuer ist eine Gebärerin der Sterne, Planeten und des ganzen Firmaments, aber es gleicht doch keinem von diesen in der Form." (PARACELSUS *Philosophie an die Athener*, W III 780 f.)

[23] „Denn da sind alle Dinge mit Samen, alle Dinge sind von zweien, von Vater und Mutter geboren." (PARACELSUS *Philosophie an die Athener*, W III 770)

[24] Bezogen auf das Element Erde schreibt Paracelsus: „In diesem Element Erde liegt der Samen des Holzes, der Wurzeln, der Kräuter und der Schwämme. (...) Die drei ersten Dinge der Erde mischen sich im Samen." (PARACELSUS *Philosophie an die Athener*, W III 841 f.)

[25] PAGEL (1958) 87: „The principles are inherent in the semina, are their main constituents and, one may even say, are the semina themselves." Und 103: „The nearest approach to the meaning which Paracelsus seems to have intended, is again through the concept of the ‚Semina'. These differ from each other in subtle material characteristics linked with differences in direction of development. In this sense sulphur, salt und mercury are simultaneously capable of material, functional, quantitative and qualitative interpretations."

[26] Die Elemente sollten von der absolut ungeformten ersten Materie, dem großen Mysterium, hervorgebracht werden. In Bezug auf diese erste Materie sind die Elemente bereits geformte Materie. Vgl. PARACELSUS W III 764 ff..

menprinzipien vorausgehen lassen[27], nimmt Paracelsus an, daß der Samen in den Elementmatrices bereitliegt. Er verknüpft in dieser Annahme aristotelische Denkmuster mit zeitgenössischen Erklärungen chemischer Operationen. Die Generation der Vielfalt der verschiedenen Naturkörper ließ sich durch diese Verknüpfung als Scheidung erklären. Das natürliche Mixtum wurde, wie oben dargestellt, als homogene Einheit verstanden. Dennoch vermochte der Arzt-Chemiker aus dieser homogenen Einheit durch chemische Operationen wie z.B. die Destillation heterogene Substanzen zu scheiden. Dabei bedeutete Scheidung im Verständnis der Chemisten des 16. und 17. Jahrhunderts nicht chemisches Zerlegen eines aus heterogenen präexistierenden Teilen bestehenden Ganzen, sondern das Hervorbringen heterogener Teile einer zuvor homogenen Einheit.[28] In Analogie zu diesem Verständnis von Scheidung in Bezug auf chemische Operationen konzipierte Paracelsus die Generation der Naturkörper als Scheidung aus der homogenen, ungeformten Elementmatrix, die die formierenden Samenprinzipien in potentia enthalten sollte, oder, wie Paracelsus sich ausdrückt, „in subtiler Art", „wie ein Bild in einem Holz ist" (PARACELSUS *Philosophie an die Athener*, W III 764 f.). Der aus der chemischen Praxis stammende Terminus Scheidung wird bei Paracelsus zu einem naturphilosophischen Schlüsselbegriff. Durch Scheidung sollten aus der ungeschaffenen ersten Materie, dem großen Mysterium, die Elemente[29] hervorgehen und aus diesen wiederum die Vielfalt der sinnlich wahrnehmbaren Körper der Natur. Diese Aufnahme eines chemischen Terminus in die Natur-

---

[27] Die Darstellung des Verhältnisses von Materie und Form als Weibliches und Männliches ist in verschiedenen Varianten bis zu Platon zurückverfolgbar – vgl. BORMANN (1972) 977 ff.. Bei Platon ist die Materie auch Amme, die von außen die Formen empfängt. In der Konzeption der Stoiker wird die Materie als durch die logoi spermatikoi geformte gedacht – vgl. PAGEL (1958) 85 u. 225 und LASSWITZ (1890) I 268. Die Naturphilosophie des Augustinus nimmt an, die körperlichen Formen seien mit der Materie zugleich geschaffen und bildeten die rationes seminales, aus denen alles Lebendige entsteht. Bonaventura übernimmt die Konzeption der rationes seminales, und auch Albertus Magnus nähert sich mit seiner Lehre von der incohatio formae, die unentwickelt in der Materie vorhanden sei, diesem Konzept an. Die Konzeption der formgebenden Samenprinzipien ist in der Renaissance besonders in den alchemistischen Theorien weit verbreitet und wird bis ins 17. Jahrhundert hinein selbst von Korpuskulartheoretikern wie Boyle vertreten. In der alchemistischen Theorie der Entstehung der Metalle wird der Mercur als weibliche formlose Materie aufgefaßt, die erst durch den männlichen Samen, das Prinzip Schwefel, ein Metall gebären kann. – Die 1728 von F. Roth-Scholtz herausgegebene Sammlung alchemistischer Schriften mit dem Titel *Deutsches Theatrum Chemicum* enthält eine 1577 veröffentlichte Schrift Leonhard Müllners über die *Generation und Geburt der Metallen,* in der das Verhältnis von Materie und Form bzw. von Quecksilber und Schwefel als Geschlechterbeziehung dargestellt wird: „Nun ist die Materia vorhanden/ als ein Weibes=Bild/ welches keine Frucht oder Menschen auf die Welt gebähren kan/ ohne den Saamen des Mannes/ welcher allein der Mensch ist/ also kan dieser Mercurius kein Metall gebähren/ den er ist die Materie oder das Weiblein/ derohalben muß die Form/ als der Männliche Saamen/ und die Materie/ als das Weib/ bey einander seyn/ wann anders ein Metall daraus werden soll; Und zu dem Ende hat die Natur der Materie einen Schwefel beygefüget/ als den Männlichen Saamen/ der den Mercurium in die Beweglichkeit bringe/ damit ein Metall aus ihme mag gebohren werden (...)." (DTC I 314) – In der alchemistischen Theorie bestehen die Metalle nur aus den Prinzipien Quecksilber und Schwefel.

[28] Vgl. dazu unten Teil V.2.

[29] „Am Anfang aller Geburten ist die Scheidung die Gebärerin und Erzeugerin gewesen. Denn die Scheidung ist das größte Wunder der Philosophie. (...) Am Anfang der Scheidung des großen Mysterium hat zuerst die Scheidung der Elemente begonnen, so daß die Elemente zu ihrem Wesen kamen." (PARACELSUS *Philosophie an die Athener*, W III 766 f.) – Der Schöpfer des Paracelsus ist ein Chemist oder eine höchste chemische Wirksamkeit, das höchste Arkanum, nach dessen Willen das ungeschaffene große Mysterium alle Naturwesen in potentia enthält und sie, vermittelt über die aus ihm geschiedenen Elemente, generiert: „Das höchste Arkanum und die größte Güte des Schöpfers haben alle Dinge in dem ungeschaffenen Mysterium geschaffen, nicht in der Form, im Wesen und in der Eigenschaft, sondern alles ist in dem ungeschaffenen Mysterium gewesen wie ein Bild in einem Holz ist. (...) wie ein Arzt ein Compositum mit vielen Tugenden zusammensetzt, obwohl es eine einzige Materie ist und keiner Tugend gleicht, die in ihm verborgen ist, so verhält es sich auch mit dem Mysterium. Daher muß man daran denken, daß allerlei Geschöpfe, die in den Aethern sind, in dem großen Mysterium enthalten sind. Sie sind nicht vollkommen in seiner Substanz, seiner Form und in seinem Wesen, sondern sie sind durch eine vollkommene subtile Art, die uns Sterblichen unbekannt ist, in einem Ding enthalten." (PARACELSUS *Philosophie an die Athener*, W III 764 f. – Paracelsus gebraucht in diesem Zitat den Begriff Compositum nicht wie in der Scholastik als Abgrenzung gegen die Homogenität eines Mixtums, sondern synonym mit Mixtum.)

philosophie durch Paracelsus belegt den hohen Stellenwert, den er der chemischen Praxis für die Naturphilosophie beimißt.

III.1.1.3 *Die Berufung auf die Verbrennung*

Seine hohe Wertschätzung der Erfahrungen der chemischen Praxis für die Naturphilosophie hat Paracelsus in verschiedenen Zusammenhängen bekundet. Auch sein Verständnis der Naturkörper als Dinge, die unter ihrer sinnlich wahrnehmbaren körperlichen Hülle unkörperliche Prinzipien bergen, untermauert er durch Berufung auf Erfahrungen aus der chemischen Praxis. Es ist das spezifische Arbeitsmittel der Chemisten, nämlich das Feuer, das ihn in diesem Zusammenhang interessiert. Denn das Feuer soll ins Innere eines Körpers eindringen und es der Erfahrung zugänglich machen. „Was das Feuer lehrt, das kann ohne das Feuer nicht ersonnen und erfahren werden", heißt es im *Opus paramirum* (PARACELSUS W I 65), denn „im Feuer steckt der Schulmeister" (ebd. 64). Der menschliche Verstand, heißt es, sei „leer wie ein wohlgebauter Kasten oder Behälter leer ist. (...) Der Schatz aber, der darin bewahrt werden soll, kommt aus dem Feuer" (ebd. 64 f.).

In welcher Weise das Feuer das Innere eines Körpers der Erfahrung zugänglich macht, erläutert Paracelsus am Beispiel der Verbrennung des Holzes:

> „Dieses Holz ist ein Körper. Wenn du es verbrennst, so ist das, was brennt, der Schwefel, der Rauch das Quecksilber, und was zur Asche wird, ist Salz. Die Flamme bringt den Laien um seinen Verstand, für den Arzt aber schafft sie erst die Möglichkeit für den ärztlichen Blick. Man findet also da genau drei Stoffe, die deutlich voneinander geschieden sind. Jeder Körper zerfällt in diese drei Stoffe, und wenn sie sich auch nicht alle drei deutlich dem Auge darbieten, so gibt es doch künstliche Methoden, um das zu bewirken. Das, was brennt, ist Schwefel, und nur Schwefel allein brennt. Das, was raucht, ist Mercur und nichts anderes sublimiert (verflüchtigt sich) als Mercur, und was zur Asche wird, ist Salz, und nichts anderes kann zu Asche werden als das Salz." (PARACELSUS *Opus paramirum*, W I 68)

Diese und ähnliche Passagen sind in der Wissenschaftsgeschichtsschreibung als Ausdruck einer Auffassung interpretiert worden, die dem modernen Begriff der chemischen Analyse nahekommen soll.[30] Obwohl einige der Formulierungen wie die, der Rauch sei das Prinzip Quecksilber und die Asche sei das Prinzip Salz etc., eine solche Interpretation zu stützen scheinen, ignoriert diese doch den begrifflichen Rahmen der Paracelsischen Naturphilosophie und unterstellt ein Methodenverständnis, das erst gegen Ende des 17. Jahrhunderts vorlag.

Der moderne Begriff der chemischen Analyse bedeutet das Auseinanderlegen heterogener stofflich-körperlicher Bestandteile eines Ganzen unter Erhaltung dieser Bestandteile. Dieser Begriff setzt das chemische Verbindungskonzept voraus. Mit einer Theorie der Konstitution der Naturkörper als homogene Einheiten ist er völlig unvereinbar. Die Scheidung der homogenen Naturkörper ist im Rahmen dieser Theorie ein Hervorbringen von Vielem aus Einem im Sinne einer identischen Reproduktion der generierenden Prinzipien.[31] Da die generierenden Prinzipien in der Paracelsischen Theorie nicht als körperliche Teile verstanden wurden, ging es Paracelsus auch nicht um eine Identifizierung der körperlichen Verbrennungs-

[30] Vgl. HOOYKAAS (1935) 177 ff. und DEBUS (1967) u. (1977) 81 ff..

[31] Vgl. unten Teil V.2.1.

produkte mit den Prinzipien.[32] Vielmehr war die Beobachtung, die während der Verbrennung gemacht werden kann, das Entscheidende. Nur während des Vorgangs der Verbrennung zeigen sich Flamme und Rauch, an denen die Prinzipien Sulfur und Mercur erkennbar sein sollten und zugleich, daß ein Naturkörper in seinem Inneren noch anderes birgt, als die sinnlich wahrnehmbare körperliche Hülle verrät.

Die Verbrennung war im Verständnis des Paracelsus ein natürlicher Vorgang, der jedoch durch eine „künstliche Methode", wie es im obigen Zitat heißt, „bewirkt" wird. Künstliche Methode bedeutet aber im Rahmen des Paracelsischen Verständnisses der chemischen Operationen lediglich, daß durch chemische Kunst eine natürliche Veränderung ausgelöst und forciert wird[33], niemals aber einen Eingriff, durch den natürliche Zusammenhänge gelöst und verändert werden wie im chemischen Experiment. Insofern konnte Paracelsus die im Zusammenhang mit der Verbrennung möglichen Erfahrungen als Belehrungen verstehen, die „vom Lichte der Natur ausgehen" (PARACELSUS W I 64). Die Chemie konnte nur deshalb als Schlüssel zur Naturphilosophie gelten, weil das Feuer als natürliches Agens aufgefaßt wurde. Ganz in Übereinstimmung mit der peripatetischen Physik verstand Paracelsus unter Erfahrung nicht diejenige, die durch gezielte Beeinflussung natürlicher Zusammenhänge gemacht werden kann, sondern die Erfahrung durch Naturbeobachtung, worunter durchaus auch die herbeigeführte Naturbeobachtung fällt.

III.1.1.4 *Zusammenfassung*

Die Paracelsische Prinzipientheorie erweist sich im Kontrast mit dem späteren chemischen Verbindungskonzept als eine Naturphilosophie, die in den großen Rahmen des durch Aristoteles geprägten antiken und mittelalterlichen Naturbildes gehört. Neben der scholastischen Naturphilosophie werden zusätzliche Quellen rezipiert, vor allem aus der alchemistischen Theorie, dem Stoizismus, dem Neuplatonismus und der Kabbala[34]. Die Naturkörper werden der Paracelsischen Naturphilosophie gemäß aus einem Element und drei Prinzipien generiert. Das Verhältnis von Element und Prinzipien wird im Zusammenhang mit ihrer Generation als Materie-Form-Verhältnis konzipiert. In Bezug auf den hervorgebrachten Naturkörper ist das Element ungeformte Materie, und die Prinzipien sind Formprinzipien, die alle Qualitäten, auch die Körperlichkeit selber, bedingen. Wenn bei Paracelsus davon die Rede ist, ein Naturkörper sei aus drei Prinzipien zusammengesetzt, so heißt dies, daß drei irreduzierbare formierende Prinzipien, die jeweils bestimmte Qualitäten in sich vereinigen oder bestimmte Qualitätssets darstellen, die Körper als solche und ihre Vielfalt konstituieren und erhalten. Der aus Materie und Formprinzipien generierte Körper wird als homogene Einheit verstanden. Darin unterscheidet sich die Paracelsische Elementen- und Prinzipientheorie sowohl vom antiken Atomismus und späteren Korpuskulartheorien des 17. Jahrhunderts als auch vom chemischen

---

[32] Dies geht u.a. auch wörtlich aus anderen Formulierungen hervor. Wenn es z.B. im obigen Zitat heißt, „was zur Asche wird, ist Salz", so heißt es kurz danach: „Das, was zu Asche wird, ist eine Substanz, aus der das Holz wird. Trotzdem die Asche mit dieser Substanz nicht identisch, sondern daraus hervorgegangen ist, beweist es doch das Vorhandensein der Ursprungssubstanz in dem betreffenden Körper."(PARACELSUS *Opus paramirum*, W I 68)

[33] Vgl. unten Teil V.2.1 u. Teil VI.

[34] Vgl. oben Anmerkung 13.

Verbindungskonzept, in denen die Naturkörper als aus heterogenen (stofflich-körperlichen oder korpuskularen) Teilen zusammengesetzte Ganze aufgefaßt werden. Die homogene Einheit der Naturkörper wird in der Paracelsischen Elementen- und Prinzipientheorie in Analogie zum Menschen als Einheit von Körper, Seele und Geist gedacht. Das Körperliche ist nur die äußerliche, sinnlich wahrnehmbare Hülle eines Naturdings, das in seinem Inneren, der unmittelbaren sinnlichen Wahrnehmung entzogen, Kräfte und Leben birgt. Paracelsus beruft sich zur argumentativen Unterstützung seiner Theorie auf die Erfahrung, insbesondere auf die Beobachtungen, die bei der Verbrennung gemacht werden können. Er verfügt auf dem Hintergrund seiner Elementen- und Prinzipientheorie noch nicht über den Begriff einer chemischen Analyse, weder im Sinne des Zerlegens einer Substanz in ihre präexistierenden heterogenen Bestandteile noch im Sinne eines Experimentes, das der Klärung der Frage nach der Zusammensetzung von chemischen Stoffen dient.

III.1.2 DIE ELEMENTEN- UND PRINZIPIENTHEORIE IM 17. JAHRHUNDERT

Die Chemisten des 17. Jahrhunderts, die als Autoren chemisch-pharmazeutischer Schriften und Lehrbücher in Erscheinung traten, übernahmen in ihrer übergroßen Mehrheit[35] die Grundzüge der Paracelsischen Elementen- und Prinzipienlehre, wobei sie diese durch individuelle Akzentsetzungen und Ergänzungen variierten. In den pharmazeutischen Lehrbüchern Frankreichs, die in ihrem Gesamtcharakter anwendungsorientierte technologische Schriften sind[36], wird die Elementen- und Prinzipientheorie in einem ersten Teil oder auch als Vorspann abgehandelt. Am ausführlichsten geschieht dies im *Traicté de la Chymie* (1660) Nicolas Le Fèvres. Deshalb bildet dessen Elementen- und Prinzipientheorie im Folgenden den hauptsächlichen Bezugspunkt der Darstellung.

III.1.2.1 *Die Generation der Naturkörper*

In Le Fèvres Theorie der Generation der Naturkörper[37] werden naturphilosophische mit biologischen und chemischen Erklärungsweisen zusammengebracht. Wie in der Theorie des Paracelsus sollen die Naturkörper fortwährend durch die Elemente oder Matrices generiert werden. Dieser Generation geht bei Le Fèvre ein Zeugungsakt durch von außen kommende Samenprinzipien voraus. Diese Samenprinzipien sollen einem universellen Geist (Esprit universel) angehören. Der Begriff des Geistes wird bei Le Fèvre wie zuvor schon bei Paracelsus nicht von dem der Materie, sondern von dem des Körpers unterschieden. Unterscheidungskriterium ist auch bei ihm die sinnliche Wahrnehmbarkeit. Der universelle, im ganzen Universum verbrei-

[35] Ausnahmen sind die Vertreter der Elementen- und Prinzipientheorie, die schon im frühen 17. Jahrhundert den Atomismus zu integrieren versuchten, wie Sennert und Jungius in Deutschland und E. de Clave in Frankreich. Vgl. dazu unten III.2.1 u. III.2.8.

[36] Vgl. unten Teil IV.2, insbesondere IV.2.6.2.

[37] Die Mehrheit der anderen Autoren pharmazeutischer Schriften im 17. Jahrhundert verzichtet auf eine Theorie der Generation der Naturkörper und beschränkt sich auf Ausführungen über die Prinzipien und ihre Qualitäten.

tete, Geist ist absolut unkörperlich.[38] Da er vollkommen homogen und einheitlich ist, enthält er die Prinzipien nicht als Teile, sondern in potentia oder „nominell":

„Diese geistliche Substantz, welche der erste und eintzige Same ist aller Geschöpffe / hält zwar mit Namen / aber nicht in der That / drey unterschiedene Wesen in sich / denn sie ist gleichförmig in allen ihren Theilen wie wir gesagt haben: Weil aber in ihr ein Calidum, Humidum und Siccum gefunden wird / und dieselbe nur namentlich / nicht wesentlich / unterschieden / sagen wir / daß diese drey nur eine Essentz und Substantz in ihrer Wurtzel seynd; sonsten würde sich in der Natur nichts finden so eins / einfach / und in sich selbst gleichförmig wäre / (da doch die Natur allein dieses alles in allen ihren Theilen ist) in dem die Principia des Saamens dieser Substantz nicht gleichförmig (heterogenea) seyn würden. (...) Daraus nun zu schliessen / daß die Substantz und Grund=Wurtzel aller Dinge / einig im Wesen / aber eines dreyfachen Namens sey. Dann wegen ihres natürlichen Feuers wird sie Schwefel genannt / wegen ihrer Feuchtigkeit / so dieses Feuers eintzige Nahrung / hat sie den Nahmen Mercurius, und endlich / weil sie in ihrer Wurtzel trucken / dadurch die Zusamenknüpfung der Feuchtigkeit und des Feuers geschiehet / nennet man sie Saltz." (LE FEVRE (1660/D1) 3 f.)[39]

Geist und Körper bilden bei Le Fèvre, wiederum in Übereinstimmung mit Paracelsus, keine unüberbrückbaren Gegensätze, sondern werden in den konkreten Naturdingen miteinander vermittelt. Bei der Generation der irdischen Naturkörper steigt der universelle Geist durch Vermittlung der Elementsphäre Luft in die sublunare Sphäre hinab und wird in den irdischen Elementmatrices Wasser und Erde korporifiziert und spezifiziert. Der Übergang des Geistes in einen Körper erfolgt kontinuierlich. Die Vermittlerrolle des Elements Luft besteht darin, dem Geist die Idee des Körperlichen einzuprägen, die dann in den sublunaren Elementsphären Erde und Wasser vollständig realisiert wird.[40] Die Qualitäten des Körperlichen gehen bei Le Fèvre, anders als bei Paracelsus, nicht von den Prinzipien, sondern von den Elementmatrices aus.[41]

In Le Fèvres Verständnis der Korporifizierung des universellen Geistes geht eine zeitgenössische Erklärung einer Gruppe chemischer Operationen ein, die im 17. Jahrhundert neu und stark expandierend war, nämlich die Gewinnung von Mineralsäuren aus natürlich vorkommenden Salzen und die Salzbildungen aus sogenannten fixen Alkalien (Natrium- und Kaliumcarbonat) und Säuren.[42] Mineralsäuren wurden durch Destillation von Salzen gewonnen und, da sie sich in der Destillationsapparatur als flüchtige, rauchförmige Destillate nach oben bewegen, als Spiritus bezeichnet. Die Säuregewinnung galt als Spiritualisierung einer körperlichen Substanz. Umgekehrt wurde die Gewinnung von Salzen aus einem sauren Spiritus und aus einem körperlichen fixen Alkali als Korporifizierung des Spiritus verstanden.

[38] „(...) l'esprit universel (...) est une substance dépoüillée de toute corporéité (...)". (LE FÈVRE (1660) I 18)

[39] „Cette substance spirituelle, qui est la premiere & l'unique semence de toutes choses, a trois substances distinctes & non pas différentes en soi-même, car elle est homogene comme nous avons dit; mais parce qu'il se trouve en elle un chaud, un humid & un sec, & que tous trois sont distincts entr'eux, & non pas différens. Nous disons que les trois ne sont qu'une essence & une même substance radicale: autrement, comme la nature est une, simple & homogene, il ne se trouveroit cependant en la nature rien qui fût un, simple et homogene, parce que les principes seminaux de ces substances seroient héterogenes. (...) Concluons donc que cette substance radicale & fondamentale de toutes les choses, est véritablement unique en essence; mais qu'elle est triple en nomination: car à raison de son feu naturel, elle est appellée soufre: à raison de son humide, qui est le propre aliment de ce feu, elle est nommée mercure: enfin à raison de ce sec radical, qui est le ciment & la liaison de cet humide & de ce feu, on l'appelle sel." (LE FEVRE (1660) I 21 f.)

[40] Vgl. LE FEVRE (1660) I 60 f..

[41] Analog zu den irdischen Natur*körpern* werden nach Le Fèvre in der translunaren Elementsphäre Feuer die himmlischen Wesen generiert. Diese sind aber im Unterschied zu den sublunaren Naturdingen nicht körperlich. Die himmlischen spirituellen Wesen oder Intelligenzen werden durch die Elementmatrix Feuer hervorgebracht, indem sie den universellen Geist bloß spezifiziert. Vgl. LE FEVRE (1660) I 57 ff..

[42] Vgl. unten IV.3.2 und V.2.2.2.

In Analogie zur Korporifizierung des sauren Spiritus durch ein fixes Alkali bei der Salzbildung wird bei Le Fèvre die Korporifizierung des universellen Geistes durch eine Elementmatrix bei der Entstehung der Naturkörper gedacht. Eine Respiritualisierung des korporifizierten universellen Geistes soll nach dem Tod der Naturkörper erfolgen. Der universelle Geist durchläuft somit einen permanenten Kreislauf von Korporifizierung und Spiritualisierung. Nach dem Tod und der Fäulnis der Naturkörper verwandelt sich der spezifizierte und korporifizierte Geist in einen Spiritus feiner Körperlichkeit und geht, vermittelt über die Anziehung der translunaren Elementsphäre Feuer, wieder in den universellen Geist ein. Die Natur durchläuft auf diese Weise einen permanenten Reproduktionskreislauf. Sie ist eine chemische Maschine.[43]

Im Unterschied zur Generationstheorie des Paracelsus, in der die Schöpfung der Welt und die Reproduktion der Naturdinge auf dieselbe Weise erklärt werden, ist die Generationstheorie Le Fèvres auf die Reproduktion beschränkt. Bei Paracelsus wird sowohl die erste Schöpfung als auch die Reproduktion der Naturdinge einheitlich als Scheidung erklärt. Natur und Welt ist bei ihm eine ewige, einheitlich und auf chemische Weise aktive Geist-Materie. Am Anfang der Welt werden aus einem einzigen Ursprung, dem großen Mysterium, die Elemente geschieden und aus diesen erstmals und fortwährend die konkreten Naturwesen. Die Elementmatrices und der universelle Geist Le Fèvres können dagegen die Naturdinge weder schaffen noch vernichten, sie können sie bloß in einem ewigen Kreislauf von Korporifizierung und Spiritualisierung des universellen Geistes reproduzieren.[44] Der erste Anfang der Welt mit ihren Elementsphären und dem universellen Geist wird dagegen als Schöpfung aus dem Nichts auf eine andere, nicht mehr chemisch deutbare Ursache, nämlich die Allmacht Gottes, zurückgeführt.[45]

Die Analogie, die Le Fèvre zwischen der Korporifizierung des universellen Geistes bei der Entstehung der Naturkörper und der Korporifizierung der sauren Spiritus bei der Entstehung von Salzen sah, hatte aber auch ihre Grenzen. In chemischen Operationen werden besondere, bereits spezifizierte Substanzen eingesetzt, die wiederum Besonderes hervorbringen. Bei der Generation der Naturkörper mußte dagegen erklärt werden, wie aus einem universellen Geist mit allgemeinen Samenprinzipien die Vielfalt der konkreten Naturdinge hervorgehen sollte. Zur Erklärung der Spezifizierung des universellen Geistes greift Le Fèvre wiederum auf ein zeitgenössisches Verständnis chemischer Operationen zurück, diesmal auf das der Transmutation.[46] Bei der Transmutation durch Fermentation sollen Fermente, wie z.B. der Sauerteig bei der Brotherstellung oder das vorgebliche Ferment des Goldes bei der Transmutation unedler Metalle in Gold, die Umwandlung der gesamten Masse einer zu fermentierenden

---

43 Vgl. Le Fevre (1660) I 22 u. 60 f..

44 „Remarquez ici le cercle que fait la nature, par le moyen de cet esprit universel que nous avons décrit; car comme sa puissance est bornée, & qu'elle ne crée ni ne produit rien de nouveau, aussi ne peut-elle créer ni détruire aucune substance (...) la lumiere spirituelle (...) commence à se corporifier premiérement en l'air, où il prend l'idée de sel hermaphrodite, qui tombe après dans l'eau & dans la terre, où il se revêt du corps de minéral, de végetal ou d'animal (...); & lorsque ce corps se dissout par le moyen de quelque puissant agent, son soufre, son feu ou la lumiere corporifiée s'épure de maniere, que les astres l'attirent (...) & le spiritualisent de nouveau (...)“. (Le Fevre (1660) I 60 f.) „(...) parce que la nature n'est jamais oisive, & qu'elle agit perpétuellement; & comme c'est une essence finie, aussi ne peut-elle pas créer non plus que détruire aucun être: on sçait que la création & la destruction demandent une puissance infinie.“ (ebd. 57)

45 „(...) il ne faut nullement douter que cet esprit n'ait été créé par la Toute-puissance de la premiere cause, lorsqu'elle fit éclore ce beau monde hors du néant, & qu'elle le logea dans toutes les parties de cette grande machine (...)“. (Le Fevre (1660) I 22)

46 Vgl. unten V.2.1.3.

Substanz in die Substanz des Fermentes bewirken. Analog zu dieser Erklärung der Transmutation postuliert Le Fèvre für die Spezifizierung der Naturkörper bei der Generation spezifizierende Fermente der Elementmatrix.[47] Somit erweist sich nicht nur der universelle Geist mit seinen Samenprinzipien als formierende Potenz. Auch die Elementmatrix ist aktiv und formierend. Der peripatetische Materie-Form-Dualismus bzw. der Dualismus von aktivem und formierendem Männlichen und passivem Weiblichen wird bei Le Fèvre in Frage gestellt und in eine hermaphrodite Auffassung der Ursprünge überführt.[48]

III.1.2.2 *Die Einheit und Homogenität der Naturkörper*

Die Naturkörper sind in der Theorie Le Fèvres ebenso wie in der des Paracelsus mehr als die sinnlich wahrnehmbaren Körper. Als Abkömmlinge des universellen Geistes sollen unter ihrer sichtbaren Hülle dessen Samenprinzipien wirksam sein und ihnen Leben, Kräfte und Eigenschaften verleihen.[49] Unter Berufung auf Erfahrungen, die bei der Destillation pflanzlicher Materialien gemacht werden konnten[50], nimmt Le Fèvre fünf Prinzipien an, die in allen Naturkörpern enthalten sein sollen. Neben den drei Paracelsischen Prinzipien Sulphur oder Öl, Mercur oder Geist und Salz kommen noch Phlegma oder Wasser und Erde hinzu.[51] Wie bei Paracelsus werden einige, aber nicht alle den Prinzipien zugesprochenen Qualitäten in Übereinstimmung mit den empirischen Eigenschaften der gleichnamigen empirischen Substanzen bzw. der entsprechenden bei der Destillation erhaltenen und als Prinzipien bezeichneten Produkte[52] bestimmt.[53] Das Prinzip Mercur oder Geist sollte wie das gewöhnliche, sogenannte lebendige Quecksilber Prinzip des Feuchten und der Aktivität sein. Es sei ein „wahrer Proteus", schreibt Le Fèvre, das alle Fähigkeiten der anderen Prinzipien verstärke und vervielfache. Insbesondere die Eigenschaft des Sauren und die damit verbundene Auflösefähigkeit sollte es den Naturkörpern verleihen. Christophe Glaser, der Nachfolger Le Fèvres am Jardin des Plantes, schreibt in seinem pharmazeutischen Lehrbuch, das mercurialische Prinzip sei „ein leichtes / subtiles und durchdringendes wesen / welches das Leben und die Bewegung den Leibern giebet" (GLASER (1663/D) 9). Das Prinzip Schwefel sollte Prinzip des Warmen und der Brennbarkeit sein. Glaser fügt dem noch die Farbe, den Geruch sowie die Zähigkeit der

[47] „Or, comme cet esprit est universel, aussi ne peut-il être spécifié que par le moyen des fermens particuliers, qui impriment en lui le caractere & l'idée des mixtes, pour être faits tels ou tels êtres déterminés, selon la diversité des matrices, qui reçoivent cet esprit pour le corporifier." (LE FEVRE (1660) I 23) „Ce sont-là les véritables effets des élémens, qui sont, comme nous avons dit, de corporifier et d'identifier l'esprit universel, par les divers fermens qui sont continus dans leurs matrices particuliers (...)". (ebd. 57)

[48] Siehe „le sel hermaphrodite", zu dem der universelle Geist in der Elementsphäre Luft korporifiziert wird, – LE FEVRE (1660) I 60 u. 69.

[49] „(...) que la force de la nature n'est pas dans le corps mortel & corruptible, mais qu'il la faut chercher dans cette semence merveilleuse, qui est cachée sous l'ombre du corps, qui n'a de soi aucune vertu (...)". (LE FEVRE (1660) I 19)

[50] Vgl. dazu den folgenden Abschnitt III.1.2.3.

[51] Le Fèvre äußert sich nicht eindeutig über die Herkunft aller fünf Prinzipien. In Bezug auf den universellen Geist spricht er nur von den drei Paracelsischen Prinzipien – vgl. LE FEVRE (1660) I 20 f.. Auf der anderen Seite können die beiden Prinzipien Phlegma und Erde aber auch nicht von den Elementmatrices herrühren, da jede Elementmatrix ihre spezifischen Früchte hervorbringen, die beiden Prinzipien Phlegma und Erde aber in allen Naturkörpern vorkommen sollen.

[52] Vgl. unten III.1.2.3.

[53] Zum folgenden vgl. LE FEVRE (1660) I 34–50 u. 98 f..

Metalle hinzu.[54] Das schwefliche Prinzip sollte darüber hinaus einen Schutz vor chemischen Einwirkungen und vor Fäulnis bewirken. Das Salz galt bei Le Fèvre als Prinzip der Schärfe (acrimonie) und bei Glaser auch des Geschmacks.[55] Als Prinzip des Trockenen sollte das Salz zwischen dem Feuchten des Quecksilbers und dem Warmen und Brennbaren des Schwefels vermitteln. Wie das Prinzip Erde galt auch das Salz als Basis und Fundament des Mixtums. Das Prinzip Wasser sollte analog zu den natürlichen Arten des Wassers, die durch Verdünnung die Wirkung der Säuren und Salze mildern, die acide Qualität des geistigen oder mercurialischen und die Schärfe des salzigen Prinzips abschwächen. Es sollte die Verbindung der Erde und des Salzes vermitteln und insgesamt für die Erhaltung eines Naturkörpers gegenüber aggressiven Substanzen sorgen. Die feste Körperlichkeit und Kontinuität eines Naturkörpers sollte vom Prinzip Erde herrühren.

Wenn außer der Körperlichkeit selber alle Qualitäten und Kräfte der Naturkörper auf die Prinzipien zurückgeführt wurden, in welcher Weise sollten dann die Elementmatrices bzw. deren Fermente spezifizierend sein? In einer vitriolischen Matrix, schreibt Le Fèvre, wird der universelle Geist ein Vitriol, in einer arsenikalischen ein Arsen, in einer pflanzlichen eine Pflanze etc.[56] Wenn er auf eine Schwefelmatrix trifft, nimmt er „die Natur und Idee" des natürlichen gemeinen Schwefels an, ist vollkommen durchdrungen von dieser Idee und teilt die charakteristischen stoffspezifischen Qualitäten des Schwefels allen Stoffteilen des Mixtums mit.[57] Diese Ausführungen Le Fèvres können so verstanden werden, daß das natürliche spezifizierte Mixtum stets eine einheitliche, in allen ihren Teilen gleichartige Substanz ist. Die Elementmatrix bzw. ihr Ferment bringt dasjenige hervor, was als einheitliche Stoff*art* charakterisiert werden kann. Sie bewirkt, in der Sprache der Scholastik ausgedrückt, die substanzielle Form eines Naturkörpers. In einem Mixtum wirken die ursprünglichen Qualitäten der Prinzipien in der Weise zusammen, daß sie in ein Dominanzverhältnis treten. Die für eine Stoffart charakteristischen Eigenschaften werden durch das Vorherrschen bestimmter Qualitäten eines Prinzips über die dominierten und dadurch sinnlich nicht wahrnehmbaren Qualitäten der anderen Prinzipien realisiert. Im Naturkörper Schwefel z.B. dominiert die Qualität der Brennbarkeit, die vom schweflichen Prinzip herrührt. Sind so immer nur die dominierenden Qualitäten der Prinzipien in den Eigenschaften einer Stoffart erkennbar, so sind in jedem Naturkörper doch alle Qualitäten der Prinzipien potentiell enthalten und können durch Scheidung wieder wirksam und wahrnehmbar gemacht werden.

III.1.2.3 *Die Berufung auf die trockene Destillation pflanzlicher Materialien*

Die französischen Prinzipientheoretiker begründeten ihre Auffassung, in allen Naturkörpern seien die fünf Prinzipien Sulphur, Mercur, Sal, Phlegma und Erde enthalten, mit den Erfahrun-

54 Vgl. GLASER (1663/D) 11.

55 Vgl. GLASER (1663/D) 12.

56 „Ainsi, dans une matrice vitriolique, il devient vitriol; dans une matrice arsenicale, il devient arsenic; la matrice végetable le fait être plante, et ainsi de tous les autres." (LE FEVRE (1660) I 23)

57 „Pendant la composition du mixte, cet esprit retient la nature & l'idée qu'il a prise dans la matrice. Ainsi lorsqu'il a pris la nature du soufre, & qu'il est empreint de son idée, il communique au composé toutes les vertus & toutes les qualités du soufre (...)". (LE FEVRE (1660) I 26) – Le Fèvre verwendet in diesem Zitat den Begriff composé im Sinne eines homogenen Mixtums.

gen, die sie bei der trockenen Destillation pflanzlicher Materialien machen konnten. Bei diesem Verfahren, das in der iatrochemischen Praxis zur Gewinnung von Arzneimitteln angewandt wurde, werden die zerkleinerten organischen Materialien in einer geschlossenen Destillationsapparatur, d.h. ohne Luftzufuhr und unter Vermeidung des Entweichens gasförmiger Destillationsprodukte, unter allmählicher Temperatursteigerung erhitzt. Christophe Glaser gibt die folgende Beschreibung des Verfahrens:

> „Die gantze Gewächse oder ihre Theile / als da seynd die Wurtzeln / Schaalen / Gummi / Saamen / Früchte / und Blätter / wenn sie hart und trucken seynd / und man dieselbe in ihre principia bringen wil / werden entweder gefeilet / oder grob gestossen / damit man sie in eine Retorte legen könne / diese stellt man in einen Reverberir-Ofen / und treibet daraus durch Hülffe des Feuers erstlich das phlegma / darnach den Spiritu / und endlich das Oel. Das fixe Saltz aber und die Erde bleiben in der Retorte / die man durch auslaugen von einander scheidet / wider filtriret und coagulirt das Saltz." (GLASER (1663/D) 95)

Durch die trockene Destillation werden die organischen Materialien zersetzt und das so entstandene Stoffgemisch wird je nach Flüchtigkeit bzw. Siedepunkt der einzelnen Stoffe in verschiedene gasförmige Fraktionen getrennt, die durch verschiedene Kühlungsmethoden wieder verflüssigt und im Rezipienten aufgefangen werden können. Auf diese Weise erhielt man aus verschiedenen pflanzlichen Materialien destillierte Wässer, Öle und Spiritus; letztere waren meist sauer oder alkoholisch. Aus dem festen Rückstand, der in der Retorte verblieb, ließ sich noch mit Wasser ein Salz herauslösen, das alkalische und fixe Laugensalz (Kalium- oder Natriumcarbonat), so daß man insgesamt fünf Substanzen (Stoffgruppen oder Fraktionen) unterscheiden konnte.[58]

Die Prinzipientheoretiker verstanden die Destillation als eine Scheidung in die fünf Prinzipien.[59] Wie bei der Verbrennung sollte auch bei der Destillation das Feuer das Heterogene der Mixta scheiden. Zugleich sollte die Destillation erhebliche Vorteile gegenüber der Verbrennung haben, auf die sich Paracelsus und seine ersten Nachfolger zur empirischen Stützung ihrer Theorie beriefen. Die Produkte der Scheidung, so argumentiert Le Fèvre, können auf diese Weise nicht verloren gehen, sondern getrennt gesammelt werden, und so ihre Anzahl und ihre Eigenschaften näher bestimmt werden. Gegenüber dem gröberen Verfahren der Verbrennung erhalte man durch die Technik der trockenen Destillation zwei weitere Substanzen, die vorher der Wahrnehmung entgangen seien.[60] Daher sei die Anzahl der Prinzipien nicht drei, sondern fünf:

> „Nach dem die Chymische Kunst in dem composito gearbeitet / findet sie in der letzten Resolution fünfferley Substantias, (Wesen) welches sie vor Principia und Elementa annimt / auf diese bauet sie ihre Wissenschafft / weil sie in diesen fünfferley Wesen nichts findet / so nicht gleichförmig wäre. Dieselbe seynd nun das Phlegma oder Wasser / der Geist oder Mercurius, der Schweffel oder das Oel / das Saltz / und die Erde." (LE FEVRE (1660/D1) 10)[61]

---

[58] Vgl. dazu IV.1.4 und IV.3.2.1.

[59] Vgl. unten V.2.1.

[60] „Mais quoiqu'il soit vrai qu'on n'apperçoit rien autre chose dans cette grossiere opération [sc.: la combustion – U.K.]; cependant si on prend la peine de la faire plus artistement, on ne manquera jamais d'y trouver quelque chose de plus: car si vous enfermez des coupeaux, ou de la siûre de bois dans une retorte bien lutée, & que vous adaptiez un ample récipient au col de cette retorte, que vous donniez ensuite un feu bien gradué, vous trouverez deux substances, qui ne peuvent tomber sous nos sens sans cet artifice (...)." (LE FÈVRE (1660) I 52)

[61] „Après que la Chymie a travaillé sur le composé, elle trouve dans sa derniere résolution cinq substances qu'elle admet pour principes & pour élémens; sur quoi elle établit sa doctrine, parce qu'elle ne trouve aucune heterogenéité dans ces cinq substances. Qui sont le phlegme ou l'eau, l'esprit ou le mercure, le soufre ou l'huile, le sel & la terre." (LE FÈVRE (1660) I 29) – Le Fèvre gebraucht an dieser frühen Stelle sei-

Paracelsus hatte bei der empirischen Stützung seiner Prinzipientheorie den Akzent nicht so sehr auf die geschiedenen Substanzen als auf die sinnlich wahrnehmbaren Vorgänge bei der Verbrennung gelegt. Dies änderte sich durch den Bezug auf die trockene Destillation. Man hatte fünf empirische, in Gefäßen aufgefangene Substanzen, auf die man die Prinzipien bezog. Welche Art von Beziehung zwischen den Destillationsprodukten und den Prinzipien nahmen die französischen Prinzipientheoretiker an? Waren die fünf empirischen Substanzen identisch mit den fünf Prinzipien? Man kann die Naturkörper, so Le Fèvre, bei ihrer Scheidung in die fünf Prinzipien durch die Destillation nur ihrer *groben* Körperlichkeit berauben. Sinnlich wahrnehmbare Substanzen seien stets körperlich, wenn sie auch, wie im Falle der geschiedenen Prinzipien, eine subtilere Körperlichkeit besäßen als die ungeschiedenen Naturkörper. Insofern seien sie nicht identisch mit dem universellen Geist und seinen Samenprinzipien. Die aus den Naturkörpern geschiedenen sogenannten Spiritus sollen, anders ausgedrückt, zunächst noch die Idee des Körperlichen tragen, die ihnen von der Elementmatrix imprimiert wurde, und erst in den universellen Geist übergehen, wenn sie diese Idee vollständig verloren haben.[62] In die Kette der Wesen eingeordnet, bilden die *geschiedenen* Prinzipien als Substanzen mit subtiler Körperlichkeit Mittelglieder zwischen den Naturkörpern mit ihrer groben Körperlichkeit und den spirituellen himmlischen Wesen.[63] Sie sind, wie Jean Beguin in seinen *Elemens de Chymie* (1615) schreibt, weder Körper noch Geist, sondern sie partizipieren an der Natur beider.[64]

---

nes Lehrbuchs den peripatetischen Begriff des Elementes noch neben und synonym mit dem des Prinzips. Kurz danach begründet er, warum er den Begriff Prinzip vorzieht: „Mais parce que les élémens sont considerés en deux façons, ou comme des paries qui composent l'univers, ou qui composent seulement les corps mixtes; cependant pour nous accommoder à la façon ordinaire de parler, nous leur donnerons le nom de principes, parce que ce sont des parties constitutives du composé; & nous retiendrons le nom d'élément pour ces grandes & vastes corps, qui sont les matrices générales des choses naturelles." (ebd. 31)

62 „(...) on le peut [sc.: l'esprit universel – U.K.] retirer de ce composé, en le dépouillant, par le moyen de l'art, de ce corps grossier, pour le revêtir d'un corps plus subtil, & le rapprocher ainsi de son universalité; (...) cet esprit ne peut retourner à sa premiere indifférence, ou à sa premiere universalité, qu'il n'ait perdu totalement l'idée qu'il a reçûe de la matrice, dans laquelle il a été corporifié. Je dis qu'il faut qu'il ait tout-à-fait perdu cette idée, parce que quoique ces esprits ayent été décorporifiés par l'art; cependant ils ne laissent pas de conserver encore pour quelque tems le caractere de leur premiere corporification (...); mais lorsqu'il a perdu entiérement cette idée, il se rejoinit alors à l'esprit universel (...)". (LE FEVRE (1660) I 24) „Car, comme la nature ne nous peut communiquer ses trésors que sous l'ombre du corps; nous ne pouvons aussi faire autre chose, que les dépouiller du plus grossier de ce corps par le moyen de l'art, pour les appliquer à notre usage: car si nous les poussons plus avant, & que nous les spiritualisions de telle sorte, qu'ils ne nous soient plus visibles ni sensibles, ils ont perdu le caractere & l'idée du corps, & ainsi ils se rejoignent à l'esprit universel (...)". (ebd. 56) „(...) lorsque Paracelse dit qu'il faut dépouiller ce mystere de son corps, il prétend seulement qu'il lui faut ôter son corps grossier, dans lequel il est emprisonné, pour lui en donner un plus subtil, dont il se puisse dégager & se spiritualiser aisément, afin qu'il soit capable de passer jusques dans nos dernieres digestions, & de corriger tous les défauts que l'impure peut y avoir causés." (ebd. 92)

63 Die Metapher der Kette der Wesen wird jedoch bei Le Fèvre überlagert durch die des Reproduktionskreislaufs der Natur mit seiner Korporifizierung und Respiritualisierung des Spiritus. Obwohl es bei Le Fèvre keine terminologische Unterscheidung zwischen Spiritus im Sinne himmlicher intelligibler Wesen und Spiritus im Sinne korporifizierbarer Entitäten und Substanzen „subtiler Körperlichkeit" gibt, ist es dieser Reproduktionskreislauf, der letztere vollständig als Entitäten der Natur von intelligiblen Spiritus abtrennt und unterscheidet. In dieser Hinsicht besteht ein entscheidender Unterschied zum neuplatonistischen Begriff der Weltseele und Agrippa von Nettelsheims Begriff des Spiritus, die beide als Vermittlungsinstanzen zwischen Natur bzw. natürlicher Körperwelt und Geist (Idee) gedacht wurden. Übereinstimmungen bestehen dagegen eher mit Francis Bacons Begriff des Spiritus als ein der Erfahrung zugänglicher pneumatischer Körper.

64 „Or pour parler proprement de ces principes à la façon des Chymiques, ils ne sont ny corps (parce qu'estans impregnez des semences des choses par les influences celestes, ils imitent presque la subtilté des esprits,) ny aussi du tout esprits (d'autant qu'ils sont corporels): mais ils participent de la nature de tous les deux." (BEGUIN (1615) 45)

Als Substanzen mit subtiler Körperlichkeit sollen die geschiedenen Prinzipien die ursprünglichen Qualitäten der konstituierenden Prinzipien in reinerer, unverhüllterer Form zum Vorschein bringen. Denn im natürlichen Mixtum sind nach prinzipientheoretischer Auffassung niemals alle Qualitäten aller Prinzipien wahrnehmbar, weil die Qualitäten in ein Dominanzverhältnis untereinander treten. Bei der Scheidung des homogenen Mixtums sollen diese so rekombiniert werden, daß die ursprünglichen, irreduzierbaren Qualitätssets der Prinzipien wieder hergestellt werden. Mit dieser reproduktivenRekombination der ursprünglichen Qualitätssets der Prinzipien sollen die heterogenen Teile des zuvor homogenen Ganzen erst geschaffen werden, die als heterogene körperliche Substanzen durch das Feuer geschieden werden können.

Im peripatetischen Naturverständnis wird zwischen Naturvorgängen und den durch die menschliche mechanische Kunst bewirkten Veränderungen streng unterschieden. Die Mechanik (μεχανη) verfährt diesem Verständnis gemäß grundsätzlich anders als die Natur und daher lassen sich aus ihr keine Aussagen über die Natur ableiten. Wie war dies im Fall der chemischen Kunst? Waren die chemischen Operationen der Scheidung nicht Eingriffe in die Natur, die veränderten, was sie zu untersuchen vorgaben? Konnten mit Hilfe der chemischen Kunst überhaupt Erkenntnisse über die Naturkörper und ihre Prinzipien gewonnen werden? Von dem Mediziner Thomas Erastus (1524–83), Aristoteliker und einer der entschiedensten Gegner des Paracelsus, kam schon in der zweiten Hälfte des 16. Jahrhundert der Einwand, das Feuer könne statt bloßer Zerlegung auch eine Veränderung der Körper verursachen.[65] Bevor die peripatetische Trennung von Natur und mechanischer Kunst grundsätzlich in Frage gestellt wurde, was in der Chemie erst Ende des 17. Jahrhunderts geschah, konnte die Verteidigungsstrategie gegen solche Angriffe auf die Prinzipientheorie nur darin bestehen, die Scheidung durch das Feuer als einen natürlichen Vorgang darzustellen. Le Fèvre geht in seinem *Traicté* ausführlich auf dieses Problem ein.[66] Das Feuer sei ein natürliches Mittel, schreibt er, das nur beschleunige, was in der Natur auch von selbst stattfinde. Die chemische Kunst ahme die natürliche Scheidung, die langsame und mit mäßiger Wärme erfolgende Putrefaktion oder Fäulnis, nur nach.[67] Die Prinzipien seien also nichts desto weniger natürliche:

> „(...) weil die Kunst nichts / als Gefäß und Recipienten / vorstrecket / um dieselbe [sc.: die Prinzipien – U.K.] aufzufangen / so der Natur mangeln / ohne welche aber wir sie nicht sichtbar und handgreifflich machen könten / damit sie unsern Sinnen zum Objecto dieneten." (LE FEVRE (1660/D1) 12)[68]

Ganz ähnlich argumentiert Beguin, der übrigens nur die drei Paracelsischen Prinzipien anerkannte.[69] Die Natur, heißt es bei ihm, zeige uns, wie die Prinzipien gefunden werden können,

---

[65] Vgl. DEBUS (1967) 133 f. und (1977) 134.

[66] „Mais on peut ici faire une question, qui n'a pas peu de difficulté; sçavoir, si ces cinq substances sont des principes naturels, ou s'ils sont artificiels (...)." (LE FÈVRE (1660) I 31 f.)

[67] Vgl. LE FÈVRE (1660) I 33.

[68] „(...) elles sont néansmoins purement & simplement naturelles, puisque tout ce que fait ici l'Art est de fournir des vaisseaux proprès à les recevoir, à cause que ces vaisseaux manquent à la nature; & sans secours de ces vaisseaux, nous ne pourrions rendre ces principes palpables & visbles. (...) C'est pourquoi nous concluons que ces principes, quoique rendus manifestes & sensibles par les seules opérations de la Chymie, néanmoins cela n'empêche pas qu'ils ne soient naturels. Parce que si la nature ne les avoit pas logés en toutes les choses, on ne les pourroit pas tirer indifféremment de tous les corps, comme on le peut faire. D'où nous tirons cette conséquence, que ce n'est point par transmutation que ces substances sortent du mixte; mais par une pure séparation naturelle, aidée de la chaleur des vaisseaux & de la main de l'Artiste." (LE FÈVRE (1660) I 32 f.)

[69] Vgl. BEGUIN (1615) 46.

und die chemische Kunst imitiere nur das Vorgehen der Natur („elle opere à l'imitation de nature"). Wir könnten täglich beobachten, wie durch die Wärme der Sonne aus einem einheitlichen Baum die Vielfalt der Blätter, Blüten und Früchte mit ihren Farben, ihrem Geruch und Geschmack hervorgebracht werden oder wie aus einem Samen die vollständige Pflanze mit allen ihren Teilen hervorgeht.[70] Auch habe die Natur die Ernährung der Tiere so eingerichtet, daß aus einem homogenen Nahrungsmittel durch natürliche Verdauung Verschiedenes entsteht. Daher könnten wir annehmen, daß durch eine künstliche Verdauung aus einem homogenen Naturkörper zuvor unbekannte Prinzipien und Substanzen extrahiert werden können.[71]

Diese Argumentationsweise Le Fèvres und Beguins läßt bestimmte Schlußfolgerungen im Hinblick auf die Frage nach dem Verhältnis von Theorie und Empirie in der Prinzipientheorie des 17. Jahrhunderts zu. Hatten die Destillationen pflanzlicher Materialien für die Prinzipientheoretiker den methodischen Status von Experimenten? Das Experiment hat in den modernen Naturwissenschaften die Funktion einer Überprüfungsinstanz für eine Theorie oder Hypothese oder es dient ihrer Präzisierung. Experimente werden darüber hinaus als gezielte Eingriffe in die Natur verstanden, bei denen Idealbedingungen geschaffen werden unter Ausgrenzung störender, als Randbedingungen verstandener Effekte. In diesem letzten Sinn, das zeigt die Argumentationsstrategie Le Fèvres ganz deutlich, wurden die Destillationen von den Prinzipientheoretikern selbst nicht als Experimente verstanden. Sie könnten aber unberührt davon dennoch die Funktion einer Überprüfungsinstanz ausgeübt haben. Aber auch dies trifft nicht zu. Die Destillationen, auf die sich die Prinzipientheoretiker vor dem letzten Drittel des 17. Jahrhunderts, als die Akademiemitglieder mit den Pflanzenanalysen begannen, bezogen, wurden nicht im Kontext der Überprüfung von Hypothesen durchgeführt, sondern dienten praktischen pharmazeutischen Zwecken.[72] In der praktischen Durchführung der *einzelnen* Destillationen wurden in der Regel nicht drei verschiedene Destillate neben den beiden festen Rückständen gewonnen, sondern eines oder zwei. Dies hing mit dem praktischen gewerblichen Kontext dieser Operationen zusammen. Aus bestimmten pflanzlichen Materialien konnte man nur die Öle pharmazeutisch verwenden, aus anderen wiederum nur die destillierten Wässer etc. Nur in seltenen Ausnahmefällen[73] wurden in einer konkreten Destillation einmal alle fünf Substanzen gewonnen. Die Prinzipientheoretiker bezogen sich nur allgemein und abstrakt auf die Gesamtheit der Erfahrungen mit Pflanzendestillationen; das Experiment kann aber stets nur als konkretes einzelnes seine Rolle als Überprüfungsinstanz spielen. Sie verallgemeinerten diese ihre Erfahrungen nochmals, indem sie sie auf Naturkörper schlechthin bezogen. Dabei wußten sie sehr wohl, daß die Destillation tierischer Materialien nicht in jeder Hinsicht dieselben Produkte lieferte wie die pflanzlichen und daß aus Mineralien noch niemals fünf Prinzipien geschieden werden konnten.[74] Dies konnte die Prinzipientheorie jedoch nicht ins Wanken bringen, weil der methodische Status all dieser Operationen

---

70 Vgl. BEGUIN (1615) 38 f..

71 „Ce qui fait assez soubçonner [sc.: la coction naturelle – U.K.], que par quelque coction artificielle, ou autrement on pourroit resoudre un corps mixte, & en tirer quelques principes & substances incogneues auparavant." (BEGUIN (1615) 40)

72 Vgl. unten IV.3.2.

73 In Glasers pharmazeutischen Lehrbuch z.B. fällt darunter nur die Destillation des Franzosenholzes – vgl. GLASER (1663/D) 94 u. 399 ff..

74 N. Lemery bemerkt in seinem *Cours de Chymie*, es sei ein eindeutiger Mangel der Prinzipientheorie, daß sie ihre Theoreme generalisiere, obwohl sich gezeigt habe, daß Mineralien und Metalle nicht in fünf Prinzipien zerlegbar seien – vgl. N. LEMERY (1675) 8.

ein anderer als der eines Experimentes war. Die grundlegenden Hypothesen der Prinzipientheorie waren apriori empirisch nicht überprüfbar, auch nicht über vermittelnde Schritte. Der universelle Geist, die spirituellen Samenprinzipien, die Generation der Naturkörper und deren Leben und innere Kräfte lagen jeglicher sinnlichen Wahrnehmung und Erfahrung voraus. Der Erfahrung konnte für diese Theorie nur die relativ äußerliche Bedeutung einer ergänzenden, differenzierenden und stützenden Instanz zukommen. Sie konnte Hinweise liefern über die Qualitäten der Prinzipien und über ihre Anzahl. Ihr waren stützende Argumente abzugewinnen, z.B. durch die Möglichkeit der Scheidung eines homogen und einheitlich erscheinenden Naturkörpers in mehrere andere, neuartige Substanzen. Ihr wurde aber niemals eine konstitutive, für die Gesamtheit des Theoriengebäudes ausschlaggebende Bedeutung beigemessen.

III.1.2.4 *Zusammenfassung*

Die Elementen- und Prinzipientheorie, wie sie von der großen Mehrheit der Chemisten des 17. Jahrhunderts vertreten wurde, unterscheidet sich nur unwesentlich von der Theorie des Paracelsus. Anstelle von drei werden fünf Prinzipien angenommen, und anstelle der Verbrennung bildet die trockene Destillation pflanzlicher Materialien den Erfahrungshintergrund. Die Naturkörper gelten weiterhin als vollkommen einheitliche und belebte Substanzen, die von Elementmatrices und Samenprinzipien generiert werden. Bei der Scheidung der homogenen Naturkörper sollen die ursprünglichen Qualitätssets der Prinzipien rekombiniert und dabei heterogene Teile des Ganzen geschaffen und durch das Feuer geschieden werden. Die geschiedenen Prinzipien werden als Substanzen subtiler Körperlichkeit verstanden, die den spirituellen und konstituierenden Prinzipien zwar sehr nahekommen, aber nicht mit ihnen identisch sind. Es sind Substanzen, die in der Kette der Wesen eine Mittelstellung zwischen körperlichen und spirituellen Wesen einnehmen sollen.

Die durch Paracelsus beeinflußte Elementen- und Prinzipientheorie blieb bis ins letzte Drittel des 17. Jahrhunderts eine Theorie, die sich in den großen Rahmen des peripatetischen, durch spätantike und mittelalterliche Naturphilosophien ergänzten Welt- und Naturbildes einfügte. Das chemische Verbindungskonzept unterscheidet sich nicht nur in seinem Gehalt und seinen einzelnen Hypothesen, sondern bis in die Methodik und die Grundlagen des Naturbildes hinein von dieser Theorie. Aus der früheren historischen Perspektive betrachtet könnte daher die Herausbildung des chemischen Verbindungskonzepts mindestens mit ebenso großem Recht eine chemische Revolution genannt werden wie die späteren Umwälzungen, die die Lavoisiersche Chemie herbeiführte. Damit stellt sich die Frage nach den bestimmenden Faktoren dieser ersten chemischen Revolution. Hatte, wie wiederholt behauptet wurde, die Neubelebung des antiken Atomismus und die Ausbreitung der mechanischen Korpuskulartheorien im 17. Jahrhundert an der Genese des chemischen Verbindungskonzepts einen notwendigen und vielleicht ausschlaggebenden Anteil? Ist somit die Genese des chemischen Verbindungskonzepts in ihrem Kern als Resultat der Verdrängung einer Naturphilosophie durch eine andere zu verstehen und somit weniger eine Genese im Sinne eines Neuanfangs als im Sinne der Ausformulierung und Präzisierung einer jahrhundertealten Idee?[75] Robert Boyle

[75] Diese These vertreten P. DUHEM (1902), I. FREUND (1904), E. STRÖKER (1968), E.J. DIJKSTERHUIS (1956) u.a. – vgl. dazu oben die Einleitung.

ist wohl derjenige Vertreter der mechanischen Korpuskulartheorie des 17. Jahrhunderts, der sich am intensivsten der Chemie zugewandt hat. Wenn die These vom entscheidenden und ausschlaggebenden Anteil der Korpuskulartheorie an der Herausbildung des chemischen Verbindungskonzepts zutreffend ist, so ist zu erwarten, daß Boyle bereits über einen relativ präzisen chemischen Verbindungsbegriff und vielleicht sogar über eine chemische Verbindungstheorie verfügte.

III.2 DIE MECHANISCHE KORPUSKULARTHEORIE ROBERT BOYLES

Der Frage, ob Robert Boyle als derjenige Exponent der mechanischen Korpuskulartheorie des 17. Jahrhunderts, der der Chemie einen hohen Stellenwert beimaß, bereits über einen präzisen chemischen Verbindungsbegriff verfügte, soll anhand der Analyse und Interpretation seines *Sceptical Chymist* (1661) nachgegangen werden.[76] Die Streitfragen, um die es im *Sceptical Chymist* geht, sind erstens die Frage, ob alle als vollkommene Mischungen oder Mixta verstandenen natürlichen Körper gleichermaßen aus einer bestimmten Anzahl von Elementen oder Prinzipien zusammengesetzt seien, und zweitens die weitergehende Frage, ob es überhaupt Elemente oder Prinzipien gebe.[77] Mit diesen Streitfragen des *Sceptical Chymist* ist zugleich die Frage nach dem Verständnis des vollkommenen Mixtums aufgeworfen. Liegt Boyles Verständnis des vollkommen Mixtums im Unterschied zu dem der paracelsischen Elementen- und Prinzipientheorie ein chemischer Verbindungsbegriff zugrunde?

Boyle erörterte die in Frage stehenden Probleme im Rahmen einer Kritik an den zeitgenössischen Elementen- und Prinzipientheorien der Chemisten und an der peripatetischen Elemententheorie. Jedoch reduziert sich die Auseinandersetzung nicht auf eine Kritik oder gar Polemik gegen rivalisierende Theorien. Vielmehr sind die aufgeworfenen Fragen für Boyle offene Probleme, die der Klärung bedürfen. Für Boyle stand freilich der Prinzipienbegriff der Paracelsusanhänger nicht ernsthaft zur Debatte. Auf der Grundlage der paracelsischen Natur

[76] Diese Konzentration auf den *Sceptical Chymist* ergibt sich aus der spezifischen Fragestellung, mit der hier an die Korpuskulartheorie Boyles herangegangen wird. Es geht im Folgenden nicht um eine Rekonstruktion der Korpuskulartheorie Boyles als Ganzer, die andere Schwerpunkte setzen müßte und für die andere Schriften, insbesondere die fünf Jahre nach dem *Sceptical Chymist* erschienene Schrift *The Origin of Forms and Qualities* (W III 14 ff.), relevanter wären. Auch auf die Frage, ob Boyle als Begründer der neuzeitlichen Chemie gelten könne, wird nicht umfassend eingegangen. Partington hat für diese These drei Gründe angeführt. Erstens habe Boyle das Studium der Chemie als Selbstzweck und nicht im Dienst der Medizin und Alchemie betrieben, zweitens habe er eine rigorose experimentelle Methode in die Chemie eingeführt und drittens habe er eine klare Definition des Elementbegriffs gegeben (PARTINGTON HC II 496). Nur auf den letzten dieser drei Gründe wird im Folgenden detailliert eingegangen. Obwohl Boyle auch in anderen, späteren Schriften auf den Elementbegriff einging, am ausführlichsten in der 1681 erschienenen Schrift *A Chymical Paradox* (W IV 496 ff.), enthält der *Sceptical Chymist* die detaillierteste Reflexion zu diesem Thema. Neue, über die im *Sceptical Chymist* hinausgehende oder diese modifizierende Bestimmungen des Elementbegriffs sind in späteren Schriften nicht zu finden.

[77] Diese beiden Streitfragen werden im 4. und 6. Kapitel des *Sceptical Chymist* expressis verbis aufgeworfen. „The state of the controversy", heißt es im 4. Kapitel, sei die Frage, „whether or no all bodies, confessed to be perfectly mixt, were composed of, and are resoluble into a determinate number of primary unmixt bodies." (BOYLE (1661) 531) Die Frage zu Beginn des 6. Kapitels lautet: „I half expected, Carneades, that after you had so freely declared your doubting, whether there be any determinate number of elements, you would have proceeded to question, whether there be any elements at all." (ebd. 561) Diese Frage seines Dialogpartners nimmt Carneades, der Stellvertreter Boyles, auf: „(...) it is not absurd to doubt, whether, for aught has been proved, there be a necessity to admit any elements, or hypostatical principles, at all." (ebd. 562)

philosophie, die die Unterscheidung zwischen Materie und Geist nicht kennt und statt dessen einen kontinuierlichen Übergang von körperlichen zu unkörperlichen, spirituellen Wesen annimmt, galten Prinzipien als unkörperliche Konstituentien von Naturkörpern, als Qualitätssets, die in einem natürlichen Mixtum in ein Dominanzverhältnis treten und somit einen vollständig homogenen und zudem belebten Naturkörper hervorbringen. Der Materiebegriff aller Korpuskulartheorien ist dagegen der einer körperlichen Materie, und die Konstituierung vollkommener Mixta aus Heterogenem konnte daher für einen Korpuskulartheoretiker apriori nur die Konstituierung aus *körperlichen* Teilen bedeuten. Die Frage, die für Boyle vielmehr offen war, war die, ob die heterogenen körperlichen Konstituentien der Mixta bereits in besonderer Weise geformte Materien seien, so daß ihnen verschiedene stoffliche Qualitäten zugesprochen werden können, oder bloß heterogene Teile der allgemeinen Materie (universal matter), denen allgemeine Materieeigenschaften zukommen. Die erste Alternative vertraten in der ersten Hälfte des 17. Jahrhunderts Atomisten, die die zeitgenössische Elementen- und Prinzipientheorie der Chemisten zu integrieren versuchten. Dazu gehörten vor allem Daniel Sennert und Joachim Jungius in Deutschland, Claude Gillermet Berigard und Johann Chrysostomus Magnenus in Italien sowie Sebastian Basso und Estienne de Clave in Frankreich. Der Element- oder Prinzipienbegriff dieser Atomisten ist es, der den Kern der Kontroverse[78] ausmacht und den Boyle prüft, wenn er auf den Elementbegriff der Chemisten anspielt, „welche am deutlichsten reden" (BOYLE (1661) 562). Soweit dies für das Verständnis der Argumente Boyles erforderlich ist, soll daher zunächst ein Blick auf den Elementbegriff der atomistischen Elementen- und Prinzipientheorien geworfen werden. Alle internen Probleme dieser Theorien und insbesondere die Frage, ob denn diese Variante des Atomismus des 17. Jahrhunderts einen chemischen Verbindungsbegriff enthält, werden erst am Ende dieses Abschnitts behandelt.

III.2.1 *Die atomistischen Elementen- oder Prinzipientheorien*

Estienne de Clave ist unter den Vertretern der atomistischen Elementen- und Prinzipientheorien des 17. Jahrhunderts wohl derjenige, der dem, was Boyle unter einem Chemisten verstand, am nächsten kommt. De Clave war Arzt[79] und Anhänger der paracelsischen Heilmethoden und, wie sein 1646 erschienenes pharmazeutisches Lehrbuch *Cours de Chimie* belegt, ausgezeichneter Kenner der zeitgenössischen chemisch-pharmazeutischen Praxis der Medikamentengewinnung. De Clave hat keine ausgearbeitete atomistische Theorie hinterlassen. Alles, was darüber bekannt ist, stammt aus Thesen, die er 1624 mit zwei Mitstreitern an der Pariser Universität in einer öffentlichen Disputation vorstellen wollte, die dann aber verboten wurde.[80] Die letzte dieser Thesen enthält nicht mehr als ein Bekenntnis zum Atomismus. Al-

---

[78] Diese Zuspitzung der Kontroverse auf den Elementbegriff der genannten Atomisten des 17. Jahrhunderts betont insbesondere auch Thomas S. KUHN (1952) 16. M. Boas merkt an, daß es sich bei Boyles „excellent chymist", der z.B. in der Schrift *Usefulness of Natural Philosophy* erwähnt ist, vermutlich um E. de Clave handelt (BOAS (1958) 53).

[79] Die Lebensdaten de Claves sind nach Partington unbekannt (PARTINGTON HC III 7 f.). F. Höfer schreibt im 2. Band seiner *Histoire de la chimie*, er sei Alchemist und Arzt gewesen. Nach Partington folgte de Clave Davisson (1593–1669) am Jardin Royal des Plantes. In Contants Arbeit über den Jardin bleibt de Clave dagegen unerwähnt. Er nennt Le Fèvre als Nachfolger Davissons.

[80] Vgl. hierzu und zum Folgenden MULTHAUF (1966) 276 f., THORNDIKE (1923) VII 185 ff., LASSWITZ (1890) I 482 ff. und PARTINGTON HC III 8.

les sei aus Atomen oder Unteilbarem zusammengesetzt, heißt es dort. Zugleich wird aber an der Elementen- und Prinzipientheorie festgehalten. Demnach bestehen die Mixta aus fünf unzerlegbaren Elementen oder Prinzipien, nämlich Terra, Aqua, Sal, Sulfur und Mercurius, die alle fünf in allen Mixta enthalten seien. Die Verschiedenheit der natürlichen Mixta wird auf die Unterschiede der quantitativen Mischung der Prinzipien zurückgeführt. De Claves Wendung sowohl gegen die aristotelische Materie-Form-Theorie als auch gegen die Paracelsische Auffassung der Elemente und Prinzipien wird in seinen späteren Schriften, die nicht mehr explizit auf den Atomismus rekurrieren, nochmals zur Sprache gebracht. In seinem *Cours de Chimie* werden die Elemente oder Prinzipien als *körperliche* Bestandteile eines Mixtums definiert:

> „Que si quelqu'un objecte que les elements sont composez de matiere & de forme; Nous respondons à cela qu'il n'y a point de telle matiere (...). Mais nos principes ou elements, sont corps complets et toutesfois simples, par l'union desquels se font divers mixtes selon les diverses compositions.
> Le feu doncques agissant contre les mixtes artificieusement disposez les resoud si heureusement qu'il en sort cinq elements, ou premiers principes, qui estoient actuellement inclus & cachez dedans iceux, à sçavoir l'eau ou phlegme, l'esprit ou mercure, le soulphre ou huille, le sel & la terre." (DE CLAVE (1646) 4)

Die Ablehnung der aristotelischen Unterscheidung von Materie und Form eines Körpers und somit der Konzeption eines einheitlichen und homogenen, durch seine substantielle Form bestimmten Mixtums wird zu Beginn des Zitats deutlich gemacht. Die Prinzipien sollen als „corps complets" „aktuell" im Mixtum enthalten sein. Das Feuer spielt der zeitgenössischen Auffassung entsprechend bei de Clave die Rolle eines universellen Mittels der Zerlegung der Mixta. Es soll diese in fünf verschiedene Prinzipien zerlegen, aus deren Vereinigung („union") in verschiedenen Zusammensetzungen („compositions") die Mixta hervorgegangen sein sollen. Daß die Zahl der Prinzipien gerade fünf sei, wird zum einen mit den Ergebnissen der trockenen Destillation pflanzlicher Materialien und zum anderen theoretisch, über den Begriff des Elements, begründet. Die trockene Destillation liefere neben den drei Paracelsischen Prinzipien noch die beiden peripatetischen Elemente Wasser und Erde. Da im Begriff des Elements enthalten sei, daß Elemente nicht nur einfache Substanzen, sondern zugleich Bestandteile aller Mixta seien, könnten z.B. Luft und Feuer nicht zu den Elementen gerechnet werden[81], und daher sei ihre Zahl fünf.

Vermutlich dachte de Clave, ähnlich wie sein französischer Zeitgenosse S. Basso, von dem er beeinflußt gewesen sein soll[82], an kleine, sinnlich nicht wahrnehmbare Teilchen oder Atome der Prinzipien, wenn er von „corps complets et simples" als den Bestandteilen der Mixta sprach. Bei Basso selbst oder auch bei Sennert, dem Begründer der sogenannten deutschen Schule des Atomismus des 17. Jahrhunderts, ist die atomistische Variante der Elementen- oder Prinzipientheorie etwas genauer, obwohl gleichfalls nicht detailliert ausgearbeitet.[83] Sowohl Sennert als auch Basso waren Mediziner, die die paracelsische Heilkunde übernommen hatten und die daher auch mit der iatrochemischen Medikamentengewinnung vertraut waren. Ihr theoretisches Interesse galt vorwiegend der Theorie der vollkommenen Mixta in

---

[81] „Nous disons donc qu'il y a cinq corps simples que nous appelons éléments, non pas à cause qu'ils sont simples; autrement le ciel et l'air seraient éléments, mais seulement parce qu'ils composent tous les mixtes (...)". (DE CLAVE (1641) 159 – zit. nach METZGER (1923) 57)

[82] Vgl. LASSWITZ (1890) I 467.

[83] Zum Folgenden vgl. vor allem LASSWITZ (1890) I 436 ff. u. 467 ff., PARTINGTON HC II 271 ff. u. 387 ff., M. BOAS (1952) 426 ff. und MEINEL (1988) 68 ff..

Abgrenzung sowohl zu dem peripatetischen als auch paracelsischen Verständnis. Nach Basso ist mit dem Begriff der vollkommenen Mischung durchaus die Annahme vereinbar, daß die Elemente in ihrer besonderen Form als Teile in der Mischung erhalten bleiben, obwohl das Ganze der Mischung einen homogenen Eindruck macht. Es gibt seiner Meinung nach keine Gründe für die Ansicht, daß die Homogenität der als vollkommene Mixta bezeichneten Naturkörper auf andere Weise zustande komme als die Homogenität eines chemisch hergestellten Kompositums wie z.B. einer Gold-Silber-Legierung, bei der die Ausgangsstoffe als Bestandteile erhalten blieben und die im aristotelischen Sinn bloß eine mistio ad sensum sei.[84] Die scheinbare Homogenität des natürlichen vollkommenen Mixtums bzw. des chemischen Kompositums läßt sich nach Basso atomistisch erklären. Er nimmt an, daß sich die letzten unveränderlichen Atome der Körper stets hinsichtlich mehrerer Qualitäten unterscheiden, d.h. daß sie „substanzielle Verschiedenheit" besitzen. Die vier peripatetischen Elemente sollen aus qualitativ verschiedenen Elementarteilchen bestehen. Die Mannigfaltigkeit der natürlichen aus den Elementen gebildeten Mixta wird mit der Bildung hierarchisch aufgebauter Teilchen zweiter, dritter etc. Ordnung erklärt.[85]

Sennerts korpuskulare Theorie der vollkommenen Mixta greift die Minima-naturalia-Lehre der averroistischen Strömung der Scholastik[86] und die daran geknüpfte aristotelische Materie-Form-Lehre ebenso auf wie die antike Atomistik.[87] Die natürlichen vollkommenen Mixta sind demnach diskontinuierlich aufgebaut, sie bestehen aus Minima naturalia, d.h. kleinsten, physikalisch unteilbaren Teilchen, die die substanzielle Form des ungeteilten, sinnlich wahrnehmbaren Körpers noch besitzen. Die Minima naturalia sind nach Sennert keine Minima im absoluten Sinne, sondern Minima *sui generis*, aus denen die Naturkörper unmittelbar zusammengesetzt sind. Sennert nennt sie auch Prima mixta und unterscheidet sie von den Atomen der vier aristotelischen Elemente, die wiederum Bestandteile der Prima mixta bilden. Die Atome der Elemente aber, darin unterscheidet sich die Minima-naturalia-Lehre Sennerts ganz wesentlich von der scholastischen Tradition, die die Minima naturalia als homogene Einheiten verstand, sollten nach Sennert als heterogene Teile der Prima mixta erhalten bleiben, und dies bedeutete in Bezug auf den sinnlich wahrnehmbaren, aus dem Aggregat der Prima mixta gebildeten Naturkörper, daß auch dieser ein aus heterogenen elementaren Teilen zusammengesetztes Ganzes sei.

III.2.2 *Boyles hypothetischer Elementbegriff*

III.2.2.1 *Ein moderner Elementbegriff?*

Boyle definiert im 6. Teil des *Sceptical Chymist* den Elementbegriff folgendermaßen:

---

[84] Vgl. insbesondere LASSWITZ (1890) I 469.

[85] Vgl. BOAS (1952) 427 und LASSWITZ (1890) I 472. Zu den Partikeln höherer Ordnung gehören wohl auch die durch Destillation zugänglichen Prinzipien, die Basso als *unmittelbare* Bestandteile aller natürlichen Mixta versteht. Genauere Angaben über den Aufbau der Elementpartikel und der zusammengesetzten Partikel höherer Ordnung können der Sekundärliteratur, auf die ich mich in diesem Punkt stützen muß, nicht entnommen werden.

[86] Vgl. dazu DIJKSTERHUIS (1956) 231 ff. u. 309 ff..

[87] Die vermittelnde Stellung Sennerts zwischen der peripatetischen Naturphilosophie und der antiken Atomistik hebt insbesondere Lasswitz hervor – vgl. LASSWITZ (1890) I 447 ff..

„(...) I now mean by elements, as those chymists, that speak plainest, do by their principles, certain primitive and simple, or perfectly unmingled bodies; which not being made of any other bodies, or of one another, are the ingredients, of which all those called perfectly mixt bodies, are immediately compounded, and into which they ultimately resolved: now whether there be any one such body to be constantly met with in all, and each, of those, that are said to be elemented bodies, is the thing I now question.“ (BOYLE (1661) 562)

Hauptsächlich auf dieses Zitat haben Chemiehistoriker ihre Behauptung gestützt, Boyle verfüge über einen modernen Elementbegriff, denn er definiere Elemente als chemische Stoffe, die nicht in andere chemische Stoffe zerlegbar seien.[88] Aber welchen Status hat der Elementbegriff bei Boyle und welche Implikationen enthält seine Definition des Elementbegriffs? M. Boas hat namentlich in ihrer 1958 erschienenen Boyle-Studie zu Recht den Finger auf den letzten Satz des obigen Zitats gelegt.[89] Denn worum es Boyle insbesondere im 6. Teil seines *Sceptical Chymist*, aber auch in der gesamten Schrift geht, ist das Problem, ob es denn Substanzen der zuvor angeführten Definition überhaupt gebe. Der Elementbegriff, den Boyle an dieser Stelle definiert, ist ein *hypothetischer* Elementbegriff, den er mit seiner Anspielung auf die Chemisten, „welche am deutlichsten reden“, von diesen zwecks einer Überprüfung und Klärung vorerst übernimmt. Wie das Zitat auf den ersten Blick vielleicht nicht zu erkennen gibt, übernimmt Boyle mit dieser Anspielung auf die Chemisten auch Bedeutungsmomente eines Elementbegriffs, die von dem späteren Elementbegriff Lavoisiers und vom modernen Elementbegriff abweichen, nämlich daß

1.) die Elemente oder Prinzipien natürlicherweise stets und ausschließlich Bestandteile der vollkommenen Mixta sind; d.h. sie kommen in der Natur nicht auch außerhalb der Mixta als freie Substanzen vor, wie dies der moderne Elementbegriff impliziert, und sind ausschließlich durch die chemische Kunst zugänglich;
2.) alle vollkommenen Mixta stets aus *allen* Elementen bestehen; d.h. die Mixta können nicht aus weniger als den postulierten drei (oder fünf) bestehen;[90]
3.) alle vollkommenen Mixta *unmittelbar* aus Elementen bestehen; d.h. die Mixta können nicht auch aus Verbindungen zusammengesetzt sein, die erst in einem zweiten oder späteren Analyseschritt in Elemente zerlegt werden.

Diese drei Bedeutungsmomente des hypothetischen Elementbegriffs sind zwar nicht allein aus dem Wortlaut der obigen Definition zu entnehmen, sie ergeben sich aber klar aus Boyles Bezug auf die zeitgenössischen Chemisten und lassen sich an den Hauptlinien seiner Argu-

[88] In den fünfziger Jahren unseres Jahrhunderts machten als erste M. BOAS (1952) u. (1958) und Th.S. KUHN (1952) gegen die bis dahin allgemein akzeptierte Position Front, Boyle habe über einen modernen Elementbegriff verfügt. Später stimmten z.B. auch GILLISPIE (1960) 204, CROSLAND (1980) 292, MITTELSTRASS (1980) 342, HALL (1983) 277 und ALEXANDER (1985) 19 dieser neuen Boyle-Interpretation zu. Neuere chemiehistorische Schriften, die die These von Boyles modernen Elementbegriff aufrecht halten, führen das obige Zitat in der Regel ohne den letzten Satz an, so z.B. STILLMAN (1960) 397, PARTINGTON HC II 501 und D. McKie in seiner Einführung zum Reprint von BOYLE (W). In letzter Zeit betonte A. CLERICUZIO (1990) 579 ff. wieder die chemischen Momente der Schriften Boyles gegenüber seinen mechanistischen Erklärungsprinzipien. Er vertritt die These, mit seiner Unterscheidung zwischen Korpuskeln unterschiedlicher Komplexität habe Boyle die theoretischen Grundlagen für die Anerkennung von chemischen Elementen gelegt und er habe nur ihre empirische Nachweisbarkeit bemängelt.

[89] Vgl. M. BOAS (1958) 95 ff..

[90] Auf dieses zweite vom modernen chemischen Elementbegriff abweichende Bedeutungsmoment hat auch M. Boas aufmerksam gemacht: „Note too that this definition differs markedly from that of modern chemical elements, and this difference is such as utterly to destroy any modernity of the definition: the assumption is that the same few elements are found in *all* bodies, that *all* bodies should be resolvable into the same number of elements, so that every body consists of different arrangements of the same elements. There is never a suggestion that, except for the elements themselves, there can be any substance which consists of less than all the elements.“ (BOAS (1958) 95 f.)

mentation und daher auch an zahlreichen weiteren Textstellen belegen. Weitere Hinweise liefert die Extension der Begriffe Element und Mixtum im *Sceptical Chymist*. Während im folgenden auf die zweite und dritte vom modernen Elementbegriff abweichende Bedeutungskomponente nicht weiter eingegangen wird[91], soll die erste, fundamentalere und im Hinblick auf den Begriff des Mixtums folgenreichere Annahme, die Elemente seien stets Bestandteile der Mixta, genauer beleuchtet werden.

III.2.2.2 *Elemente als konstituierende Bestandteile der Naturkörper*

Daß der im *Sceptical Chymist* geprüfte hypothetische Elementbegriff Boyles die Bestimmung enthält, Elemente seien in der Natur stets und ausschließlich Bestandteile der vollkommenen Mixta und nur durch chemische Kunst als freie Substanzen erhältlich, geht unter anderem aus Boyles Verwendung der Begriffe Element und Mixtum hervor. Nur die anachronistische Unterstellung, unter einem Mixtum sei dasselbe zu verstehen wie unter einer chemischen Verbindung, läßt übersehen, daß Boyle diesen Begriff in derselben Weise auf empirische Körper anwendet wie die zeitgenössischen Chemisten. Als Mixta bezeichnet nämlich Boyle ebenso wie die Chemisten seiner Zeit alle aus den drei Naturreichen stammenden Naturkörper, also alle Pflanzen, Tiere und die Mineralien einschließlich z.B. der heute als chemische Elemente verstandenen Metalle. Formulierungen wie die, die Metalle Gold und Quecksilber seien „confessedly mixed bodies“ (BOYLE (1661) 476), belegen die Übernahme der im 17. Jahrhundert allgemein akzeptierten Auffassung, alle den drei Naturreichen zugeordneten Naturkörper seien in heterogene Substanzen zerlegbare vollkommene Mixta.[92] Wenn Boyle an einigen Stellen von anderen als vollkommen gemischten Naturkörpern redet, so sind damit entweder die natürlichen Körper außerhalb des Erdballs oder die irdischen Naturkörper, die damals keinem der drei Naturreiche zugeordnet wurden, gemeint, nämlich Erde, Wasser und Luft. Obwohl es Boyle für möglich, aber nicht für erwiesen hielt[93], daß Erde, Wasser und Luft einfache Körper

---

[91] Im Teil III des *Sceptical Chymist*, in dem sich Boyle mit der Frage nach der Anzahl der Elemente oder Prinzipien befaßt, heißt es: „I mean, that it is not proved by chymists, that *all* [Hervorhebung U.K.] the compound bodies, which are granted to be perfectly mixt, are upon their chymical analysis divisible each of them into just three distinct substances, neither more or less, which are wont to be looked upon as elementary (...)“ (BOYLE (1661) 511). Und: „I say then, that it does not by these sufficiently appear to me, that there is any one determinate number of elements to be uniformly met with in *all* [Hervorhebung U.K.] the several sorts of bodies allowed to be perfectly mixed.“ (ebd. 512) Vgl. auch Teil I (ebd. 477), Teil V (ebd. 548 u. 560) und Teil VI (ebd. 560, 561 u. 567). – Daß die Elemente oder Prinzipien als *unmittelbare* Bestandteile der Mixta verstanden wurden, geht nicht nur aus der Auffassung der Chemisten über die Zerlegung der Mixta durch das Feuer hervor, sondern auch aus der gesamten diesbezüglichen Argumentation Boyles im IV. Teil seines *Sceptical Chymist*, in dem er nachweist, daß die durch Feuer bzw. Destillation geschiedenen Substanzen nicht so einfach und unvermischt seien, wie es die Chemisten fordern: „And thus much (says Carneades) may suffice to be said of the number of the distinct substances separable from mixt bodies by the fire: wherfore I now proceed to consider the nature of them, and shew you, that though they seem homogeneous bodies, yet have they not the purity and simplicity that is requisite to elements (...)“. (BOYLE (1661) 520)

[92] Vgl. auch BOYLE (1661) 477, 526 u. 563.

[93] Zweifel an der Einfachheit von Erde und Wasser äußert Boyle z.B. an folgender Stelle: „I know not whether I should on this occasion add, that those very bodies, the chymists call phlegm and earth, do yet recede from an elementary simplicity. That common earth and water frequently do so, notwithstanding the received contrary opinion, is not denied by the more wary of the modern Peripatetics themselves: and certainly most earths are much less simple bodies than is commonly imagined even by chymists (...)“. (BOYLE (1661) 542) Das Feuer läßt Boyle beiseite, weil er es für ein „Phantasiegebilde“ (ebd. 562) hält.

seien, bezeichnet er sie ebenso wie z.B. de Clave gerade deshalb nicht als Elemente, weil sie nicht als Bestandteile in die vollkommen gemischten Körper eingehen sollten.[94]

Boyles *Sceptical Chymist* enthält neben der oben zitierten Definition des hypothetischen Elementbegriffs noch mehrere andere, mehr oder weniger versteckte Definitionen, die alle besagen, daß Elemente oder Prinzipien als Bestandteile gemischter Körper vorkommen und daher nur durch chemische Analyse dieser gemischten Körper zugänglich sind, in denen aber – wie es für die Zeitgenossen selbstverständlich war – nie die Rede davon ist, daß Elemente in der Natur auch frei vorkommen sollen. Die vierte Proposition im Teil I des Werks – eine Proposition, die übrigens für Boyle eine zu überprüfende und im weiteren Verlauf stark bezweifelte Hypothese ist – lautet:

> „It may likewise be granted, that those distinct substances, which concretes generally either afford, or are made up of, may, without very much inconvenience, be called the elements or principles of them." (BOYLE (1661) 477)

Der Teil II des Werks, in dem Boyle der Frage nachgeht, ob das Feuer der geeignete Analysator der vollkommen gemischten Körper sei, beginnt mit der Bemerkung:

> „(...) that it is not so sure, as both Chymists and Aristotalians are wont to think it, that every seemingly similar or distinct substance, that is separated from a body by the help of the fire, was pre-existent in it, as a principle or element of it." (BOYLE (1661) 493)

Als Elemente oder Prinzipien werden in diesen beiden Zitaten verschiedene einfache „Substanzen" bezeichnet, aus denen die vollkommen gemischten Körper (hier auch concretes) entstehen[95] und bestehen, die in ihnen präexistieren und die sich mit Hilfe des Feuers, also durch die chemische Kunst, aus ihnen gewinnen lassen. Der Proposition im Teil I fügt Boyle noch die Bemerkung hinzu, er gebrauche die Begriffe Element und Prinzip synonym. Was die Chemisten Prinzipien nennen, weil sie nicht mehr aus noch einfacheren Körpern zusammengesetzt seien, entspreche dem, was die Peripatetiker als Elemente im Sinne von Bestandteilen aller Mixta bezeichnen.

Boyle bezeichnet die Elemente oder Prinzipien teils als Körper, wie in der zuerst zitierten Definition, teils als Substanzen, wie in den beiden letzten Zitaten. In dieser Redeweise, in der zunächst korpuskulartheoretische Überlegungen ausgespart bleiben, ist aber noch völlig unklar, wie Substanzen als präexistierende Bestandteile natürlicher Körper verstanden werden sollen. Der moderne Chemiker würde unter Substanzen bestimmte chemische Reinstoffe mit charakteristischen Stoffeigenschaften verstehen. Die zeitgenössischen Chemisten, die die atomistische Elementen- oder Prinzipientheorie vertraten und auf die sich Boyle hauptsächlich bezieht, verstanden jedoch unter Prinzipien als einfachen Substanzen verschiedene Träger unterschiedlicher Qualitäten. Boyle geht zu Beginn des Teils II seines Werks selbst auf das Problem ein, was ein Element im Sinne eines präexistierenden Bestandteils eines Mixtums bedeuten könne. Er stelle natürlich nicht in Frage, heißt es dort, daß nichts von einem Körper durch das Feuer abgetrennt werden könne, das darin vorher nicht materiell existierte („that was not

[94] So heißt es, die Luft sei deshalb kein Element, weil sie nur die Poren der gemischten Körper fülle: „(...) and the air not concurring to compose mixt bodies as one of the elements, but only lodging in their pores (...)". (BOYLE (1661) 562) Erde und Wasser verstehe er als Bestandteile des Weltalls oder des Erdballs, nicht aber aller gemischter Körper und – so muß ergänzend hinzugefügt werden – daher nicht als Elemente: „(...) but I look upon earth and water, as component parts of the universe, or rather of the terrestrial globe, not of all mixt bodies." (ebd.)

[95] Die *Entstehung* der vollkommen gemischten Körper aus Elementen wird an anderer Stelle noch deutlicher ausgesprochen. Elemente oder Prinzipien, heißt es dort, seien „(...) a certain number of primogenial bodies, by whose concourse all those we call mixt are generated (...)" (BOYLE (1661) 505)

materially pre-existent in it" – BOYLE (1661) 493), denn das Feuer könne die Materie nicht neu schaffen, sondern nur verändern. Vielmehr sei hier die Frage, ob die abgetrennten Substanzen mehr als bloß materiell darin vorher existiert haben („may have been more than barely materially pre-existent in it" – ebd.) und ob sie in der Form, in der wir sie nach beendeter Analyse finden, darin existierten („whether or no the differing substances obtainable from a concrete dissipated by the fire were so existent in it, in that form (...) wherein we find them, when the analysis is over" – ebd.). Diese Formulierungen, in denen Boyle auf die peripatetischen Kategorien Materie und Form zurückgreift, zeigen, daß sein Schwanken zwischen dem Begriff der chemischen Substanz und dem Körperbegriff nicht zufällig ist. Boyle konnte in seinem hypothetischen Elementbegriff keineswegs alle Bestimmungen des Element- oder Prinzipienbegriffs der Chemisten übernehmen, ohne zugleich die mechanische Korpuskulartheorie in Frage zu stellen. Er mußte, wenn er die Rede von Elementen als Bestandteilen natürlicher Körper präzisieren wollte, zu korpuskulartheoretischen Betrachtungen übergehen und dabei versuchen, den Begriff der chemischen Substanz mechanisch zu präzisieren.

III.2.2.3 *Die hypothetischen Elementkorpuskeln*

Boyles hypothetischer Elementbegriff war, wie oben gezeigt wurde, aus der atomistischen Elemententheorie übernommen worden. Aber dieser Übernahme mußten auf der anderen Seite dort Grenzen gesetzt werden, wo ganz grundlegende Annahmen der mechanischen Korpuskulartheorie auf dem Spiel standen. Eine der tiefgehendsten Differenzen zwischen der mechanischen Korpuskulartheorie Boyles und der atomistischen Elemententheorie Sennerts, Bassos, de Claves etc. liegt in der Erklärung der Entstehung der sinnlich wahrnehmbaren Eigenschaften der Naturkörper und im Zusammenhang damit in der Erklärung der Stoffspezifität. Boyle wies insbesondere in seiner 1666 erschienenen Schrift *The Origin of Forms and Qualities* jede Annahme von Qualitäten vehement zurück[96], die neben und unabhängig von den wesentlichen Eigenschaften (essential properties – BOYLE (1666) 16) oder untrennbaren Akzidenzien (inseparable accidents – ebd.) der Materie vorliegen sollen – eine Annahme, die seiner Meinung nach in der atomistischen Elemententheorie mit der Postulierung elementarer und okkulter Qualitäten der Atome gemacht wurde –, und versuchte seinerseits, alle sinnlich wahrnehmbaren Eigenschaften auf die mechanischen Qualitäten der Korpuskeln, nämlich ihre Größe, Gestalt, gegenseitige Lage oder Textur (texture) und Bewegung oder Ruhe, zurückzuführen. Welche Bedeutung konnte auf dem Hintergrund dieses ganz grundlegenden Theorems der mechanischen Korpuskulartheorie Boyles Rede von Elementen als *Substanzen*, die in den Mixta als Bestandteile präexistieren, zukommen. In welcher Weise konzipierte Boyle die Spezifität dieser elementaren Substanzen? Um diese Frage zu beantworten, ist es notwendig, etwas weiter ausholend auf Boyles Materietheorie einzugehen.

---

[96] „(...) but one thing the modern schools are wont to teach concerning accidents, is too repugnant to our present doctrine to be in this place quite omitted; namely, that there are in natural bodies store of real qualities and other real accidents, which not only are no moods of matter, but are real entities distinct from it, and, according to the doctrine of many modern schoolmen, may exist separate from all matter whatsoever." (BOYLE (1666) 16)

Nach Boyle kommen der Materie als solcher, der allgemeinen Materie (universal matter), die Attribute Ausdehnung, Undurchdringlichkeit und Teilbarkeit zu.[97] Die Teilung und Individuierung der Materie soll durch Bewegung erfolgen, und zwar durch unterschiedlich gerichtete Bewegung. Die Bewegung versteht Boyle nicht als notwendiges Attribut der Materie, sondern als ein von Gott verliehenes.[98] Ist aber die allgemeine Materie einmal in verschiedene Richtungen bewegt, so muß sie sich notwendig teilen. Der ursprüngliche Effekt dieser Teilung sind primitive Materiefragmente („primitive fragments, or other distinct and intire masses of matter" – BOYLE (1666) 16), die Boyle auch als minima oder prima naturalia (ebd. 29) bezeichnet. Diese Minima naturalia, die nach Boyle zwar gedanklich, nicht aber aktuell teilbar und sehr hart („very solid" – BOYLE (1666) 29) sind, müssen als Resultate der Teilung notwendig verschiedene Größen, Gestalten und Bewegungen besitzen.[99] Daher kann Boyle sagen, Größe, Gestalt und Bewegung (oder Ruhe) seien wesentliche Eigenschaften oder Akzidenzien *jedes* noch unspezifischen Materieteils. Diese von Boyle als Minima naturalia bezeichneten physikalisch unteilbaren und, da sie sehr hart sind, in ihrer Gestalt unveränderbaren Teilchen werden von ihm aber noch nicht als die für einen bestimmten Naturkörper *stoffspezifischen* Teilchen verstanden. Insofern hat der Begriff der Minima naturalia bei Boyle[100] eine völlig andere Bedeutung als in der Scholastik und dem Atomismus Sennerts, die die Minima naturalia stets als Teilchen verstanden, denen die substanzielle Form oder alle charakteristischen stofflichen Eigenschaften des ungeteilten makroskopischen Körpers zukommen. Stoffspezifische Teilchen kommen nach Boyle erst zustande, wenn die Minima naturalia zu kleinen, ebenfalls sinnlich nicht wahrnehmbaren Haufen (clusters) oder zusammengesetzten Korpuskeln (little primitive concretions) zusammentreten.[101]

Mit dem modernen chemischen Molekülbegriff hat diese Konzeption der zusammengesetzten oder aggregierten stoffspezifischen Korpuskeln nur die sehr äußerliche Gemeinsamkeit, daß beide als aus heterogenen Teilen zusammengesetzte Teilchen gedacht werden.[102] Der entscheidende Unterschied beider Begriffe liegt darin, daß die zusammengesetzten Korpuskeln Boyles aus stofflich unspezifischen Prima oder Minima naturalia, d.h. Materieteilchen als solchen, zusammengesetzt sein können, während der moderne chemische Molekülbegriff den Begriff eines chemischen Atoms als eines ebenfalls stoffspezifischen Teilchens – nämlich stoffspezifisch für chemische Elemente – voraussetzt.[103] Chemische Veränderungen können

---

97 Vgl. BOYLE (1666) 15.

98 „(...) the origin of motion in matter is from God (...)". (BOYLE (1666) 15)

99 Vgl. BOYLE (1666) 16.

100 In den späten 1640er und frühen 1650er Jahren vertrat der junge Boyle noch einen Atomismus, in dem der Begriff der Minima naturalia im Sinne qualitativer Atome verwendet wurde – vgl. CLERICUZIO (1990) 69 ff..

101 Vgl. BOYLE (1661) 475 und (1666) 29 f.. Der Begriff der Korpuskel wird bei Boyle meist für diese zusammengesetzten Teilchen verwendet, daneben aber auch allgemeiner, z.B. zuweilen auch für die Prima oder Minima naturalia. Zu dieser Unbestimmtheit der Terminologie Boyles vgl. ALEXANDER (1985) 66.

102 Die Behauptung einer weitgehenden Ähnlichkeit oder Übereinstimmung des Begriffs der stoffspezifischen zusammengesetzten Korpuskel bei Boyle und dem modernen chemischen Molekülbegriff wird in der wissenschaftshistorischen Literatur sehr häufig vertreten; vgl. z.B. ALEXANDER (1985) 83.

103 Diese wesentliche Differenz zwischen dem chemischen Molekülbegriff und dem Begriff der zusammengesetzten Korpuskel Boyles verwischt z.B. auch M. Boas, wenn sie einerseits einräumt, Boyle verfüge nicht über einen modernen Atombegriff, andererseits aber von einem chemischen Molekül bei Boyle redet: „As all this indicates, Boyle had a fairly clear concept of something approaching a chemical molecule; what he conspicuously lacked was any understanding of a modern atom. That is, he went from his prima naturalia, which had physical characteristics, but no apparent chemical ones, to the chemical corpuscles which take part in chemical reactions, persist in solution, sublime, and so on, and which obviously may differ in complexity." (BOAS (1958) 100)

diesem chemischen Molekülbegriff entsprechend nur bis auf die Ebene der gleichfalls stoffspezifischen chemischen Atome zurückgehen, wogegen sie, wie weiter unten gezeigt wird, bei Boyle bis auf die Ebene der stofflich unspezifischen Materieteilchen reichen.

In solchen aus der Aggregation der Prima naturalia hervorgegangenen zusammengesetzten Korpuskeln, den sogenannten primären Konkretionen (primary concretions – BOYLE (1661) 475), oder in zusammengesetzten Korpuskeln höherer Ordnung, die wiederum durch Aggregation z.B. primärer Konkretionen entstanden sind, müssen die konstituierenden Teilchen in eine bestimmte räumliche Anordnung gegen die gedachte Raumhorizontale und zueinander treten, die Boyle Textur (texture) nennt.[104] Der Größe, Form und Bewegung allgemeiner, primärer Materiepartikel fügt Boyle die Textur der primären Konkretionen als eine neue Bestimmung hinzu, die erst die chemische Stoffspezifität des makroskopischen, aus der Aggregation von Korpuskeln jeweils spezifischer Textur hervorgegangenen Körpers vollständig bestimmen soll.[105] Dies setzt natürlich voraus, daß die Textur der stoffspezifischen Korpuskeln relativ stabil ist, etwa gegenüber mechanischen Einwirkungen, nicht aber daß sie stets und insbesondere auch bei der Einwirkung chemischer Agentien stabil sein muß, wie es der moderne chemische Elementbegriff impliziert. Die Stoffspezifität läßt sich somit nach Boyle als eine Modifikation der allgemeinen Materie verstehen, die diese durch die Ausbildung verschiedener Texturen der zusammengesetzten Korpuskeln und der makroskopischen Körper erleidet. Mit dieser Erklärung kommt Boyle aber wieder sehr nahe an die aristotelische Materie-Form-Konzeption heran. Seine Kritik an der atomistischen Erklärung der Qualitäten als irreduzierbare real entities findet im Kontext seines Texturbegriffs ihre positive Wendung. Denn die Textur der Korpuskeln ist verstehbar als Resultat der essentiellen Materieeigenschaften Größe, Gestalt und Bewegung und somit als eine modification oder form der Materie.[106] Hinsichtlich seines hypothetischen Elementbegriffs und der Rede von Elementen als chemischen Substanzen, die als Bestandteile der Mixta präexistieren, enthält das Konzept der zusammengesetzten Korpuskeln mit unterschiedlichen und relativ stabilen Texturen die folgenden Konsequenzen:

---

[104] Der Begriff der Textur wird z.B. in BOYLE (1666) 22 folgendermaßen eingeführt: „But now there being actually in the universe great multitudes of corpuscles mingled among themselves, there arise in any distinct portion of matter, which a number of them make up, *two new accidents or events*: the one doth more relate to each particular corpuscle in reference to the (really or supposedly) stable bodies about it, namely its posture (whether erected, inclined, or horicontal) : and when two or more of such bodies are placed one by another, the manner of their being so placed, as one besides another, or one behind another, may be called their order; (...) and indeed posture and order seem both of them reducible to situation. And when many corpuscles do so convene together as to compose any distinct body, as a stone or a metal, then from their other accidents (or modes) *and from these two last mentioned*, there doth emerge a certain disposition or contrivance of parts in the whole, which we may call the texture of it." (Hervorhebung U.K.) – Boyle spricht explizit auch von der Textur der Korpuskeln (vgl. z.B. BOYLE (1666) 30) und nicht nur von der der makroskopischen Körper, wie ALEXANDER (1985) 78 meint. Diese Tatsache ist wichtig für Boyles korpuskulartheoretisches Verständnis der Möglichkeiten chemischer Veränderungen.

[105] Vgl. BOYLE (1661) 570: „(...) the bigness, figure, texture, and the thence resulting qualities of the small parts (...) are necessary to entitle the body, whereto they belong, to this or that peculiar denomination; and discriminating it from others (...) this aggregate or result of accidents you may, if you please, call either structure or texture (...)".

[106] „This convention of essential accidents being taken (...) together for the special difference that constitutes the body and discriminates it from all other sorts of bodies, is by one name, because considered as one collective thing, called its form (...) which is consequently but a certain character (...) or a peculiar state of matter, or, if I may so name it, an essential modification (...)". (BOYLE (1666) 36) Auf diese Nähe des Begriffs der Textur zum aristotelischen Formbegriff haben auch van Melsen und ihn aufgreifend DIJKSTERHUIS (1956) 489 ff. sowie Th.S. KUHN (1952) 23 f. aufmerksam gemacht.

1.) Es müßte zusammengesetzte spezifizierte Korpuskeln geben, deren Texturen so stabil sind, daß sie auch in chemischen Veränderungen stets erhalten bleiben.
2.) Diese absolut stabilen Konkretionen müßten zugleich die einfachsten zusammengesetzten Korpuskeln sein, die primären Konkretionen aus den Minima oder Prima naturalia.[107]

Die stoffspezifischen Korpuskeln der vollkommenen Mixta wiederum wären dann als höher zusammengesetzte Korpuskeln zu verstehen, die aus der Aggregation der absolut stabilen Elementkorpuskeln entstünden und diese als Bestandteile enthielten. Die Verschiedenheit solcher höher zusammengesetzten Korpuskeln der Mixta könnte einmal aus der Verschiedenheit der quantitativen Zusammensetzung oder der Proportionen, in denen die Elemente zusammentreten, erklärt werden und zum anderen aus der Verschiedenheit ihrer räumlichen Anordnung oder der Textur der aus den Elementkorpuskeln zusammengesetzten stoffspezifischen Korpuskeln der Mixta.[108] Bei der chemischen Zerlegung der Mixta durch das Feuer müßten die zusammengesetzten Korpuskeln der natürlichen Mixta jeweils so zerlegt werden, daß erstens die heterogenen Elementkorpuskeln auseinandertreten und daß sich zweitens die gleichartigen Korpuskeln wieder so aggregieren, daß daraus die verschiedenen Elemente als empirische Stoffe hervorgehen. Durchaus denkbar wäre es auch, so fügt Boyle von seinem übernommenen hypothetischen Elementbegriff abweichend an einer Stelle hinzu, daß es mehr als drei oder fünf stabile Arten von Elementkorpuskeln gebe und daß nicht alle Elemente stets in die Zusammensetzung aller Mixta eingingen.[109] Boyle bringt sogar – allerdings ganz am Rande und ohne die Idee weiter zu verfolgen – die Möglichkeit ins Spiel, daß die Elemente auch frei, d.h. außerhalb der Mixta existieren könnten, jedoch bis jetzt unentdeckt geblieben wären.[110] Alle diese Überlegungen sind bei Boyle aber bloß hypothetischer Art, die nicht in positive Festlegungen auf einen neuen, von dem der Chemisten abweichenden Elementbegriff einmünden. Es sind, wie er im Zusammenhang mit seinen Ausführungen über seinen Begriff des Mixtums klarstellt, bloße Möglichkeiten, die mit seiner mechanischen Korpuskulartheorie vereinbar sind, aber nicht notwendig aus ihr folgen müssen.

III.2.3 *Der Begriff der vollkommenen Mischung– Verbindung oder chemische Verbindung?*

Eine der aufschlußreichsten Passagen hinsichtlich der Frage nach der Bedeutung der mechanischen Korpuskulartheorie für die Herausbildung des chemischen Elementbegriffs und im Zusammenhang damit für die Genese des chemischen Verbindungskonzepts ist die Diskussion über den Begriff der vollkommenen Mischung (mixtion, mixt, mixed bodies) am Ende des zweiten Teils des *Sceptical Chymist.* Die Textstelle enthält eine Erwiderung des Carneades,

---

[107] In den Ausführungen zur zweiten Proposition des 1. Teils des *Sceptical Chymist*, die auf die Möglichkeit der Existenz von Elementen eingeht, heißt es: „(...)that such little primary masses or clusters, as our proposition mentions, may remain undissipated, notwithstanding their entering into the composition of various concretions, since the corpuscles of gold and mercury, though they be not primery concretions of the most minute particles of matter, but confessedly mixed bodies, are able to concur plentifully to the composition of several very differing bodies, without losing their own nature or texture (...)“ (BOYLE (1661) 475 f.).

[108] Vgl. BOYLE (1661) 476.

[109] Vgl. BOYLE (1661) 511 f..

[110] Vgl. BOYLE (1661) 512.

dem Stellvertreter Boyles, auf die Ausführungen seines Dialogpartners Eleutherius – dieser tritt als Anhänger der atomistischen Theorie Sennerts auf – über die im Begriff der vollkommenen Mischung notwendig enthaltenen Bedeutungsmomente (the genuine notion of mistion – BOYLE (1661) 502). Eleutherius lehnt das peripatetische Verständnis der vollkommenen Mischung als gegenseitige vollkommene Durchdringung der Elemente mit der Begründung ab, dies entspreche nicht dem Begriff der Mischung, sondern bedeute eine Zerstörung der Elemente, da es keinen Teil der Mischung gebe, der entweder Feuer oder Wasser oder Luft oder Erde sei.[111] Der Begriff der Mischung enthalte vielmehr notwendig die Annahme der Erhaltung der vermischten Ausgangsstoffe, die sich beim Mischungsvorgang lediglich in kleine, sinnlich nicht wahrnehmbare Teile teilten, sich nebeneinander lagerten und bloß oberflächlich berührten.[112]

Carneades' Erwiderung auf Eleutherius beginnt mit der Bemerkung, er könne keine der beiden vorgetragenen Positionen teilen und nehme eher eine dritte, mittlere Stellung zwischen dem peripatetischen und dem atomistischen Verständnis der Elemente und vollkommenen Mischungen ein.[113] Der allgemeine Begriff der vollkommenen Mischung – allgemein, weil ihn Boyle sowohl auf die Konstitution der Naturkörper als auch auf Produkte der chemischen Kunst bezieht – bedeute freilich eine Vereinigung per Minima (union per minima) von zwei oder mehr Körpern verschiedener Art oder Benennung. Aber in dem Begriff sei nicht enthalten, daß die Miscibilia oder Ingredienzien, d.h. die Ausgangsstoffe, aus denen die Mischung hergestellt wurde, auch in der Mischung als Bestandteile erhalten bleiben, so daß sie durch Feuer wieder hervorgeholt werden können. Es sei auf der Grundlage der Korpuskulartheorie einerseits durchaus denkbar, daß die zusammengesetzten Korpuskeln der Elemente oder anderer Ingredienzien so stabil seien, daß sie bei der Mischung erhalten bleiben. Andererseits sei aber auch denkbar, daß die zusammengesetzten Korpuskeln verändert werden, „either by a change of texture in the parts of the same ingredient, or by association with some parts of other ingredient, more strict than was that of the parts of this or that Miscibile among themselves" (BOYLE (1661) 505). Boyle zieht hier zwei Arten von Veränderungen der Ingredienzien bei der Bildung eines vollkommenen Mixtums in Betracht. Einmal eine interne Änderung eines einzelnen Ingredienz durch eine Veränderung der Textur seiner Teile, d.h. durch die Umgruppierung oder Änderung der gegenseitigen räumlichen Anordnung der Korpuskeln oder der Teilchen der Korpuskeln – Boyle drückt sich an dieser Stelle nicht ganz klar aus – , die, wie oben gezeigt wurde, zu neuen stoffspezifischen Teilen oder Korpuskeln führen muß. Oder es findet eine Änderung der Ingredienzien durch eine Assoziation untereinander statt. Inwiefern die stoffspezifischen Korpuskeln bei dieser Art Assoziation verändert werden, die Assoziation nicht zu verstehen ist als Nebeneinanderlagern und oberflächliche Berührung stabiler Korpuskeln, wird wenig später ausgeführt:

---

111 Vgl. BOYLE (1661) 502.

112 „(...) only a juxta-position und superficial contact (...)". (BOYLE (1661) 503)

113 „But because differing in the opinions about the elements from both parties, I think I can take a middle course, and discourse to you of mistion, after a way, that does neither perfectly agree, nor perfectly disagree with either (...) yet I, who meet with very few opinions, that I can entirely acquiesce in, must confess to you, that I am inclined to differ, not only from the Aristotelians, but from the old philosophers and the chymists, about the nature of mistion." (BOYLE (1661) 505)

Diese Passage fehlt bezeichnenderweise in der gekürzten deutschen Ausgabe des *Sceptical Chymist* in Ostwalds Klassikern der Naturwissenschaft (BOYLE 1661/D), deren Kürzungsprinzip die anachronistische Unterscheidung zwischen dem „richtigen" und dem „falschen" Boyle ist. Ebenso fehlen z.B. auch zahlreiche Passagen über die Transmutation.

„But (...) there are other clusters, wherein the particles stick not so cloth together, but that they may meet with corpuscles of another denomination, which are disposed to be more closely united with some of them, than they were among themselves. And in such case, two thus combining corpuscles losing that shape, or size, or motion, or other accident, upon whose account they were endowed with such a determinate quality or nature, each of them really ceases to be a corpuscle of the same denomination it was before; and from the coalition of these there may emerge a new body, as really one, as either of the corpuscles was before they were mingled, or, if you please, confounded (...)". (BOYLE (1661) 506 f.)

Die stoffspezifischen Korpuskeln der Ingredienzien sollen sich dieser Vorstellung Boyles gemäß also gegenseitig durchdringen, sich gegenseitig zersetzen oder miteinander verschmelzen, so daß im Resultat ein neuer Körper entsteht, der „wirklich eins" ist, weil er in allen Teilen, d.h. hinsichtlich aller Korpuskeln, gleich ist.[114]

Inwiefern ist dies Verständnis der vollkommenen Mischung, wie Boyle selbst hervorhob, ein Mittelweg zwischen der peripatetischen Konzeption und der der „alten Philosophen", also der Atomisten? Angenommen, es handele sich bei den Ingredienzien, aus denen die Mischung gebildet werden soll, um Elemente bzw. um Korpuskeln, die als primäre Konkretionen oder Cluster der Minima naturalia, den letzten stofflich unspezifischen und unteilbaren Materieteilchen also, zu verstehen sind. Durch eine interne Umstrukturierung der Minima naturalia innerhalb der Elementkorpuskeln oder durch die gegenseitige Durchdringung oder Verschmelzung der verschiedenen Elementkorpuskeln gehen diese zugrunde und es entstehen neue Korpuskeln mit einer neuen Größe, Gestalt, Textur und Bewegung. D.h., peripatetisch gesprochen, die Form der Materie wird verändert, und es entstehen aus der Aggregation der neuen gleichartigen Korpuskeln makroskopische Körper, die eine neue einheitliche Form besitzen. Mit dem antiken Atomismus teilt diese Konzeption die Auffassung, daß es auf der untersten Ebene der allgemeinen Materieteilchen oder Minima naturalia, aus denen die Elementkorpuskeln bestehen, keine Durchdringung gibt. Denn auf dieser untersten Ebene der allgemeinen Materiepartikel kann es nur eine bloße Nebeneinanderlagerung und oberflächliche Berührung unter Erhaltung der harten, undurchdringlichen Materieteilchen geben.

Der auf der Grundlage der Korpuskulartheorie entwickelte Begriff der vollkommenen Mischung Boyles ist somit zweifellos ein Verbindungsbegriff, aber kein *chemischer*. Die Möglichkeit, die die mechanische Korpuskulartheorie zuläßt, ist eine Veränderung der Elementkorpuskeln bei der chemischen Mischung bis hinab auf die Ebene letzter, stofflich und d.h. chemisch unspezifischer Materieteilchen. Der Begriff der vollkommenen Mischung Boyles ist indifferent bezüglich der Unterscheidung zwischen der Mischung und Erhaltung *stoffspezifischer*, chemischer Korpuskeln, seien es Korpuskeln der Elemente oder höher zusammengesetzte chemische Korpuskeln von Mixta, und der Mischung von Prima oder Minima naturalia, d.h. chemisch unspezifischer Materieteilchen.

Auf der Grundlage der mechanischen Korpuskulartheorie war somit nicht entscheidbar, ob die Existenz von Elementen bzw. permanenten Elementkorpuskeln zu postulieren ist, und infolge dessen ebenfalls nicht, ob es vollkommene Mischungen, seien es künstliche oder die natürlichen Mixta, im Sinne eines chemischen Verbindungsbegriffs geben müsse. Boyle zog daraus die Konsequenz, daß diese Fragen ausschließlich auf empirischem Wege zu beantwor-

---

114 Vgl. dazu auch Dijksterhuis, der in Bezug auf die Bildung von „Verbindungen" aus Elementen feststellt: „Aus den verschiedenen Elementen können nun Verbindungen gebildet werden, wobei es sowohl vorkommen kann, daß die primären Konkretionen der Elemente unverändert nebeneinander fortbestehen, als daß sie einander gewissermaßen durchdringen und zersetzen und daß also neue primäre Konkretionen entstehen." (DIJKSTERHUIS (1956) 488)

ten seien. Der größte Teil des *Sceptical Chymist* ist dem Versuch gewidmet, diese Fragen empirisch zu beantworten. Die Wege und z.T. neuen Methoden, die Boyle dabei einschlägt, deuten jedoch bloß eine Möglichkeit an, die dann um die Wende vom 17. zum 18. Jahrhundert von den französischen Chemisten tatsächlich realisiert wurde, nämlich die Einbettung des chemischen Verbindungsbegriffs in die empirischen Kenntnisse chemischer Operationen.

III.2.4 *Die Analyse der Naturkörper*

Weil die Frage, ob die natürlichen Mixta aus Elementen und ob alle Mixta aus einer festgelegten Anzahl von Elementen oder Prinzipien ent- und bestehen, nicht apriori aus der mechanischen Korpuskulartheorie zu beantworten war, läßt sich Boyle zunächst auf die empirischen „Beweismethoden" der zeitgenössischen Chemisten ein, nämlich die Scheidung der Naturkörper in die Prinzipien durch das Feuer. Die *atomistischen* Elementen- und Prinzipientheoretiker verstanden diese Scheidung, die vorzüglich auf dem Weg der trockenen Destillation erfolgte, als chemische Analyse der natürlichen Mixta in die drei oder fünf Prinzipien. Die erste Frage, der Boyle nachgehen mußte, war daher diejenige, ob das Feuer überhaupt das geeignete Instrument für die Analyse vollkommen gemischter Körper und darüber hinaus ob es der ausschließliche Analysator sei.[115] Er kommt zu dem Schluß, daß das Feuer erstens viel häufiger die homogenen anstatt die heterogenen Teile eines Mixtums trenne – als wichtigstes Beispiel führt er die Sublimation an[116] – und daß es zweitens heterogene Substanzen auch vereinigen könne, wie es z.B. bei der Glas- oder Seifenherstellung offensichtlich sei.[117] Drittens sei es auch möglich, daß es andere Mittel der Analyse als das Feuer gebe, denn dies belege die Präzipitation eines in einer Säure aufgelösten Metalls durch ein Präzipitationsmittel und auch der sogenannte Alkahest, das von van Helmont beschriebene vorgebliche universelle Auflösungsmittel.[118] In der weiteren Kritik der Analysemethoden der Chemisten legt Boyle den Finger auf zahlreiche Ungenauigkeiten und Probleme, die in der zweiten Hälfte des 17. Jahrhunderts auch von einigen Chemisten selbst gesehen[119], aber selten mit solcher Prägnanz und Schärfe formuliert wurden. Es sei keineswegs erwiesen, erinnert Boyle, daß aus allen Naturkörpern dieselbe Anzahl von drei oder fünf Prinzipien erhalten werde, vor allem bei Metallen sei dies bisher nicht gelungen. Es sei schwer, die Unterschiede zwischen den als Prinzipien bezeichneten Destillationsprodukten festzuhalten, so daß die Grenzen zwischen ihnen fließend und die Benennungen daher willkürlich seien, und es sei äußerst zweifelhaft und in vielen Fällen direkt empirisch widerlegbar, daß die bei der Destillation erhaltenen, als Prinzipien bezeichneten Substanzen wirklich rein und nicht mehr in andere Stoffe zerlegbar seien, wie es der Begriff des Elements oder Prinzips fordert.[120] In seiner Kritik an der Elementen- und Prinzipientheorie erweist sich Boyle als entschiedener Vertreter einer Methode,

---

115 Vgl. BOYLE (1661) 478.
116 Vgl. BOYLE (1661) 478 u. 482.
117 Vgl. BOYLE (1661) 478, 481 u. 485.
118 Vgl. BOYLE (1661) 482 ff..
119 Vgl. oben II.2.
120 Vgl. BOYLE (1661) 520 ff.. Eine Zusammenfassung dieser Argumente findet sich in Teil V, ebd. 547 f..

die sich auf Erfahrungen mit chemischen Operationen stützt.[121] Boyle legt an die Elemente als *Analyseprodukte* dieselben Reinheitskriterien an wie an gewöhnliche empirische Stoffe. Den Elementen als Analyseprodukten wird somit bei Boyle kein Sonderstatus zugebilligt, zumindest solange nicht, betont er an einer Stelle, bis ihr privilegierter Status nicht bewiesen sei.[122] In dieser Hinsicht, aber auch nur in diesem Bezug auf die Anforderung an die Analyse zeigt Boyles hypothetischer Elementbegriff eine Übereinstimmung mit dem *chemischen* Elementbegriff Lavoisiers.

Aber Boyle geht in seiner Kritik an den empirischen Beweismethoden der Chemisten noch weiter. Er unterwirft nicht nur die Einzeldetails der Methode der Chemisten einer Überprüfung, sondern er stellt zugleich das Unzureichende und die Einseitigkeit eines empirischen Fundierungsversuchs der Elemententheorie ausschließlich durch die Analyse heraus. Selbst wenn man akzeptierte, daß mit Hilfe des Feuers einfache Substanzen aus natürlichen Mixta geschieden würden, so sei damit noch nicht bewiesen, daß diese auch als präexistierende Bestandteile in den Mixta enthalten seien. Dies sei solange zu bezweifeln, bis irgendein anderes Argument zur Lösung des Zweifels vorgebracht werden könne.[123]

III.2.5 *Neue Wege zur Klärung der Streitfragen*

Die neuen empirischen, neben der Analyse einzuschlagenden Wege, die Boyle zur Klärung der Streitfragen, ob und wieviele Elemente als Bestandteile der vollkommenen Mixta existieren, ins Auge faßt, sind bei ihm nicht systematisch methodisch ausgearbeitet. Der Sache nach stimmen seine in den verschiedenen Teilen des *Sceptical Chymist* enthaltenen Vorschläge und Argumente aber mit der um die Wende des 17. zum 18. Jahrhundert von den französischen Chemisten aufgestellten Forderung nach einer methodischen Ergänzung der Analyse durch die Resynthese der Verbindung überein. Boyles Überlegungen laufen auf das Argument hinaus, man könne erst sicher sein, die Analyseprodukte seien präexistierende Bestandteile der Verbindung, wenn man wisse, daß die Verbindung aus genau denselben Stoffen wie den Analyseprodukten hergestellt wurde. Diese Überlegungen stehen zum einen hinter den im zweiten und sechsten Teil des *Sceptical Chymist* beschriebenen Pflanzenexperimenten und anderen Naturbeobachtungen. Boyles Experimenten über die Generation und das Wachstum von Pflanzen sowie den „Beobachtungen" über die Generation anderer Naturkörper liegt die

[121] In der chemiehistorischen Literatur wird häufig behauptet, Boyle stütze sich generell auf eine oder gar *die* experimentelle Methode. Zu der Frage, inwiefern der Begriff der experimentellen Methode in diesem Zusammenhang angemessen ist, vgl. unten Teil VI.3.5. Auf den apriorischen Charakter der Korpuskulartheorie Boyles hat z.B. P. Alexander hingewiesen (ALEXANDER (1985) 20 u. 67). Boyles mechanische Korpuskulartheorie zeigt große Übereinstimmungen mit den zeitgenössischen rationalistischen Systemen, z.B. mit der Naturphilosophie Descartes'. Dies geht u.a. auch explizit aus seiner Kritik der Enge der Elementen- und Prinzipientheorie der Chemisten hervor, die sich auf die Naturkörper der Erde beschränkten anstatt eine Theorie des Universums zu entwerfen (vgl. BOYLE (1661) 548). Boyle sah die Frage nach den Elementen gerade deshalb als eine empirisch zu entscheidende an, weil sie für ihn kein theoretisches Grundlagenproblem darstellte. Den ontologischen Status, den die Elemente oder Prinzipien in den Theorien der Chemisten einnahmen, füllten in Boyles Theorie die Korpuskeln aus, denen ebenso wie den Elementen und Prinzipien ein anderer epistemologischer Status zugesprochen wurde als empirischen Stoffen.

[122] „(...) till it be shewn upon what account we are to believe them privileged." (BOYLE (1661) 509)

[123] „(...) that chymists may deceive themselves, and others, in concluding resolutely and universally, those substances to be the elementary ingredients of bodies barely separated by the fire, of which it yet may be doubted, whether there be such or no; at least till some other argument, than that drawn from the analysis, be brought to resolve the doubt." (BOYLE (1661) 493)

Frage zugrunde, ob die Natur verschiedene Elemente für die Hervorbringung vollkommen gemischter Naturkörper benutze[124], oder andersherum gefragt, ob die Natur die bei der Destillation von Pflanzen erhaltenen Prinzipien nicht auch de novo hervorbringen könne.[125] Zum anderen zeigen Boyles Ausführungen und Überlegungen zu chemischen Operationen, d.h. Operationen der chemischen *Kunst*, daß er bereit ist, die Analyseprodukte als Bestandteile eines analysierten Stoffs zu akzeptieren, wenn der analysierte Stoff zuvor aus diesen Stoffen durch die chemische Kunst hergestellt wurde.

III.2.5.1 *Beobachtungen und Experimente zur Generation und dem Wachstum der Naturkörper*

Ein Pflanzenexperiment, das Boyle[126] zur Untersuchung der Generation der Pflanzen und zur Beantwortung der Frage, aus welchen Stoffen die Natur die Pflanzen herstellt, durchführte, wird folgendermaßen beschrieben. Ein Kürbissamen wurde in eine ausgewogenen Menge zuvor gut getrockneter Erde eingepflanzt. Samen und herangewachsene Pflanze wurden ausschließlich mit Regen- oder Quellwasser benetzt. Nach einem halben Jahr wog der Kürbis mit Stengeln und Blättern zweidreiviertel Pfund. Die Erde, in der der Kürbis gewachsen war, wurde wieder durch Rösten getrocknet und gewogen, wobei sich herausstellte, daß ihr Gewicht unverändert geblieben war. Nach Boyle geht aus diesem Experiment hervor, daß die herangewachsene Pflanze ausschließlich aus dem zugesetzten Wasser entstanden sei, d.h. daß die verschiedenen Bestandteile der Pflanze durch Transmutation des Wassers gebildet werden:

> „But yet in this trial (...) it appears that (...) the main body of the plant consisted of transmuted water." (BOYLE (1661) 494)

Dieses Experiment sah Boyle bestätigt durch Wachstumsversuche mit Ausläufern von Minze, Mayoran, Balsam, Flohkraut etc. Er ließ die Ausläufer dieser Pflanzen in reinem Quellwasser wachsen, wobei er hervorhob, er habe Quellwasser dem Regenwasser vorgezogen, weil jenes von gröberen Beimischungen frei sei.[127] Einer dieser ausschließlich mit Quellwasser ernährten Pflanzenausläufer wurde, nachdem er eine gewisse Größe erreicht hatte, von Boyle destilliert, wobei er Phlegma, einen brennbaren Spiritus und ein bräunliches Öl als Destillate sowie ein Caput mortuum in der Retorte erhielt.[128] Daraus zog Boyle den Schluß, daß die durch Destillation aus der Pflanze geschiedenen Substanzen, die die Chemisten als Prinzipien verstan-

---

[124] „(...) that nature make use of elements to constitute the bodies that are reputed mixt. (...) that nature had compounded them of elementary ones." (BOYLE (1661) 562)

[125] „(...) that such substances, as chymists call principles, may produced de novo (as they speak)." (BOYLE (1661) 493)

[126] Ein Licht auf die emprische Methode Boyles bzw. auf die Frage, inwieweit diese mit dem übereinstimmt, was heute unter der experimentellen Methode zu verstehen ist, wirft die Tatsache, daß Boyle das Experiment von seinem Gärtner durchführen ließ und sich in jeder Hinsicht auf dessen Angaben, auch auf die quantitativen, verließ.

[127] Der Hinweis auf ähnliche Experimente van Helmonts und die Argumentationsweise Boyles weisen darauf hin, daß er es zumindest für sehr wahrscheinlich hielt, daß es sich bei Quellwasser tatsächlich um einen reinen, nicht mehr zusammengesetzten Stoff handeln könnte – vgl. BOYLE (1661) 495.

[128] „And one of these vegetables, cherished only by water, having obtained a competent growth, I did, for trial's sake, cause to be distilled in a small retort, and thereby obtained some phlegm, a little empyreumatical spirit, a small quantity of adust oil, and a caput mortuum; which appearing to be a coal, I concluded it to consist of salt and earth." (BOYLE (1661) 495)

den, de novo entstanden seien, d.h. aus einem Materieteil, der zuvor diese „Formen" nicht besaß[129], oder m.a.W., daß Wasser in diese anderen Formen transmutierbar sei.[130] In weitgehender Übereinstimmung mit der peripatetischen Auffassung der Transmutation versteht Boyle diese nicht etwa als eine de novo Entstehung der Materie als solcher, sondern von anders geformter Materie, d.h. als eine vollständige Umwandlung eines Stoffs durch Umwandlung seiner stoffspezifischen Qualitäten.

Für solche natürlichen Transmutationen weiß Boyle noch eine Reihe weiterer Beispiele anzuführen[131], und – dies ist besonders zu betonen – diese Beispiele bleiben keineswegs auf Lebewesen beschränkt. In Übereinstimmung mit den zeitgenössischen Chemisten geht auch Boyle davon aus, daß die Mineralien, insbesondere die Metalle, in der Erde wachsen, und er glaubt, daß bei diesem Wachstum die Erde durch ein Samenprinzip (seminal principle) oder ein metallisches formierendes Prinzip (metalline plastick principle) in ein Metall transmutiert werde.[132] Dasselbe wird auch für einige Steine und für die Entstehung des Salpeters[133] angenommen.

Somit weisen nach Boyle sowohl Naturbeobachtungen als auch Experimente mit Naturkörpern darauf hin, daß die Natur keine Elemente benötigt, um die vollkommenen Mixta hervorzubringen. Die Mehrheit der in der Natur vorkommenden qualitativen Veränderungen versteht Boyle als Transmutationen, d.h. als vollständige Umwandlungen spezifisch „geformter" Materien. Inwieweit dieses Verständnis durch seine Korpuskulartheorie begründet war, soll jetzt im Zusammenhang mit Boyles Verständnis von Operationen der chemischen Kunst als Transmutationen untersucht werden.

III.2.5.2 *Belege für die Transmutation aus der chemischen Kunst*

Nicht nur qualitative *natürliche* Veränderungen verstand Boyle als Transmutationen, sondern auch verschiedene chemische Operationen der chemischen *Kunst*. Zusammen mit seinen prinzipiellen Überlegungen zum Begriff der vollkommenen Mischung[134] zeigen Boyles korpuskulartheoretische Fundierungen und Erklärungen verschiedener chemischer Operationen, daß er Transmutationen für mindestens ebenso wahrscheinlich, wenn nicht sogar für wahrscheinli-

---

129 „(...) that a Chymical principle, as well as a Peripatetic element, may (in some cases) be generated anew, or obtained from such a parcel of matter, as was not endowed with the form of such a principle or element before." (BOYLE (1661) 500)

130 „And I will begin with reminding you of the experiments I not long since related to you concerning the growth of pompions, mint, and other vegetables out of fair water. For by those experiments it seems evident, that water may be transmuted into all the other elements (...)". (BOYLE (1661) 563)

131 So sollen aus verfaulten Pflanzen Würmer und Insekten entstehen, „so that water may, by various seminal principles, be successively transmuted into both plants and animals" (BOYLE (1661) 563), „even some concretes of a mineral nature may likewise be formed of water" (ebd.), wie das Vorkommen von Nieren- und Blasensteinen zeige. In dieselbe Richtung verweise auch die Ernährung von Säuglingen ausschließlich aus Milch oder die von Schafen aus Gras etc. (ebd.).

132 „But the growth or increment of minerals being usually a work of excessively long time, and for the most part performed in the bowels of the earth (...). That stones were not all made at once, but that some of them are now-a-days generated (...) And as for metals themselves, authors of good note assure us, that even they were not in the beginning produced at once altogether, but have been observed to grow; (...) from thence we may deduce, that earth, by a metalline plastick principle latent in it, may be in process of time changed into a metal." (BOYLE (1661) 564)

133 „Whence it may appear, that the seminal principle of nitre, latent in the earth, does, by degrees, transforme the neighbouring matter into a nitrous body." (BOYLE (1661) 566) Vgl. dazu auch R. HALL (1983) 277.

134 Vgl. oben III.2.3.

cher hielt als die chemische Synthese und Analyse von Stoffen unter Erhaltung ihrer stoffspezifischen Korpuskeln.[135] Als Paradebeispiel für eine chemische Operation, die er als Transmutation versteht, führt Boyle die Gewinnung von Bleizucker (Bleiacetat) aus Minimum (Bleioxid) und destilliertem Essig (Essigsäure) an. Bleizucker ist ein süß schmeckendes Salz, das im 17. Jahrhundert pharmazeutisch verwendet wurde und dessen Herstellung, Eigenschaften und pharmazeutischen Wirkungen in den zeitgenössischen pharmazeutischen Schriften vielfach beschrieben waren.[136] Nicht nur die von den zur Herstellung verwendeten Ausgangsstoffen stark abweichenden Eigenschaften dieses Salzes[137], sondern vor allem die Tatsache, daß bei der Destillation dieses Salzes die Säure nicht wiedererhalten werden kann, sondern stattdessen eine scharfe, aber nicht saure Flüssigkeit abdestilliert wird[138], sind für Boyle Hinweise auf eine Transmutation. Boyle beschreibt die Gewinnung von Bleizucker im Zusammenhang mit seinen Ausführungen über den allgemeinen Begriff der vollkommenen Mischung. Sie wird als Beispiel dafür angeführt, daß die stoffspezifischen Korpuskeln der Ingredienzien infolge ihrer wechselseitigen Kombination oder Verschmelzung ihre Größe, Gestalt, Textur und Bewegung verlieren können und „wirklich eins" werden.[139] Ausgedrückt in der scholastischen Terminologie, die Boyle explizit aufgreift, wäre der beschriebene Fall eine Änderung, bei der die Materie eine neue Form gewinnt, ohne in die alte zurückgehen zu können.[140] Die Übereinstimmung zwischen Boyles Verständnis der Transmutation und dem der Peripatetiker liegt in der Auffassung, daß durch Veränderungen der Form – bei Boyle ist hierfür die Textur ausschlaggebend – ein und derselbe Materieteil in eine ganz andere chemische Substanz verwandelt werden könne. Das Substrat dieser Verwandlungen, das stets erhalten bleibt, ist die Materie als solche bzw. ihre letzten Teilchen, die Prima oder Minima naturalia.[141] Das nächste Beispiel einer Transmutation, das Boyle im Anschluß an seine Darstellung der Gewinnung des Bleizuckers anführt, ist ein angeblich gelungener alchemistischer Versuch der Transmutation unedler Metalle in Gold, den er völlig affirmativ beschreibt. Wenn man Blei mit dem „roten Elixir" vermische, so verliere das Blei alle Eigenschaften, aufgrund derer es als Blei bezeichnet wurde, und werde in perfektes Gold transmutiert.[142]

---

135 Diese Einschätzung ist auch bei Th.S. Kuhn zu finden: „The emphasis upon transmutation in Boyle's writing accords with a definite historical pattern. As Aristotle had established in the *De Generatione*, transmutation, that is the alteration without use of major additament of an apparently elementary substance, provides the best evidence for the dependence of qualities upon ‚forms' (...) And Boyle in correlating quality with configuration and motion had chosen again to attach it to a ‚form' (though not an occult one), and so he had returned to the studies of transmutations (...) Boyle is again widening the range of possible transmutations, which his particulate predecessors had narrowed." (KUHN (1952) 23 f.) Auf den engen Zusammenhang zwischen Boyles Korpuskulartheorie und seiner Konzeption der Transmutation weisen außerdem BOAS (1958) 102 ff., DIJKSTERHUIS (1956) 492 f. und HALL (1983) 277 f. hin.

136 Vgl. dazu unten IV.3.2.5.

137 „(...) a saccharine salt exceedingly differing from both its ingredients (...)" (BOYLE (1661) 507).

138 Es handelt sich dabei um Aceton.

139 Vgl. BOYLE (1661) 506 f..

140 „(...) which in the materiated thing is so altered, as to receive a new form, without being capable of re-admitting again the old". (BOYLE (1661) 507 f.)

141 „(...) I consider, that if it be as true, as it is probable, that compounded bodies differ from one another but in the various textures resulting from the bigness, shape, motion, and contrivance of their small parts, it will not be irrational to conceive, that one and the same parcel of the universal matter may, by various alterations and contextures, be brought to deserve the name, sometimes of sulphurous, and sometimes of a terrene, or aqueous body." (BOYLE (1661) 493 f.)

142 „(...) yet if (...) the red elixir be mingled with a saturn, their union will be so indissoluble in the perfect gold, that will be produced by it (...) the saturn seems to have quite lost its properties, that made it be called lead, and to have been rather transmuted by the elixir, than barely associated to it." (BOYLE (1661) 508)

Wie im Fall der Herstellung von Bleizucker wurden auch hier zunächst zwei Stoffe vermischt. Aber diese Stoffe oder ihre stoffspezifischen Teilchen sollen nicht erhalten bleiben, sondern zerstört (destroyed – BOYLE (1661) 508) werden, und deshalb schlägt Boyle vor, das Resultat lieber als Konkretionen oder als resultierende Körper anstatt als Mischungen zu bezeichnen.[143]

Die Transmutation durch Mischung mehrerer Stoffe war nur eine der möglichen Formen der Transmutation, die Boyle ins Auge faßte. Eine zweite Möglichkeit war die Transmutation eines einzelnen Stoffs in einen oder mehrere andere ohne Zusatz oder Wegnahme eines Stoffs. Die Generation von Naturkörpern aus Wasser oder Erde ist ein Beispiel für diese Variante der Transmutation, für die Boyle auch Belege aus der chemischen Kunst anführen zu können glaubte. Er berief sich dabei auf Experimente von Freunden, denen es gelungen sei, Quecksilber in Wasser zu transmutieren[144], sowie auf Versuche van Helmonts, bei denen Schwefel in Erde und Erde in Wasser transmutiert worden seien.[145] Nach Boyle zeigen alle diese Fälle, „how slight a variation of textures, without addition of new ingredients, may procure a parcel of matter divers names, and make it be looked upon as different things". (BOYLE (1661) 571) Auch allein die interne Umstrukturierung der konstituierenden Teilchen einer Korpuskel sollten neue stoffspezifische Korpuskeln einer bestimmten Größe, Form und Bewegung hervorbringen können. Und diese Möglichkeit gilt selbstverständlich auch für die aus den Prima naturalia zusammengesetzten Korpuskeln der hypothetischen Elemente, so daß auch auf diesem Wege eine Transmutation der Elemente resultieren konnte:

> „Besides that it is not impossible, that a corpuscle, supposed to be elementary, may have his nature changed, without suffering a divorce of its parts, barely by a new texture effected by some powerful agent; (...) And indeed, if you consider how far the bare change of texture, whether made by art or nature (...) can go in producing such new qualities in the same parcel of matter (...) if you consider these things, I say, and that the varying of either figure, or the size, or the motion, or the situation, or connexion of the corpuscles whereof any of these bodies is composed, may alter the fabric of it, you will possibly be invited to suspect with me, that there is no great need, that nature should always have elements before-hand, whereof to make such bodies as we call mixts." (BOYLE (1661) 579)

Wenn somit bereits allein durch die interne Umstrukturierung einer Korpuskelart die Transmutation eines Stoffs in einen anderen möglich sein soll, so ließ sich die Zahl möglicher Transmutationen selbstverständlich erhöhen, wenn mehrere verschiedene Korpuskelarten vermischt wurden oder, dies ist die dritte Möglichkeit, wenn neue Korpuskeln durch Teilung der stoffspezifischen Korpuskeln einer chemischen Substanz hervorgebracht wurden. Für die Transmutation durch Teilung mußten lediglich geeignete Lösungsmittel oder Menstruen verfügbar sein. Nun waren zwar nach zeitgenössischer Auffassung alle bekannten empirischen Lösungsmittel nicht in der Lage, Gold oder andere edle Metalle in einfache Stoffe zu zerlegen, aber man war auf der Suche nach solchen Menstruen, und Boyles eigenen Angaben zufolge ist es ihm selbst gelungen, mit einem „gewissen Menstruum" Gold zu zerstören.[146] Ferner werden auch in diesem Zusammenhang wieder Versuche van Helmonts mit dem sogenannten Alkahest angeführt, einem angeblich bis auf die letzten Materiepartikel auflösenden

143 „(...) they are so confounded, that I should rather call them concretions, or resulting bodies, than mixed ones (...)". (BOYLE (1661) 508)

144 Vgl. BOYLE (1661) 501 u. 573.

145 Vgl. BOYLE (1661) 577.

146 Vgl. BOYLE (1661) 578.

Menstruum, von dem van Helmont vorgab, damit alle Mixta in Wasser auflösen zu können.[147] Es hängt nach Boyle nur vom zerteilenden Lösungsmittel, von der Feinheit seiner Korpuskeln, ab, bis zu welchem Grad die stoffspezifischen Korpuskeln einer Substanz zerlegbar sind.[148]

Boyle hatte erhebliche Zweifel geäußert, daß die als Elemente oder Prinzipien aufgefaßten Substanzen der Chemisten, die diese durch Destillation erhielten, wirklich reine und unvermischte Stoffe seien. Das Feuer war nach Boyle nicht das geeignete Lösungsmittel für die Entdeckung der Elemente. Wenn es aber nur von der Feinheit des analysierenden Lösungsmittels abhängen sollte, wie weitgehend die stoffspezifischen Korpuskeln der vollkommenen Mixta zerlegt werden können, bestand dann nicht nach Boyles Ansicht Hoffnung, daß in der weiteren Zukunft mit einem geeigneteren Lösungsmittel die wahren und unzerlegbaren Elemente gefunden werden? Aber Boyle legt auch im Hinblick auf diese Möglichkeit Skepsis an den Tag. Denn es könnte genauso gut möglich sein, daß sich die Teilchen der Lösungsmittel wieder mit den Bruchstücken oder Teilchen der Korpuskeln zu einheitlichen Korpuskeln mit einer neuen Textur verbinden.[149]

Auf der Grundlage der mechanischen Korpuskulartheorie lassen sich somit ganz verschiedene Möglichkeiten der Transmutation denken, sei es durch Kombination und Verschmelzen der Korpuskeln, sei es durch interne Umstrukturierung der Korpuskeln einer einzigen Stoffart oder sei es durch Zerlegung und Aufspaltung einer Korpuskel und Erhaltung der Bruchstücke oder durch ihre Neukombination mit anderen Bruchstücken. Letztlich galt zwar nicht unmittelbar, aber im Zuge mehrerer Schritte jede Substanz als in jede andere transmutierbar:

> „(...) almost of any thing, may at length be made any thing (...)" (BOYLE (1666) 35)

III.2.5.3 *Belege für die Erhaltung der Stoffe aus der chemischen Kunst*

Wenn die natürlichen qualitativen Veränderungen und auch zahlreiche Operationen der chemischen Kunst nach Ansicht Boyles als Transmutationen zu verstehen waren und somit gegen die Annahme stabiler, sich erhaltender Elemente sprachen, so lieferte die chemische Kunst ihm aber auch Anhaltspunkte dafür, daß eine Erhaltung der Ingredienzien in chemischen Veränderungen vorkommen könne. Die Beispiele, die Boyle hierfür anführt, beruhen mit ganz wenigen Ausnahmen nicht auf eigenen Experimenten noch auf Experimenten überhaupt. Es sind vielmehr chemische Operationen der gewerblichen Praxis[150], insbesondere der Metallurgie und des Apothekergewerbes, die bereits in einer umfangreichen technologischen Literatur beschrieben waren[151] und auf die sich Boyle auch expressis verbis stützt.[152] Er greift diese

---

[147] Vgl. BOYLE (1661) 573.

[148] Vgl. BOYLE (1661) 576.

[149] Vgl. BOYLE (1661) 579.

[150] Die Behauptung, es seien Experimente, auf die sich Boyle in den fraglichen Fällen stütze, wird ausnahmslos in allen chemiehistorischen Schriften aufgestellt. Boyles „experimentelle" Methode, die sich nicht auf Experimente im heute üblichen Sinne des Wortes stützt, wäre auch in dieser Hinsicht differenzierter zu untersuchen.

[151] Vgl. unten Teil IV.

[152] Unter den Autoren, die im folgenden Teil IV angeführt werden, zitiert Boyle im *Sceptical Chymist* z.B. Georg Agricola und Jean Beguin.

chemischen Operationen der gewerblichen Praxis auf und verwendet sie wie Experimente, d.h. er wertet sie im Hinblick auf seine theoretischen Fragestellungen aus.

Im Anschluß an die zweite Proportion im ersten Teil des *Sceptical Chymist*, die besagt, es sei nicht unmöglich, daß die primären Konkretionen, d.h. die hypothetischen Elementkorpuskeln, so stabil seien, daß sie chemische Veränderungen überdauerten, führt Boyle zugunsten dieser Möglichkeit zwei empirische Belege an. Gold könne nicht nur mit Silber, Kupfer und anderen Metallen vermischt werden, wobei sich infolge dieser Vermischung Stoffe bildeten, die von den Ausgangsstoffen verschieden seien, sondern es könne darüber hinaus auch in Königswasser aufgelöst und in eine Flüssigkeit überführt werden, und diese Flüssigkeit könne zu einem kristallinen Salz koagulieren, und dennoch könne aus allen diesen von Gold verschiedenen Stoffen das Gold zurückerhalten (reduced) werden.[153] Ebenso könne Quecksilber mit anderen Metallen zu einem Amalgam verbunden oder mit verschiedenen Lösungsmitteln in eine Flüssigkeit verwandelt werden. Mit Aqua fortis (Salpetersäure) könne daraus ein weißer und ein roter Präzipitat hergestellt werden (beides Quecksilberoxide), mit Vitriolöl (Schwefelsäure) ein gelber Präzipitat (Quecksilbersulfat), und mit Schwefel vermischt und erhitzt ergebe das Quecksilber den roten Zinnober (Quecksilbersulfid). Und wie im Fall des Goldes könne auch aus allen diesen von Quecksilber verschiedenen Substanzen das Quecksilber wiedergewonnen (recovered) werden. Boyle resümiert, daß in diesen chemischen Veränderungen des Goldes und des Quecksilbers die Korpuskeln des Goldes und des Quecksilbers, obwohl sie in die Komposition sehr verschiedener Körper eingingen, erhalten bleiben. Wenn aber eine solche Erhaltung der Korpuskeln von Mixta empirisch belegt sei, so zeige dies, daß die Annahme der Erhaltung der einfacheren elementaren Korpuskeln keineswegs abwegig sei.[154]

Weiterhin führte Boyle noch einige andere chemische Operationen, die er der iatrochemischen Praxis der Medikamentengewinnung entnahm, als Beispiele für chemische Veränderungen bei gleichzeitiger Erhaltung der Korpuskeln der Ingredienzien an. Die Präzipitation von Kupfer mit einem alkalischen Salz verstand er als Ausfällung des in der Lösung präexistierenden Kupfers.[155] Dieses Verständnis mag in engem Zusammenhang mit einem Experiment stehen, das Boyle offenbar mit eigener Hand durchführte. Durch Auflösung von Kupfer in Aqua fortis oder Spiritus nitri (beides Salpetersäure) erhielt er einen Vitriol (Kupfernitrat). Bei der Destillation dieses Vitriols wurde der eingesetzte Spiritus nitri ebenso wie das eingesetzte Kupfer in Form von Kupferkalk[156] wiedererhalten, d.h. der Vitriol wurde chemisch analysiert. Daraus schloß Boyle, daß die Ingredienzien Kupfer und Spiritus nitri, die für die Herstellung des Vitriols verwendet wurden, als dessen Bestandteile erhalten blieben.[157] Analog gelagerte Fälle sah Boyle in der Bildung und anschließenden Analyse von Salmiak

153 Vgl. BOYLE (1661) 475.

154 Vgl. BOYLE (1661) 475 f..

155 Vgl. BOYLE (1661) 483.
Bei der Präzipitation von Kupfer mit Weinsteinsalz fällt basisches Kupfercarbonat aus:

$$2\,Cu^{2+} + 2\,OH^- + CO_3^{2-} \rightarrow CuCO_3 \cdot Cu(OH)_2$$

156 Boyle verstand ebenso wie die zeitgenössischen Chemisten unter einem Metallkalk ein pulverisiertes Metall.

$$3\,Cu + 8\,HNO_3 \rightarrow 3\,Cu(NO_3)_2 + 2\,NO + 4\,H_2O$$

$$2\,Cu(NO_3)_2 \rightarrow 2\,CuO + 4\,NO_2 + O_2$$

CuO wird beim Erhitzen mit Holzkohle zu Cu reduziert.

157 Vgl. BOYLE (1661) 507.

(Ammoniumchlorid), Sublimat (Quecksilber(II)-chlorid) und Antimonbutter (Antimon(III)-chlorid). Salmiak wurde im chemischen Gewerbe aus Kochsalz und einem aus Urin gewonnenen Salz, dem urinosischen Salz (Ammoniumcarbonat), hergestellt.[158] Beim bloßen Erhitzen sublimierte Salmiak. Gab man aber gleichzeitig Weinsteinsalz (Kaliumcarbonat) hinzu, so wurde das urinosische Salz wieder frei[159], d.h. Salmiak wurde chemisch zerlegt. Auch in diesem Falle schlußfolgerte Boyle, daß Salmiak seine beiden Ingredienzien, also Kochsalz und urinosisches Salz, als Bestandteile enthalte.[160] Sublimat erhielt man durch Destillation eines Gemischs von Quecksilber, Kochsalz und Vitriol.[161] Ebenso wie Salmiak konnte auch Sublimat durch Zugabe eines alkalischen Salzes zerlegt werden – man konnte das frei gewordene Quecksilber leicht identifizieren –, und auch in diesem Fall zog Boyle den Schluß, daß Sublimat seine Ingredienzien als Bestandteile enthalte.[162] Die Herstellung der Antimonbutter, die bei Boyle nicht beschrieben ist, erfolgte in der gewerblichen Praxis mit rohem Antimon (Antimonsulfid) und Sublimat.[163] Gießt man auf die Antimonbutter, eine ölige, farblose Flüssigkeit, Wasser, so fällt ein weißes Pulver (Antimonoxidchloride) aus, das beim Erhitzen und Schmelzen in Antimon übergeht. In Übereinstimmung mit einigen zeitgenössischen Chemisten[164] erklärte Boyle auf der Grundlage dieser Reversibilität die Antimonbutter als Auflösung des Antimons mit dem sauren Salze des Sublimats unter Erhaltung der Ingredienzien.

III.2.5.4 *Keine Lösungen der naturphilosophischen Streitfragen*

Boyles Versuch, die Streitfrage, ob es eine bestimmte Zahl von Elementen bzw. ob es Elemente überhaupt im Sinne der peripatetischen und chemischen Theorien gebe, auf empirischem Wege zu klären, endet mit einer Patt-Situation. Die meisten natürlichen Veränderungen der Körper und zahlreiche Operationen der chemischen Kunst sind nach Boyles Auffassung Transmutationen, sprechen also gegen die Annahme stabiler, sich in chemischen Veränderungen erhaltender stoffspezifischer Korpuskeln. Auf der anderen Seite gibt es in der chemischen Kunst aber auch Operationen, bei denen die Korpuskeln der Ingredienzien, sogar solche, die nach zeitgenössischer Auffassung als natürliche Mixta galten, erhalten bleiben. Die Skepsis des Carneades erweist sich als wohlbegründet und wird auch im Schlußkapitel mit unverminderter Stärke geäußert.[165] Wenn aber in Boyles Theorie der Naturkörper die Frage nach den chemischen Elementen offen bleibt, so bedeutet dies zugleich, daß Boyles Konzept der natürlichen vollkommenen Mixta nicht als ein chemisches Verbindungskonzept angesehen werden darf. Auf der Grundlage seiner mechanischen Korpuskulartheorie, die unhinterfragte Grundlage aller seiner Überlegungen, können die natürlichen vollkommenen Mixta ebenso gut unmittelbar aus der Aggregation stofflich unspezifischer allgemeiner

158 Vgl. unten IV.3.2.9 und V.2.2.2.

159 Vgl. BOYLE (1661) 482, 484, 500 u. 573.

160 „(...) the urinous and common salts, whereof sal armoniac consists" – BOYLE (1661) 484.

161 Vgl. unten IV.3.2.3.

162 „(...) sublimate, consisting, as you know, of salts and quicksilver" – BOYLE (1661) 484.

163 Vgl. unten IV.3.2.3.

164 Zu den Übereinstimmungen von Boyles Verständnisses der genannten Operationen mit dem der zeitgenössischen Chemisten vgl. unten Teil V.

165 „(...) I hope, you see, Eleutherius, (...) it is no absurdity to question, whether that doctrine be one, that doth not assert any elements in the sense before explained." (BOYLE (1661) 584)

Materiepartikel hervorgehen wie aus stoffspezifischen elementaren Korpuskeln, und die natürlichen oder künstlichen chemischen Veränderungen dieser Mixta können bis auf die Ebene dieser unspezifischen Materiepartikel gehen. Wenn somit Boyle bezogen auf die Theorie der Naturkörper kein chemisches Verbindungskonzept entwickelte, so muß dies im Hinblick auf die Reflexion der Operationen der chemischen Kunst nicht unbedingt gleichfalls der Fall sein. Es stellt sich somit die Frage, ob er diejenigen chemischen Operationen, die er als Erhaltungen stoffspezifischer Korpuskeln interpretierte, auch als Verbindungsbildungen im Sinne des chemischen Verbindungskonzepts verstand und in einer von der Theorie der Naturkörper unterschiedenen Theorie zusammenfaßte.

III.2.6 *Eine chemische Verbindungstheorie chemischer Operationen?*

III.2.6.1 *Die phänomenologische Unterscheidung chemischer Verbindungen und Mischungen*

Boyle hat, wie oben gezeigt wurde, in seiner Theorie der *Natur*körper kein chemisches Verbindungskonzept entwickelt, jedoch hat er einige Operationen der chemischen *Kunst*, und zwar Operationen, die in der Metallurgie und im Apothekergewerbe durchgeführt wurden, als Erhaltungen der Ausgangsstoffe bzw. ihrer stoffspezifischen Korpuskeln verstanden. Es soll nun der Frage nachgegangen werden, ob Boyle über seine ursprünglichen naturphilosophischen Interessen hinausgehend diese chemischen Operationen auch unabhängig von der Frage der Konstitution der Naturkörper untersucht und reflektiert hat und ob er *in diesem* Zusammenhang eine chemische Verbindungstheorie oder Ansätze dazu entwickelte.

Auf einer phänomenologischen Beschreibungsebene bringt Boyle mehrere charakteristische Merkmale chemischer Verbindungsbildungen zur Sprache. Stets wird bei der Beschreibung metallischer Legierungen, der Amalgame, der Auflösungen der Metalle in Säuren und der Metallsalze betont, daß es sich dabei um die Produkte qualitativer Veränderungen handele, die andere und neue Eigenschaften im Vergleich zu den Ausgangsstoffen besitzen.[166] Die Einheitlichkeit chemischer Verbindungen fällt Boyle am deutlichsten an ihrem Verhalten beim Erhitzen ins Auge. Ebenso wie viele natürliche vollkommene Mixta – Boyle nennt als Beispiele Kampfer, Quecksilber oder Schwefel – lassen sich auch Sublimat, Salmiak und Antimonbutter sublimieren bzw. destillieren, ohne zerlegt zu werden. Im chemisch hergestellten Salmiak, schreibt Boyle, seien das urinosische Salz und das gemeine Salz so gut vermischt, daß sie „als ein Salz" sublimieren.[167] Boyle versteht die Sublimation als die Zerlegung eines Körpers in gleichartige homogene Teile – sie sei die Mörserkeule der Chemisten, heißt es[168] – und betont ihren Unterschied zur chemischen Analyse, bei der stets eine Zerlegung in hetero-

---

[166] So heißt es z.B. in Bezug auf die Legierungen des Goldes, man erhalte „(...) bodies very differing both from gold, and the other ingredients of the resulting concretes." (BOYLE (1661) 475) Vgl. (ebd.) für Quecksilber und (ebd. 507) für Kupfervitriol.

[167] „(...) for in factitious sal armoniac we find the common and the urinous salt so well mingled, that both in the open fire, and in subliming vessels they rise together, as one salt (...)". (BOYLE (1661) 482) In Bezug auf Sublimat heißt es, „(...) that the saline and metalline parts arise together in many successive sublimations, as if they all made but one body." (ebd. 489)

[168] Vgl. BOYLE (1661) 478.

gene Teile erfolge.[169] D.h. auf der Grundlage dieser phänomenologischen Beschreibungen wäre zu erwarten, daß Boyle theoretisch differenzieren kann zwischen der Aggregation gleichartiger Korpuskeln zu einem sinnlich wahrnehmbaren Körper und der Aggregation heterogener Korpuskeln zu einer zusammengesetzten Korpuskel einer chemischen Verbindung.[170] Ein drittes Charakteristikum chemischer Verbindungen, nämlich daß sie in der Regel nur mit Hilfe eines zugefügten Stoffs analysierbar sind, geht ebenfalls in Boyles Beschreibungen ein. Daß man eine Gold-Silber-Legierung, die Antimonbutter, Sublimat oder Salmiak nicht mit Feuer allein, sondern nur mit anderen zugesetzten Stoffen analysieren könne, wird ja gerade als Argument gegen die Auffassung der Chemisten, das Feuer sei das universelle Instrument der chemischen Analyse, ins Feld geführt.

Die Formulierungen, die Boyle bei der Beschreibung solcher Zerlegungen mittels eines zugefügten Stoffs wählt, stimmen bis hin zu kleinen Details mit den Formulierungen überein, die in Bezug auf solche Operationen in der zeitgenössischen chemisch-technologischen Literatur zu finden sind. Boyles Beschreibung der Präzipitation von Kupfer mit einem alkalischen Salz gleicht z.B. auffallend derjenigen, die Georg Agricola im Zusammenhang mit der Scheidung von Gold und Silber mit Scheidewasser und der nachfolgenden Präzipitation von Silber mit Kupfer oder einem Salz gibt. Das Silber falle zu Boden, weil das saure Salz des Vitriols, durch das Kupfer korrodiert worden sei, dieses „verlasse", um sich mit dem zugefügten Salz zu verbinden.[171] Die Zerlegung von Salmiak mit Weinsteinsalz (Kaliumcarbonat) erklärt Boyle in derselben Terminologie wie die Chemisten als Mortifikation und Fixierung des sauren Meersalzes durch das hinzugefügte Alkali, wodurch dessen Scheidung vom urinosischen Salz erfolge.[172] Die Chemisten, die in ihrer großen Mehrheit Anhänger der paracelsischen Naturphilosophie waren, verstanden die Mortifikation in einem ganz wörtlichen Sinne.[173] Was aber bedeutet dieser Terminus bei Boyle, und wie erklärt er die anderen Zerlegungen und Präzipitationen auf korpuskulartheoretischer Grundlage? Was bedeutet z.B. korpuskulartheoretisch die Rede, ein Stoff verlasse einen anderen, *um sich* mit einem zugefügten Stoff zu verbinden? Und wie erklärt Boyle korpuskulartheoretisch die Entstehung der neuen Eigenschaften von Legierungen, Metallsalzen oder anderer heute als chemische Verbindungen verstandener Stoffe sowie deren einheitliches Verhalten gegenüber der Einwirkung des Feuers? Alle diese Fragen müßten in einer chemischen Verbindungstheorie aufgeworfen werden, und die Art ihrer Beantwortung ist ein Kriterium dafür, ob theoretisch zwischen einer bloß mechanischen Mischung und einer chemischen Verbindung unterschieden werden kann.

---

169 Vgl. Boyle (1661) 478.

170 Mitte des 18. Jahrhunderts wurde in Frankreich dieser Unterschied terminologisch mit der Unterscheidung der parties integrantes (für die homogenen Teilchen) und der parties constituantes (für die heterogenen Teilchen einer Verbindung) fixiert.

171 „For thereby the acid salt of the vitriol leaving the copper, it had corroded, to join with the added salts, the metalline part will be precipitated to the bottom (...)". (Boyle (1661) 483) – Die Korrosion mit einer Säure oder einem sauren Salz versteht Boyle ebenso wie die Autoren der zeitgenössischen metallurgischen Schriften und die Chemisten nicht als chemische Veränderung, sondern als bloß mechanische Zerteilung. Deshalb meint er auch, es sei Kupferpulver – es ist tatsächlich Kupferhydroxid –, was zu Boden falle. – Zu Agricolas Interpretation vgl. unten V.1.2.

172 „(...) by the alcalizate salt, the sea salt, that entered the composition of the sal armoniac, is mortified and made more fixt, and thereby a divorce is made between it and the volatile urinous salt (...)". (Boyle (1661) 484)

173 Vgl. unten Teil V.2.

III.2.6.2 *Offene Probleme*

Um der Frage nachzugehen, ob Boyle theoretische Unterscheidungskriterien für eine mechanische Mischung und eine chemische Verbindung in Bezug auf chemische *Kunst*produkte hatte, ist es hilfreich, noch einmal einen Schritt zurückzugehen und einige Probleme einzubeziehen, die im Zusammenhang mit der Korpuskulartheorie der *natürlichen* Mixta bestehen. Aus einer Reihe chemischer Operationen hatte Boyle im Hinblick auf seine Naturtheorie geschlossen, daß die Annahme stabiler, sich in chemischen Veränderungen erhaltender, stoffspezifischer Korpuskeln empirisch belegt sei. Die erste Frage, die sich stellt, ist die, worauf nach Boyles Meinung allgemein die Stabilität der aus heterogenen Teilchen zusammengesetzten Korpuskeln beruhen soll. Boyles Antwort auf diese Frage lautet, daß die heterogenen Teilchen sehr eng zusammenstecken müssen[174], so daß permanente Korpuskeln mit einer bestimmten einheitlichen Größe, Gestalt, Textur und einer einheitlichen Bewegung entstehen, die für das vollkommene Mixtum stoffspezifisch sind, d.h. auf die sich zusammen mit der Textur, die sich aus der Aggregation der gleichartigen Teilchen zu einem makroskopischen Körper ergibt, dessen charakteristischen Eigenschaften zurückführen lassen. Aus mehreren Bemerkungen Boyles geht hervor, daß er als Bedingung für solch ein enges und permanentes Zusammenstecken heterogener Teilchen eine komplementäre Gestalt der Teilchen annahm. Diese Auffassung, die heterogenen Teilchen aggregierten aufgrund der komplementären Paßformen ihrer Gestalten zu permanenten Korpuskeln, ist von Hermann Kopp und danach z.B. von Partington, Alexander und anderen als ein Affinitätsbegriff bei Boyle interpretiert worden.[175] Boyle habe den Begriff der Affinität, so heißt es, den die Chemisten des 17. Jahrhunderts im Sinne von Kraft, Liebe und Sympathie verstanden[176], auf die Komplementarität der Korpuskelgestalten zurückgeführt. Ein ganz entscheidender Unterschied zwischen dem Affinitätsbegriff der Chemisten des 17. ebenso wie des 18. Jahrhunderts zu der zur Diskussion stehenden Auffassung Boyles wird dabei jedoch übersehen. Der Affinitätsbegriff der Chemisten bezog sich stets auf empirische Stoffe und ihr beobachtbares Verhalten in chemischen Operationen. Die Entitäten, die Boyle ins Auge faßt, sind dagegen Korpuskeln, wobei er die Frage offen läßt, ob diese Korpuskeln stoffspezifische, chemische Korpuskeln sind oder letzte Materieteilchen, die Prima oder Minima naturalia. Von einer Reduktion des Affinitätsbegriffs der Chemisten könnte aber erst dann die Rede sein, wenn eine Beziehung hergestellt würde zwischen dem empirisch feststellbaren Verhalten spezifischer chemischer Stoffe und korrespondierenden, gleichermaßen spezifischen Korpuskelgestalten. Boyles Annahme der Komplementarität von Korpuskelgestalten schlechthin stellt jedoch eine solche Beziehung zu chemischen Phänomenen nicht her. Sie verbleibt auf einer materietheoretischen, der Chemie vorausliegenden Ebene. Daher sind aus ihr weder Aussagen über das chemische Verhalten empirischer chemischer Stoffe ableitbar, noch ist daraus das Zustandekommen stabiler Korpuskeln der natürlichen Mixta für Boyle selbst hinreichend befriedigend erklärbar.

---

174 „I consider, that it very often happens, that the small parts of bodies cohere together but by immediate contact and rest, (...) however, there are few bodies, whose minute parts stick so close together, to what cause soever their combination be ascribed (...)". (BOYLE (1661) 506 – vgl. auch 476)

175 Vgl. KOPP GdCh II 307 f., PARTINGTON HC II 502 u. 504 und ALEXANDER (1985) 86.

176 Vgl. unten Teil V.

Bevor auf diesen letzten Punkt eingegangen wird, ist ein weiteres Problem im Zusammenhang mit der Frage nach der Ursache der Aggregation von Teilchen zu benennen. Boyle kann auf der Grundlage der Erklärung des Zusammenhaftens von Teilchen mit deren komplementären Gestalten theoretisch nicht deutlich zwischen der Aggregation heterogener Teilchen zu einer einheitlichen zusammengesetzten Korpuskel des Mixtums und der Aggregation homogener Korpuskeln zu einem makroskopischen festen Körper unterscheiden. Die auf korpuskulartheoretischer Grundlage entwickelten chemischen Affinitätstheorien des 18. Jahrhunderts unterschieden dagegen sowohl theoretisch als auch terminologisch zwischen beiden Arten der Aggregation. Die Aggregation heterogener Teilchen zu einem Teilchen einer chemischen Verbindung wurde auf die affinité de composition zurückgeführt und die homogener Teilchen zu einem makroskopischen Körper auf die affinité d'aggrégation.[177] Bei Boyle dagegen wird die Grenze zwischen beiden Arten der Aggregation geradezu systematisch verwischt.[178]

Auf eine deutliche Grenze stößt die mechanische Korpuskulartheorie Boyles nach seinem eigenen Eingeständnis aber vor allem dort, wo die *Entstehung* permanenter zusammengesetzter Korpuskeln der natürlichen Mixta erklärt werden soll. Dies ist für Boyle ein generelles Problem, denn es ist ja nicht nur zu erklären, wie einige Mixta besonders stabile Korpuskeln besitzen können, sondern die zusammengesetzten Korpuskeln aller Mixta müssen zumindest eine *relative* Stabilität z.B. gegenüber mechanischen Einwirkungen besitzen. Schwierigkeiten bereitet vor allem die Vorstellung, wie aus unterschiedlich geformten und harten Teilchen, die unterschiedliche Geschwindigkeiten und Bewegungsrichtungen besitzen, allein durch Oberflächenkontakt einheitliche Korpuskeln entstehen und warum sie sich nicht vielmehr den Stoßgesetzen entsprechend verhalten sollen. Vielleicht führten ähnliche Überlegungen Boyle zu der Aussage:

> „For I should tell you, that I have sometimes thought it not unfit, that to the principles, which may be assigned to things, as the world is now constituted, we should, if we consider the great mass of matter, as it was whilst the universe was in making, add another, which may conveniently enough be called an architectonic principle or power; by which I mean those various determinations, and that skilful guidance of the motions of the small parts of the universal matter by the most wise author of things, which were necessary at the beginning to turn that confused chaos into this orderly and beautiful world (...)". (BOYLE (1661) 569)

Diese Ergänzung der Veränderungsprinzipien der bestehenden Welt durch architektonische oder Samenprinzipien ist keineswegs auf Lebewesen beschränkt. Boyle macht diese Bemerkung, nachdem er sich zuvor über mehrere Seiten hinweg auch mit der Generation und dem Wachstum der Metalle, einiger Steine und des Salpeters auf der Grundlage ihres Samenprinzips oder plastischen Prinzips befaßt hat.[179] Um die erste Entstehung und Reproduktion der natürlichen vollkommenen Mixta zu erklären, muß Boyle Samenprinzipien einführen, über die er nicht mehr sagt, als daß sie von Gott herrührten und die Bewegungsrichtungen der Korpuskeln lenkten. Boyle nennt diese dirigierenden Instanzen Prinzipien und nicht etwa Gesetze, weil sie nicht in den Naturdingen selbst und in ihren Beziehungen liegen, sondern von außen den Lauf der Dinge steuern sollen. Die Kehrseite der Medaille sind die chemischen Verände-

---

177 Vgl. MACQUER (1)DC, Artikel „Affinité".

178 So erklärt Boyle z.B. die Wirkung des Feuers damit, daß es die Teilchen in Bewegung setze ohne Rücksicht darauf, ob sie homogen oder heterogen seien. Die mechanische Zerlegung in gleichartige Teilchen und die chemische in heterogene werden dabei mit genau demselben Mechanismus erklärt. Vgl. BOYLE (1661) 488.

179 Vgl. BOYLE (1661) 564 ff..

rungen, die ohne ein solches dirigierendes Prinzip ablaufen, und dies sind nach Boyles Meinung neben einigen natürlichen Veränderungen alle Operationen der chemischen Kunst.[180] So jedenfalls kann eine Bemerkung Boyles verstanden werden, die besagt, zwischen den durch die chemische Analyse der natürlichen Mixta erhaltenen Substanzen, die als Produkte der chemischen Kunst zu verstehen sind, bestünden nicht dieselben Artunterschiede wie zwischen den natürlichen Stoffen.[181] Das Resultat von Materie und Bewegung allein ist eine „Summe" oder ein „Komplex von Akzidenzien" (BOYLE (1661) 570), die beliebige Varianten und Abstufungen zulassen, so daß ein relativ kontinuierliches Spektrum von Körpern mit geringfügigen Eigenschaftsunterschieden entsteht. Die Klassifikation der Produkte der chemischen Kunst kann auf dieser Grundlage nur noch ein Problem der Benennung sein, und diese muß stets in einem gewissen Grad als willkürlich erscheinen. In dieselbe Richtung weisen auch Boyles Ausführungen über die verschiedenen Varianten möglicher Transmutationen, die besagen, daß alles in alles umwandelbar ist und daß es keinerlei Restriktionen oder Gesetze chemischer Veränderungen in der chemischen Kunst gibt.[182]

III.2.6.3 *Der Verzicht auf korpuskulartheoretische Erklärungen und Integration*

Wenn Boyle somit Beliebigkeit und Zufälligkeit chemischer Veränderungen auf der Grundlage seiner mechanischen Korpuskulartheorie sehr plausibel erklären kann, so bleibt er auf der anderen Seite die korpuskulartheoretische Erklärung der oben angeführten, auf der phänomenologischen Ebene beschriebenen Verbindungsbildungen der chemischen Kunst schuldig. Das einheitliche Verhalten und die neuen Eigenschaften z.B. einer metallischen Legierung, von Salmiak, Sublimat oder Antimonbutter werden an keiner Stelle auf die Aggregation und den festen Zusammenhalt der Korpuskeln der Ausgangsstoffe zu einheitlichen neuen Korpuskeln, die etwa dem modernen chemischen Molekül einer Verbindung analog wären, zurückgeführt. Für Formulierungen wie die, Sublimat verhalte sich als sei es „ein Körper" oder Salmiak als sei es „ein Salz", gibt es kein korpuskulartheoretisches Korrelat. Dasselbe gilt für die chemische Zerlegung von Verbindungen mit einem zugesetzten Stoff bzw. für die Präzipitation. Es wäre korpuskulartheoretisch zu erklären gewesen, wie einerseits z.B. Salmiak, Sublimat oder Antimonbutter sich beim bloßen Erhitzen wie eine einheitliche Substanz verhalten und sublimieren, andererseits aber durch Zugabe von Alkalien wieder in ihre Ausgangsstoffe zerlegbar sind. Genau an solchen Stellen setzten die affinitätstheoretischen Erklärungen der zeitgenössischen Chemisten an. Die zusammengesetzten Stoffe sollten zerlegbar sein, weil eine größere Sympathie, Kraft oder Affinität zwischen einer der Komponenten und dem zerlegenden Stoff bestehen sollte. Vorausgesetzt, Boyle hätte angenommen, daß sich z.B. die Korpuskeln des Kochsalzes und des urinosischen Salzes bei der Bildung von Salmiak zu einheitlichen, für Salmiak stoffspezifischen Korpuskeln zusammenlagerten, so hätte er einen Mecha-

---

[180] Vgl. BOYLE (1661) 571.

[181] „(...) I shall repeat and premise this general consideration, that these differing substances, that are called elements or principles, differ not from each other as metals, plants, and animals, or such creatures as are immediately produced each by its peculiar seed, and constitutes a distinct propagable sort of creatures in the universe (...)". (BOYLE (1661) 569)

[182] So versteht auch im oben angeführten Kontext Eleutherius seinen Dialogpartner. Seine Erwiderung beginnt mit folgenden Worten: „But (...) if you have no restraint upon you (...)". (BOYLE (1661) 581)

nismus entwickeln müssen, mit dem erklärt werden könnte, wie sich durch Hinzutreten der Korpuskeln eines alkalischen Salzes die beiden zusammenhaftenden oder zusammensteckenden Korpuskeln des Kochsalzes und des urinosischen Salzes wieder voneinander lösen können. Formulierungen wie diejenige Boyles, ein Stoff verlasse den Partner, um sich mit dem zugefügten zu verbinden, werden wenig später von N. Lemery kritisiert. Lemery, der selber Anleihen bei der Korpuskulartheorie macht und einen Stoßmechanismus für Präzipitationen entwickelt, bemerkt in seinem *Cours de Chymie*, solche Formulierungen bedeuteten nichts anderes, als den chemischen Stoffen intelligentes Verhalten zu unterstellen.[183]

Die chemischen Operationen, die Boyle als qualitative oder chemische Veränderungen bei gleichzeitiger Erhaltung der Korpuskeln der Ausgangsstoffe versteht, werden bei ihm an keiner Stelle zusammengefaßt und nochmals zum Gegenstand gesonderter Untersuchungen gemacht. Vielmehr sind die oben zusammengestellten Beispiele bei Boyle selbst über die verschiedenen Kapitel des *Sceptical Chymist* verstreut. Zusammen mit den obigen Ausführungen spricht dies dafür, daß Boyle diese chemischen Operationen ausschließlich als Fallbeispiele im Hinblick auf seine naturphilosophischen Fragestellungen heranzog. Das Resultat seiner diesbezüglichen empirischen Untersuchungen war die Feststellung, daß es permanente, heterogen zusammengesetzte Korpuskeln gebe und daß somit die Annahme stabiler Elementkorpuskeln nicht ganz von der Hand zu weisen sei. Weiter ging Boyle aber nicht. Er versuchte weder die fraglichen Fälle zu integrieren, noch sie begrifflich als chemische Verbindungen von bloßen Mischungen zu unterscheiden oder gar Ansätze zu einer Theorie chemischer Verbindungen zu entwickeln.

III.2.7 *Resümee*

Die Frage, der in diesem Teil der Arbeit nachgegangen wurde, war die, ob der mechanischen Korpuskulartheorie des 17. Jahrhunderts ein entscheidender Anteil bei der Genese des chemischen Verbindungskonzepts zukam. Die Behauptung, dies sei der Fall, wurde in der Wissenschaftshistoriographie vielfach wiederholt und zur ungeprüften Voraussetzung der weiteren Behauptung gemacht, Robert Boyle habe als derjenige Vertreter der mechanischen Korpuskulartheorie, der sich am intensivsten mit der Chemie befaßte, über einen neuzeitlichen chemischen Verbindungsbegriff verfügt. Die Grundlage dieser Behauptungen ist bei Vielen die wissenschaftstheoretisch und -historisch äußerst bedeutsame Annahme, die Genese wissenschaftlicher Theorien sei zu erklären als Durchsetzung tradierter, sehr stabiler und fundamentaler „Ideen", die lediglich präzisiert und ausformuliert werden müßten.

Es wurde versucht nachzuweisen, daß Boyle weder im Zusammenhang seiner Theorie der Naturkörper einen chemischen Verbindungsbegriff entwickelte noch diejenigen Operationen der chemischen Kunst, auf die wenige Jahrzehnte später französische Chemisten ihr che-

[183] In Bezug auf die Präzipitation von Silber mit Kupfer aus Salpetersäure (l'eau forte) heißt es: „Quelques-uns prétendent expliquer ces précipitations, en disant que comme les mixtes ont des pores plus accomodez les uns que les autres à la figure des points de l'eau forte, elle est en estat d'abandonner le premier pour dissoudre le dernier. Mais il semble que par ce raisonnement, ils voudroient donner de l'intelligence aux pointes de l'eau forte; car pourquoy ces pointes qui dans le dissolution de l'argent s'estoient embarrassées dans les particules de ce métal, & qui les tenoient suspendues, quittent-elles ces petits corps pour s'aller introduire dans le cuivre? C'est ce qu'on ne peut expliquer par cela seul, à moins qu'on ne suppose que l'eau forte soit doüée de raison." (N. LEMERY (1675) 106)

misches Verbindungskonzept bezogen, auch nur zu einem eigenständigen Gegenstand der Reflexion machte. Die grundlegenden Entitäten der Theorie der Naturkörper Boyles sind Korpuskeln und nicht empirische chemische Reinstoffe. Ob diese Korpuskeln chemische, d.h. für empirische Stoffe spezifische, oder ob sie Korpuskeln der allgemeinen Materie sind, ist für die mechanische Korpuskulartheorie Boyles eine zweitrangige Frage. Boyle kann daher die Frage, ob Elemente bzw. ob permanente stoffspezifische oder chemische Korpuskeln von Elementen existierten, aus denen die natürlichen vollkommenen Mixta gebildet werden und bestehen, offen lassen. Die mechanische Korpuskulartheorie kommt mit einem Verbindungsbegriff oder einem Begriff des Mixtums aus, der heterogen gestaltete und bewegte allgemeine *Materie*partikel als Konstituentien und Bestandteile der zusammengesetzten Korpuskeln des Mixtums annimmt. Und sie läßt chemische Veränderungen zu, die bis auf die unterste Ebene dieser allgemeinen Materiepartikel gehen und somit als Transmutationen zu verstehen sind.

In einem vor fast vierzig Jahren publizierten Aufsatz über Robert Boyle und die Chemie des 17. Jahrhundert kam Thomas S. Kuhn zu einem ähnlichen Resultat: „Atomism has not invariably provided a fertile soil for the growth of chemical theory. More specifically, the form of atomism developed by philosophers and applied to physics in the seventeenth century embraced concepts inconsistent with the development of such fundamental chemical notions as element and compound. These impediments to chemistry are manifest in the chemical theory of the ‚corpuscular philosopher' Robert Boyle." (KUHN (1952) 13) Kuhn zog diese Schlüsse hauptsächlich im Hinblick auf die *mechanische* Korpuskulartheorie des 17. Jahrhunderts und Robert Boyle und hielt dieser die atomistischen Theorien Sennerts, Bassos, Jungius' und insbesondere Estienne de Claves entgegen, deren Theorien er als Keime der neuzeitlichen Chemie und des chemischen Element- und Verbindungsbegriffs Lavoisiers verstand.[184] Zu der Frage, ob und inwieweit die Theorien dieser Atomisten als chemische zu verstehen sind und ob bei ihnen Ansätze zu einem chemischen Verbindungskonzept vorliegen, sollen deshalb im Folgenden noch einige Bemerkungen gemacht werden.

III.2.8 *Der Verbindungsbegriff in der atomistischen Elemententheorie E. de Claves*

In seiner Kritik am aristotelischen Elementbegriff bezeichnet E. de Clave die Elemente oder Prinzipien als unzerstörbare (incorruptible) Substanzen, die nicht ineinander umwandelbar oder transmutierbar seien.[185] Diese Auffassung de Claves wird auch stets in der wissenschaftshistorischen Literatur zitiert[186], wobei aber die gleichfalls mehrfach wiederholte Bemerkung de Claves übergangen wird, die Elemente oder Prinzipien seien „veränderbar" (alterable). De Clave definiert am Anfang seines *Cours de Chimie* die Chemie als eine Kunst, die Körper zu verändern, und betont dabei, die Auflösung der Mixta sei zwar das Hauptziel der Chemie, aber nicht das einzige, „weil die Prinzipien verändert werden können".[187] An an-

[184] Vgl. KUHN (1952) 16 u. 32.

[185] Vgl. de CLAVE (1646) 2 f. u. 20.

[186] Vgl. z.B. METZGER (1923) 58 und LASSWITZ (1890) I 483.

[187] „(...) la vraye & essentielle definition est que la Chimie n'est autre chose qu'un Art qui enseigne la façon d'alterer tout corps tant simples que composez, prenant en ce lieu ce mot d'alterer plus au large, nous entendons un mouvement substantiel & accidentiel. (...) C'est pourquoi bien que la resulution soit le principal but des Chimiques, il ne peut toutefois estre estimé le total, parce que les principes peuvent

derer Stelle heißt es, die Elemente oder Prinzipien seien unzerstörbar, könnten keine substantiellen Umwandlungen erleiden, jedoch mehrere Veränderungen eingehen.[188] Mit seiner Unterscheidung zwischen Zerstörbarkeit oder *substanzieller Umwandlung* einerseits und einer bloßen *Veränderung* andererseits greift de Clave die peripatetische Differenzierung zwischen Werden und Vergehen (generatio et corruptio, γενεσισ και φθορα) als einer Änderung der Substanz und einer qualitativen Änderung (alteratio) unter Erhaltung der Substanz auf.[189] Prinzipien können demnach zwar nicht werden und vergehen, sie behalten, wie sich de Clave auch ausdrückt, stets ihre primären und spezifischen Qualitäten, aber diese primären Qualitäten können intensiviert oder in ihrem Grad gesteigert werden, und zugleich können die akzidenziellen Qualitäten vergehen und entstehen.[190] Die Paracelsianer bezeichneten diese Art von Veränderungen als ein Erhöhen, durch das eine Substanz in einen gereifteren, höheren oder reineren Zustand übergehen sollte, zogen aber dabei im Unterschied zu de Clave keine deutliche Grenze zur Transmutation.[191] Wie eng sich de Clave an dieses paracelsische Verständnis der Veränderungen von Elementen als ein Erhöhen anschloß, wird u.a. aus seinen Äußerungen über den Zweck der Chemie und ihre Unterscheidung von der Alchemie deutlich. Der Zweck der Chemie sei die Erhaltung der Gesundheit und die Gewinnung vollkommener Medikamente, derjenige der Alchemie die Transmutation der Metalle. Hinsichtlich der Medikamente unterscheidet er zwei Arten der Reinheit; diejenige, wie sie in Extrakten, Tinkturen, Magisterien und Balsamen mit weniger perfekten Mitteln erreicht werde, und die der vollkommenen universellen Medizin oder des Steins der Weisen.[192] Wie aus der Bestimmung des Zwecks der Alchemie hervorgeht, hielt de Clave im Hinblick auf Metalle und wohl auch allgemein hinsichtlich der natürlichen vollkommenen Mixta eine Transmutation durchaus für möglich, aber – und dies ist eine weitere Pointe seines Elementbegriffs – er schließt sie auch für die Elemente oder Prinzipien nicht prinzipiell aus. Daß die Elemente unzerstörbar seien begründet de Clave nämlich nicht ontologisch, sondern mit den praktischen Mitteln chemischer Veränderungen, über die die Natur und die chemische Kunst verfügen kann. Die Elemente transmutieren nicht, heißt es, vorausgesetzt, „es findet sich kein natürliches Agens, mittels dessen diese Umwandlung vonstatten gehen kann".[193] Wenn auch das Feuer, das de Clave ebenso wie seine Zeitgenossen für das wichtigste Mittel chemischer Veränderungen hielt, diese Umwandlung nicht bewerkstelligen konnte und die Prinzipien unverändert aus den Mixta schied, so war doch nicht auszuschließen, daß neue Mittel gefunden werden, die die Elemente transmutieren.

Aber nicht nur das Konzept der Änderung und möglicherweise Transmutierbarkeit der Elemente zeigt, daß hier kein moderner chemischer Elementbegriff vorliegt. Eine weitere

188 Vgl. de CLAVE (1646) 21.

189 Vgl. dazu LASSWITZ (1890) I 118 ff. und de VRIES (1983) 13, Artikel „Akt und Potenz".

190 In *Nouvelle Lumière Philosophiques des vrais principes et elémens de la Nature* schreibt de Clave, der Irrtum der Peripatetiker, die Elemente seien transmutierbar, beruhe darauf, daß sie sinnliche oder manifeste Eigenschaften zu primären und spezifischen machten. Daraus geht hervor daß de Clave diejenigen Qualitäten als primäre oder spezifische bezeichnet, die stets erhalten bleiben. Vgl. METZGER (1923) 58.

191 Vgl. unten Teil V.2.

192 Vgl. de CLAVE (1646) 8. Zu dieser Nomenklatur der paracelsischen Iatrochemie vgl. unten Teil V.2.

193 „Nous avons dit cy-dessus que les mixtes se resoluent en cinq elemens ou principes incorruptibles qui ne se transmuent point l'un en autre. Joint qu'il ne se trouve aucun agent naturel, par le moyen duquel telles conversions se puissent faire; parce que le feu qui est le plus actif de tous les elemens, pour separer les substances heterogenes, ne peut produire cette conversion." (De CLAVE (1646) 20 f.).

ebenso tiefgehende Differenz zwischen dem Elementbegriff de Claves sowie der anderen Vertreter der atomistischen Elemententheorie und dem modernen chemischen Elementbegriff liegt in dem ontologischen Status, der den Elementen in diesen Theorien gegeben wurde. Als Elemente wurden nicht einfache, unzerlegbare chemische Reinstoffe schlechthin bezeichnet, sondern nur solche, die zugleich Bestandteile der vollkommenen natürlichen Mixta sind. Die Elemente oder Prinzipien galten nicht als Substanzen, die selbst auch als chemische Reinstoffe frei in der Natur vorkommen, sondern als Konstituentien aller Naturkörper der drei Naturreiche. Daher stützten sich die atomistischen Elemententheoretiker einseitig und ausschließlich auf die chemische Analyse und nicht auch – wie es Boyle und Ende des 17. Jahrhunderts die Chemisten selbst forderten – auf die chemische Synthese. Die neuzeitlichen chemischen Verbindungsbegriffe enthalten auch die Bestimmung, Resultat einer chemischen Synthese zu sein, d.h. einer durch die chemische Kunst bewerkstelligten Herstellung der Verbindung aus Elementen oder anderen Reinstoffen. Für de Clave war zwar die Analyse in Prinzipien und deren erneute Zusammensetzung nicht mehr wie zuvor bei den Paracelsianern undenkbar, galt aber als unerreicht. Wäre es gelungen, isolierte und reine Prinzipien erneut zu vereinigen, so wäre das große Magisterium geglückt, man hätte die universelle Medizin oder den Stein der Weisen erhalten.[194] Daß die Prinzipien nicht nur Analyseprodukte, sondern zugleich Konstituentien und Bestandteile der natürlichen Mixta seien, konnte somit ausschließlich metaphysisch begründet werden, und dies war, wie oben gezeigt wurde, z.B. aus der Sichtweise Robert Boyles einer der wundesten Punkte dieser Theorie.

Auf der Grundlage ihres ontologischen Status als etwas den empirischen Naturkörpern Vorausliegendes, war es nicht zwingend erforderlich, daß die Elemente selbst wie gewöhnliche Naturkörper darstellbar und empirisch nachweisbar seien. Es ließ sich ebenso gut theoretisch begründen, daß sie nicht nur natürlicherweise, sondern stets und ausschließlich in gegenseitiger Verbindung oder als Konstituentien anderer Stoffe vorliegen und daher auch in der chemischen Analyse nicht im strikten Sinne als reine, ungemischte Substanzen nachweisbar sind.[195] Der ontologische Status der Elemente zog einen epistemologischen nach sich, der sich von dem, der den empirischen Naturkörpern im 17. Jahrhundert, und dem, der den chemischen Stoffen zugewiesen wurde, unterschied. Chemische Elemente im modernen Sinn fallen unter den Begriff des chemischen Reinstoffs als eines isoliert vorliegenden und empirisch entweder unmittelbar oder durch Meßinstrumente vermittelt beobachtbaren und zugleich handhabbaren, d.h. in chemischen Reaktionen einsetzbaren, Stoffs. Die Elemente der atomistischen Elemententheorie dagegen waren, insofern sie als Konstituentien empirischer Körper galten und selbst nicht im strikten Sinne empirisch nachweisbar sein mußten, auch metaphysische Entitäten.

Wenn aber der Elementbegriff der atomistischen Elemententheorie nicht unter den Begriff eines empirischen chemischen Reinstoffs subsumierbar ist, so muß dies Konsequenzen

[194] So heißt es z.B. über die Gewinnung der reinsten universellen Medizin im Unterschied zu der der weniger reinen Extrakte, Magisterien etc.: „La seconde & plus perfaite , lorsque les principes ou elements sont tellement separez, & derecheffe reünissent, qu'il en provient un medicament exquis (...) d'où vient que ce qui en resulte est appellée Panacée ou medicament universel." (De CLAVE (1646) 9) Die universelle Medizin wird im Anschluß auch „Pierre ou Elixir des Philosophes" genannt. Zum Begriff des Magisteriums vgl. auch ebd. 33.

[195] Die Argumentation der Chemisten, es genüge das Vorliegen von Analyseprodukten, in denen ein Prinzip bloß dominiere, für den empirischen Beweis ihrer Elemententheorie, hat Boyle insbesondere im 4. Teil seines *Sceptical Chymist* heftig kritisiert – vgl. BOYLE (1661) 530.

für den Begriff des vollkommenen Mixtums haben. Kann unter diesen Voraussetzungen von einem chemischen Verbindungsbegriff die Rede sein? Freilich hat der Begriff des vollkommenen Mixtums in der atomistischen Elemententheorie verglichen mit dem in der Paracelsischen Theorie mehr Gemeinsamkeiten mit dem chemischen Verbindungskonzept. Die Abweichungen, die dieser Verbindungsbegriff wegen seines Zusammenhangs mit dem Elementbegriff der Atomisten zum chemischen Verbindungskonzept zeigt, sind jedoch ganz erheblich.

Der Begriff des vollkommenen Mixtums in der Theorie de Claves läßt sich somit nicht völlig eindeutig entweder als Begriff einer Naturphilosophie oder als Begriff einer neuzeitlichen chemischen Theorie bestimmen, und dies hängt wahrscheinlich mit dem Übergangscharakter seiner Theorie insgesamt zusammen. Es ist sicherlich kein Zufall, daß de Clave seine Theorie in einer Zeit entwickelte, in der die Chemisten, zu denen er selber ja auch gehörte, bereits eine Reihe einzelner chemischer Operationen phänomenologisch als chemische Verbindungsbildungen erkannten. Und es scheint weiterhin auch kein Zufall zu sein, daß dies dieselben Operationen waren, hinsichtlich derer auch Sennert oder Boyle Vorstellungen einer chemischen Verbindungsbildung entwickelten. In jedem Fall bleibt festzuhalten, daß de Claves Begriff des vollkommenen Mixtums, selbst wenn er nicht eindeutig als naturphilosophischer oder chemischer identifiziert werden kann, wegen des ihm zugrundeliegenden Elementbegriffs kein neuzeitlicher chemischer Verbindungsbegriff ist.

III.3 Chemische Verbindung und Reversibilität

Das Hauptziel der Ausführungen in diesem Teil III war zu zeigen, daß das chemische Verbindungskonzept keine historischen Vorläufer im 16. und 17. Jahrhundert hatte. Die durch die peripatetische Physik mitbeeinflußte paracelsische Elementen- und Prinzipientheorie vertrat ein Konzept homogener und belebter Naturkörper, das sich fundamental vom chemischen Verbindungskonzept unterscheidet. Gestützt auf die Interpretation des *Sceptical Chymist* Robert Boyles wurden Argumente gegen die These angeführt, die Genese des chemischen Verbindungsbegriffs sei ausschlaggebend von der mechanischen Korpuskulartheorie und somit letztlich vom Gegenspieler der aristotelischen Naturphilosophie, dem antiken Atomismus, bestimmt worden. Bereits die bloße Existenz der atomistischen Elementen- oder Prinzipientheorie, die peripatetisches und atomistisches Gedankengut zu integrieren versuchte, zeigt, daß an dem Modell des Kampfes zweier konträrer Ideen, in dem die peripatetische Naturphilosophie unterlegen gewesen sei, etwas falsch sein muß. Es wurde weiterhin darauf hingewiesen, daß es bestimmte chemische Operationen der zeitgenössischen gewerblichen Praxis waren, die Boyle, Sennert, de Clave und andere Atomisten ebenso wie die Chemisten phänomenologisch als chemische Verbindungsbildungen beschrieben. Daher gibt es Gründe zu vermuten, daß die gewerbliche chemische Praxis nicht nur ein wichtiger Kontext der atomistischen Theorien des 17. Jahrhunderts war[196], sondern daß der Bezug auf sie auch für die Genese des chemischen Verbindungskonzepts ausschlaggebende Bedeutung hatte.

---

[196] Diesen praktisch-gewerblichen Kontext des Atomismus des 17. Jahrhunderts hebt auch Ch. Meinel hervor: „The experience of practical men, separated from the mainstream of learning by educational and social barriers, had become more

Die chemischen Operationen, die Boyle u.a. als chemische Verbindungsbildungen verstanden, sind Operationen, in denen zuerst aus zwei oder wenig mehr anorganischen chemischen Reinstoffen ein neuer anorganischer Reinstoff hergestellt und dann in einer erneuten chemischen Operation wenigstens einer der Ausgangsstoffe als isolierter Reinstoff wiedererhalten wird und der Verbleib des oder der anderen rekonstruierbar ist. Solche chemischen Operationen sollen im Folgenden als reversible chemische Operationen[197] bezeichnet werden. Nach heutigem Verständnis handelt es sich bei diesen chemischen Operationen um chemische Synthesen und ihre reversible chemische Analyse oder umgekehrt. Reversible Analysen und Synthesen haben nur selten die Struktur A + B → C (bei Temperatur 1) und C → A + B (bei Temperatur 2). Boyle hielt z.B. die Herstellung einer Silber-Blei-Legierung und das anschliessende sogenannte Abtreiben des Bleis durch starkes Erhitzen für eine chemische Operation, die diese Struktur besitzt.[198] Die viel häufigere Struktur einer reversiblen chemischen Operation ist: A + B → C; C + D → AD + B oder BD + A.[199] Die Scheidung einer Gold-Silber-Legierung mit Salpetersäure ist ein Beispiel für diese zweite, häufigere Struktur der Reversibilität chemischer Operationen, ein Beispiel, das auch Boyle und Sennert anführten. Aus heutiger Sicht könnte diese Operation nur im weitesten Sinne eine reversible chemische Verbindungsbildung und Zerlegung genannt werden, weil Legierungen nicht als chemische Verbindungen im engeren Sinn, d.h. als stöchiometrische chemische Verbindungen, gelten. Wenn an dieser Stelle und im Folgenden von reversiblen Operationen die Rede ist, so wird stets das historische Verständnis der jeweiligen Operationen zugrundegelegt. Ein Beispiel soll dies verdeutlichen. Die Auflösung von Kupfer in Salpetersäure und die anschließende Präzipitation von Kupferhydroxid mit einem alkalischen Salz – eine Operation, die leicht variiert in Boyles *Sceptical Chymist* und auch in den zeitgenössischen chemisch-technologischen Schriften beschrieben ist[200] – wäre aus heutiger Sicht keine einfache reversible Operation im obigen Sinne.[201] Denn erstens wird bei der Auflösung und Oxidation von Kupfer in Salpetersäure gleichzeitig Stickstoffoxid frei, und insofern liegt nicht nur die Bildung einer Verbindung von Kupfer mit Salpetersäure, sondern eine gleichzeitige Zerlegung (Reduktion) der Salpetersäure vor. Zweitens würde die Auflösung der durch Oxidation entstandenen Kupferionen in Salpetersäure nicht als Verbindung bezeichnet werden, sondern erst das daraus erhaltene Salz, das Kupfernitrat. Drittens fällt bei der Zugabe eines alkalischen Salzes nicht Kupfer aus, sondern Kupferhydroxid. Es wird somit bei der reversiblen Zerlegung der Auflösung, wenn man diese Auflösung einmal als Verbindung betrachten will, nicht einer der Ausgangsstoffe, nämlich Kupfer, frei, sondern es entsteht eine weitere Verbindung, die erst in einer erneuten Reaktion in Kupfer überführt werden kann. Wenn nun aber, wie es historisch der Fall war, Stick-

influential since the Renaissance. (...) Within this context of empirical chemistry the corpuscular hypothesis gained momentum and made converts." (MEINEL (1988) 72)

197 Der Begriff der Reversibilität wird hier in einem weiteren Sinne als im chemischen Massenwirkungsgesetz gebraucht.

198 Diese Operation wurde in der Metallurgie zur Raffination von Silber durchgeführt. Beim Erhitzen der Legierung wird Blei oxidiert, also nicht, wie Boyle und die zeitgenössischen Metallurgen und Chemisten meinten, als Blei, sondern als Bleioxid rauchförmig abgetrieben. Vgl. unten IV.3.1.

199 Daß chemische Verbindungen im Normalfall nicht durch bloßes Erhitzen, d.h. Zufuhr von Wärmeenergie, zerlegbar sind, begründet die chemische Thermodynamik. Dabei spielen Energie- und Entropiebetrachtungen eine Rolle.

200 Vgl. unten Teil IV.3.2.8.

201 $3\,Cu + 8\,HNO_3 \rightarrow 3\,Cu^{2+} + 6\,NO_3^- + 2\,NO + 4\,H_2O$

$3\,Cu^{2+} + 6\,OH^- \rightarrow 3\,Cu(OH)_2$

stoffoxid, weil es ein Gas ist, unberücksichtigt bleibt, die Auflösung von Kupfer in Salpetersäure zu einer homogenen flüssigen Auflösung als Verbindung des Kupfers mit Salpetersäure verstanden und das ausgefällte Kupferhydroxid nicht als solches erkannt, sondern aufgrund seiner Reduzierbarkeit für Kupfer gehalten wird, so ist die Operation im obigen Sinne reversibel:

Kupfer + Salpetersäure → Auflösung 1; Auflösung 1 + alkalisches Salz → Kupfer + Auflösung 2.

Die Vermutung liegt nahe, daß die Reflexion reversibler chemischer Operationen bei der Genese des Verbindungskonzepts eine bedeutende Rolle spielte. Dieser Vermutung soll im Folgenden nachgegangen werden. Eine zweite Vermutung drängt sich auf. Wenn der häufigste Fall reversibler chemischer Operationen die Struktur A + B → C; C + D → AD + B oder BD + A besitzt, so muß sich das Problem der Funktion des zugesetzten Stoffs D, mit anderen Worten das Problem der Affinität, von Anfang an ebenfalls mit der Reflexion reversibler chemischer Operationen gestellt haben. Die Herausbildung des chemischen Verbindungskonzepts müßte sich dann notwendig im Zusammenhang mit der Herausbildung chemischer Affinitätsvorstellungen oder -theorien vollziehen.

TEIL IV

DER HINTERGRUND II –
DIE GEWERBLICHE CHEMISCHE PRAXIS

Teil III dieser Untersuchung hatte ergeben, daß die verschiedenen Naturtheorien des 16. und 17. Jahrhunderts, sowohl die paracelsische Prinzipientheorie als auch die mechanische Korpuskulartheorie und die atomistische Elemententheorie kein chemisches Verbindungskonzept enthalten. Bei Boyle haben wir gesehen, daß dieser nur bezogen auf bestimmte chemische Operationen, nämlich solche, die reversibel durchführbar sind, chemische Verbindungsvorstellungen entwickelte.

Von diesen Resultaten ausgehend, soll nun die Chemie des 17. Jahrhunderts aus einer anderen Perspektive ins Auge gefaßt werden. Und zwar sollen die chemischen Operationen näher betrachtet werden, auf die sich die chemischen Verbindungsvorstellungen Boyles und das chemische Verbindungskonzept Geoffroys bezogen. Diese chemischen Operationen wurden oben als reversible chemische Operationen gekennzeichnet. Gefragt wird daher in diesem Teil IV nach der Herkunft der Kenntnisse dieser chemischen Operationen, nach dem Kontext ihrer Durchführung und nach den Personen, die sie praktizierten. Im folgenden Teil V wird dann versucht, Voraussetzungen der Herausbildung des chemischen Verbindungskonzepts in den Reflexionen dieser reversiblen chemischen Operationen aufzudecken, wobei zugleich der Nachweis zu erbringen ist, daß die Reversibilität chemischer Operationen ein entscheidender Faktor für die Genese des chemischen Verbindungskonzepts war.

In der Chemiehistoriographie wird im allgemeinen die Auffassung vertreten, Boyle, Geoffroy und andere Einzelpersonen, die als Begründer der neuzeitlichen Chemie gelten, hätten Experimente durchgeführt. Gleichwohl läßt sich diese Auffassung an ihren Schriften nicht hinreichend belegen. Auf der anderen Seite geben diese Autoren selbst direkte und indirekte Hinweise auf andere als experimentelle Quellen ihrer empirischen Kenntnisse, wenn sie Agricola, Ercker, Beguin etc. zitieren oder auf die Bedeutung der Metallurgie anspielen.[1]

Die Fragestellung läßt sich deswegen dahingehend präzisieren, ob sich in der *gewerblichen* Praxis des 16. und 17. Jahrhunderts diejenigen chemischen Operationen finden lassen, auf die sich das chemische Verbindungskonzept bezog. Aufschluß über diese gewerbliche Praxis gibt eine besondere Art zeitgenössischer Literatur, die diese Praxis zum Gegenstand hatte. Durch das Studium dieser technologischen Literatur wird sich schließlich auch die Frage beantworten lassen, in welcher Weise über diese chemischen Operationen im Zusammenhang mit dieser Praxis reflektiert wurde.

Zunächst wird im ersten Abschnitt dieses Teils ein kurzer Überblick über diejenigen Gewerbe des 16. und 17. Jahrhunderts gegeben, in denen überhaupt chemische Operationen vorkamen. Der zweite Abschnitt geht auf die Literatur ein, die sich auf diese Gewerbe bezog, und versucht, diese näher zu charakterisieren. Im dritten Abschnitt werden die chemischen Operationen der gewerblichen Praxis en détail thematisiert und nachgewiesen, daß alle chemischen Operationen, auf die sich das chemische Verbindungskonzept bezog, bereits in der gewerblichen Praxis durchgeführt wurden.

---

[1] Newton z.B. rät in einem Brief an Francis Aston von 1669 jungen Reisenden, metallurgische Betriebe in Deutschland und Holland zu besuchen – vgl. dazu M. BOAS (1952) 511. Eine Passage bei Stahl weist in dieselbe Richtung: „Inzwischen hat gleichwohl der Hochschätzbare und Nutzbare Berg-Wercks-Bau, zu Gutmachung der Metallen, Reinigung und Sammlung von Mineralien, und deren manichfaltig wohl angebrachter und eingeführter Gebrauch, noch hie und da einiges Nachdencken an die Hand gegeben, oder doch billig geben sollen und können, sowohl solcherley materien, als dabey gewöhnliche Verfahren und Bearbeitungen, in mehreren Betracht zu ziehen, als auch, wo eben nicht allezeit ein sonderbahrer einträglicher Nutze dadurch zu erwerben erschiene, gleichwohl die gründliche Wissenschaft selber, eine Annehmlichkeit geben könte." (STAHL (1723) 4)

IV.1 DAS „CHEMISCHE" GEWERBE IM 16. UND 17. JAHRHUNDERT

Ein chemisches Gewerbe im eigentlichen Wortsinn, d.h. ein Gewerbe, das ausschließlich und im größeren Umfang chemische Präparate herstellt, gab es im 16. und 17. Jahrhundert noch nicht. Chemische Arbeitsverfahren waren vielmehr in ganz verschiedenen Handwerken integriert. Diese lassen sich grob in drei Bereiche gliedern, den des Bergbaus und der Metallurgie, der im 16. Jahrhundert bereits aus der handwerklich organisierten Betriebsform herausgewachsen war, den des Apothekergewerbes und den der verschiedenen Klein- und Kunstgewerbe. Es ist kein Zufall, daß die überwiegende Mehrzahl der gedruckten chemisch-technologischen Literatur des 16. Jahrhundert in Deutschland und Italien herauskam. Deutschland war damals *das* Land des Bergbaus und der Metallurgie, während in Italien das Klein- und Kunstgewerbe besonders hoch entwickelt war. Beide Länder hatten im 15. Jahrhundert einen enormen wirtschaftlichen Aufschwung erlebt und standen trotz der Verschiebungen der ökonomischen und politischen Machtkonstellationen, die in Folge der Entdeckung Amerikas und des Seewegs nach Indien eingetreten waren, auch noch im 16. Jahrhundert in einer gewerblichen Blüteperiode.

IV.1.1 *Das Kleingewerbe*

In Italien, insbesondere in den großen Seestädten, hatte der in den Kreuzzügen durchgesetzte Seehandel mit der Levante auch eine rege Entwicklung des gewerblichen Lebens hervorgebracht. Italienische Städte wie Florenz, Urbino, Faenza – von dem letzteren leitet sich die Bezeichnung Fayance ab – waren im 15. und 16. Jahrhundert Hochburgen der Kunsttöpferei.[2] Venedig erfreute sich im 16. Jahrhundert eines relativ entwickelten chemischen Kleingewerbes. Es beherbergte das Zentrum der metallurgischen Kleinkunst, der Glasherstellung, der Seifensiederei, der Gewinnung von Farbstoffen und Pigmenten, der Einfuhr und Reinigung von Rohmaterialien wie Salpeter, Soda, Borax oder Salmiak.[3] Die natürlich vorkommende Soda (Natriumcarbonat), die zunächst vor allem aus ägyptischen Sodaseen stammte, wurde schon früh durch die spanische ergänzt, die aus der Asche besonders alkalihaltiger Pflanzenarten ausgelaugt wurde. Salpeter (Kaliumnitrat), wichtiges Ausgangsmaterial für Schießpulver, entsteht spontan in Böden, in denen sich organische, stickstoffhaltige Stoffe zersetzen. Bis zum 15. Jahrhundert, als verschiedene Länder begannen, eigene Salpetergärten anzulegen, konnte er nur durch den Handel mit Venedig bezogen werden, das seine Bezugsquellen geheim hielt. Borax (Natriumborat) wurde aus Innerasien importiert und durch Umkristallisieren gereinigt. Er wurde vor allem als Lötmittel im metallverarbeitenden Gewerbe benötigt. Salmiak (Ammoniumchlorid) importierte Venedig bis ins 18. Jahrhundert hinein aus Ägypten, wo er aus den Rauchfängen von Bädern, die mit Kamelmist beheizt wurden, gewonnen wurde.[4] Daneben stellte man ihn möglicherweise bereits chemisch durch Sublimation eines Gemischs aus verfaultem Urin, Kochsalz und Ruß her. Seine Anwendung war vielseitig, dar-

---

[2] Vgl. FESTER (1969) 98.

[3] Zum Folgenden vgl. FESTER (1969) 75 ff.

[4] Aus dem im Kamelmist enthaltenen Urin bildete sich biochemisch Salmiak, der beim Erhitzen sublimierte und sich in den kühlen Teilen der Rauchfänge absetzen konnte.

unter als Lötmittel, als Fixiermittel für Farbstoffe, als Medikament und als Ausgangsstoff für die Herstellung anderer chemischer Medikamente. In den venezianischen Kleinbetrieben hatte auch schon die Destillationskunst Fuß gefaßt, mittels derer Öle, Alkohol, Parfüms, Mineralsäuren und erste chemische Syntheseprodukte wie Sublimat erhalten wurden. Unter den Mineralsäuren war es zunächst die Salpetersäure und danach die Schwefelsäure, die in der Metallurgie und im 17. Jahrhundert im Apothekergewerbe Absatz fanden.

Im 17. Jahrhundert kam Amsterdam als zweites Zentrum des chemischen Kleingewerbes hinzu. Dort wurde neben der Raffination importierter Rohmaterialien die Destillation verschiedener Produkte und vor allem die Herstellung von Seifen und Farben betrieben.[5] Der holländische Handel bot in dieser Zeit sämtliche Farben und andere Malmittel auf dem Markt an.[6] Die Zahl künstlicher Farbstoffe war allerdings vor dem 19. Jahrhundert, als die fabrikmäßige Farbenherstellung begann, relativ gering. Die Mehrzahl der Farben wurde mit Farbstoffen organischer Herkunft zubereitet oder mit natürlich vorkommenden organischen und anorganischen Pigmenten. Die wenigen bis Ende des 17. Jahrhunderts bekannten künstlichen Farbstoffe waren Zinnober (Quecksilbersulfid, rot), Bleiweiß (Bleicarbonat), Mennige oder Minimum (Bleioxid, rot), Kobaltblau (mit Kobaltoxid blau gefärbtes Glaspulver), Kupfergrün (Kupferacetat), Nepalgelb (Bleiantimonat) und Englischrot (ein Eisenoxid). Die Mehrzahl dieser Farbstoffe wurde in der Iatrochemie des 16. und 17. Jahrhunderts auch als Medikament verwendet und gehörte daher zum Inventar der Apotheken.

Richtet man den Blick auf die ersten anorganischen chemischen Verbindungen, nämlich die zwei Mineralsäuren, einige anorganische Farbstoffe, Sublimat und vielleicht auch chemisch hergestellten Salmiak, die im Kleingewerbe Venedigs und Amsterdams gewonnen wurden, so könnte man von einer Keimform einer eigenständigen chemischen Präparateindustrie sprechen. Die Gewinnung dieser chemischen Präparate blieb aber selbst in Venedig und Amsterdam eingebettet in die Raffination importierter Materialien und die Gewinnung pflanzlicher Destillationsprodukte. Insgesamt war im 16. und 17. Jahrhundert eine eigenständige, außerhalb von Apotheken erfolgende, gewerbliche Form der Gewinnung chemischer Präparate auf einen Randbereich der gewerblichen Praxis beschränkt.

Außerhalb Italiens und Hollands war das mit chemischen Operationen verbundene Kleingewerbe weniger konzentriert und entwickelt. Neben kleineren Wasserbrennereien, die vor allem Alkohol und Parfüms destillierten, und der Gewinnung von Scheidewasser im Nebenbetrieb der Hüttenwerke gab es dort kein eigenständiges chemisches Kleingewerbe. In kleinen Handwerksbetrieben wurde Pottasche (Kaliumcarbonat) durch Verbrennen von Pflanzen und Auslaugen ihrer Aschen gewonnen. Salpeter wurde im 15. Jahrhundert von Salpetersuchern, die mit fürstlichen Privilegien ausgestattet waren, aus der Erde von Müll- und Abfallplätzen ausgelaugt und seit dem 16. Jahrhundert in Salpetergärten oder -plantagen gewonnen, in denen man tierische und pflanzliche Abfälle jeglicher Herkunft zusammen mit Moorerde, Friedhofserde, Schlamm etc. anhäufte.[7] Glashütten gab es vor allem in Böhmen, wo aber vor dem 17. Jahrhundert nur wenig feines Glas geschmolzen wurde.

---

[5] Vgl. FESTER (1969) 117.

[6] Vgl. LOSOS (1988) 10.

[7] Die stickstoffhaltigen organischen Materialien werden dabei biochemisch zu Kaliumnitrat oxidiert.

Auch die Gewinnung von Kochsalz (Natriumchlorid), Alaun (Kaliumaliminiumsulfat) und Vitriolen (Eisen-, Kupfer- oder Zinksulfat) gehört der Sache nach hierher, obwohl die mit dem Bergbau in Verbindung stehende Kochsalzgewinnung sowie die Alaun- und Vitriolwerke bereits im 16. Jahrhundert die handwerksmäßige Organisationsform der Arbeit hinter sich gelassen hatten.[8] Kochsalz wurde in Salzgärten durch Verdunstung von Meerwasser oder in Sudhütten durch Sieden von steinsalzhaltigem Wasser, der Sole, gewonnen. Alaun und Vitriole, die in der Gerberei und Färberei, zum Verzinnen und Vergolden, zur Salpetersäureherstellung und auch medizinisch eingesetzt wurden, gewann man durch Auslaugen alaun- bzw. vitriolhaltiger Erden, die man vorher mehrere Monate auf Halden verwittern ließ[9], oder durch Eindampfen von Grubenwasser.

IV.1.2 *Die Diversifikation der Alchemie*

Die diversen Operationen der chemischen Kleinbetriebe waren bis zum 14. Jahrhundert in Klosterwerkstätten konzentriert und wurden unter der Bezeichnung Alchemie zusammengefaßt.[10] Die mittelalterliche, in Klosterwerkstätten bzw. in Klosterapotheken betriebene alchemistische Praxis umfaßte also ein großes Spektrum praktischer Tätigkeiten und nicht etwa nur die Versuche, unedle Metalle in edle umzuwandeln. Mehrere mittelalterliche Handschriften, so z.B. die *Schedula diversarum artium* des Theophilus Presbyter von der Wende vom 14. zum 15. Jahrhundert, geben Auskunft über die in Klöstern ausgeübten handwerklichen Arbeiten, über die Gewinnung von Farbstoffen und Bindemitteln für die Malerei, die Erzeugung von Glas- und Tonwaren, verschiedene Metallarbeiten und die Destillation von Alkohol, Ölen und anderen medizinisch verwendbaren Extrakten.[11] Auf die engere Bedeutung als Kunst der Metallverwandlung wurde die Bezeichnung Alchemie dann im Zuge einer Entwicklung eingeschränkt, die als Diversifikation der alten Alchemie bezeichnet werden könnte. Seit dem 14. Jahrhundert war diese in den Klöstern ausgeübte Alchemie nach und nach an verschiedene im Warenhandel stehende Gewerbe bzw. an die öffentlichen Apotheken[12] in den Städten übergegangen. Daneben gab es weiterhin die an Einzelpersonen gebundene Alchemie im engeren Sinn, die sich mit Metalltransmutationen beschäftigte. Die Zahl solcher Alchemisten hatte im 16. und 17. Jahrhundert außerordentlich zugenommen. Sie rekrutierten sich aus allen sozialen Schichten, vom Fürsten und Adligen, Kaufmann, Arzt oder Gelehrten bis zum Handwerker und Bauern. Fahrende und vagabundierende Alchemisten boten ihre Kunst auf Märkten feil, Bürger versuchten ihr Glück in der eigenen Stube, Fürsten unterhielten alchemistische Laboratorien, in denen sie auch fahrende Alchemisten aufnahmen.[13] Diese Hochkonjunktur alchemistischer Metallveredlungsversuche zog den Druck zahlreicher alchemistischer Schriften

---

8 Vgl. FESTER (1969) 53.

9 Bei der Verwitterung von Tonerde oder Tonschiefer werden Sulfide zu Sulfaten oxidiert.

10 Z.B. gebraucht Biringuccio im 9. Buch seiner *Pirotechnia* die Bezeichnung Alchemie in dieser weiten Bedeutung. Daneben hatte der Begriff Alchemie aber auch die engere Bedeutung einer hermetischen, das Erfahrungswissen mit Versuchen der Metalltransmutationen einbeziehenden Theorie.

11 Vgl. LIPPMANN (1919) 467 ff..

12 Daneben hatten die Klosterapotheken auch weiterhin bis ins 19. Jahrhundert hinein Bedeutung. Vgl. COWEN (1990) 74 ff..

13 Vgl. KOPP GdCh II 184 ff..

seit dem 16. Jahrhundert nach sich.[14] Dennoch waren nicht alle auf die chemische Praxis konzentrierten Schriften, die das Wort Alchemie im Titel führten, Schriften über die Metalltransmutation, sondern häufig auch solche, die Alchemie in der weiteren Bedeutung als Sammelbezeichnung für die oben genannten kleingewerblichen chemischen Operationen verwendeten.

IV.1.3 *Bergbau und Metallurgie*

Die Domäne Deutschlands war der Bergbau und die Metallurgie.[15] In den erzreichen Gebieten des Harzes, Sachsens und Böhmens und in den österreichischen und ungarischen Bergbauregionen hatte sich seit dem Hochmittelalter ein florierendes Gewerbe entwickelt, das vor allem für den Silber- und Kupferbedarf, den wichtigsten Münzmetallen, weltweite Bedeutung hatte. Daneben wurde Gold, Eisen, Zinn und Blei und die im 16. Jahrhundert als Halbmetalle angesehenen Metalle Quecksilber, Zink (nur in Form von Galmei oder Zinkcarbonat), Arsen, Antimon und Wismut gewonnen. Metalle sind chemische Reinstoffe, die zu metallischen Legierungen verarbeitet oder von einander geschieden wurden und deren quantitativer Gehalt in Erzen oder Legierungen bestimmt werden mußte. Die chemischen Operationen des metallurgischen Gewerbes gingen daher mit chemischen Verbindungsbildungen (in weiterem Sinn) und chemischen Zerlegungen einher.[16]

Insbesondere im 15. Jahrhundert läßt sich eine außerordentliche Erweiterung und Intensivierung des Grubenbetriebs feststellen. Davon legen nicht nur die Verbesserungen der Bergtechnik, die ein Eindringen in größere Tiefen erlaubten, Zeugnis ab, sondern auch die Häufung von Bergordnungen und die Gründungen zahlreicher Bergstädte. Im Bergbau und in der Metallurgie entwickelten sich die Betriebe zu Großunternehmen, in denen die handwerksmäßige Organisationsform aufgelöst war. Soweit die Betriebe nicht im Besitz von Landesfürsten standen, hatten sich Bergleute und Besitzer von Schmelzöfen zu Unternehmergruppen, den Gewerkschaften, zusammengeschlossen. In zunehmendem Maße bildeten sich in diesen Gewerben auch schon Kapitalgesellschaften heraus. Für die Planung und Koordinierung der Arbeit und die Leitung dieser Betriebe sowie für die Regelung bergrechtlicher Fragen und landesherrlicher Ansprüche entstand ein umfangreiches landesherrliches und, als Verordnete der Gewerke, „privates" Bergbeamtentum.[17] Neben dem Bergmeister oder -hauptmann, dem – wie früher den Bergvögten – die Bergaufsicht, Leitung und Verwaltung eines ganzen Revieres und die Vertretung der Interessen des Landesherren oblagen, und dem Bergrichter gehörte hierzu das niedere Bergbeamtentum, die Berg- und Hüttenschreiber, Hüttenmeister, Metallraffineure und Probierer. Die Arbeit der Probierer war ein kritischer Punkt in den Hüttenwerken. Denn von der sachgemäßen und genauen Ermittlung des Metallgehaltes eines Erzes hing die Rentabilität des Abbaus ab. Neben den Münzmeistern an den Münzstätten und anderen, biographisch auf andere Weise in den Bergbau und die Metallurgie involvierten

[14] Vgl. THORNDIKE (1938) 26 ff..
[15] Vgl. FESTER (1969) 54 ff., HARTMANN (1953) 97–99, PRESCHER (1985) 7–9 und WILSDORF (1956) 12 ff..
[16] Vgl. unten IV.3.1.
[17] Vgl. WILSDORF (1956) 21 ff..

Autoren bildete dieses Bergbeamtentum eine der sozialen Gruppierungen, aus der sich die Autoren der metallurgischen Schriften rekrutierten.

IV.1.4 *Das Apothekergewerbe und die Herstellung iatrochemischer Medikamente im 17. Jahrhundert*

Erste von Klöstern unabhängige öffentliche Apotheken entstanden in Europa bereits im 12. und in größerer Zahl im 13. Jahrhundert.[18] Vor allem in italienischen und französischen, aber auch in englischen und spanischen Städten bildeten sich zur gleichen Zeit die ersten Apothekerzünfte. In kleineren Städten schlossen sich die Apotheker verwandten Zünften, insbesondere der der Gewürzhändler, an.[19] Das Zunftwesen unterlag zwar der Selbstverwaltung, aber für das Apothekergewerbe gab es, ebenfalls bereits im 13. Jahrhundert, ergänzende gesetzliche Reglementierungen. Obwohl diese insbesondere auch das Verhältnis zwischen Apothekern und Ärzten regelten, gab es in England und Frankreich bis ins 17. Jahrhundert hinein immer wieder Kompetenzstreitigkeiten zwischen den Vertretern beider Berufsgruppen. Die Apotheker diagnostizierten und therapierten in diesen Ländern ebenfalls und dies häufig deutlich abweichend von den Methoden der Ärzte. Schon 1271 untersagte die Medizinische Fakultät zu Paris allen Apothecariis und Herbariis das innerliche Heilen[20], aber der Streit schwelte weiter und spitzte sich Ende des 16. Jahrhunderts mit der Übernahme iatrochemischer Medikamente durch die Apotheken nochmals zu. Die Position der englischen Apotheker, die 1617 organisatorische Selbständigkeit erreicht hatten, ging aus dem großen Pestjahr 1666 erheblich gestärkt hervor, als die Ärzte aus London flohen und nur die Apotheker die Stellung hielten. In Deutschland wurde das Apothekergewerbe schon früh vom Arztberuf per Gesetz getrennt und der ärztlichen Aufsicht unterstellt. Die erste gesetzliche Reglementierung dieser Art erließ 1240 der Staufer-Kaiser Friedrich II. im Rahmen einer Medizinalordnung für seine Königreiche Neapel und Sizilien. Um 1600 hatten zweihundert deutsche Städte eine den Constitutiones medicinales Friedrichs II. entsprechende Apothekerordnung. Ergänzende amtliche Arzneitaxen reglementierten das Arzneimittelsortiment und schrieben die Preise fest, und schließlich kamen amtliche Apotheker-Handbücher, die Pharmakopöen, im 16. Jahrhundert hinzu.[21] Zugleich erhielt der Apotheker von seinem Landesherrn ein Privilegium, das ihm gegenüber lästigen Konkurrenten wie fliegenden Händlern, Kräutersammlern, Wurzelgräbern etc. ein Monopol verschaffte.

Während die ersten Apotheker noch nicht allein mit dem Angebot von Medikamenten ihren Lebensunterhalt bestreiten konnten – Mitte des 14. Jahrhunderts erhielten z.B. Apothekergilden in Italien das Monopol auf rund zweihundert verschiedene Artikel, darunter z.B. auch Bücher, Wachskerzen oder Farben –, war im 15. und 16. Jahrhundert nicht nur die Zahl der Apotheker, sondern auch ihr Wohlstand enorm gewachsen. Ihr Arzneischatz umfaßte

---

[18] Vgl. zum Folgenden insbesondere SCHELENZ (1904) 340 ff. und COWEN (1990) 52 ff..

[19] In England und Frankreich waren daher zunächst die Bezeichnungen apothecaries und spicers bzw. apothicair und epicier gleichbedeutend.

[20] Vgl. KOPP GdCh II 108.

[21] Die Pharmakopöen enthielten nicht nur die Namen der zugelassenen Medikamente, sondern auch deren Herstellungsvorschriften. Die erste amtliche Parmakopöe erhielt 1546 die Stadt Nürnberg; bald darauf folgten Augsburg (1564), Köln (1565), Florenz (1567) und Rom (1583). – Vgl. COWEN (1990) 68 ff.

vorwiegend pflanzliche Substanzen wie z.B., um nur einige zu nennen, Moschus, Rhabarber, Biebergeil, Kampfer, Ingwer, Muskatnüsse, Gewürznelken, die schon zuvor zur arabischen Kräutermedizin gehörten und in Europa übernommen wurden.[22] Das Hauptinstrument des Apothekers war neben der Waage der Mörser. Mit dem Mörser wurden die Kräuter auf mechanische Weise zerkleinert und dann zu Salben, Sirupen, Latwergen etc. verarbeitet. Diese Arbeitsmethode wurde schon im 13. Jahrhundert durch die Destillation ergänzt. Der Alkohol kam als neues Arzneimittel hinzu neben Rosenwasser und anderen destillierten Wässern und Ölen. Welchen Umfang die Destillation im 15. Jahrhundert erlangt hatte, zeigt die Inventurliste der Lüneburger Apotheke von 1475, in der unter insgesamt 733 Arzneimitteln 50 verschiedene Pflanzenwässer aufgelistet sind.[23] Bis zur Renaissance blieben jedoch diese Destillationsprodukte auf pflanzliche Materialien beschränkt. Das Fundament der therapeutischen Praxis bildeten bis Mitte des 16. Jahrhunderts die Kräuter.

Eine Änderung des Arzneimittelangebotes[24] trat erst ein, nachdem die Iatrochemie, als deren Hauptinitiator Paracelsus (ca.1493–1541) gilt, ihren Einfluß entfaltete. Die Bedeutung von Iatrochemie oder auch Chymiatrie wird meist auf die Formel „Verbindung von Medizin und Alchemie" gebracht.[25] Dabei ist zu beachten, daß die Bezeichnung Alchemie für die chemische Praxis bei Paracelsus nicht auf Metallveredelungsversuche eingeschränkt war, sondern alle chemischen Verfahren umfaßte, wie sie zuerst in Klosterwerkstätten und -apotheken und später in der Renaissance in den öffentlichen Apotheken, im chemischen Kleingewerbe und nicht zuletzt in der Metallurgie praktiziert wurden. Dieser gewerblichen chemischen Praxis entnahmen Paracelsus und seine Anhänger sowohl ihre Methoden als auch ihre Ausgangsmaterialien zur Gewinnung chemischer Medikamente. Als chemische Medikamente wurden dabei in einem weiteren Sinn alle mit chemischen Methoden gewonnenen Arzneimittel bezeichnet.[26] Die Iatrochemiker übernahmen die Destillation, die lange vor der Entstehung der Iatrochemie im Apothekergewerbe, in Wasserbrennereien, bei der Salpetersäuregewinnung im Nebenbetrieb der Metallurgie und im chemischen Kleingewerbe Venedigs ein vertrautes Verfahren war, und machten sie zu einer ihrer wichtigsten chemischen Operationen. Zunächst wurden vor allem pflanzliche und tierische Materialien destilliert. Dazu kam die Gewinnung sogenannter Tinkturen und Extrakte durch Extrahieren von Substanzen in erster Linie aus Pflanzen mit einem Lösungsmittel, vor allem Alkohol.

In einem eingeschränkten Sinn verstand man unter chemischen Medikamenten nur die anorganischen chemischen Verbindungen, die die Paracelsusanhänger vor allem von Beginn des 17. Jahrhunderts an in großer Zahl entwickelten und erstmals nicht nur äußerlich, sondern auch innerlich anwendeten. Auch bei der Gewinnung anorganischer chemischer Medikamente standen die Destillation oder die Kombination von Auflösung in Säure und Destillation als chemische Verfahren im Vordergrund. Erstmals wurden auf diese Weise zahlreiche als Medi-

---

22 Vgl. KOPP GdCh II 107.

23 Vgl. SCHNEIDER (1972) 48.

24 Vgl. SCHNEIDER (1961) 201 ff..

25 Von Paracelsus stammen in diesem Zusammenhang verschiedene Formulierungen, die alle besagen, die Alchemie müsse der Herstellung von Arzneimitteln dienstbar gemacht werden; so z.B.: „Nicht als die sagen, alchimia mache gold, mache silber; hie ist das fürnemen mach arcana und richte dieselbigen gegen den krankheiten." (Zit. n. WALDEN (1950) 29)

26 Vgl. dazu SCHNEIDER (1972) 90 ff..

kamente verwendbare Salze und andere chemische Verbindungen gewonnen.[27] Im weiteren Verlauf des 17. Jahrhunderts wurden diese Salzgewinnungsverfahren ergänzt durch die Auflösung von Metallen etc. in Säuren und die nachfolgende Präzipitation. Die Apotheken übernahmen schon relativ früh die iatrochemische Herstellungspraxis anorganischer chemischer Medikamente.[28] Sie waren der Ort, wo erstmals in größerem Umfang eine herstellende chemische Praxis entstand, in der chemische Reinstoffe synthetisiert wurden. Das Apothekergewerbe wurde damit zum bedeutendsten Vorläufer der späteren chemischen Präparateindustrie.

IV.1.5 *Schlußfolgerungen*

Der vorangestellte kurze Überblick über das mit chemischen Operationen beschäftigte Gewerbe des 16. und 17. Jahrhunderts zeigte, daß nur in der Metallurgie und im Apothekergewerbe in nennenswertem Umfang mit isolierten chemischen Reinstoffen gearbeitet wurde. Für die *Erkenntnis* chemischer Veränderungen ist das Verfügen über isolierte chemische Reinstoffe eine Grundvoraussetzung. Nur beim Zusammenfügen isolierter Reinstoffe besteht die Chance, statt einer Vielzahl gleichzeitig nebeneinander verlaufender und sich gegenseitig beeinflussender chemischer Reaktionen eine einzige, von Nebenreaktionen unbeeinflußte Verbindungsbildung zu studieren. Das metallurgische Gewerbe ging mit Metallen, also aus heutiger Sicht mit chemischen Elementen, um. Im Apothekergewerbe war die Herstellung von chemischen Verbindungen, und zwar von Salzen, durch Auflösung von Metallen, Alkalien oder Erden in Säuren ein im 17. Jahrhundert neues und stark expandierendes Gebiet der chemischen Praxis. Auch die Gewinnung von Mineralsäuren, Sublimat und anorganischen Farbstoffen erfolgte – sieht man vom Kleingewerbe Venedigs und Amsterdams ab – gewöhnlich in den Apotheken.

Die Herstellung von Glas, Keramik und Seife beruht ebenfalls auf chemischen Verbindungsbildungen. Diese sind aber im Vergleich zu den einfachen anorganischen Reaktionen der Metalle und zu den Salzbildungen relativ kompliziert verlaufende Reaktionen, auf die sich die ersten chemischen Verbindungsvorstellungen und das chemische Verbindungskonzept nicht bezogen, so daß sie im Folgenden unberücksichtigt bleiben können. Alle anderen gewerblichen Stoffgewinnungsverfahren waren Nutzungen natürlich verlaufender chemischer und biochemischer Veränderungen sowie Trennungen natürlicher Stoffgemische und werden deshalb ebenfalls nicht weiter verfolgt.

Die besondere Wertschätzung, die die Begründer des chemischen Verbindungskonzepts der Metallurgie entgegenbrachten, und ihre enge Verbindung zum Apothekergewerbe wird auf der Grundlage dieses Überblicks wohl bereits etwas verständlicher. In Übereinstimmung damit wird im folgenden Abschnitt gezeigt werden, daß sich im Spektrum der chemisch-technologischen Literatur zwei größere Gruppen, die metallurgischen und die pharmazeutischen

---

[27] Vgl. unten IV.3.2.

[28] Wie früh die Apotheken die Herstellung iatrochemischer Medikamente von den Iatrochemikern übernahmen, läßt sich nicht genau feststellen. Die ersten, Mitte des 16. Jahrhunderts erschienenen amtlichen Pharmakopöen führen keine Paracelsischen Medikamente an, was aber insofern nicht erstaunlich ist, als sie von Ärzten herausgegeben wurden, die zu dieser Zeit fast alle antiparacelsisch eingestellt waren. In den Arzneitaxen, Apothekeninventuren und Pharmakopöen, die seit Beginn des 17. Jahrhunderts erschienen, sind dagegen chemische Medikamente aufgenommen. Vgl. dazu SCHNEIDER (1972) 96 ff..

Schriften, herausheben. Die konkrete, ins Detail gehende Rekonstruktion der chemischen Operationen der gewerblichen Praxis im Abschnitt IV.3 kann sich daher auf die der Metallurgie und des Apothekergewerbes beschränken.

Ein anderer Aspekt des vorangegangenen Überblicks war die Organisationsform der verschiedenen Gewerbe. Es wurde bereits darauf hingewiesen, daß die Organisationsform der metallurgischen Betriebe besonders gebildete Praktiker erforderte, die auch als Autoren technologischer Schriften in Erscheinung traten. Auf weitere Zusammenhänge zwischen den Erfordernissen der gewerblichen Praxis und der Entstehung der chemisch-technologischen Schriften wird im nun folgenden Abschnitt eingegangen.

IV.2 Die chemisch-technologische Literatur des 16. und 17. Jahrhunderts

IV.2.1 *Das Spektrum der chemisch-technologischen Literatur*

Das Spektrum der Literatur des 16. und 17. Jahrhunderts, die sich auf die gewerbliche chemische Praxis bezog, ist relativ breit.[29] Es reicht von kleineren oder auf sehr spezielle Gegenstände eingehenden und sich weitgehend auf technische Beschreibungen und Anleitungen beschränkenden Schriften wie die Berg- und Probierbücher, die Destillierbücher und die Kräuter- und Arzneibücher über umfangreichere Monographien wie die *L'Arte vetraria* (1612) des Antonio Neri und die darauf aufbauende Schrift Kunkels über die Glaskunst (*Ars vitraria experimentalis*, 1679) bis hin zu systematischen und thematisch breiter angelegten Kompendien wie die Schriften Agricolas oder Biringuccios oder die systematischen Schriften mit Lehrbuchcharakter wie die *Alchymia* (1597) des Libavius und die pharmazeutischen Lehrbücher im Frankreich des 17. Jahrhunderts. Dazu kommen Schriften sehr heterogenen und oft wenig systematisch durchstrukturierten Inhalts wie die sich an mittelalterliche Manuskriptvorlagen anschließenden Geheim-, Kunst- oder Rezept- und Feuerwerksbüchlein oder auch umfassendere Schriften wie Palissys *Discours admirables* (1580) oder die Schriften Glaubers, die die ganze Bandbreite des chemischen Gewerbes bis hin zu alchemistischen Metalltransmutationen berühren.

Diese auf den ersten Blick sehr heterogenen Schriften können gleichwohl aus mehreren Gründen als „chemisch-technologische Literatur“ zusammengefaßt werden. Der wichtigste ist ihr gemeinsamer Gegenstandsbereich und die Art und Weise des Bezugs auf diesen. Alle chemisch-technologischen Schriften handeln über die gewerbliche chemische Praxis. Den Bergbau und die Metallurgie stellen die Berg- und Probierbücher und die Schriften Agricolas und Biringuccios dar, das chemische Kleingewerbe die Geheim- und Kunst- oder Rezeptbücher, das Apothekergewerbe die Destillier- und Kräuterbücher, Arzneibücher und amtlichen Pharmakopöen, die pharmazeutischen Lehrbücher und andere pharmazeutische Schriften.

---

[29] Über diese Literatur informieren z.B. Darmstaedter (1926a), H.C. u. L.H. Hoover (1912) Appendix B 609–615, Olschki (1919) II 263 ff., Partington HC II 32–114, C.S. Smith (1959) X--XXIX, Stillman (1960) 302–308 und Wilsdorf (1956) 170–184.

Die Art der Darstellung dieser gewerblichen Praxis ist weitgehend deskriptiv. Die notwendigen Instrumente und der Aufbau der Apparaturen werden beschrieben – und häufig auch bildlich dargestellt – sowie Herstellungsanleitungen für solche Instrumente gegeben. Die verschiedenen Arbeitsverfahren werden dargestellt und genaue, reproduzierbare technische Anleitungen und Rezepte für die Gewinnung der einzelnen Produkte aufgeschrieben. Gegenüber solchen Beschreibungen tritt das reflexive Moment in der Darstellung dieser Praxis deutlich in den Hintergrund. Das bedeutet allerdings nicht, daß diese Darstellungen in irgendeinem Sinn als „rein empirische" aufzufassen seien. Ein bestimmtes Verständnis der beschriebenen chemischen Operationen, das auch von tradierten Naturphilosophien beeinflußt ist, läßt sich bereits im Sprachgebrauch und mehr noch bei den Bemühungen um Systematisierung erkennen.

Soweit theoretische Überlegungen explizit einfließen, sind diese auf das Vorwort, den ersten Teil oder den Anhang der jeweiligen Schrift konzentriert und wohl abgegrenzt vom deskriptiven, anwendungsorientierten Hauptteil des Werkes. Einige Berg- und Probierbüchlein z.B. stellen im Vorwort alchemistische Theorien über „Geburt und Wachstum" der Metalle auf. Auch manche pharmazeutische Schriften, wie z.B. Glaubers *Furni novi philosophici*, kommen auf alchemistische Theorien zu sprechen. Die meisten Autoren der pharmazeutischen Lehrbücher im Frankreich des 17. Jahrhunderts, die in der Traditionslinie der Paracelsischen Lehre standen, befassen sich mit der Elementen- und Prinzipientheorie der Naturkörper. Die Tatsache, daß naturphilosophische Theorien in dieser Art Literatur Eingang finden, ändert jedoch nichts an ihrem Gesamtcharakter als chemisch-technologische Schriften. Selbst in dem pharmazeutischen Lehrbuch eines relativ stark naturphilosophisch interessierten Autors wie N. Le Fèvre, den wir bereits im Teil III kennengelernt haben, nimmt der prinzipientheoretische Teil weniger als zehn Prozent der gesamten Schrift ein.

Wie elaboriert solche naturphilosophischen Überlegungen auch immer waren, den Autoren ging es nicht um einen philosophischen Diskurs, sondern ihre deutlich erkennbare Hauptintention lag auf der Wiedergabe handwerklichen Wissens und der Sammlung und Bereitstellung von technischen Anleitungen und reproduzierbaren Rezepten für Praktiker. Dieses Ansprechen auch und gerade von Praktikern ist ein weiterer charakteristischer Zug der chemisch-technologischen Schriften und wohl auch Grund dafür, daß sie meist in den Landessprachen und mit wenig literarischen Ambitionen geschrieben wurden. Modestin Fachs z.B. widmet sein *Probier-Büchlein* (1595) im Untertitel „Allen Münzmeistern / Wardienen / Probierern / Goldschmieden / und andern / so mit Silber oder Gekörnt handeln". Der Titel eines der ersten anonym verfaßten Kunstbüchlein (1531) lautet *Rechter Gebrauch d'Alchimei, mitt vil bissher verborgenen, nutzbaren vnnd lustigen Künsten, Nit allein den fürwitzigen Alchimisten, Sondern allen kunstbaren Werckleutten, in vnd ausserhalb feurs (...).*[30] Christopher Glaser, ein Schüler Nicolas Le Fèvres, schreibt in der Vorrede seines pharmazeutischen Lehrbuchs, er „gebe in diesem Tractat nur eine kurtze und leichte Art / alle nothwendige Chimische Artzney-Bereitungen glücklich werckstellig zu machen". Auch verberge er „keinen Handgriff / und entdecke treulich alle nothwendige Umstände / dadurch ein Anfänger / einen guten laboranten mit der Zeit geben / und durch die Arbeit zu mehrer Erkäntnüß gelangen kan" (GLASER (1663/D) Vorrede). In Erckers *Großem Probierbuch* (1574) kommt sogar ausgespro-

---

30 Vgl. PARTINGTON HC II 68.

chene Skepsis gegenüber dem Nutzen der Theorie zum Ausdruck. Nachdem er in seiner kurzen Einleitung dargelegt hat, „was ein Probierer unbedingt wissen muß“, heißt es weiter:

> „Und obwohl es zweckdienlicher gewesen wäre, das alles hier am Anfange meines Buches etwas ausführlicher vorzutragen, auch vom Ursprung der metallischen Erze, wie diese in den Bergen, in den Adern und Gängen gewachsen sind oder noch heutzutage nach mancherlei Meinungen alter Naturkundiger und Philosophen erzeugt werden sollen, zu berichten, habe ich das der Kürze wegen und deshalb unterlassen, weil die Meinung der Philosophen mit den Regeln und Erfahrungen der Bergleute oft nicht übereinstimmt, sondern weit auseinandergeht. Die großen Bücher der Philosophen sind daher für die gemeinen Bergleute nutzlos.“ (ERCKER (1574) 44)

Auch die großen systematischen Gesamtdarstellungen wenden sich an die Praktiker als spezielle Adressaten. So heißt es z.B. im siebten Buch der *De re metallica* (1556) von Georg Agricola:

> „(...) jetzt will ich von dem Probieren der Metalle sprechen. Das ist von Nutzen für die Münzer und für die Kaufleute, die Metalle kaufen und verkaufen, ferner für die Bergleute, doch am meisten für die Gewerken und die Leiter der Gruben und für die Besitzer und Leiter der Hütten, in denen die Metalle geschmolzen werden oder das eine von dem anderen getrennt wird.“ (AGRICOLA (1556) 326)

Freilich geht das Anliegen eines Agricola, Biringuccio oder Libavius' über die mögliche praktische Nutzanwendung ihrer Bücher hinaus. Ihnen liegt auch daran, eine breitere Leserschaft anzusprechen, allgemeines Interesse für die gewerbliche Praxis zu wecken und der Anerkennung technischer Kenntnisse als Bildungsgut zum Durchbruch zu verhelfen. Mit ihren Bemühungen um die Gestaltung einer „Zweiten Kultur“ neben der humanistischen ersten ergänzen sie die zahlreichen Systematisierungsversuche in der Historia naturalis während der Renaissance. So widmet Agricola in seiner *De re metallica* das ganze erste Buch der Aufgabe, seinen Lesern die Bedeutung und den Nutzen des Bergbaus und der Metallurgie zu erklären. Der Geringschätzung humanistischer Gelehrter gegenüber der gewerblichen Praxis hält er am Anfang dieses ersten Buchs entgegen:

> „Viele Leute sind der Meinung, der Bergbau sei gewissermaßen eine Sache des Zufalls und eine schmutzige Tätigkeit und überhaupt ein Geschäft, das nicht so sehr wissenschaftliches Forschen als körperliche Arbeit erfordert. Ich habe dagegen den Eindruck, wenn ich mir die einzelnen Arbeitsgebiete vor Augen führe und überdenke, daß es sich ganz anders verhält. Insofern, als der Bergmann in seinem Fache äußerste Sachkunde besitzen muß (...)“. (AGRICOLA (1556) 53)

Die Aufklärungsabsichten im Zusammenhang mit der Neubewertung praktisch-gewerblichen Wissens und der Wunsch nach Verbesserung der Wissensvermittlung an einen engeren Kreis von Gewerbetreibenden überschnitten sich in der chemisch-technologischen Literatur. Im Vergleich zu den gleichzeitig erschienenen, ebenfalls praktisches Erfahrungswissen einbeziehenden alchemistisch-hermetischen Schriften ist der Stellenwert, der der Erfahrung beigemessen wurde, sowie der Ruf nach allgemeiner Zugänglichkeit und Öffentlichkeit handwerklichen Erfahrungswissens ein weiteres Charakteristikum der chemisch-technologischen Literatur. Im Widmungsbrief an die Fürsten verschiedener Bergbauregionen, der anläßlich des Drucks seiner *De re metallica* verfaßt wurde, schreibt Agricola, es gäbe viele „chymische Schriften“, gemeint sind die hermetisch alchemistischen, die aber alle dunkel seien, denn diese „nennen die Dinge mit fremden, nicht mit den ihnen zukommenden Bezeichnungen“ (AGRICOLA (1556) 31). Über seine eigene Schreibweise heißt es weiter: „(...) jedenfalls habe ich nichts geschrieben, was ich nicht entweder gesehen oder, nach dem ich davon gelesen und gehört, geprüft habe“. (ebd. 33) Das aufklärerische Pathos eines Libavius' zeigt sich z.B. in seinem

Gruß an den Leser, in dem es heißt, er solle nicht den verschiedenen selbsternannten Ärzten und Medikamentenherstellern trauen, sondern alles „selbst beurteilen können", und ihm solle alles „selbst zugänglich sein". (LIBAVIUS (1597/D) IX f.) Die richtige Darstellung, so grenzt sich Libavius von den Alchemisten ab, verzichte auf Geheimnistuerei und Verklausulierungen und stütze sich auf „Tatsachen und Erfahrungen". Die Öffentlichkeit des Wissens avanciert bei ihm geradezu zu einem Kriterium der wahren „Kunst":

> „Ich aber lehre nicht meine eigene Kunst, sondern lege die chymische Kunst dar, die durch die praktische Erfahrung der Scheidekünstler erprobt ist. (...) Ich wollte aber, auch Du bedächtest, daß ich mich nicht verpflichtet gefühlt habe, nach den Mysterien anderer Ausschau zu halten und mich um geheimgehaltene Verfahren zu kümmern, obwohl sie vielleicht erfolgreicher sein könnten. Warum? fragst Du. Sie sind von den Scheidekünstlern noch nicht erprobt worden. Um sie erproben zu können, müssen sie lange Zeit allgemein bekannt sein. Sie lassen sich folglich nicht zur Kunst rechnen, wenn sie geheim sind." (LIBAVIUS (1597/D) XII f.)

Schließlich weisen nicht nur Gegenstand, Stil und Methode der chemisch-technologischen Schriften gemeinsame Züge auf, sondern auch ihr gesamter Entstehungskontext bis hin zu den Biographien der Autoren. Auf dem Hintergrund der bisherigen Ausführungen ergibt sich fast von selbst, daß die Autoren der chemisch-technologischen Schriften nicht unter den der gewerblichen Praxis fernstehenden und sie ignorierenden Universitätsgelehrten zu suchen sind. Sie waren vielmehr Praktiker, die selbst Hand anlegten und dabei praktische Erfahrungen sammeln konnten, allerdings keine einfachen Handwerker, sondern Praktiker, die zugleich über ein gewisses Maß an Bildung verfügten. Ein großer Teil der Autoren, vor allem unter denen der metallurgischen Schriften, hatte eine ähnliche Funktion in der gewerblichen Praxis wie die Virtuosi und Ingenieure der italienischen Renaissance. Eine zweite größere Gruppe bildeten Ärzte, die Anhänger der Iatrochemie waren, und Apotheker. Wieder andere waren chemisch-technologische all-round-Talente, die sowohl Medikamente herstellten als auch metallurgische Arbeiten und eine Vielzahl anderer chemisch-technologischer Projekte ausführten.

Unter den chemisch-technologischen Schriften lassen sich zwei größere Gruppen unterscheiden, einmal die Schriften, die vorwiegend metallurgischen Inhalts sind, die *Metallurgischen Schriften*, und zum anderen die, die sich auf die Herstellung von chemischen Medikamenten konzentrieren, die *Pharmazeutischen Schriften*. Obwohl sich diese beiden Gruppen chemisch-technologischer Schriften auf die Darstellung metallurgischer und pharmazeutischer Operationen konzentrieren, beschränken sie sich nicht ausschließlich auf diese, sondern nehmen auch chemische Operationen der sonstigen gewerblichen Praxis auf. Agricola z.B. geht im letzten Buch seiner *De re metallica* auf die chemischen Operationen der mit dem Bergbau in Verbindung stehenden Gewerbe ein, auf die Gewinnung von Steinsalz, Vitriolen und Alaun sowie auf die Salpeter- und Schwefelgewinnung. Biringuccios *Pirotechnia* (1540), die sich ebenfalls hauptsächlich mit Metallurgie befaßt, bezieht auch die Destillationskunst des Kleingewerbes und die Feuerwerkskunst ein. Die pharmazeutischen Schriften beschreiben im Zusammenhang mit der Medikamentenherstellung auch die Scheidung von Metallen und die Herstellung von Handelsprodukten des chemischen Kleingewerbes wie Zinnober, Sublimat, Salmiak, Bleiweiß etc., einmal, weil sie reinere Ausgangsmaterialien benötigten als die im Handel zugänglichen, und zum anderen, weil viele dieser Handelsprodukte zugleich als Medikamente verwendet wurden. Darüber hinaus rezipierten die Autoren dieser Schriften auch vielfach andere chemisch-technologische Schriften und integrierten ihren Gehalt in das eigene Werk. So nennt z.B. Agricola im Widmungsbrief, der seiner *De re metallica* vorangestellt ist, das Bergbuch (1505) Rühlein von Calws.[31] Biringuccio stützte sich bei der Abfassung seiner *Pirotechnia* auf die Kunst- und Feuerwerksbücher.[32] Libavius zitiert z.B. Conrad Gesner, der u.a. Verfasser eines Destillierbuchs war[33], Modestin Fachs, Autor des oben angeführten Probierbuchs, Johann Jacob Wecker, Autor eines Rezeptbuchs mit dem Titel *De Secretis Libri XVII* (1582)[34], und Leonhart Thurneisser, ein Paracelsusnachfolger und Bergbauexperte.[35]

Die Kunstbüchlein und die im 16. Jahrhundert so zahlreich erschienenen Destillierbücher, die für die vorliegende Arbeit nicht systematisch als historische Quellen ausgewertet wurden und daher im Folgenden unberücksichtigt bleiben, verdienen noch einige Anmerkungen. Die pharmazeutischen Handbücher wie die Kräuterbücher (Herbarien), Destillierbücher und privaten und amtlichen Pharmakopöen gehören zu den frühen Erzeugnissen der Druckkunst. Bedenkt man, daß mittelalterliche Apotheken über rund eintausend verschiedene natürliche Substanzen verfügten[36] und daß aus diesen auch Gemische in genauen Mengenverhältnissen angefertigt wurden, so ist verständlich, daß dafür zuerst handschriftliche und später gedruckte Anleitungen erforderlich waren. Die frühesten gedruckten Kräuterbücher, in denen Abbildungen die Unterscheidung der Heilkräuter erleichtern sollten und die Auskunft über die Wirkung von Drogen und anderen Heilmitteln gaben, erschienen schon im letzten Drittel des 15. Jahrhunderts.[37] Hervorzuheben ist der *Gart der Gesundheit*, auch bekannt als *Herbarius zu Teutsch* (1485), dessen stark erweiterte Ausgabe, die unter dem Titel *Hortus sanitatis* herauskam, auch ins Französische übersetzt wurde bzw. als Vorbild für ähnliche französische (wie *Le grand Herbier en françois*, Paris um 1500) oder englische Herbarien (wie *Grete Herbal*, London 1526) diente. Aus der Flut der Herbarien des 16. Jahrhunderts sind die von Otto Brunfels, Hieronymus Bock, Leonhart Fuchs, Rembert Dodoens und Jacobus Theodorus Tabernaemontanus zu nennen.

Eines der ersten gedruckten Destillierbücher ist das des Straßburger Wundarztes Hieronymus Brunschwig, das 1500 in Straßburg unter dem Titel *Liber de Arte destillandi de Simplicibus* erschien.[38] Brunschwig beschreibt in diesem Buch, das er in seiner Vorrede den „Gemeinen Menschen, die die Arznei nicht bezahlen können“[39], gewidmet hatte – das Buch erschien trotz des lateinischen Titels in deutscher Sprache –, die zu seiner Zeit üblichen Destillationen von Heilpflanzen mitsamt dem dazu notwendigen professionellen Gerät und Ersatzgerät aus dem alltäglichen Hausrat. Unter den zahlreichen anderen Destillierbüchern – z.B. Michael Puffs *Verzeichnuss der ausgebrannten Wasser* (1483), Philipp Ulstadts *Coelum Philosophorum* (1525), Walter Ryffs *Reformierte Apotheke* (1563) oder Geronimo Rossis *De Destillatione Liber* (1582) – war Conrad Gesners auf Brunschwig und Ulstadt aufbauendes Destillierbuch, das 1552 in Zürich unter dem Titel *Thesaurus Euonymi Philiatri* erschien, die umfassendste und auf den neuesten Wissensstand gebrachte Zusammenstellung der Destilla-

---

31 Vgl. AGRICOLA (1556) 30.
32 Vgl. JOHANNSEN (1929) 70 ff..
33 Vgl. PARTINGTON HC II 81 ff..
34 Vgl. PARTINGTON HC II 29.
35 Vgl. PARTINGTON HC II 152 ff..
36 Vgl. COWEN (1990) 56.
37 Vgl. dazu COWEN (1990) 66 ff..
38 Vgl. dazu PARTINGTON HC II 83 ff. und SCHNEIDER (1972) 46 ff. u. 79 ff..
39 Vgl. SCHNEIDER (1972) 47.

tionskunst.[40] Gesner befaßt sich in diesem Buch hauptsächlich mit der Destillation von Arzneimitteln, den Remediis secretis, die in Form von Wässern, Ölen, Säften und Liquoren gewonnen wurden.

Die Kunstbüchlein behandeln metallurgische Techniken, vor allem die der Goldschmiede und Münzer, und geben daneben eine Vielzahl weiterer Rezepte, darunter auch solche für den Haushalt, z.B. für die Konservierung von Fleisch und Obst, die Fleckenentfernung etc.. Gedruckte Kunstbüchlein oder Rezeptebüchlein, wie Partington sie nennt, erschienen in Deutschland seit 1531.[41] Sie wurden meist nach Manuskriptvorlagen von Verlegern herausgegeben, die sie in unterschiedlicher Anordnung kompilierten und möglicherweise auch eigene Ergänzungen hinzufügten. Der Verleger Christian Egenolff druckte 1531 ein Kunstbüchlein mit dem Titel *Rechter Gebrauch d'Alchimei*, das, wie die Probierbüchlein, Angaben über Scheide- und Probiermethoden enthält und insbesondere feinmetallurgische Techniken des Goldschmiedes – Legieren, Löten, Ätzen und Polieren – und Herstellungsmethoden für künstliche Perlen und künstlichen Bernstein beschreibt. Andere, im selben Jahr gedruckte Kunstbüchlein beschäftigen sich mit Farben und Tinten und ihrer Herstellung – so die Schrift mit dem Titel *Artliche Kunst* – oder mit Fleckenentfernung und Färbung von Kleidung – so *Allerley Mackel und Flecken*. Ein 1532 erschienenes Büchlein mit dem Titel *Von Stahel und Eysen* beschäftigt sich mit der Technik der Stahlhärtung. Diese vier Schriften wurden 1535 zu der bekanntesten Schrift, dem *Kunstbüchlein*, kompiliert. Als „Feuerwerksbücher" bezeichnet man Manuskripte, die etwa um 1400 in Deutschland aufkamen. Es waren Handbücher des Artilleriewesens, die von Büchsenmeistern verfaßt waren und Angaben über die Herstellung von Salpeter und von Schieß- und Sprengstoffen sowie über das Gießen der Geschütze und deren Bedienung enthielten.[42]

Im Folgenden wird etwas detaillierter auf den Entstehungskontext derjenigen chemisch-technologischen Schriften eingegangen, die für die Darlegungen der Teile IV und V dieser Arbeit von besonderer Bedeutung sind. Dazu gehören als metallurgische Schriften die Schriften Agricolas und Biringuccios sowie die Probierbüchlein und als pharmazeutische Schriften die *Alchemie* des Libavius, das pharmazeutische Handbuch Beguins, Glaubers *Furni novi philosophici* sowie die pharmazeutischen Lehrbücher im Frankreich des 17. Jahrhunderts wie diejenigen de Claves, Le Fèvres, Glasers und N. Lemerys.

IV.2.2 *Die Probierbüchlein und ihre Autoren*

Die Probierbüchlein, die erstmals zu Beginn des 16. Jahrhunderts erschienen, gehören zu den metallurgischen Schriften, die in einem sehr engen Sinn als chemisch-technologische bezeichnet werden können. Sie beschreiben die chemischen Operationen des Probierens, d.h. der quantitativen Bestimmung des Metallgehalts von Erzen und Metallegierungen, und die dazu notwendigen Instrumente und Arbeitstechniken. Die Autoren der Probierbüchlein waren Praktiker, meist sogar selber Probierer oder Münzmeister, und ihr Adressat war hauptsächlich der relativ enge Kreis des Bergbeamtentums, der Münzmeister, Goldschmiede und Kaufleute.

---

[40] Vgl. SCHNEIDER (1972) 81 f..

[41] Vgl. dazu PARTINGTON HC II 68 f. und EAMON (1984) 111 ff..

[42] Vgl. JOHANNSEN (1929) 71.

Das erste Probierbüchlein, das anonym und ohne Angabe von Erscheinungsort und -jahr erschien, wurde vermutlich 1510 gedruckt[43], eine zweite Auflage desselben Büchleins mit einer Widmung an Hanßen Knoblauch, einem Hüttenschreiber in Schneeberg[44], erschien 1524 in Magdeburg. Zahlreiche weitere, leicht veränderte Auflagen[45] erschienen im 16. Jahrhundert und danach. Zu den Autoren der späteren Probierbüchlein gehört z.B. Lazarus Ercker, der Aufseher der Münzstätte in Annaberg und Goslar, erster Probiermeister in Dresden und später Berater Rudolfs II. von Böhmen und Aufseher seiner Bergwerke war. Sein kleines Probierbüchlein erschien 1556. Er war außerdem Verfasser eines auf Agricolas *De re metallica* aufbauenden Werkes über Erze und Probiermethoden mit dem Titel *Beschreibung Allerfürnemisten Mineralischen Ertzt vnnd Berckwercksarten* – auch *Großes Probierbuch* genannt – (Prag 1574).[46] Als weitere Beispiele seien das 1595 erschienene und vermutlich vor 1567 geschriebene[47] Probierbüchlein von Modestin Fachs genannt, der Münzmeister des Prinzen von Anhalt war, und das 1617 in Braunschweig erschienene Berg- und Probierbüchlein dès Berghauptmanns Georg Löhneyss.[48]

Die Probierer nahmen eine Schlüsselfunktion im gesamten Produktionsablauf des Bergbaus und der Metallurgie ein. Ihre Stellung im Produktionsprozeß ist vergleichbar mit der der Künstler-Ingenieure und Virtuosi in der italienischen Renaissance bei der Durchführung großer Bauvorhaben wie Schiffsbau, Festungsbau, Bau von Wasseranlagen oder großer Sakral- und Profanbauten. Wie diese waren sie Praktiker und wie diese mußten sie, anders als ein mit speziellen Aufgaben beschäftigter Bergmann oder Metallschmelzer, einen Überblick über die verschiedenen Detailarbeiten haben. Die Probierer gehörten zu den gebildetsten Praktikern, die häufig sogar, wie z.B. Lazarus Ercker, eine Universität besucht hatten.[49] Ihre mathematischen Kenntnisse reichten zwar nicht an die der Ingenieure der italienischen Renaissance heran, aber sie mußten wie diese handwerkliche Geschicklichkeit und hohe Sachkompetenz in einer Person vereinigen.

Vom Probieren des Metallgehalts der Erze hing die Entscheidung über deren Abbauwürdigkeit und somit die Rentabilität aller nachfolgenden Arbeitsphasen ab. Die Bestimmung der quantitativen Zusammensetzung eines Erzes war ausschlaggebend für die Zusammenstellung der Zuschläge für die Erschmelzung eines Metalls aus seinem Erz. Deshalb oblag den Probierern auch die Aufstellung von Beschickungsrechnungen. Die Probierer übten Kontrollfunktionen aus über die Zusammensetzung von Metallegierungen während des Schmelzprozesses und damit über den Erfolg dieses Arbeitsgangs der Metallgewinnung.[50] Besonders verantwortungsvoll war die Aufgabe der Probierer bzw. Münzmeister an den Münzstätten, wo sie die Zusammensetzung der Münzen zu überwachen und Betrügereien zu verhindern hatten.

Die Schlüsselfunktion der Probierer erschöpfte sich aber nicht in solchen punktuellen Kontrollfunktionen. Ihre hohe Sachkompetenz, die sich auf alle Phasen der Metallgewinnung

---

43 Nach Angaben des British Museums, siehe STILLMAN (1960) 303.

44 Vgl. WILSDORF (1956) 176.

45 Sico und Smith, die Autoren eines Buches mit dem Titel *The Bergwerk- and Probierbüchlein*, New York 1949, listen weitere zwölf auf – vgl. PARTINGTON HC II 67.

46 Vgl. PARTINGTON HC II 104.

47 Vgl. PARTINGTON HC II 67.

48 Vgl. PARTINGTON HC II 107 ff..

49 Vgl. Beierlein in ERCKER (1574) 16 ff..

50 Vgl. unten Abschnitt IV.3.1

erstreckte, hing unter anderem damit zusammen, daß die chemischen Operationen, die die Probierer beherrschen mußten, in kleinem Maßstab dieselben Operationen waren wie die, die auf den verschiedenen Stufen der Metallgewinnung im großen durchgeführt wurden.[51] Dazu kommen weitere Fähigkeiten und Kenntnisse, wie sie z.B. Ercker in seinem *Großen Probierbuch* anführt. Dort heißt es[52], der Probierer müsse vor allem Kenntnis der metallischen Erze und Bergarten besitzen. Der sachgemäße Umgang mit den Probieröfen, die Regulierung des Feuers, die Fähigkeit, verschiedene Reparaturarbeiten an den Öfen durchzuführen und gelegentlich Probiergeräte anzufertigen, werden als wichtige handwerkliche Kompetenzen herausgehoben.[53] Die Herstellung von Kapellen, Geräte, auf denen die Metalle geschieden wurden, und des Kapellenfutters gehörte zu den handwerklichen Routinearbeiten der Probierer. Sie mußten weiterhin mit Probierwaagen umgehen, diese einrichten, justieren und nötigenfalls auch selber reparieren können.[54] Sie mußten die verschiedenen Gewichtsmaße kennen, in der Lage sein, exakte Gewichtsmessungen durchzuführen, und überdies genügend arithmetische Kenntnisse besitzen, um daran anschließend die prozentuale Zusammensetzung eines Erzes oder einer Metallegierung zu berechnen.

Eine so umfassende Sachkompetenz, wie sie für die Arbeit der Probierer erforderlich war, konnte nicht ausschließlich oder vorwiegend auf dem Weg einer traditionellen Handwerkerlehre erworben werden. Die Einrichtung erster Bergbauschulen, wie die der Fugger in Villach, weist darauf hin, daß eine einfache Handwerkerlehre bereits für das breitere Bergbeamtentum nicht mehr genügte. In noch größerem Maß machte die Komplexität der notwendigen Sachkenntnisse der Probierer neue Formen der Wissensvermittlung notwendig. Die Tatsache, daß es mittelalterliche Manuskriptvorlagen für die Probierbüchlein nicht gab, diese aber dann im 16. Jahrhundert in zahlreichen Editionen gedruckt wurden und sich zugleich explizit an einen engen Interessentenkreis von Praktikern wandten, deutet darauf hin, daß die schriftliche Fixierung und Weitergabe des Wissens inzwischen zu einem Erfordernis der metallurgischen Praxis geworden war. Die Probierbüchlein dürften daher eine erste Form technologischer Schriften gewesen sein, denen eine unmittelbare Funktion in der gewerblichen Praxis zukam.[55]

---

51 Vgl. unten Abschnitt IV.3.1

52 Vgl. ERCKER (1574) 43 ff..

53 Probierscherben, Muffeln und andere Töpferwaren, die für das Schmelzen der Proben benötigt wurden, bezogen die Probierer meist von ortsansässigen Töpfern. Bei Ercker heißt es hierzu: „Es sollte billigerweise ein jeder Probierer im Falle der Notwendigkeit seine Probieröfen, Scherben, Tiegel und was für Instrumente er täglich beim Probieren bedarf, selbst herstellen können. Denn man findet nicht an allen Orten Meister, die solches zu machen verstehen, und obgleich man wohl oftmals, wenn das Probieren gerade nötig ist, viel Fleiß anwenden, die Töpfer dahin zu bringen, das zugehörige Zeug zu fertigen, so geschieht es doch häufig, daß sie nichts Gutes und nichts Formgerechtes liefern." (ERCKER (1574) 53)

54 Bei Ercker heißt es hierzu: „Ein Probierer muß nicht allein ganz saubere und genau gehende Probierwaagen haben, sondern er sollte sich auch zu helfen wissen, wenn diese schleppen oder sonstwie schadhaft werden. Ich halte es für sehr unverständig und nicht für fein, wenn sich einige, die sich als kunstreiche Probierer ausgeben, oft eines abgerissenen Schnürleins oder sonstigen Schadens wegen nach Nürnberg oder anderen fernen Orten wenden, um dort ihre falsch gehenden Probierwaagen ausbessern und wiederum richten zu lassen." (ERCKER (1574) 101)

55 W. EAMON (1984) versucht, die Notwendigkeit einer schriftlichen Wissensvermittlung auch für die Kunstbücher nachzuweisen. Nach ihm bestand insbesondere in den Druckereien ein Bedarf an schriftlich fixierten Anleitungen.

IV.2.3 *Georg Agricola – der Arzt in der Bergstadt*

Neben den Probierern finden wir als eine zweite Gruppe von Autoren metallurgischer Schriften gebildete Mitglieder des Bürgertums, die durch besondere biographische Umstände mit dem Bergbau und der Metallurgie vertraut waren. Die meisten dieser Autoren lebten als Stadtärzte in Bergstädten, in denen das gesamte gesellschaftliche Leben durch das Berg- und Hüttenwesen geprägt war. Rühlein von Calw z.B., der Verfasser des ersten datierten Bergbüchleins von 1505, war Stadtarzt in Freiberg.[56] Der berühmteste dieser Autoren war zweifellos Georg Agricola (1494–1555).[57] Agricolas Werke haben wegen ihrer enzyklopädischen Erfassung des gesamten Erfahrungsschatzes über Bergbau und Metallurgie seiner Zeit eine herausragende Bedeutung. Wir finden sie bei den Theoretikern des 17. und 18. Jahrhunderts immer wieder zitiert.

Agricola stammte aus einer wohlhabenden Handwerkerfamilie – der Vater war Färber und Tuchmeister –, die ihren Söhnen ein Universitätsstudium bezahlen konnte. Nach dem Studium der Philologie, Theologie und Philosophie in Leipzig und der Medizin in Bologna und Padua ließ sich Agricola als Stadtarzt in der böhmischen Bergstadt Joachimsthal nieder. Joachimsthal war in der ersten Hälfte des 16. Jahrhunderts eines der Zentren der Silbergewinnung im Erzgebirge. Daß sich Agricola gerade dort ansiedelte, hing mit seinen praktischen medizinischen Interessen zusammen. Er wollte nämlich, ähnlich wie Paracelsus, mineralogische Heilmittel, von denen er bei seinen Studien antiker Schriften erfahren hatte, erkunden und anwenden.[58] Die Stellung als Stadtarzt war mit einem vielseitigen Betätigungsfeld verbunden. Zu seinen öffentlichen Aufgaben gehörte die Beratung der Stadt in Fragen der Stadthygiene und des Seuchenschutzes sowie die Beaufsichtigung der Apotheken, Badestuben, Spitäler, Armenhäuser und Bordelle. Daneben durfte der Stadtarzt auch frei praktizieren. Die guten Einnahmen dieser Stellung erlaubten die Einschränkung dieser freien Tätigkeit, so daß Agricola genügend Zeit finden konnte, um nach Mineralien zu forschen, die sich als Heilmittel eigneten, und sich bergmännische und hüttenkundliche Kenntnisse anzueignen. Er schloß Bekanntschaft mit Bergbausachverständigen in Joachimsthal, z.B. dem Stadtschreiber Bartholomäus Bach, dem Hüttenschreiber Lorenz Bermann, nach dem der Titel seines *Bermannus* benannt ist, und dem Schulmeister Petrus Plateanus, der den Druck dieses Werkes vermittelte.[59] Außer durch diesen Kontakt mit Sachverständigen erwarb Agricola seine Kenntnisse sowohl durch eigene Beobachtungen – er fuhr in Schächte und Stollen ein und besuchte Erz-

---

56 Dieses Bergbüchlein erschien anonym und ohne Angabe des Erscheinungsortes. Agricola zitiert es in der Einleitung zu seiner *De re metallica* und nennt als dessen Autor einen „Kalbe von Freiberg". Nach Darmstaedter ist damit der Freiberger Stadtarzt Rühlein von Calw oder Kalbe gemeint (DARMSTAEDTER (1926b) 13).

57 Vgl. zum Folgenden WILSDORF (1956) 8 ff., PARTINGTON HC II 42 ff und DARMSTAEDTER (1926b).

58 Agricola schrieb selbst über seine Beweggründe: „Ich frage aber, wer wüßte nicht, von welch außerordentlichem Nutzen in der Medizin die Bergwerksprodukte sind, zumal in jenem Bereich, der durch Anwendung von Mitteln, die bei äußerer Verabreichung wirken, geheilt wird? (...) Außer Antimon, Lithargyrum, Arsen, Bleiweiß und einigen wenigen anderen Stoffen kennen heute die Apotheken, in denen die Medikamente dieser Art hergestellt werden, nichts (...) Dabei hatte sie das klassische Altertum zum höchsten Nutzen der Menschheit, aber auch zu seinem eigenen Ruhm bereits in Gebrauch! Dies war zweifellos der Hintergrund, weshalb ich meinen Wohnsitz an die Orte gelegt habe, wo vielseitiger Bergbau umgeht." (AGRICOLA (1530) 68 f.)

59 Dazu Agricola: „Daß es mir nicht an Eifer gefehlt hat, können viele Zeugen bekräftigen, besonders Bartholomäus Bach und Lorenz Bermann, Leute, die nicht nur in der Literatur, sondern ganz besonders im Bergbau bewandert sind. Ich habe sie und manchen anderen zu vielen Malen durch meine Fragen müde gemacht, ehe ich bergbauliche Kenntnisse erwarb." (AGRICOLA (1530) 69)

aufbereitungs- und Verhüttungsanlagen – als auch vermittelt durch antike Schriften und die zeitgenössische chemisch-technologische Literatur, vor allem die Berg- und Probierbüchlein und Biringuccios *Pirotechnia*, der er für den letzten Teil seiner *De re metallica* ganze Abschnitte entnahm. Agricolas erste größere Schrift, *Bermannus*, die 1530 in Basel erschien, enthält noch viele Anspielungen auf den Arztberuf. Durch dieses Werk, das Erasmus von Rotterdam wegen der sprachlichen Gestaltung sowie wegen des Inhalts öffentlich lobte, erlangte Agricola den Ruf eines berühmten Bergbausachverständigen. Man rief ihn zu Gutachtertätigkeiten nach Thüringen, Schlesien, Mähren und in den Harz. Freilich verstand es Agricola auch, finanzielle Vorteile aus seinen Fachkenntnissen zu schlagen. Er erwarb Grubenanteile und gehörte bei seinem Umzug nach Chemnitz 1531 zu den wohlhabendsten Bürgern dieser Stadt. In Chemnitz erhielt er die Bürgerrechte und war außer als Stadtarzt zeitweise als Bürgermeister tätig. Hier schrieb er die meisten seiner Manuskripte für seine späteren Arbeiten, insbesondere für die *De re metallica libri XII* (1556), sein berühmtestes metallurgisches Werk.

Agricolas *De re metallica* ist bis ins 18. Jahrhundert hinein das umfassendste und systematischste Werk über Bergbau und Metallurgie gewesen. Das Werk behandelt im ersten Teil den Bergbau, Fragen des Bergrechts, der Verwaltung und der Unternehmensformen eingeschlossen, und im zweiten das Hüttenwesen, dem noch die Beschreibung einiger Bereiche des chemischen Gewerbes beigefügt ist. Im zweiten, für die Chemie bedeutsameren Teil werden die Methoden der Erzaufbereitung, die verschiedenen Schmelzmethoden für die Gewinnung verschiedener Metalle, die Probiermethoden für Erze und Metalle und die Scheidemethoden der Edelmetalle beschrieben. Das Schwergewicht der Darlegungen liegt bei der Dokumentation der Kupfer- und Silbergewinnung im sächsisch-böhmischen Raum, die Agricola aus eigener Anschauung kannte. Es werden aber auch, wenngleich weniger ausführlich, Angaben über die Gewinnung anderer Metalle oder die Produktionsmethoden in anderen Revieren zusammengetragen.

IV.2.4 *Vanoccio Biringuccio – der Ingenieur und Virtuoso*

Die zweite umfassende Gesamtdarstellung metallurgischer Techniken und darüber hinaus auch anderer im Zusammenhang mit dem Bergbau betriebener Gewerbe – Schwefelabbau, Alaun- und Vitriolgewinnung – sowie der Kochsalz-, Soda-, Pottasche- und Salpetergewinnung, der Glasherstellung und Pyrotechnik stammt von Vanoccio Biringuccio (1480–1539), dessen *Pirotechnia* 1540 in italienischer Sprache erschien. Die direkte Wirkung der *Pirotechnia* war zwar auf den italienischen und französischen Sprachraum begrenzt – bis 1680 erschienen insgesamt fünf italienische und drei französische Auflagen[60] –, jedoch hatte sie vermittelt über Agricolas *De re metallica*, der ihr für die Abfassung seines 12. Buches zahlreiche Informationen und auch ganze Passagen entnahm, auch weiter verbreiteten Einfluß.

Anders als Agricola verkörperte Biringuccio ganz den Typ des Ingenieurs und Virtuoso der Renaissance. Aus den biographischen Daten[61] geht hervor, daß er als Architekt, Büchsenmeister, Metallurge und technischer Chemiker arbeitete. Biringuccio wurde in seiner Ge-

[60] Vgl. JOHANNSEN (1929) 73.

[61] Zum Folgenden vgl. JOHANNSEN (1929) 70–84, PARTINGTON HC II 32–37 und C.S. SMITH (1959) IX–XXV.

burtsstadt Siena als Anhänger des Stadttyrannen Pandolfo Petrucci mit der Leitung einer Eisenhütte und danach mit der Leitung einer zur Ausbeutung von Silbererzen gegründeten Gesellschaft beauftragt. Diese Stellung ermöglichte es ihm, Studienreisen nach Deutschland zu machen, wo er seine metallurgischen Kenntnisse noch erweitern konnte. Nach seiner Rückkehr erhielt er die Aufsicht über das städtische Zeughaus in Siena. 1524 wurde ihm die Konzession zur Salpetergewinnung erteilt. Bei den Kämpfen um die Vertreibung Petruccis leitete Biringuccio die Artillerie des Tyrannen und mußte dann nach Florenz fliehen, wo er Bronzegeschütze goß. Hier hatte er Kontakt mit zahlreichen Gelehrten. Nachdem 1530 wieder Friede zwischen der Stadt Siena und Pandolfo Petrucci geschlossen worden war, wurde Biringuccio Baumeister und oberster Werkmeister des Domes von Siena. 1538, ein Jahr vor seinem Tod, trat er in den Dienst des Papstes als Leiter der päpstlichen Gießerei. Seine *Pirotechnia* schrieb er in den letzten Lebensjahren. Außer auf eigene Erfahrungen hat er sich bei ihrer Abfassung vermutlich auf die frühen Werke Agricolas und auf die kleineren technologischen Schriften seiner Zeit wie die Berg- und Probierbüchlein, die auch Agricola als Quellen benutzte, und die Kunst- und Feuerwerksbüchlein, mit deren Inhalten es zahlreiche Übereinstimmungen gibt, gestützt.[62]

IV.2.5 *Die ersten pharmazeutischen Schriften und ihre Autoren*

IV.2.5.1 *Die iatrochemische Bewegung*

Die Beleuchtung des Entstehungskontextes der pharmazeutischen Schriften des 17. Jahrhunderts erfordert einige allgemeinere Anmerkungen zur Iatrochemie. Die erste Anmerkung betrifft die Frage nach dem Beginn und der Durchsetzung der Iatrochemie. Die Chemie- und Medizinhistoriographie datierte bis etwa Mitte unseres Jahrhunderts den Beginn der Iatrochemie im frühen 16. Jahrhundert, wobei sie Paracelsus als deren Begründer betrachtete. Die weitere Forschung konnte zeigen, daß es nicht nur Zeitgenossen des Paracelsus mit ganz ähnlichen Bestrebungen gab – Georg Agricola wurde in diesem Zusammenhang oben bereits erwähnt –, sondern auch Vorläufer im 15. Jahrhundert und vielleicht noch früher.[63] Die Iatrochemie, das ist das vorläufige Fazit dieser Forschung, war viel eher ein Produkt der Renaissance und ihrer Bedingungen als das Resultat des Wirkens einer Einzelperson. Schließlich gab es in der Renaissance nicht nur Reformbestrebungen in der Medizin, sondern auch in anderen akademischen Disziplinen, und es darf angenommen werden, daß dabei auch gemeinsame Faktoren wirksam waren. Dazu gehören die Entdeckung bis dahin unbekannter antiker Schriften, die in der Heilkunde zur Bekanntschaft mit mineralischen Arzneien der Antike führte[64], der Druck zuvor nur handschriftlich vorliegender alchemistischer Schriften des Mittelalters und nicht zuletzt die zunehmende Bedeutung, die der gewerblichen Praxis im allge-

---

[62] Otto Johannsen führt in seiner Biringuccio-Biographie insbesondere den mittelalterlichen *Vegez*, das *Kunstbuch*, das *Steinbuch*, das *Bergbuch* und eine *Glaskunst* an, die der schwedische Mönch Peder Mansson zwischen 1508 und 1524 übersetzte (JOHANNSEN (1929) 72).

[63] Vgl. dazu MULTHAUF (1954a) 359 f.. Wie weit man den Beginn der Iatrochemie zurückdatiert, hängt nicht zuletzt von der Perspektive ab, aus der man sie betrachtet. Wenn man die iatrochemische Praxis und dabei insbesondere die Anwendung der Destillationskunst betont, so muß man wie Multhauf zu dem Schluß kommen: „The conception of chemistry as an adjunct to medicine is foreshadowed at least as early as the latter half of the thirteenth century." (360)

[64] Vgl. SCHNEIDER (1972) 71 ff..

meinen als Quelle der Erfahrung in der Renaissance beigemessen wurde. Dennoch kann Paracelsus insofern als Begründer der Iatrochemie gelten, als es ihm gelang, den Rahmen der Bestrebungen einzelner Personen zu überschreiten und eine wirkungsvolle Bewegung oder Schule zu gründen, die die akademische Medizin herauszufordern vermochte und sich schließlich auch durchsetzen konnte.

Der im 16. Jahrhundert zunächst noch sehr punktuelle Erfolg der Iatrochemiker beruhte nicht nur auf ihren Wortgefechten und ihren zahlreichen, sehr verbreiteten Streitschriften[65], sondern auch auf ihrer Heilpraxis. Obwohl es sich bei ihren anorganischen chemischen Medikamenten nicht selten um äußerst giftige Substanzen handelte, hatten die Iatrochemiker trotz vieler zweifelhafter Resultate auch einige ganz unbestreitbare Erfolge bei der Heilung von Krankheiten, gegen die die traditionelle medizinische Therapie machtlos war. Dies betraf vor allem die sich im 16. Jahrhundert ausbreitende Syphilis, zu deren Heilung Quecksilberpräparate eingesetzt wurden. Aber auch Lepra, Geschwüre, Wassersucht und andere Krankheiten konnten mit chemischen Medikamenten erfolgreich behandelt werden. Dies erklärt den zeitweisen Ruhm der Iatrochemiker und zum Teil auch ihre schließliche Anerkennung gegen Ende des 16. Jahrhunderts. Zuvor jedoch reagierte die akademische Medizin mit vehementer Ablehnung, die sich auch in schriftlicher Polemik äußerte. Besonders heftig war der Widerstand an den französischen Universitäten[66], wo die akademischen Mediziner durchsetzten, daß das Parlament 1566 allen praktizierenden Ärzten bei Strafe die Anwendung chemischer Medikamente verbot. Dennoch fanden sich nach und nach in Frankreich ebenso wie in anderen Ländern auch unter den akademisch gebildeten Ärzten und den Medizinern der Universitäten Anhänger der Iatrochemie.[67]

IV.2.5.2 *Die Paracelsianer als Praktiker und Naturphilosophen*

Die zweite Anmerkung betrifft die Inhalte der iatrochemischen Bewegung des 16. Jahrhunderts sowie ihre Träger und ihre Schriften. Die Iatrochemie des 16. Jahrhunderts war eine Reformbewegung gegen die Theorie und Heilpraxis der an den Universitäten etablierten schola-

---

65 Die Schriften des Paracelsus wurden noch im 16. Jahrhundert in verschiedenen Sammlungen zusammengestellt und in die lateinische, französische, italienische und griechische Sprache übersetzt. Vgl. dazu SUDHOFF (1894).

66 Die Kontroverse zwischen den Galenisten und Paracelsus-Anhängern behandelt ausführlich DEBUS (1991).

67 Zu den ersten französischen Iatrochemikern gehörten die relativ unabhängigen königlichen Leibärzte, so z.B. die Heinrichs IV., Joseph du Chesne (1521–1609) und Turquet de Mayerne (1573–1655), die durch ihre Stellung am Hof vor Verfolgungen geschützt waren. Dennoch wurde Turquet de Mayerne durch die medizinische Fakultät zu Paris seines Amtes für unwürdig erklärt und durfte auch nicht mehr an der Pariser Universität lehren. Von großer Bedeutung für die Anerkennung der Iatrochemie unter den gebildeten Ärzten in Deutschland und den Niederlanden war ihre Propagierung durch Van Helmont (1579–1644). Van Helmont, der in der Nähe von Brüssel lebte, hatte Philosophie, Theologie und Medizin studiert. Sein Reichtum erlaubte ihm ein Leben als Privatgelehrter. In den Niederlanden war sein Einfluß besonders über Franz de le Boe, auch Sylvius de le Boe (1614–1672) genannt, wirksam. Sylvius, der in Sedan, Leyden und Basel studiert hatte, war Professor der Medizin an der Universität Leyden. Unter seinem Einfluß wurde ein chemisches Laboratorium im Botanischen Garten eingerichtet, wo Carolus L. van Maets, ein Apotheker, der seine wissenschaftliche Ausbildung in Sedan erworben hatte, 1669 als Demonstrator eingestellt wurde. Nach Van Maets Tod wurde die Stelle des Praefectus laboratorii chymico an Jacob Le Mort, ein Schüler Glaubers, vergeben. Dessen Nachfolger war Herman Boerhaave (1668–1738), einer der berühmtesten Chemiker des frühen 18. Jahrhunderts. In Deutschland erhielt Johann Hartmann (1568–1631), Leibarzt des Landgrafen von Hessen-Kassel, 1609 an der Universität Marburg den ersten Lehrstuhl der Chymiatrie. Daniel Sennert (1572–1637), der Begründer der deutschen Schule des Atomismus, war Medizinprofessor in Wittenberg und Anhänger der Iatrochemie. Sein Schüler Guerner Rolfinck (1599–1673), ein berühmter Anatom und seit 1641 Chemieprofessor in Jena, richtete das erste chemische Laboratorium an einer deutschen Universität ein. Dessen Schüler Georg W. Wedel (1645–1721) war Lehrer Friedrich Hoffmanns (1660–1742) und Georg Ernst Stahls (1660–1734).

stischen Medizin. In der Theorie bekämpfte Paracelsus vor allem die Galenische Humoralpathologie, die die Entstehung der Krankheiten auf ein gestörtes Gleichgewicht der Körpersäfte zurückführte.[68] Diese Theorie ersetzte Paracelsus durch eine Theorie des Zusammenwirkens chemischer Substanzen im menschlichen Körper, die er in eine umfassende Naturphilosophie einbettete.

Das Hauptanliegen des Paracelsus und seiner Anhänger war jedoch die Reform der Heilpraxis, die sie mit der Herstellung und Verbreitung neuartiger chemischer Medikamente in Angriff nahmen. Dazu mußten sie nicht nur über medizinische Kenntnisse verfügen, sondern vor allem über Kenntnisse chemischer Operationen. Es wurde bereits darauf hingewiesen, daß mit dem Begriff der Alchemie, der in die Bezeichnung Iatro*chemie* einfließt, dessen weite Bedeutung als Sammelname für die chemischen Verfahren der gewerblichen Praxis schlechthin gemeint ist. In Gesprächen und durch Zuschauen bei erfahrenen umherreisenden Alchemisten, beim Besuch von Berg- und Hüttenwerken, von Salzsiedereien, Salpetergärten oder Glaswerkstätten sammelten die Iatrochemiker praktische Hinweise und Erfahrungen und wohl auch Materialien für die Medikamentengewinnung. Aber auch das Wort Iatros (griech.: Arzt) in *Iatro*chemie bedarf der Erläuterung. Paracelsus und seine frühen Anhänger waren nämlich keineswegs „Ärzte" im heutigen Sinn oder in dem der Medizinalordnungen des 16. Jahrhunderts. Approbierte Ärzte mußten auch im 16. Jahrhundert ein Medizinstudium an einer Universität absolviert haben. Jedoch waren die Ärzte im 16. Jahrhundert nicht die einzigen Personen, die sich der Heilpraxis widmeten. Die Konsultation eines Arztes konnten sich nur Angehörige wohlhabender Kreise leisten, während sich die Mehrheit der Bevölkerung entweder an Apotheker oder an die verschiedenen Vertreter der Volksmedizin wandte, z.B. an die Spezereihändler, Kräuterweiblein, Wurzelsucher bzw. in allen chirurgischen Fragen an die Barbiere. In diese Schar selbsternannter therapierender Laien reihten sich auch Paracelsus und seine unmittelbaren Anhänger ein. Eine schulgerechte Ausbildung an einer Universität fehlte den meisten von ihnen und wurde als nutzloses Schriftgelehrtentum verspottet. Die ersten Iatrochemiker waren ausschließlich oder weitgehend Autodidakten, die ihre medizinischen Kenntnisse während ihrer häufig lebenslangen Reisen erwarben und ihre neuartigen und selbst hergestellten Medikamente auf Märkten verkauften oder an zahlungskräftigen Bürgern und Adligen erprobten. Der *Triumph=Wagen Antimonii* des Basil Valentinus ist nicht nur ein Buchtitel, sondern war zugleich ein veritabler Wagen, der tatsächlich durch die Lande gerollt ist.[69]

Der Lebenswandel des Paracelsus (1493–1541) ist charakteristisch für den vieler Iatrochemiker. In Einsiedeln in der Schweiz geboren, kam er bald nach Villach, eine Stadt in einer Bergbauregion, in der die Fugger eine Bergbauschule gegründet hatten.[70] Sein Vater war Arzt und unterrichtete ihn in Botanik, Medizin, Alchemie und Astrologie. 1516 machte er die Bekanntschaft mit dem Bergwerksbesitzer Siegmund Füger, in dessen Labor er fast ein Jahr lang arbeiten konnte.[71] Danach begann ein lebenslanges Reiseleben, vorwiegend in Ländern, in denen Bergbau und Metallurgie betrieben wurde.[72] Während dieser Reisen will er nach eige-

[68] Vgl. Cowen (1990) 56 und Urdang (1954) 32 f..
[69] Vgl. W. Schneider (1961) 210.
[70] Vgl. Stillman (1960) 308.
[71] Vgl. Partington HC II 117.
[72] Vgl. Kopp GdCh I 93 ff.

nen Angaben, die von seinen Gegnern immer bezweifelt wurden, auch Universitäten in Deutschland, Frankreich und Italien besucht haben. Dennoch wurden die Buchgelehrsamkeit der Schulmedizin und die Universitätsmediziner zur Zielscheibe seines Spottes. Die Heilerfolge mit seinen neuartigen Medikamenten verschafften Paracelsus eine so große Reputation, daß die Stadt Basel ihn zum Stadtarzt und an die Universität berief, wo er in deutscher Sprache seine Vorlesungen hielt. Nach einem einjährigen Aufenthalt – er mußte die Stadt nach Auseinandersetzungen fluchtartig verlassen – setzte er mit seiner Anhängerschaft sein Wanderleben fort, das schließlich in großer Armut endete.

Obwohl die ersten Iatrochemiker wie Paracelsus, Thurneisser oder Valentinus alles andere als ein Gelehrtenleben führten[73] und engen Kontakt zu Metallurgen, Alchemisten und anderen Gewerbetreibenden unterhielten, traten sie nicht als Autoren *chemisch-technologischer* Schriften in Erscheinung. In ihren Werken ist die Darstellung chemischer Operationen eng verwoben mit der Erörterung naturphilosophischer Fragen, z.B. nach der Herkunft und Generation von Naturkörpern, ihrer Veränderungen im allgemeinen, ihres Zweckes etc. Die chemischen Operationen kommen in diesen Schriften – anders als in den metallurgischen und den später erscheinenden pharmazeutischen – nicht in Form reproduzierbarer Rezepte oder Anleitungen für die Durchführung solcher Operationen zur Sprache, sondern in Form mehr oder weniger deutlicher Anspielungen auf Operationen, deren praktische Bedeutung meist ausgeblendet wird. Der in diesen Schriften zum Ausdruck kommende Doppelcharakter der frühen Iatrochemie als eine die Medizintheorie und die mittelalterliche alchemistische Theorie integrierende Naturphilosophie einerseits und als chemisch-pharmazeutische Praxis andererseits wirft einige Probleme auf, die hier nur kurz gestreift werden können.

In der Paracelsischen Naturphilosophie, deren einer Bestandteil, die Elementen- und Prinzipientheorie, im Teil III behandelt wurde, wird der Kosmos als ein einziger lebendiger Allzusammenhang gedacht. Die Struktur des menschlichen Leibes soll als Mikrokosmos alle Teile und Zusammenhänge des Makrokosmos wiederholen. Besaßen alle Stoffe der drei Naturreiche verborgene innere Kräfte, so sollten die chemischen Operationen der Iatrochemiker diese zu Tage fördern und als Heilkräfte nutzbar machen. Die besondere Bedeutung, die den Metallen als chemischen Medikamenten beigemessen wurde, wurde in ihrer Vermittlerrolle zwischen den Organen des Mikrokosmos Mensch und den mit ihnen in Beziehung stehenden (geozentrischen) Planeten gesehen. So sollten z.B. Gold und Silber die heilsame Einwirkung

---

[73] Leonhard Thurneisser (1530–1596) wurde in Basel geboren, wo sein Vater als Goldschmied lebte. Dieses Handwerk übernahm er, mußte aber mit 18 Jahren aus Basel fliehen, weil er vergoldete Bleistangen als Gold verkauft hatte. Die nächsten zehn Jahre verbrachte er in Frankreich, England und Deutschland, wo er zunächst als Goldschmied und dann als Berater von Bergwerksbesitzern tätig war. Als Bergbauexperte wurde er dann von dem österreichischen Prinzen Ferdinand in Dienst genommen, der ihm Reisen in Länder, in denen Bergbau betrieben wurde, finanzierte. Während dieser Reisen wurde er mit den Schriften des Paracelsus bekannt und begann selbst als Arzt zu praktizieren. Schließlich wurde er 1569 vom Kurfürsten von Brandenburg als Leibarzt und Ingenieur, der ihn in der Alaun- und Salpetergewinnung zu beraten hatte, eingestellt. Daneben verkaufte er weiterhin seine selbst verfertigten Medikamente, Kosmetika und andere chemische Produkte aus Goldmacherversuchen, bis er 1584 wegen Betrügereien Berlin verlassen mußte. In seinen letzten Lebensjahren versuchte er sein Glück als Alchemist in der Metalltransmutation im Dienst wohlhabender italienischer Adeliger. – Vgl. MULTHAUF (1966) 260; KOPP GdCh I 109.

Hinter dem Pseudonym Basil Valentinus, dessen Schriften Anfang des 17. Jahrhunderts publiziert und von den Chemisten neben denen des Paracelsus häufiger zitiert wurden, verbarg sich in diesem Fall kein Mediziner, sondern ein Pfannenherr und Anteilseigner der Salzgewinnungsanlagen im thüringischen Frankenhausen namens Johann Thölde. Die genauen Lebensdaten Thöldes sind nicht bekannt. Bis Ende des 19. Jahrhunderts, zuletzt von Hermann Kopp, wurde in der Chemiehistoriographie die Meinung vertreten, daß Basil Valentinus' Schriften tatsächlich von einem gleichnamigen Benediktinermönch im 15. Jahrhundert verfaßt worden seien. Da diese Schriften große Übereinstimmungen mit denen des Paracelsus zeigen, wurden letztere auf die Schriften des Valentinus zurückgeführt. Siehe STILLMAN (1960) 372 ff..

der Sonne und des Mondes auf das Herz bzw. das Gehirn des Menschen vermitteln.[74] Insgesamt konnten der Naturphilosophie Erklärungen für die paracelsische Heilpraxis entnommen werden.

Dennoch wäre es falsch zu glauben, daß zwischen der Naturphilosophie der Iatrochemie und ihrer chemischen Praxis ein enger sachlicher Zusammenhang bestand. Die Naturphilosophie bestimmte bestenfalls die grobe Richtung dieser Praxis, spielte eine Rolle dafür, daß überhaupt andere Heilmethoden und andere Medikamente als die der galenischen Medizin ausgewählt wurden, war aber nicht orientierend für das Wie dieser Praxis. Dazu wäre die Paracelsische Naturphilosophie viel zu unbestimmt und allgemein gewesen. Die Verfahren für die Herstellung chemischer Medikamente übernahmen die Iatrochemiker aus der damaligen gewerblichen Praxis, aus der Metallurgie, dem chemischen Kleingewerbe und dem Apothekergewerbe, d.h. aus der Alchemie im weiteren Sinne. Dieselbe Herkunft hatten auch ihre Öfen, Gefäße und sonstigen Instrumente sowie ihre Ausgangsstoffe. Im Laufe der Zeit wurde dann dieses übernommene Repertoire chemischer Operationen enorm erweitert und durch neue ergänzt.

Darüber hinaus ist die Frage zu stellen, was für die Entstehung der Iatrochemie primär und was sekundär war, die Naturphilosophie oder die chemische Praxis. Es ist sehr gut möglich, daß die Naturphilosophie des Paracelsus und seiner Anhänger vor allem in ihrer Funktion als Polemik und Rechtfertigungsmittel gegen die Galenisten Bestand hatte. Das Aufgreifen neuplatonistischer und anderer von der Scholastik abweichender antiker und mittelalterlicher Theorietraditionen in der Renaissance war nicht auf die praktizierenden Ärzte beschränkt, sondern geradezu charakteristisch für alle diejenigen, die Front machten gegen die Buchgelehrsamkeit und Autoritätshörigkeit der Universitätsgelehrten und statt dessen nach neuen Quellen des Wissens Ausschau hielten, die sie in den Werkstätten fanden.[75] Die biographischen Daten der frühen Iatrochemiker, die enge Kontakte zu Metallurgen und anderen Gewerbetreibenden hatten, sowie die weitere Entwicklung der Iatrochemie verweisen in diese Richtung.

Gegen Ende des 16. Jahrhunderts, und zwar parallel zur gesellschaftlichen Anerkennung der Iatrochemie, änderte sich das Verhältnis von naturphilosophischen Darlegungen und der Darstellung chemischer Operationen in den iatrochemischen Schriften. Die Naturphilosophie trat in den Hintergrund und wurde zu einem marginalen, stark von den persönlichen Interessen der jeweiligen Autoren abhängigen Thema der pharmazeutischen Schriften. Das bedeutet nicht, daß die Naturphilosophie überhaupt keine Rolle mehr spielte – sie war vielmehr bedeutsam für das nachträgliche Verständnis der chemischen Operationen[76] –, aber die reproduzierbare Beschreibung der chemischen Operationen trat in den Vordergrund. Die Vermutung liegt nahe, daß die gesellschaftliche und akademische Anerkennung der Iatrochemie zu einer Entlastung von allen Rechtfertigungsversuchen und Polemiken führte. Eines der Ziele der

[74] So heißt es z.B. bei Le Fèvre: „(...) was die Sonne und Mond im Himmel seynd / dasselbe ist auch das Herz und Gehirn in den Animalien / und das Gold und Silber unter den Mineralien und Metallen. (...) Venus praesidirt über alle die Gliedmaßen / so zur Generation verordnet seynd / wie auch über alle Verrichtungen der Nieren und Blasen; Mars aber hat Gewalt über die Leber / Blasen und Gall / über das Miltz / und die Teile so um den Magen ligen. (...) das Blei und das Zinn / Saturnus und Jupiter genannt (...) über das Miltz des Mikrokosmi, oder Menschen / und über die Mutter herrschen." (LE FÈVRE (1660/D) 682)

[75] Vgl. dazu MITTELSTRASS (1970) 175 ff. und OLSCHKI (1919) I 30 ff..

[76] Vgl. unten Teil V.

frühen Iatrochemiker, die Reform der scholastischen Medizin, war erreicht. Zugleich wurde die iatrochemische Praxis der Medikamentenherstellung immer umfangreicher und vielgestaltiger. Dies mußte zu ihrer zunehmenden Verselbständigung von naturphilosophischen und medizintheoretischen Fragestellungen führen, was durch die teilweise Übertragung dieser Praxis an die Apotheker noch gefördert wurde.

IV.2.5.3 *Croll, Libavius und Beguin*

Zu den ersten iatrochemischen Schriften, die als pharmazeutische bezeichnet und zur chemisch-technologischen Literatur gezählt werden können, gehören die *Alchymia* des Libavius, die *Basilica chymica* von Croll und das *Tyrocinium Chymicum* von Beguin. Oswald Croll (1580– 1609?), Leibarzt des Prinzen von Anhalt, war einer der ersten gebildeten Ärzte in Deutschland, der die Lehren des Paracelsus verteidigte. Seine *Basilica chymica* (1609) enthält nach einer Verteidigung der paracelsischen Medizin im ersten Teil im zweiten eine Sammlung von Rezepten zur Herstellung chemischer Medikamente. Die breite Wirkung dieses Buches – es wurde wiederholt in Mitteleuropa nachgedruckt – ist vor allem auf diese realisierbaren Vorschriften zurückzuführen, die seine Verwendung als Arzneibuch erlaubten.[77]

Einer der bedeutendsten Anhänger der Iatrochemie, wenn auch nicht unkritisch gegenüber den Lehren des Paracelsus, war Andreas Libau (1540–1616), auch Libavius genannt, der sich nach seinem Medizinstudium in Halle als Arzt niederließ und später, nach einem Sprach- und Geschichtsstudium, Gymnasialdirektor in Rothenburg ob der Tauber wurde.[78] Seine *Alchymia* (1597) ist eine chemisch-technologische Schrift im weitesten Sinne und ein erstes chemisch-pharmazeutisches Lehrbuch zugleich. Libavius verstand sich als Aufklärer. Ihm ging es darum, einen möglichst breiten Leserkreis mit der in seiner Zeit so bedeutsamen gewerblichen chemischen Praxis vertraut zu machen. Im Vorwort seiner *Alchymia* formuliert er die Intention, die er mit seiner Schrift verfolgte. Er wollte mit „einer auf den wissenschaftlichen Unterricht angelegten Methode die Lehren der Alchemie in einem einzigen Werk" zusammenstellen und ein „sachgerechtes System der Scheidekunst" (Libavius (1597/D) IX) erarbeiten. Die *Alchymia* ist aber kein *theoretisches* Lehrbuch. Ihr Gegenstand ist die gewerbliche Praxis, und auch ihre Systematisierung bleibt orientiert an dieser Praxis. Zu Beginn des ersten Kapitels schreibt Libavius über das Ziel der Alchemie, sie habe

> „ehedem in der Metallurgie die größte Bedeutung gehabt. Jetzt dient sie mehr der Medizin und erstreckt ihre Bemühungen nicht nur auf das Mineral-, sondern auf das Tier- und Pflanzenreich, zum Nutzen des Menschen und zum Schutze seiner Gesundheit, obwohl sie auch sehr viel zur Annehmlichkeit des Lebens (ornamenta vitae) beiträgt." (ebd. 1)

Libavius teilt seine *Alchymia* in zwei Teile[79], in eine *Handgrifflehre* (Encheria), die er wiederum in eine Gerätekunde, eine Feuerkunde und eine Lehre von den chemischen Operationen unterteilt, und die *eigentliche Chemie* (Chymia), die mehr als 400 Seiten umfaßt und in der es hauptsächlich um die Gewinnung chemischer Medikamente, aber auch um metallurgische Operationen und chemische Kleinkunst bis hin zu Metalltransmutationsversuchen geht.

---

[77] Vgl. Multhauf (1954) 110, Partington HC II 174 ff. und Schneider (1961) 208.

[78] Vgl. Kopp GdCh I 112 f. und Partington HC II 244.

[79] Vgl. Libavius (1597/D) 2.

Um ein umfassendes, einheitliches System der Chymia aufzustellen, in das die chemischen Operationen aller Gewerbezweige Eingang finden, mußte Libavius ein einheitsstiftendes, die einzelnen chemischen Gewerbe übergreifendes Systematisierungsprinzip finden. Dieses konnte nur als Resultat einer Reflexion gefunden werden, die von den spezifischen praktischen Gebrauchszwecken, die in den jeweiligen Gewerben verfolgt wurden, abstrahierte.[80] Die Gliederung der *Alchymia* in eine *Handgrifflehre* und einen anwendungsorientierten Teil, in dem die einzelnen chemischen Operationen beschrieben werden, war orientierend für alle nachfolgenden pharmazeutischen Schriften mit Lehrbuchcharakter.

Solche chemisch-pharmazeutischen Lehrbücher wurden vor allem in Frankreich geschrieben, wo der pharmazeutischen Ausbildung der Mediziner und Apotheker im 17. Jahrhundert besondere Aufmerksamkeit gewidmet wurde. Das erste französische Lehrbuch dieser Art war das *Tyrocinium Chymicum* (1610) von Jean Beguin. Beguin (Hauptwirkungszeit erstes Drittel des 17. Jahrhunderts) hatte in Sedan Medizin studiert, dann Deutschland, Italien und Ungarn bereist, wo er Bergbau und Hüttenwesen studierte, und sich dann in Paris niedergelassen, wo er Armenpfleger Ludwigs XIII. war, ein Labor für die Herstellung chemischer Medikamente einrichtete und Privatunterricht in Pharmazie erteilte.[81] Sein *Tyrocinium Chymicum* war noch populärer als das Werk Crolls oder Libavius' – es erlebte mehr als 50 Auflagen und wurde ins Englische und Französische übersetzt.[82] Das Werk beginnt im ersten Buch mit einer Definition der Chymie, einer Verteidigung der chemischen Medikamente und einigen auf wenige Seiten beschränkten Ausführungen zur Prinzipientheorie. Das Ziel der Chemie, so heißt es zu Beginn des ersten Buches, ist die Herstellung von Medikamenten.[83] Danach folgen, in Anlehnung an die Gliederung der *Alchymia* des Libavius, ein Überblick über die verschiedenen chemischen Operationen, in dem diese zugleich erläutert werden, und danach auf über 200 Seiten genaue Anleitungen für die Gewinnung verschiedener als Medikamente verwendbarer Substanzen.

Es sei dahingestellt, welche und wieviele der von Croll, Beguin und Libavius beschriebenen chemischen Operationen auf eigene praktische Erfahrungen der Medikamentenherstellung zurückgehen. Sie waren zumindest gelegentlich mit der Herstellung chemischer Medikamente befaßt und als Ärzte, die der Iatrochemie anhingen, bestrebt, eine möglichst vollständige Sammlung iatrochemischer Operationen zu präsentieren. Über das Verhältnis von eigener Praxis und Rezeption praktischer Erfahrungen anderer Medikamentenhersteller und Gewerbetreibender gibt Libavius in der Einleitung zu seiner *Alchymia* selbst Auskunft:

> „Manche werden von mir eigene Experimente verlangen, nicht die anderer Scheidekünstler, mit denen die Bücher überreichlich angefüllt sind. Ich aber lehre nicht meine eigene Kunst, sondern lege die chymische Kunst dar, die durch die praktische Erfahrung der Scheidekünstler erprobt ist. Wenn von mir die Darlegung und Lehrweise stammen, so ge-

---

80 Bei Libavius heißt es hierzu: „Einige würden die Chymie in eine metallurgische und eine pharmazeutische unterteilt haben wollen; (...) Gerade ich habe reiflich über einen passenden Aufbau nachgedacht; (...) Und warum hätte ich eine besondere pharmazeutische (Chemie) abteilen sollen, da sich auch aus Metallen durch ein und dieselbe Präparierung Pharmaka gewinnen lassen? Ein und denselben Stoff verwendet der eine für wunderbare Metallarbeiten, ein anderer für die menschliche Gesundheit. Nicht zweimal oder von neuem sind hier Vorschriften zu geben. Eine einzige Operation braucht nur auf eine einzige Art und an einer einzigen Stelle dargelegt werden, mag das Werk auch tausend verschiedenartigen Zwekken dienen." (LIBAVIUS (1597/D) XIV f.)

81 Vgl. PARTINGTON HC III 2.

82 Französischer Titel: *Elemens de Chymie*, BEGUIN (1615).

83 „La fin de la Chymie est de preparer les medicamens en telle sorte, qu'ils soient plus agreables au goust, plus salubres au corps, & moins dangereux en leur operations." (BEGUIN (1615) 3)

nügt das. Der Leser soll jedoch wissen, daß auch ich einiges Studium auf chymische Dinge verwandt habe und daß mein Verstand nicht geringer ist als der von Köchen, Dirnen, Barbieren, Mägden, Salbenköchen, Marktschreiern usw., mit deren Hilfe manche Chymie treiben. Wenn es also notwendig sein wird, will ich Dir zeigen, daß auch ich Brunnenwasser destillieren kann, nicht zu reden von der Umwandlung von Wein in Essig. Vieles habe ich jedoch auch aus meinem eigenen Bestand beigesteuert, was Du anderwärts nicht finden wirst, obwohl ich nicht meinen Namen dazugesetzt habe." (LIBAVIUS (1597/D) XII f.)

IV.2.6 *Die chemisch-pharmazeutischen Lehrbücher Frankreichs*

Die chemisch-pharmazeutischen Lehrbücher, die in der zweiten Hälfte des 17. Jahrhunderts in Frankreich meist unter dem Titel *Cours* oder *Traité de chymie* erschienen, wurden von Autoren verfaßt, die in engem Kontakt zum Pharmazieunterricht am Pariser Jardin Royal des Plantes standen und daher auch einen konkreten Adressatenkreis vor Augen hatten. In Frankreich, wo die Universitäten im 16. Jahrhundert besonders heftigen Widerstand gegen die Iatrochemie leisteten, waren die protestantische Akademie von Sedan, die in den 70er Jahren des 16. Jahrhunderts gegründet wurde, und die medizinische Fakultät der Universität von Montpellier zunächst die einzigen Institutionen, an denen die Iatrochemie Einzug gehalten hatte und wo Mediziner pharmazeutische Kenntnisse erwerben konnten. Montpellier galt seit dem späten 16. Jahrhundert als das europäische Zentrum akademischer Pharmazieausbildung schlechthin.[84] Eine pharmazeutische Ausbildung erhielten bis zu Beginn des 17. Jahrhunderts im Normalfall nur die Apotheker, und dies gewöhnlich in Form einer handwerklichen Lehre im privaten Labor eines Apothekers, die in einigen französischen Städten im 16. Jahrhundert durch den obligatorischen Besuch von Vorlesungen an der Medizinischen Fakultät ergänzt wurde.[85] Diese Ausbildungssituation von Apothekern und Ärzten änderte sich mit der Gründung des Jardin Royal des Plantes in Paris, der der zunehmenden Bedeutung der Pharmazie gerecht werden sollte. Die Gründung einer für ganz Frankreich zentralen Institution, die hauptsächlich dem Pharmazieunterricht gewidmet war, stellte einen Meilenstein in der pharmazeutischen Ausbildung und in der Entwicklung der chemisch-pharmazeutischen Operationen dar. Damit war erstens ein institutionell abgesicherter Freiraum für die Erkundung chemisch-pharmazeutischer Operationen und die Verfolgung theoretischer Interessen entstanden, und zweitens war dies der Ort, an dem die zuvor separaten Kenntnisse einzelner Apotheker und lokaler Pharmakopöen zusammengeführt werden konnten. In diesem Integrationsprozeß kam den chemisch-pharmazeutischen Lehrbüchern eine Schlüsselfunktion zu.

IV.2.6.1 *Der Jardin Royal des Plantes*

Ende des 16. Jahrhunderts gewann die Botanik einen wichtigen Stellenwert in der Ausbildung der Mediziner. Montpellier besaß einen berühmten botanischen Garten, aber Paris hatte neben einigen kleineren Pflanzensammlungen nichts in vergleichbarer Größenordnung und Bedeutung zu bieten. Es gab daher seit Anfang des 17. Jahrhunderts Bemühungen, etwas Ebenbür-

[84] Vgl. COWEN (1990) 70.
[85] Vgl. COWEN (1990) 70.

tiges in Paris zu schaffen, die von den am königlichen Hof ansässigen Medizinern ausgingen.[86] 1635 erließ Ludwig XIII. ein Gründungsedikt für den botanischen Garten, in dem Guy de la Brosse, einer der médicins ordinaires des Königs, der sich für das Projekt stark engagiert hatte, mit der Leitung des Gartens beauftragt wurde. In dem Gründungsedikt hieß es, ein botanischer Garten sei von großem öffentlichen Interesse, vor allem aber eine Notwendigkeit für die Ausbildung in Medizin, in der die Pharmazie bisher weitgehend gefehlt habe. Der Leiter des Gartens sollte drei Doktoren aus der Pariser medizinischen Fakultät benennen, die mit pharmazeutischen Techniken, die Herstellung chemischer Präparate eingeschlossen, vertraut waren und auf diesem Gebiet unterrichten konnten.[87] Die medizinische Fakultät widersetzte sich mit allen Kräften diesem Edikt, mit dem ihr das Monopol der Medizinerausbildung entzogen wurde und mit dem die Iatrochemie entgegen der Zensur des Parlamentes sanktioniert wurde, blieb jedoch gegen das Votum der Mediziner am königlichen Hof erfolglos.

Der Unterricht am Jardin des Plantes erstreckte sich auf zwei Gegenstandsbereiche, die Démonstration exterieure des Plantes, worunter das natürliche Vorkommen, die Kultivierung und die Morphologie der Pflanzen verstanden wurde, und die Démonstration interieure des Plantes.[88] Hinter der letzten Bezeichnung verbarg sich nicht nur die Pflanzenanatomie, sondern, über die Botanik hinausgehend, auch die Anatomie des Menschen und die Chirurgie sowie die Pharmazie, in der neben den Eigenschaften, Wirksamkeiten und Anwendungsgebieten der verschiedenen pflanzlichen und chemischen Medikamente vor allem die für die Entwicklung der Chemie so bedeutsamen chemisch-pharmazeutischen Operationen thematisiert wurden. Der Titel Demonstrateur implizierte zunächst keineswegs die experimentelle Demonstration der Unterrichtsgegenstände, sondern bedeutete bloßes Unterrichten. Erst zwischen 1710 und 1720 wurde der öffentliche Unterricht von Experimenten begleitet, die von einem Assistenten während des Vortrags des Professors vorgeführt wurden.[89] Der Jardin verfügte jedoch schon Jahrzehnte zuvor über ein eigenes Laboratorium, und dieses war sicherlich der Ort, an dem auch neue oder von den in den Apotheken gebräuchlichen Operationen abweichende Varianten der Arzneimittelherstellung erprobt werden konnten.[90]

Während für den Unterricht der äußeren Pflanzenkunde der Leiter des botanischen Gartens zuständig war, sollte der medizinisch-pharmazeutische innere Bereich durch die drei aus der medizinischen Fakultät berufenen Lehrenden abgedeckt werden. Den Lehrstuhl des Démonstrateur et opérateur pharmaceutique pour l'interieur des plantes, seit 1671 mit dem Professorentitel verbunden, hatten gegen Ende des 17. Jahrhunderts die bereits erwähnten Apo-

---

86 Zu den folgenden Ausführungen vgl. CONTANT (1952).

87 „(...) créons et erigeons par ces présentes en titre d'Ofice, trois nos Conseillers Medicins de la Faculté de Paris, et non d'autres, qui auront la qualité de Demonstrateurs et Operateurs Pharmaceutiques en notre Jardin, pour faire la Demonstration de l'interieur des Plantes et de tous autres médicamens qui consistent en l'essence, propriété et usage d'icelles et pour travailler eux mêmes de la main en presence de leurs Ecoliers, en toutes les operations Pharmaceutiques, tant ordinaires que chimique qui seront jugées necessaires pour les instruire de tous points en la science et operation manuelle de Pharmacie". Zit. nach CONTANT (1952) 16:

88 Vgl. CONTANT (1952) 15.

89 Vgl. CONTANT (1952) 33.

90 Ein frühes Zeugnis dieses Laboratoriums gibt ein Kupferstich S. Le Clercs aus dem Jahre 1676, der den Titel *Le Laboratoire et le Droguier du Jardin du Roi en 1676* trägt. Auf diesem Kupferstich ist eine kleine Gruppe von Zuschauern zu sehen, die um einen Tisch versammelt sind, auf dem verschiedene kleine Gefäße mit Drogen stehen und an dem ein Sitzender mit einem gefüllten Glas in der Hand einen Versuch vorführt. Abgebildet bei CONTANT (1952) 22.

theker und Chemisten Simon Boulduc, Louis-Claude Bourdelin, Louis Lemery und E.F. Geoffroy inne. Zur Unterstützung dieses Lehrstuhls, vor allem in praktischen chemischen Arbeiten, berief man von der Mitte des 17. Jahrhunderts an einen weiteren praktisch erfahrenen Demonstrateur. Meist betraute man einen Apotheker mit dieser Aufgabe. Vor allem unter diesen den Professoren zugeordneten Lehrenden sind die Autoren von chemisch-pharmazeutischen Lehrbüchern zu finden, darunter William Davisson (1593–1669), der von 1647 an als erster öffentliche Vorlesungen in Chemie abhielt und ein Werk mit dem Titel *Les Elements de la Philosophie de l'Art de feu ou Chemie* (1651) verfaßte, gefolgt von Nicolas Le Fèvre (1615–1669), dessen *Traicté de la Chymie* bereits vorgestellt wurde[91], und dann von Cristopher Glaser (1628–1672), der wie Le Fèvre Apotheker war und mit dessen *Traité de la Chymie* (1663) wir uns noch beschäftigen werden. In Glasers Labor arbeitete zeitweise auch Nicolas Lemery, der Autor des berühmtesten chemisch-pharmazeutischen Lehrbuches, des 1675 erschienenen *Cours de chymie*.[92] Auch Estienne de Clave (Hauptwirkungszeit Mitte des 17. Jahrhunderts), Autor eines *Cours de Chimie* (1646) und früher Vertreter des Atomismus in Frankreich, unterrichtete zeitweise am Jardin des Plantes.[93]

IV.2.6.2 *Der Aufbau der chemisch-pharmazeutischen Lehrbücher*

Die chemisch-pharmazeutischen Lehrbücher de Claves, Le Fèvres, Glasers und N. Lemerys zeigen in ihrem Aufbau große Übereinstimmungen und orientieren sich stark an den schon zu Beginn des 17. Jahrhunderts erschienenen Lehrbüchern Beguins und Libavius'. In einem ersten Teil wird meist auf das Ziel der Chemie eingegangen und die Elementen- und Prinzipientheorie dargestellt. Während die prinzipientheoretischen Ausführungen bei de Clave, Glaser und Lemery wie zuvor schon bei Beguin nur wenige Seiten umfassen, wird ihnen bei Le Fèvre relativ viel Platz eingeräumt.[94] An diesen theoretischen Teil schließt sich meist eine Art *Handgrifflehre* an, wie sie schon in Libavius' *Alchymia* enthalten war, d.h. eine Geräte- und Feuerkunde, sowie Erläuterungen zur chemischen Nomenklatur. Diesem ersten Teil folgt dann stets der relativ sehr viel umfassendere anwendungsorientierte oder Rezepte-Teil, in dem die einzelnen Operationen der Medikamentengewinnung genau beschrieben werden. Die Lehrbuchautoren waren dabei um eine möglichst vollständige Wiedergabe des zeitgenössischen Repertoires der Medikamentengewinnung bemüht. Die Gliederung dieses Teils erfolgte entweder nach den Produkten der Operationen – in diesem Fall gab es Kapitel über Spiritus, Olea, Tinkturen etc. verschiedener Herkunft – oder nach den drei Naturreichen – in diesem Fall wurde für die Stoffe jeweils eines Naturreichs die Gewinnung der Spiritus, Olea, Tinkturen etc. gesondert dargestellt. Die praktischen Anleitungen oder Rezepte zur Herstellung chemischer Medikamente wurden ergänzt durch Beschreibungen der Eigenschaften und Wir-

91 Vgl. oben III.1.2.

92 Vgl. PARTINGTON HC III 28 f..

93 Nach Partington folgte de Clave Davisson an den Jardin des Plantes – vgl. PARTINGTON HC III 7. CONTANT (1952) erwähnt dagegen de Clave nicht.

94 Die prinzipientheoretischen Ausführungen bei Le Fèvre umfassen rund 80 von über 900 Seiten des Werkes. Einen Überblick über die verschiedenen *Cours* oder *Traités de chimie*, der aber auf diesen theoretischen Teil beschränkt ist, gibt METZGER (1923) 17–99. Dieser Überblick ist insofern leicht irreführend, als er für jeden mit diesen Schriften nicht Vertrauten den Eindruck erweckt, als spiele die Theorie eine dominierende Rolle in diesen Lehrbüchern. Die praktische Orientierung dieser pharmazeutischen Lehrbücher betonen auch BOAS (1958) 49, PARTINGTON HC III 2 ff. und DEBUS (1991) 127.

kungen dieser Medikamente und ihres medizinischen Anwendungsbereichs. Im Rahmen dieser Systematik wurden auch die Herkunft der Arzneichemikalien und deren Gewinnungsmethoden abgehandelt. Die Beschreibung der Metalle als einer der wichtigsten Stoffgruppen für die Herstellung chemischer Medikamente und der metallurgischen Operationen, insbesondere der für die Gewinnung reiner Ausgangsmaterialien notwendigen Verfahren der Scheidung der Metalle, fanden in diesem Zusammenhang ebenfalls Eingang in die chemisch-pharmazeutischen Lehrbücher. Hier lassen sich vielfältige Übereinstimmungen mit den zeitgenössischen metallurgischen Schriften finden, die von den Lehrbuchautoren auch rezipiert wurden.

Die im ersten Teil enthaltenen Erläuterungen zur Terminologie chemischer Operationen enthalten nicht nur technische Angaben, sondern bringen, auch sprachlich formuliert, ein bestimmtes Verständnis dieser Operationen zum Ausdruck. Auch gibt es hin und wieder in diesem ersten Teil verstreute oder isoliert stehende Bemerkungen zu abstrakteren, sich auf chemische Operationen beziehenden Begriffen wie Scheidung oder Reines und Unreines. Was aber noch fehlt und diese Schriften zugleich als technologische auszeichnet, ist der Versuch, diese Bemerkungen weiter zu treiben zur Formulierung einer zusammenhängenden, die Erläuterungen zu den einzelnen chemischen Operationen übergreifenden empirischen chemischen Theorie, die chemische Stoffe und ihre Veränderungen als abstrakte Entitäten enthielte. Der *Cours de chymie* (1675) N. Lemerys stellt in dieser Hinsicht einen Grenzfall dar. Die Integration und Abstraktion chemischer Operationen wird bei ihm bedeutend weiter getrieben als bei den Autoren vor ihm.[95] Die Grenzen zwischen einem rein praktisch-technologisch orientierten und einem stärker theoretischen Lehrbuch wurden gegen Ende des 17. Jahrhunderts fließend. Schließlich führte eine kontinuierliche Entwicklungslinie von der punktuellen und oft nur impliziten Reflexion chemischer Operationen zu Ansätzen einer neuzeitlichen chemischen Theorie.

IV.2.7 *Rudolph Glauber – Medikamentenhersteller, Metallurge und Projektemacher*

Zu den pharmazeutischen Schriften, die die chemischen Operationen der Medikamentengewinnung nicht umfassend und systematisch darzustellen beabsichtigten und die daher keinen Lehrbuchcharakter tragen, gehören Glaubers *Furni novi philosophici* (1664–49). Johann Rudolph Glauber (1604–1668)[96] ist einer jener Allround-Praktiker und chemischen Technologen des 17. Jahrhunderts, zu denen auch Johann Kunckel (1630–1702) und Johann Joachim Becher (1635–1682) zu zählen sind.[97]

[95] Vgl. unten VI.2.

[96] Zum Folgenden vgl. KOPP GdCh I 128 ff., PARTINGTON HC II 341 ff. und WALDEN (1929) 151 ff..

[97] Johann Joachim Becher, dessen Schriften Ausgangspunkt für die theoretischen Arbeiten Stahls waren, erwarb seine Kenntnisse autodidaktisch, vor allem auf Reisen durch Deutschland, Holland und Italien. Er wurde 1663 durch den Kurfürsten von Mainz zum Professor der Medizin an der dortigen Universität und zum Leibarzt ernannt, gab aber diese Stellung bald auf und wurde 1664 Leibarzt des Kurfürsten von Bayern. Ein Jahr später, 1665, wurde er mit Unterstützung des Grafen Zinsendorf in Wien zum Kaiserlichen Commerz- und Kammerrath ernannt und konnte sich in dieser Stellung mit zahlreichen politischen und ökonomischen Projekten befassen. Z.B. organisierte er ein Werkhaus mit einem chemischen Laboratorium, in dem Textilien, Farben und Glas hergestellt oder geprüft wurden. Den Generalstaaten von Holland schlug er ein Projekt zur Umwandlung von Meersand in Gold mittels Silber vor, das diese zunächst auch annahmen und erprobten. Nach einem Aufenthalt in Holland, u.a. zu diesem Zweck, gelangte Becher schließlich nach England, wo er den Bergbau in Cornwall und Schottland studierte und zeitweise auch als Berginspektor tätig war. Vgl. KOPP GdCh I 177 ff., PARTINGTON HC II 637 ff. und MULTHAUF (1966) 262.

Im 17. Jahrhundert war allmählich ein Markt entstanden, der nicht nur für die Waren aus den chemischen Kleinbetrieben und Apotheken aufnahmebereit war, sondern auf dem auch die Produkte fahrender Erfinder und Medikamentenhersteller Absatz fanden. Die Fürstenhöfe waren ein weiterer Ort, an dem neben den Alchemisten auch andere chemische Technologen Geld und Unterstützung für ihre Projekte fanden. Darüber hinaus bestand auch bei adligen und bürgerlichen Unternehmern ein Bedarf nach sachverständigen Technologen und Ingenieuren. Dies ist, grob skizziert, das Terrain, auf dem Leute wie Glauber, Becher und Kunckel wirkten, und ein Grund dafür, warum sie in der Chemiehistoriographie unter so verschiedenen Bezeichnungen wie Medikamentenhersteller, Chemieingenieure, chemische Techniker oder Alchemisten geführt werden.

Glauber wurde 1604 als Sohn eines Barbiers in Karlstadt (Franken) geboren. Während des Dreißigjährigen Krieges begab er sich auf Wanderschaft durch verschiedene Teile Deutschlands, Österreichs und der Schweiz. In Wien verdiente er sich 1625 seinen Lebensunterhalt mit der Herstellung von Spiegeln. Während seiner Reisen muß er sich als Autodidakt pharmazeutische und medizinische Kenntnisse angeeignet haben, denn 1644 wurde er in Gießen Leiter der fürstlichen Hofapotheke. Infolge des Hessenkrieges mußte er ein Jahr später Gießen wieder verlassen und gelangte 1648 nach Amsterdam, wo er in dem früheren Labor eines Alchemisten arbeiten konnte. Als Anhänger des Paracelsus stellte er dort vorwiegend chemische Medikamente her, vor allem Mineralsäuren und Salze, beschäftigte sich aber auch mit chemisch-technologischen Arbeiten, wie z.B. mit der Färbung von Glas durch Metalloxide, der Herstellung künstlicher Edelsteine aus gefärbtem Glasfluß, neuen Verfahren für die Extraktion der Edelmetalle aus ihren Erzen und für ihre Scheidung sowie für die Reinheitsprüfung der Metalle. In den *Furni novi philosophici* (1646–49) stellt er die chemischen Operationen dieser Zeit zusammen. Nach dem Ende des Dreißigjährigen Krieges kehrte Glauber nach Deutschland zurück und richtete 1651 in Kitzingen ein Laboratorium ein. Vom Kurfürsten von Mainz erhielt er ein Privileg für ein Verfahren der Weinverbesserung. Er betrieb Handel mit Wein, Essig und Weinstein und therapierte als Arzt mit seinen chemischen Medikamenten. In Kitzingen schrieb er seine zweite bedeutende pharmazeutische Schrift, die *Pharmacopoea spagyrica*, deren erster Teil 1654 in Nürnberg gedruckt wurde. 1655/6 verließ er Deutschland erneut und begab sich wieder nach Amsterdam, wo er ein großes Laboratorium mit mehreren Mitarbeitern errichtete. Zu diesem Laboratorium gehörte ein Versuchsgarten, in dem er die Getreidezucht mit Mineraldünger erprobte. Außer mit der Herstellung von Medikamenten war Glauber in Amsterdam mit verschiedenen chemisch-technologischen Projekten beschäftigt, darunter mit der Verfeinerung von Leinengarn mit Alkalilösungen, der

---

Johann Kunckel war der Sohn eines Alchemisten, der im Dienst des Herzogs von Holstein stand, und arbeitete später auch als Assistent seines Vaters. Wie auch Glauber hatte er keine wissenschaftliche Ausbildung an einer Universität erhalten. 1654 trat er in den Dienst der Herzöge Franz Karl und Julius Heinrich von Lauenburg als Kammerdiener, Alchemist und Aufseher der Hofapotheke. In den gleichen Funktionen wurde er dreizehn Jahre später vom Kurfürsten von Sachsen eingestellt. In dessen Laboratorien in Dresden und Annaberg konnte er neben Transmutationsversuchen auch das Verhalten von Säuren und Salzen studieren. 1676 publizierte er seine Schrift *Nützliche Observationes oder Anmerckungen von den Fixen und flüchtigen Salzen, Auro und Argento potabili spiritu mundi (...)*. Darauf folgten 1677 seine *Chymische Anmerckungen, darinn gehandelt wird von denen Principiis Chymicis (...)*. Zwei Jahre lang, von 1677 bis 79, hielt Kunckel Chemievorlesungen an der Universität von Wittenberg, wo auch Sennert lehrte. Hier entdeckte er seine Methode der Gewinnung von Phosphor, den er auch als Medikament einsetzte. 1679 wurde er vom Kurfürsten Friedrich Wilhelm von Brandenburg als Kammerdiener und Leiter seines Laboratoriums nach Berlin berufen. Dort betrieb er zehn Jahre lang die Glasmacherei und brachte Antonio Neris Glaskunst mit eigenen Anmerkungen unter dem Titel *Ars Vitraria Experimentalis, oder Vollkommene Glasmacher-Kunst* (1679) heraus. Nach dem Tod Friedrich Wilhelms wurde Kunckel Bergrat König Karls IX. in Stockholm, wo er 1702 starb. – Vgl. PARTINGTON HC II 361 ff. und KOPP GdCh I 173 ff..

Verbesserung der Klebeeigenschaften von Tischlerleim durch Zusatz von Salz- oder Schwefelsäure und der Herstellung von Malzextrakt als Nahrungsmittel.[98] In seiner sechsbändigen Schrift *Teutschlands Wohlfahrt* (1656–1661) gibt er Ratschläge für verschiedene technologische Verfahren, darunter für die Anlage von Salpetergärten, und für die Verbesserung der Landwirtschaft. Glauber arbeitete mehr als zehn Jahre lang in Amsterdam, bis er, wohl infolge einer Arsen- oder Quecksilbervergiftung, erkrankte und 1668 starb.

Die Schrift mit dem etwas merkwürdig klingenden Titel *Furni novi philosophici* umfaßt fünf Bände, in denen jeweils ein von Glauber entwickelter oder verbesserter Ofen, d.i. eine Destillationsapparatur, und die mit ihnen durchführbaren chemischen Operationen vorgestellt werden.[99] Im ersten Teil (I 9-79) werden Destillationen beschrieben, die bis dahin wegen der erforderlichen hohen Temperaturen Schwierigkeiten bereiteten, darunter die des Spiritus salis (Salzsäure) und der Olea der Metalle (Metallchloride).[100] Da die zu destillierenden Substanzen in dieser Apparatur auf glühende Kohlen aufgetragen wurden, konnten damit nur unverbrennliche Substanzen destilliert bzw. unverbrennliche Destillationsprodukte gewonnen werden. Mit einer anderen Destillationsapparatur, die im zweiten Teil (II 3–183) beschrieben wird, sollten alle leicht brennbaren Vegetabilien, Animalien und Mineralien destilliert werden können. Glauber beschreibt in diesem zweiten Teil auch die Destillation der Säuren aus Vitriolen und Salpeter sowie deren Anwendung. Im dritten Teil (III 3–64) wird beschrieben, wie man vor allem Vegetabilien zeit- und kostensparend in einer Apparatur destillieren kann, bei deren Bau auf Glas- und Metallteile verzichtet und statt dessen Holz verwendet werden kann. Während es in diesen ersten drei Teilen um die Gewinnung chemischer Medikamente geht, enthält der vierte Teil (IV 3–106) Verbesserungsvorschläge für metallurgische Operationen, darunter des Probierens und Scheidens der Metalle, und auch Überlegungen zu alchemistischen Metalltransmutationsversuchen. Der fünfte und letzte Teil (V 3–56) ist ausschließlich chemischen Instrumenten gewidmet.

IV.3 Die chemischen Operationen in der gewerblichen Praxis

Nachdem in den vorangegangenen beiden Abschnitten die chemisch-technologische Literatur, die den Begründern des chemischen Verbindungskonzepts als Informationsquelle zur Verfügung stand, und die gewerbliche Praxis, auf die sich diese Literatur bezog, beleuchtet wurden, sollen nun die chemischen Operationen der gewerblichen Praxis selber genauer untersucht werden. Es geht darum zu klären, welche der chemischen Operationen, die in der metallurgischen und pharmazeutischen Literatur beschrieben sind, als empirische Grundlage des chemi-

---

[98] Vgl. Walden (1929) 170.

[99] Seine Vorrede beginnt mit den Worten: „Nach dem ich vor etlichen Jahren / durch embsige und fleißige Speculation und Suchen / etliche sonderliche compendiose Oefen und Modos distillandi erfunden / mit welchen man viel grosse Dinge / die sonsten durch die gemeine und bekandte Distillir-Kunst unmöglich zuthun / verrichten kan. Also hab ich solche herrliche Invention bißhero alzeit geheim gehalten. Nach deme ich aber betrachtet / daß solche Edle Kunst vielen gebrechlichen Menschen zu Dienst und Nutzen gereichen könte / hab ich solche wegen Christlicher Liebe gegen meinen Nächsten / nicht länger verhalten wollen." (Glauber (1646–49) 3.)

[100] Vgl. unten III.3.2.

schen Verbindungskonzepts und der Tabelle Geoffroys gelten können. Unter dieser Fragestellung ist es nötig, eine Auswahl der zu rekonstruierenden chemischen Operationen zu treffen. D.h. nicht die ganze Fülle der chemischen Operationen der gewerblichen Praxis muß in diesem Zusammenhang rekonstruiert werden, sondern nur diejenigen, auf die Boyle, Homberg oder Geoffroy ihre chemischen Verbindungsvorstellungen bezogen. Dies waren vor allem die Salzbildungen aus einer Säure und einem Metall, Alkali (Alkalicarbonate) oder einer Erde (Oxide und Carbonate von Leichtmetallen) sowie die Bildung von Metallsulfiden, Amalgamen und metallischen Legierungen.

Ein Kennzeichen dieser einfachen anorganischen chemischen Verbindungen ist ihre reversible Zerlegbarkeit. Geht man von der Vermutung aus, daß die Reversibilität chemischer Operationen bei der Herausbildung des chemischen Verbindungskonzepts eine Rolle gespielt hat – eine Vermutung, die erst in Teil V überprüft werden soll –, so ergeben sich zwei Möglichkeiten. Entweder sind solche Operationen zu praktischen Zwecken innerhalb des Herstellungsprozesses eines bestimmten Produktes als reversible Arbeitsprozesse durchgeführt und von den Autoren chemisch-technologischer Schriften auch zusammenhängend beschrieben worden oder die Bildung einer Verbindung und deren reversible Zerlegung wurden im praktischen Kontext getrennt durchgeführt und daher auch in der chemisch-technologischen Literatur an ganz verschiedenen Stellen und zunächst ohne Herstellung eines Zusammenhangs beschrieben, so daß sie erst in der Reflexion zu einer reversiblen chemischen Veränderung kombiniert werden mußten. In beiden Fällen ist nicht voraussetzbar, daß die Reversibilität einer Operation auch als reversible *Verbindungsbildung und Zerlegung* verstanden wurde. Es gab andere Möglichkeiten, wie wir in Teil V genauer sehen werden, die erkannte Reversibilität zu interpretieren. Zudem mußte im zweiten Fall eine im 17. Jahrhundert keineswegs selbstverständliche Abstraktionsleistung erbracht werden, nämlich die von den jeweiligen praktischen Zwecken der zu kombinierenden Operationen.

Der Gesichtspunkt, unter dem in diesem Teil IV die Rekonstruktion der für die Herausbildung des chemischen Verbindungskonzepts relevanten chemischen Operationen der gewerblichen Praxis erfolgt, läßt die mit der Interpretation dieser Operationen durch die Autoren der technologischen Schriften verbundenen Probleme außer Acht. Die hier erfolgende Rekonstruktion geht von dem später entwickelten chemischen Verbindungskonzept aus, von der *Möglichkeit* der Erkenntnis der Reversibilität dieser Operationen und ihrer Erklärung als Verbindungsbildung und reversible Zerlegung. Sie nimmt somit die Perspektive derer ein, die Ende des 17. Jahrhunderts das chemische Verbindungskonzept entwickelten und diese Literatur als Informationsquelle benutzen konnten.

Auf der anderen Seite muß diese Rekonstruktion aber auf der Grundlage der vorhandenen Beschreibungen und der tatsächlich von den Autoren gemachten Angaben über die eingesetzten Stoffe und die Methoden der Durchführung der Operationen erfolgen. Nicht genannte Stoffe können keinen Eingang in die Rekonstruktion finden. Dies wird überall dort relevant, wo Gase, die vor dem 18. Jahrhundert nicht als Reaktionspartner erkannt wurden, an der Reaktion beteiligt waren. Bei der Rekonstruktion der metallurgischen Operationen entfallen daher alle mit Redoxreaktionen einhergehenden Metallgewinnungsprozesse, die aus der heutigen Sicht reversible Verbindungsbildungen und Zerlegungen par excellence sind. Ebenso werden die Salzbildungen so rekonstruiert, wie sie zu Beginn des 18. Jahrhunderts interpretiert wurden, d.h. nicht als Redoxreaktionen, sondern als Verbindungen von Metallen mit Säuren.[101]

IV.3.1 *Die chemischen Operationen der Metallurgie*

Die verschiedenen Arbeitsverfahren, die im Bergbau und Hüttenwesen anfielen und in den metallurgischen Schriften beschrieben wurden, waren das Probieren der Erze und Metalle, die Aufbereitung der Erze, die Metallgewinnung im engeren Sinne und die Scheidung der Metalle.

Der Erzaufbereitung durch Zerkleinerung des Erzes und Aussondern tauben Gesteins mittels Pochen, Sieben, Waschen und Rösten des Erzes ging das Probieren der *Erze* voraus. Das Probieren der Erze, das heißt die Ermittlung des quantitativen Metallgehalts eines Erzes, war der erste entscheidende Schritt für alle nachfolgenden Arbeitsphasen der Metallgewinnung, denn davon hing ab, ob ein Erz abbauwürdig war oder nicht.[102] Dieser Arbeitsschritt war freilich kein tagtäglich auszuführender, sondern in erster Linie beim Auffinden eines neuen Erzlagers notwendig. Danach konnten sich zumindest erfahrene Bergleute am äußeren Erscheinungsbild eines Erzes orientieren.[103] Bei Erzen mit stark schwankendem oder mit relativ geringem Metallgehalt wie bei den Erzen der Edelmetalle dürfte allerdings eine Nachkontrolle in kontinuierlichen Abständen für die Wirtschaftlichkeit des Abbaus unentbehrlich gewesen sein.

Im Verlauf der Metallgewinnung im engeren Sinn, dem sogenannten Schmelzen der Metalle aus dem Erz, war dagegen in einigen Fällen das Probieren des *Metalls*, d.h. die Feststellung des Gehaltes eines bestimmten Metalls in einer erschmolzenen Legierung, ein regelmäßig durchzuführender Kontrollschritt. Insbesondere bei der Extraktion von Gold und Silber aus ihren Erzen mit Blei mußte der Edelmetallgehalt der dabei entstehenden Gold-Blei- bzw. Silber-Blei-Legierung und damit der Erfolg dieses Arbeitsganges in regelmäßigen Abständen durch Probieren des Edelmetallgehaltes des Bleis überwacht werden.[104]

Probierverfahren standen aber auch am Abschluß des Schmelzprozesses vor dem letzten Arbeitsgang, der Scheidung der Metalle. Beim Schmelzen der Metalle aus dem Erz werden die Metalle zwar vom Gestein abgetrennt, nicht aber untereinander. Da die meisten Metalle

[101] Bei der Bildung von Metallsalzen durch Auflösung von Metallen in Mineralsäuren werden die unedlen Metalle durch die Wasserstoffionen der Säure oxidiert, wobei diese gleichzeitig zu Wasserstoff reduziert werden – z.B.:

$$2\,Me + 2\,H^+ + 2\,Cl^- \rightarrow 2\,Me^+ + 2\,Cl^- + H_2$$

Metallsalze aus edlen Metallen (deren Normalpotential höher ist als das von Wasserstoff) können nur mit oxidierenden Säuren gebildet werden, wobei die Säure gleichzeitig reduziert wird. Aus Schwefelsäure entsteht dabei Schwefeldioxid, und aus Salpetersäure entstehen Stickoxide – z.B.:

$$3\,Ag + 4\,HNO_3 \rightarrow 3\,Ag^+ + 3\,NO_3^- + NO + 2\,H_2O$$

[102] So heißt es z.B. im 7. Buch der *De re metallica*: „Damit nämlich die geförderten Erze gewinnbringend geschmolzen und aus ihnen nach Abtrennung der Schlacken reine Metalle hergestellt werden können, ist es der Mühe wert, sie vorher zu probieren." (AGRICOLA (1556) 298)

[103] Vgl. dazu AGRICOLA *De re metallica* Buch 8, (1556) 346.

[104] Im 9. Buch der *De re metallica* schreibt Agricola: „Wir können die Legierung des Goldes mit dem Blei oder des Silbers mit demselben (...) so oft probieren, wie sie aus dem Ofen, wenn er mit dem Stecheisen geöffnet ist, herausfließt und sich auf dem Vorherd setzt; dieser Versuch belehrt uns bezüglich der Legierung von Gold oder Silber, ob sie nicht etwa reicher geworden ist, wenn der Stich des Ofens zum zweiten Mal oder zum dritten Mal geschlossen wird, oder ob sie schwach und kraftlos geworden ist und kein weiteres Gold oder Silber aufgenommen hat. Denn wenn sie reicher geworden ist, müssen die Kräfte der Legierung durch Beigabe eines Teils Blei wieder hergestellt werden; wenn nicht, muß sie vom Vorherd abgegossen werden, damit anderes, frisches Blei aufgelegt werden kann." (AGRICOLA (1556) 498)

mit anderen vergesellschaftet vorkommen, schloß sich häufig an das Schmelzen des Metalls die Metallscheidung an, das heißt die chemische Zerlegung der Legierung in die einzelnen Metalle. Vor die Metallscheidung im großen technischen Maßstab wurden Probierverfahren für die Feststellung des Gehaltes der verschiedenen Metalle in der Legierung eingeschaltet, weil sich nach deren Resultat die notwendige Menge des Scheidemittels und die technischen Details der Scheidung richteten. Gerade die Probierverfahren für die Feststellung des Metallgehalts in Legierungen hatten aber auch ein größeres, über das Hüttenwesen hinausgehendes Anwendungsfeld im verarbeitenden metallurgischen Gewerbe, vor allem in den Goldschmieden und Münzstätten.[105]

Die mit diesen vier Arbeitsschritten verbundenen chemischen Operationen, auf die es uns hier ankommt, wurden in den metallurgischen Schriften nicht abstrakt als Zusammenfügen oder Zerlegen von chemischen Stoffen beschrieben, sondern im Zusammenhang mit der Darstellung des konkreten Arbeitsverlaufs und mit vielen technischen Details, z.B. über den Bau der Öfen und die Beschaffenheit verschiedener Arbeitsinstrumente, die Art und Weise der Beschickung und Befeuerung der Öfen etc. Das Interesse der Autoren und vermutlich auch ihrer Leser war ja nicht auf die abstrakte chemische Seite der Metallurgie, sondern auf die technologische gerichtet, und diese sollte möglichst anschaulich und nachvollziehbar beschrieben werden. Die Systematik der Darstellung war daher nicht an den chemischen Operationen orientiert, sondern – wie bei Agricola und Biringuccio – an der Technologie der Arbeitsverfahren oder – wie in den Probierbüchern von Fachs oder Ercker – an den Metallen und den verschiedenen Verfahren ihres Probierens. Dadurch ergaben sich hinsichtlich der chemischen Operationen zahlreiche Überschneidungen. Das Probieren des Metallgehaltes eines Erzes beruht auf demselben chemischen Prozeß wie die Metallgewinnung durch Schmelzen des Metalls aus dem Erz, denn um den Metallgehalt eines Erzes bestimmen zu können, mußte es zunächst aus diesem isoliert werden, um danach das Gewicht des isolierten Metalls mit dem der Erzprobe vergleichen zu können. Ebenso müssen, um den Metallgehalt eines bestimmten Metalls in einer Legierung bestimmen zu können, die Metalle voneinander geschieden werden, und daher war das Probieren der Metalle eine Metallscheidung im kleinen Maßstab.

Im Folgenden wird die Systematik der metallurgischen Schriften außer Acht gelassen und die darin beschriebenen chemischen Operationen losgelöst von den technischen Details herausgearbeitet. Diese Rekonstruktion wird von den in den Schriften enthaltenen Beschreibungen ausgehen, von den Beschreibungen also, die auch den Chemisten des 17. Jahrhunderts als Informationsquelle zur Verfügung standen. Der Akzent liegt dabei auf solchen chemischen Operationen, auf die sich die ersten chemischen Verbindungsvorstellungen und das chemische Verbindungskonzept Geoffroys bezogen, also auf der Beschreibung reversibel durchgeführter Operationen, d.h. auf solchen, bei denen bestimmte isolierte Reinstoffe zu einem neuen zusammengefügt und dieser neue Stoff anschließend wieder in die ursprünglichen Ausgangsstoffe zerlegt wurde oder umgekehrt. Unter Beschreibung wird dabei nicht verstanden, daß die Reversibilität als solche erkannt und expressis verbis zum Ausdruck gebracht

[105] Bei Agricola heißt es im 7. Buch der *De re metallica*: „Ja, ein solcher Versuch (Experiment) lehrt, ob Münzen echt oder unecht sind, und stellt mit Sicherheit das Silber fest, wenn davon mehr als recht ist die Münzer dem Golde beigemischt haben; oder Kupfer, wenn dieselben (Münzer) dieses mehr, als sie dürfen, mit dem Gold oder dem Silber legiert haben." (AGRICOLA (1556) 298)

sein mußte, sondern es genügt, wenn die beteiligten Stoffe benannt und das Zusammenfügen und Zerlegen in irgendeiner Weise beschrieben sind und somit eine empirische Grundlage für eine nachfolgende Abstraktion und Erkenntnis der Reversibilität schriftlich fixiert ist.

Damit entfällt bereits eine große Gruppe chemischer Veränderungen, die vor dem 18. Jahrhundert nicht als chemische Operationen, an denen mehrere Stoffe beteiligt sind, erkannt werden konnten, nämlich die Gewinnung unedler Metalle aus ihren Erzen durch eine Redoxreaktion und, weil sie auf denselben chemischen Prozessen beruhen, die Probierverfahren für die Erze dieser Metalle. Die Gewinnung der unedlen Metalle wie Eisen, Blei, Zinn, Zink, Kupfer oder Antimon ist mit einer Reduktion der metallischen Verbindung, meist eines Metalloxids, gekoppelt. Die zugesetzten Reduktionsmittel wie Holz, Holzkohle oder Kohle haben aber eine Doppelfunktion. Sie liefern nicht nur die festen und gasförmigen Reduktionsmittel in Form von Kohlenstoff und Kohlenmonoxid, sondern fungieren zugleich als Brennmaterialien. Diese Doppelfunktion wurde vor dem 18. Jahrhundert nicht durchschaut. Die Autoren der metallurgischen Schriften und die Chemisten des 17. Jahrhunderts verstanden die Gewinnung der unedlen Metalle als bloßes Schmelzen des Metalles aus dem Erz. Dieser Arbeitsschritt wurde zwar durchaus als chemischer Prozeß aufgefaßt, als eine mit dem wichtigsten Instrument des Chemisten, dem Feuer, erfolgende Zerlegung des Erzes in Gestein und Metall, nicht aber als eine Zerlegung, an der mehrere Stoffe beteiligt sind und die mit einer Verbindungsbildung einhergeht.[106] Die Verfahren der Erzaufbereitung, als vorwiegend mechanische Vorgänge hauptsächlich von technologischem Interesse, sind in unserem Zusammenhang nicht von Bedeutung. Eine Ausnahme stellt das Rösten der Erze dar, bei dem Wasser, einige metallische Beimischungen in Form flüchtiger Metalloxide und vor allem Schwefel als Schwefeldioxid aus dem Erz entfernt werden. Die chemischen Grundlagen des Röstens waren damals zwar genausowenig durchschaubar wie andere Oxidationsprozesse, aber sie waren mit Beobachtungen über die gegenseitigen Einwirkungen von Metallen und Schwefel verbunden, auf die im Teil V eingegangen wird.

Dieser Teil IV kann sich daher auf die Rekonstruktion von zwei Gruppen chemischer Operationen der Metallurgie beschränken:

- Erstens auf die chemischen Operationen, die der Gewinnung der gediegen vorkommenden Edelmetalle Gold und Silber aus ihren Erzen dienten, sei es im großen Maßstab oder im Probierverfahren. Die Gewinnung von Kupfer durch Präzipitation im Zementationsprozeß sowie die Gewinnung von Quecksilber durch die Zerlegung von Zinnober in Quecksilber und Schwefeldioxid und die Resynthese von Zinnober sind Sonderfälle der mit Redoxreaktionen einhergehenden Metallgewinnungsverfahren, die hinzukommen.

---

106 Dagegen erklärt die moderne Theorie der Redoxreaktionen die Metallgewinnung aus den Erzen als einfache Zerlegung der Metallverbindung durch Reduktion, die mit einer einfachen Verbindungsbildung, der Oxidation des Reduktionsmittels und der Bildung von Kohlendioxid, einhergeht. Innerhalb dieser Theorie sind Redoxreaktionen Prototypen für – in unserem Sinne – reversible Verbindungsbildungen und Zerlegungen. Die Reduktion des Metalloxids MeO geht mit einer Oxidation oder Verbindungsbildung von Kohlenmonoxid oder Kohlenstoff einher:

$$MeO + CO \rightarrow Me + CO_2$$

Umgekehrt ist das Metall wieder mit Sauerstoff oxidierbar:

$$2\,Me + O_2 \rightarrow 2\,MeO$$

Vor Beginn des 18. Jahrhunderts, als vor allem Stahl im Rahmen seiner Phlogistontheorie die stofflich-chemische Funktion der Brennmaterialien erklärte, wurden diese dagegen nur als Lieferanten des Feuers betrachtet. Vgl. STAHL (1718).

– Zweitens die Scheidemethoden der Metalle, die in der letzten Stufe der Metallgewinnung und bei der quantitativen Ermittlung des Metallgehalts von metallischen Legierungen im Probierverfahren der Metalle angewendet wurden.

IV.3.1.1 *Die Gewinnung und das Probieren der Edelmetalle aus ihren Erzen*

Gold und Silber wurden aus ihren Erzen durch Extraktion mit Blei gewonnen. Das Verfahren bestand darin, daß die vorbereiteten und durch Zuschläge verflüssigten Erze mit Blei verschmolzen wurden.[107] Dabei entsteht eine Gold-Blei- bzw. eine Silber-Blei-Legierung, die von der spezifisch leichteren, obenauf schwimmenden Schlacke auf mechanische Weise getrennt werden kann. Die Zerlegung der Legierungen erfolgte anschließend in besonderen Öfen, den Treiböfen, wobei unter Luftzufuhr und mit Hilfe von Holzkohle in einer oxidierenden Schmelze Gold bzw. Silber neben Bleiglätte (Bleioxid) gebildet werden. Die Bleiglätte ließ man durch eine sogenannte Gleitgasse aus dem Ofen abfließen.[108]

Dieselbe chemische Operation wurde zum Probieren des Gold- oder Silbergehalts in Erzen durchgeführt, wobei lediglich andere Geräte verwendet wurden, nämlich anstelle der Schachtöfen die kleineren Probieröfen und statt der Treiböfen die sogenannten Kapellen. Diese etwa tassengroßen, schalenförmigen Kapellen waren innen mit einem Aschenfutter ausgekleidet, das beim Erhitzen der Silber- bzw. Gold-Blei-Legierung im sogenannten Kupellationsverfahren das Bleioxid und die Oxide unedler Begleitmetalle aufsaugen konnte und den Edelmetallregulus zurückließ.[109] Bei der Gewinnung von Gold und Silber aus ihren Erzen durch Extraktion mit Blei (bzw. dem entsprechenden Probierverfahren) entsteht somit zuerst eine Verbindung dieser Metalle mit Blei, die anschließend wieder in Gold bzw. Silber und eine Bleiverbindung zerlegt wird. Aus dieser Bleiverbindung kann auch das Blei wieder gewonnen werden. Dies wurde aber nur dann praktiziert, wenn diese Wiedergewinnung rentabel war, so z.B. beim Verfahren der Silbergewinnung aus silberreichen Blei- oder Kupfererzen.

Silber kommt häufig als Begleitmetall in Blei-, Kupfer- und Eisenerzen vor und wurde auch aus diesen, soweit der Silbergehalt hoch genug war, gewonnen. Das silberreiche Bleierz wurde in besonderen Öfen mit Holzkohle verschmolzen, wobei die darin enthaltene Bleiverbindung zu Blei reduziert wird und aus dem Ofen als flüssiges Blei abfließen konnte. Nachdem das silberarme Blei abgeflossen war, ließ man die spezifisch leichtere Blei-Silber-Legierung, das sogenannte Werkblei, abfließen, die wiederum in den Treiböfen in Silber und Bleiglätte zerlegt wurde. Die dabei anfallende erhebliche Menge von Bleiglätte wurde im üblichen Bleigewinnungsverfahren in Schachtöfen mit Holzkohle zu Blei verarbeitet.[110] Kombiniert man diese beiden Silbergewinnungsverfahren, das der Extraktion aus Silbererzen mit

---

107 Vgl. AGRICOLA *De re metallica* Buch 9, (1556) 516.

108 Vgl. AGRICOLA (1556) 576 f.. Die Formelgleichung für die Bildung der Bleilegierung und ihre Zerlegung im Treibofen lautet z.B. für Silber:

$$a\,Pb + b\,Ag \rightarrow Pb_aAg_b$$

$$Pb_aAg_b + c\,O_2 \rightarrow b\,Ag + a\,PbO$$

109 Vgl. AGRICOLA (1556) 320 ff..

110 Vgl. AGRICOLA *De re metallica* Buch 9, (1556) 521 f..

$$Pb_aAg_b + c\,O_2 \rightarrow a\,PbO + b\,Ag$$

$$a\,PbO + a\,CO \rightarrow a\,Pb + a\,CO_2$$

Blei und das der Gewinnung von Silber aus Bleierzen, so liegt eine vollständig reversible chemische Reaktion vor. Im ersten Verfahren wird zunächst eine Silber-Blei-Verbindung hergestellt, diese wird dann zerlegt in Silber und Bleiglätte. Im zweiten Verfahren wird aus Bleiglätte auch Blei wiedergewonnen. Aus silberreichen Kupfererzen wurde Silber im sogenannten Saigerprozeß gewonnen.[111] Das durch Reduktion erhaltene silberhaltige Rohkupfer wurde mit Blei verschmolzen, wobei eine Kupfer-Silber-Blei-Legierung entstand. Die Silber-Blei-Legierung konnte daraus auf einem sogenannten Saigerherd abtropfen oder aussaigern, weil sie leichter schmilzt als die Kupfer-Blei-Legierung. Nach wiederholtem Aussaigern reicherte sich Silber im Blei an, und sogenannte Kupferkienstöcke (Kupfer-Blei-Legierung) blieben zurück. Diese wurden zu Kupfer weiterverarbeitet, während die Silber-Blei-Legierung auf dem üblichen Weg in Treiböfen in Silber und Bleioxid zerlegt und anschließend das Bleioxid in Blei überführt wurde.[112]

Als Extraktionsmittel anstelle von Blei konnte auch Quecksilber dienen. Dieses Verfahren wurde für Silber erstmals im 16. Jahrhundert im amerikanischen Silberbergbau eingeführt.[113] Dabei entsteht eine Quecksilber-Silber-Legierung, ein Silberamalgam, das durch Destillation in Silber und Quecksilber getrennt werden kann.[114] Für Gold wurde die Extraktion durch Amalgambildung bereits lange vorher angewendet. Agricola beschreibt die Extraktion von Gold aus Goldsand durch Anquicken mit Quecksilber und nachfolgender Trennung, indem das Amalgam entweder durch Leder gepreßt, wobei Gold im Leder zurückbleibt, oder destilliert wird.[115] Auch in diesem Fall liegt eine Verbindungsbildung zu Silber- bzw. Goldamalgam und eine reversible Zerlegung dieser Verbindung in Silber bzw. Gold und Quecksilber vor.

IV.3.1.2 *Die Gewinnung von Kupfer durch Zementation*

Neben der Gewinnung von Kupfer aus Kupfererzen, dem bei Agricola ausschließlich beschriebenen Verfahren der Kupfergewinnung, spielte seit dem 13. Jahrhundert in Böhmen und seit dem 14. in Ungarn die Gewinnung von Kupfer aus kupfersulfathaltigen Grubenwäs-

---

111 Vgl. AGRICOLA *De re metallica* Buch 11, (1556) 627 ff..

112 1. Verschmelzen des silberhaltigen Kupfers mit Blei:

$$Cu_aAg_b + d\,Pb \rightarrow Cu_aAg_bPb_d$$

2. Saigerprozeß:

$$Cu_aAg_bPb_d \rightarrow Ag_bPb_e + Cu_aPb_f$$

3. Trennen der Silber-Blei-Legierung in Treiböfen:

$$Ag_bPb_e + f\,O_2 \rightarrow b\,Ag + e\,PbO$$

4. Wiedergewinnung des Kupfers und des Bleis: Die Kupferkienstöcke wurden zunächst „gedarrt", wobei noch etwas silberreiches Blei austropfte und gleichzeitig Kupfer und Blei oxidiert wurden. Das Bleioxid bildete eine Schlacke, die von Kupferoxid mechanisch abgetrennt werden konnte. Sowohl Blei- als auch Kupferoxid wurden anschließend mit Holzkohle (bzw. Kohlenmonoxid) reduziert – vgl. AGRICOLA (1556) 651 ff..

$$Cu_aPb_f + g\,O_2 \rightarrow a\,CuO + f\,PbO$$

$$a\,CuO + a\,CO \rightarrow a\,Cu + a\,CO_2$$

$$f\,PbO + f\,CO \rightarrow f\,Pb + f\,CO_2$$

113 Vgl. FESTER (1969) 67.

114 Agricola nahm dieses Verfahren noch nicht in seine *De re metallica* auf. Bei Biringuccio dagegen findet man die Beschreibung einer Variante dieses als Patioprozeß bezeichneten Verfahrens.

115 Vgl. AGRICOLA *De re metallica* Buch 9, (1556) 321 f..

sern eine große Rolle. Das im Grubenwasser enthaltene Kupfersulfat, der sogenannte blaue Vitriol, entstand auf natürliche Weise durch Verwitterung der schwefelhaltigen Kupfererze unter Einwirkung von Luft und Wasser. Später wurde absichtlich Wasser in stillgelegte Kupfergruben geleitet, um Kupfervitriol auszuwaschen.[116] Bei dem als Zementation bezeichneten Verfahren der Kupfergewinnung, das im 16. Jahrhundert z.B. in den Schriften des Paracelsus, Basil Valentinus' oder Erckers[117] beschrieben ist, werden Eisenstangen in das kupfervitriolhaltige Wasser eingetaucht, wobei sich Kupfer als sogenannter Zementkupfer an den Eisenstangen niederschlägt. Die Kupferionen des Kupfersulfates werden dabei durch das unedlere Eisen reduziert, und gleichzeitig geht Eisen als Eisenionen (Eisensulfat) in Lösung.[118] Das Verfahren wurde im 17. Jahrhundert zum zentralen Streitpunkt in der Kontroverse um das Problem der Metalltransmutation.[119] Es verläuft analog zur Wiedergewinnung von Silber aus Scheidewasser im Zusammenhang mit der metallurgischen Scheidung von Gold und Silber.[120] Im Unterschied zur Fällung von Kupfer mit Eisen wurde aber im Fall der Präzipitation von Silber mit Kupfer die Auflösung von Silber in Scheidewasser zuvor künstlich hergestellt. Unter der Voraussetzung, daß die Kupfersulfatlösung in Analogie zur Auflösung von Silber in Scheidewasser als Auflösung des Kupfers in Schwefelsäure interpretiert wurde, konnte die Ausfällung von Kupfer als Zerlegung der Verbindung von Kupfer und Schwefelsäure durch Eisen verstanden werden.

IV.3.1.3 *Die Gewinnung von Quecksilber und die Resynthese von Zinnober*

Quecksilber wurde in großen Mengen im Gold- und im amerikanischen Silberbergbau verwendet, daneben auch in der Iatrochemie als Ausgangsstoff für iatrochemische Medikamente, in den Goldschmieden als Hilfsmittel beim Vergolden und zur Herstellung von Spiegeloberflächen sowie für die Herstellung des als Pigment verwendeten künstlichen Zinnobers. Als Ausgangsmaterial für die Quecksilbergewinnung dienten zinnoberhaltige Quecksilbererze. Zinnober ist eine Verbindung aus Quecksilber und Schwefel (Quecksilbersulfid), die bei der Destillation in Quecksilber und Schwefeldioxid zerlegt wird.[121] Während dabei das Schwefeldioxid als Gas unbemerkt entweichen konnte, schlug sich Quecksilber an den kalten Teilen der Apparatur als Flüssigkeit nieder.[122] Natürlich vorkommender Zinnober wurde nicht nur als Lieferant von Quecksilber gebraucht, sondern seiner roten Farbe wegen auch als Pigment in der Malerei. Reinen, als Pigment verwendbaren natürlichen Zinnober gab es aber relativ

---

116 Vgl. ZIPPE (1857) 106.

117 Vgl. PARACELSUS W III 322, ERCKER (1574) 210 f. und zu Valentinus KOPP GdCh IV 161.

118 $Cu^{2+} + SO_4^{2-} + Fe \rightarrow Cu + Fe^{2+} + SO_4^{2-}$

119 Vgl. unten V.2.2.6.

120 Vgl. unten IV.3.1.4.2.

121 AGRICOLA beschreibt im 9. Buch seiner *De re metallica*, vgl. (1556) 539 f., verschiedene Methoden der Quecksilberdestillation aus Quecksilbererzen, erwähnt aber nicht deren Zinnobergehalt. Biringuccio weist dagegen darauf hin, daß Quecksilber aus einem roten Stein gewonnen werde, der fast wie Zinnober aussehe – vgl.BIRINGUCCIO (1540) book 2, chap. 1, 82. Sowohl Agricola als auch Biringuccio bezeichnen als Zinnober nur die künstlich hergestellte Verbindung. Der Name Zinnober für das natürlich vorkommende Mineral war aber andererseits schon seit dem Altertum in Gebrauch und wurde z.B. von Le Fèvre und Lemery verwendet.

122 Die Formelgleichung für die Zerlegung von Zinnober lautet:

$$2\,HgS + O_2 \rightarrow 2\,Hg + SO_2$$

selten, so daß man chemisch aus Quecksilber und Schwefel einen reinen, als Pigment verwendbaren Zinnober herstellte.[123] N. Lemery erwähnt in seinem *Cours de Chymie* noch einen anderen Zweck, zu dem an Ort und Stelle der Quecksilbergewinnung aus dem gewonnenen Quecksilber wieder künstlicher Zinnober hergestellt wurde. Dies geschah, um das Quecksilber zu transportieren. Der künstlich hergestellte Zinnober war als Feststoff leicht zu transportieren und im Vergleich zum natürlichen nicht verunreinigt, so daß er dort, wo das Quecksilber gebraucht wurde, durch eine einfache Destillation wieder in Quecksilber und Schwefeldioxid zerlegt werden konnte.[124] Auch in den Schriften anderer Iatrochemiker finden wir die Empfehlung, reines Quecksilber als Ausgangsstoff iatrochemischer Medikamente aus künstlichem Zinnober zu gewinnen.

Die Zerlegung von natürlichen Zinnober zur Gewinnung von Quecksilber, die Resynthese von Zinnober aus Quecksilber und Schwefel und dessen erneute Zerlegung ist ein weiterer vollkommen reversibel verlaufender Prozeß der Metallurgie.

IV.3.1.4 *Das Scheiden und Probieren der Metalle aus ihren Legierungen*

Die Scheidemethoden, die in der Metallurgie von besonderer praktischer Relevanz waren und in allen metallurgischen Schriften beschrieben wurden, waren die für die Edelmetalle Gold und Silber. Die Edelmetalle kommen selten ohne Begleitmetalle in ihren Erzen vor und sind umgekehrt häufig in solchen Konzentrationen als Begleitmetalle in anderen Erzen enthalten, die für eine Gewinnung der Edelmetalle rentabel ist. Gold kommt als Begleitmetall vor allem in Silber- und Kupfererzen vor, umgekehrt Silber oder Kupfer als unerwünschter Begleiter in Golderzen und Silber in abbauwürdigen Konzentrationen in Kupfer-, Blei- und Eisenerzen.[125]

Bei der Gewinnung von Gold bzw. Silber durch Extraktion aus ihren Erzen mußten deshalb in den meisten Fällen Gold-Silber-Legierungen bzw. Silber-Gold-Legierungen anfallen, die durch eine Scheidung zerlegt werden mußten. Auch die Verfahren der Gewinnung von Gold oder Silber als Begleitmetalle eines anderen Metalls liefen auf eine Metallscheidung hinaus, indem zuerst das Hauptmetall, also Kupfer, Blei oder Eisen, in einer Redoxreaktion aus seinem Erz gewonnen und anschließend das im Rohmetall enthaltene edle Begleitmetall vom unedlen Rohmetall geschieden wurde.

Die Scheidungen von Metallen spielten darüber hinaus aber auch überall da eine Rolle, wo die Metalle aus ihren zuvor hergestellten Legierungen wiedergewonnen werden sollten. Dies kam vor allem bei der Arbeit der Goldschmiede und Münzer vor, wenn sie die edlen Metalle Gold und Silber aus den zu Gebrauchsgegenständen bzw. Münzen verarbeiteten Legierungen zurückgewinnen wollten.

Das Probieren der Edelmetalle in metallischen Legierungen unterschied sich von der Scheidung im großen Maßstab nur dadurch, daß man im ersten Fall stets das Kupellationsverfahren anwendete, wobei die unedlen Metalle zusammen mit Blei als Oxide in das Aschenfut-

---

[123] Vgl. MERCKS (1890), Stichwort „Quecksilber", 480; vgl. auch BIRINGUCCIO (1540) 81 u. 353.

[124] Vgl. LEMERY (1675) 208–210.

[125] Im Buch 10 der *De re metallica*, wo es darum geht, „wie man Edelmetall von unedlem und umgekehrt unedles von edlem scheidet", heißt es: „Von Natur findet sich vor allem ein gewisser Anteil Gold in Silber und in Kupfer; ein gewisser Anteil Silber in Gold, in Kupfer, in Blei und in Eisen(...)". (AGRICOLA (1556) 555)

ter der Kapelle einzogen und verloren gingen, während man sie im zweiten Fall zurückgewann.[126]

IV.3.1.4.1 *Das Scheiden und Probieren von Gold und Silber aus ihren Legierungen mit unedlen Metallen*

Da zur Scheidung von Gold aus seiner Legierung mit Kupfer stets Stoffgemische als Scheidemittel und keine isolierten Reinstoffe verwendet wurden, waren die dabei ablaufenden chemischen Reaktionen schwer durchschaubar und können daher im Hinblick auf die hier interessierende Frage nach reversiblen chemischen Operationen mit Reinstoffen unberücksichtigt bleiben.[127]

Die Scheidung von Silber aus seiner Legierung mit Blei, Kupfer oder Eisen erfolgte stets mit Blei. In chemischer Hinsicht bringen diese Verfahren im Vergleich zur Gewinnung von Silber aus den verschiedenen Erzen nichts Neues.[128] Unterschiede bestanden lediglich darin, ob alle in die Legierungen eingehenden Metalle wiedergewonnen wurden oder nur die kostspieligeren. Bei der Gewinnung von Silber aus silberreichen Kupfererzen z.B. wurde zuerst durch Verschmelzen mit Blei eine Kupfer-Silber-Blei-Legierung hergestellt, woraus in mehreren Arbeitsschritten alle drei Metalle wiedergewonnen wurden.[129] Das Scheiden von Silber und Kupfer aus silberhaltigen Kupfermünzen im Zusammenhang mit dem Probieren ihres Silbergehaltes erfolgte dagegen stets mit Verlust des Kupfers. Die Legierung wurde mit Blei verschmolzen und dann wiederum in der Kapelle durch Oxidation von Kupfer und Blei zerlegt, wobei Silber zurückblieb und die Oxide in das Aschenfutter der Kapelle einzogen.[130] Sollte Silber z.B. in Münzen, die aus einer Eisen-Silber-Legierung bestanden, probiert werden, so wurde zunächst Spießglanz (Antimonsulfid) oder Schwefel mit dem silberhaltigen Eisen verschmolzen, wobei ein Teil des Eisens in Eisensulfid überführt wurde. Die nunmehr mit Silber angereicherte Eisenlegierung wurde danach mit Blei verschmolzen und auf der Kapelle in Silber und Eisen- und Bleioxid zerlegt.[131]

In allen diesen Fällen haben wir es mit einer reversiblen Verbindungsbildung des Silbers mit Blei zu tun, die anschließend wieder zerlegt wird in das regulinische Silber und die Oxide der unedlen Metalle, wobei auch diese unedlen Metalle bei den Scheideverfahren im großen Maßstab häufig zurückgewonnen wurden.

---

126 Agricola unterscheidet im Buch 7 der *De re metallica* die Metallscheidung beim Probieren und im großen Maßstab folgendermaßen: „Doch die unedlen Metalle werden für das Probieren auch heute noch verbrannt, weil der Verlust von so wenig Metall ein nur geringer Schaden ist; doch von einer großen Menge unedlen Metalls wird edles Metall immer abgeschieden, wie ich im 10. und 11. Buche entwickeln werde." (AGRICOLA (1556) 327)

127 Agricola beschreibt im zehnten Buch seiner *De re metallica* insgesamt neun verschiedene Scheidemethoden für Gold und Kupfer mit jeweils verschiedenen Stoffgemischen, die entweder zu Kupferoxid oder -sulfid führten; vgl AGRICOLA (1556) 574 f..

128 Vgl. oben IV.3.1.1.

129 Vgl. oben IV.3.1.1.

130 Vgl. AGRICOLA *De re metallica* Buch 7, (1556) 327.

131 Vgl. AGRICOLA *De re metallica* Buch 11, (1556) 666. Die Formelgleichung lautet:

$$Fe_aAg_b + d\ S \rightarrow d\ FeS + Fe_eAg_b$$

$$Fe_eAg_b + f\ Pb \rightarrow Fe_eAg_bPb_f$$

$$Fe_eAg_bPb_f + g\ O_2 \rightarrow b\ Ag + e\ FeO + f\ PbO$$

IV.3.1.4.2 *Die Scheidung von Gold und Silber*

Für die Scheidung von Gold und Silber gab es vier Methoden, die in fast allen metallurgischen Schriften beschrieben werden. Drei der Scheideverfahren sind trockene Verfahren, d.h. Verfahren im Schmelzfluß, und eines ein nasses Verfahren mit Scheidewasser (Salpetersäure). Bei den trockenen Scheidemethoden wurde die Gold-Silber-Legierung entweder mit Schwefel oder Spießglanz (Antimonsulfid) oder mit einem sogenannten Zementgemisch geschmolzen, das aus verschiedenen Salzen, darunter Kochsalz, bestand.[132] Je nach prozentualer Zusammensetzung der natürlichen oder zuvor hergestellten Legierung, die zunächst im Probierverfahren ermittelt werden mußte, wurde eine dieser Scheidemethoden gewählt. Allen vier Methoden gemeinsam ist, daß die Gold-Silber-Legierung zerlegt wird, indem sich das Scheidemittel nur mit dem Silber verbindet, das Gold aber chemisch unverändert bleibt, und daß nacheinander mehrere Verbindungsbildungen und reversible Zerlegungen ablaufen.

Die Scheidung von Gold und Silber wurde mit Schwefel durchgeführt, wenn die Legierung viel Silber und wenig Gold enthielt. Die Scheidung von Gold und Silber mit Schwefel war kein Trennverfahren im strengen Wortsinn, sondern ein Anreicherungsverfahren von Gold in Silber, das die anschließende Scheidung mit Scheidewasser wirtschaftlich rentabel machte.[133] Zunächst wurde das gesamte Silber durch Verschmelzen mit Schwefel zu Silbersulfid oxidiert, wobei Gold zurückblieb.[134] Anschließend wurden Teilmengen dieses Silbersulfids schrittweise durch mehrmaliges Verschmelzen mit Kupfer und dann mit Blei wieder zu Silber reduziert (das Niederschlagen). Das reduzierte Silber nimmt Gold wieder auf, so daß sich schließlich eine im Verhältnis Gold zu Silber stark angereicherte Legierung bildet, die sich am Boden absetzt und über der eine aus Blei-, Kupfer- und Silbersulfid bestehende fast goldfreie Schlacke schwimmt. Die Anreicherung des Goldes in Silber beruht dabei darauf, daß bei schrittweisem Auflösen mit kleinen Mengen eines Lösungsmittels, in diesem Fall Silber, eine höhere Konzentration des aufzunehmenden Stoffs erreicht werden kann als bei einmaliger Zugabe der gesamten Lösungsmittelmenge. Das Silber wurde aus der Schlacke zurückgewonnen, indem man es mit Blei verschmolz und in Treiböfen trennte. Da bei diesem Vorgang große Mengen Blei angewendet werden mußten, wurde auch die beim Abtreiben anfallende Bleiglätte (Bleioxid) anschließend nach dem üblichen Bleigewinnungsverfahren wieder zu Blei reduziert.[135]

Das Verfahren mit Spießglanz (Antimonsulfid) wurde angewendet, wenn die Legierung viel Gold und wenig Silber enthielt. Dabei verbindet sich der im Spießglanz enthaltene Schwefel mit Silber zu Silbersulfid, und der Goldregulus setzt sich am Boden ab. Silber wurde aus dem Sulfid anschließend zurückgewonnen. Dazu wurde das mit Spießglanz ver-

---

[132] Agricola schreibt im 10. Buch der *De re metallica* über die trockenen Verfahren: „Das Verfahren ist ein dreifaches. Eines wird nämlich mit Schwefel durchgeführt, das zweite mit Spießglanz, das dritte mit irgendeiner Verbindung, die aus diesen und anderen Stoffen besteht." (AGRICOLA (1556) 563)

[133] Die Scheidung mit Scheidewasser funktionierte nur quantitativ vollständig bei einem Gewichtsverhältnis des Goldes zu Silber von 1:4. Deshalb mußte zu goldreichen Legierungen zuvor Silber zugesetzt und umgekehrt aus goldarmen Silber abgesondert werden bzw. der Goldanteil angereichert werden.

[134] $Ag_aAu_b + a\,S \rightarrow a\,AgS + b\,Au$

$a_1\,AgS + Cu \rightarrow a_1\,Ag + CuS$

$a_2\,AgS + Pb \rightarrow a_2\,Ag + PbS$

$a_1\,Ag + b\,Au \rightarrow Au_bAg_{a1}$ etc..

[135] Vgl. AGRICOLA *De re metallica* Buch 10, (1556) 564 ff., und ERCKER (1574) 170 f..

mischte Silbersulfid mit Blei oder Eisen verschmolzen und dabei zu Silber reduziert.[136] Eine Alternative zur Scheidung einer goldreichen Gold-Silber-Legierung mit Spießglanz war die Scheidung mit einem Zementgemisch, auf die wir hier nicht eingehen, da nicht mit Reinstoffen gearbeitet wurde.[137]

Bei den besprochenen zwei Scheidemethoden treten somit folgende Verbindungsbildungen und reversible Zerlegungen auf. Zuerst die Verbindung von Gold und Silber zu einer Legierung, falls diese Legierung nicht unmittelbar aus der Metallgewinnung stammt. Diese Verbindung wird zerlegt, indem sich Silber mit dem Scheidemittel zu Silbersulfid verbindet. Danach wird auch die Verbindung aus Silber und Schwefel wieder mit Blei oder Kupfer zerlegt. Die für die Herausbildung des chemischen Verbindungskonzepts bedeutsamste Scheidemethode war jedoch die nasse Scheidung mit Scheidewasser, auf die wir im folgenden gesondert eingehen.

IV.3.1.4.3 *Die Einführung von Säuren in das chemische Gewerbe*

Die mittelalterliche Alchemie kannte unter den Mineralsäuren nur die Salpetersäure und die Schwefelsäure und verwendete diese gelegentlich als Aquas solventes. Vom Ende des 15. Jahrhunderts an erlangte die Salpetersäure in Venedig technologische Bedeutung als Scheidewasser für die Scheidung von Gold und Silber. Von Venedig wurde dieses nasse Scheideverfahren bald in Deutschland und dann auch in Frankreich übernommen, so daß es in den metallurgischen Schriften des 16. Jahrhunderts bereits ausführlich beschrieben werden konnte.[138] Die erforderliche Salpetersäure wurde zuerst aus dem Handel mit Venedig bezogen, im 16. Jahrhundert aber bereits im Nebenbetrieb der Hüttenwerke gewonnen. Obwohl diese Salpetersäuregewinnung die Kosten der Edelmetallscheidung in die Höhe trieb, wurde die nasse Scheidung ihrer Vollständigkeit wegen relativ häufig angewendet.[139] Die Gold-Silber-Legierung wurde in einem Glaskolben mit Salpetersäure übergossen und solange erhitzt, bis sich das Silber aufgelöst und das Gold am Boden abgesetzt hatte. Das als Silbernitrat in Lösung gegangene Silber wurde wiedergewonnen, indem man die Lösung in kupferne Wannen goß, wobei das Silber ausfällt.[140]

Auch bei diesem Scheideverfahren liegt die Herstellung einer homogen erscheinenden Auflösung, die des Silbers in Scheidewasser, und eine anschließende reversible Zerlegung

---

136 Vgl. AGRICOLA *De re metallica* Buch 10, (1556) 566 f., und ERCKER (1574) 188 ff..

$Au_aAg_b + Sb_2S_3 \rightarrow a\,Au + b\,AgS + 2\,Sb$

$b\,AgS + b\,Pb \rightarrow b\,Ag + b\,PbS.$

137 Das in diesem Zementgemisch enthaltene Kochsalz oxidiert Silber zu Silberchlorid, wobei sich gleichzeitig Gold am Boden des Schmelztiegels absetzt. Auch in diesem Fall wurde das Silber mit Hilfe von Blei zurückgewonnen. Vgl. AGRICOLA *De re metallica* Buch 10, (1556) 569 ff., und ERCKER (1574) 178 ff..

138 Vgl. FESTER (1969) 68. Auch in den wenigen in Frankreich erschienenen metallurgischen Schriften des 16. Jahrhunderts, wie denen G. Budés und L. Savots, wird dieses Verfahren beschrieben – vgl. PARTINGTON HC II 37 f..

139 Die nasse Scheidung wurde auch fast immer im Anschluß an die trockene Scheidung zur Überprüfung ihrer Vollständigkeit und in den Probierverfahren angewendet – vgl. AGRICOLA (1556) 562.

140 Vgl. AGRICOLA *De re metallica* Buch 10, (1556) 559 f.. Nach heutigem Verständnis handelt es sich dabei um Redoxreaktionen:

$Ag_aAu_b + c\,HNO_3 \rightarrow b\,Au + a\,AgNO_3 + d\,NO + e\,H_2O$

$a\,AgNO_3 + f\,Cu \rightarrow a\,Ag + f\,Cu(NO_3)_2$

dieser Auflösung mit Kupfer vor. Die besondere Bedeutung dieses nassen Scheideverfahrens geht aber weit über diesen Einzelfall einer reversiblen chemischen Operation hinaus. Sie liegt darin, daß erstmals eine Säure statt als bloßes Hilfsmittel des Feuers als das eigentliche chemische Mittel und Agens technologisch verwendet wurde. Damit war das Fundament für ein in der Folgezeit expandierendes Gebiet chemischer Operationen, der Operationen in Lösungen, gelegt. Dieses Gebiet war aber gerade dasjenige, in dem die Möglichkeit der Durchführung reversibler Verbindungsbildungen und Zerlegungen in besonders hohem Maß gegeben war und das deshalb für die Herausbildung des chemischen Verbindungskonzepts eine herausragende Rolle spielte. Die Wiedergewinnung von Silber aus Scheidewasser mit Hilfe von Kupfer war darüber hinaus der Prototyp der Zerlegung metallischer Auflösungen durch Präzipitation des Metalls mit einem zugesetzten Präzipitationsmittel. Diese Präzipitationen gelangten in der pharmazeutischen Praxis der zweiten Hälfte des 17. Jahrhunderts zu großer praktischer Bedeutung.

IV.3.1.5 *Legieren, Vergolden und Amalgamieren im metallverarbeitenden Gewerbe*

Metallische Legierungen wurden im 16. Jahrhundert für zahlreiche Gebrauchszwecke im metallverarbeitenden Gewerbe hergestellt. Die verschiedenen metallurgischen Arbeitsverfahren, z.B. des Gold-, Silber- oder Eisenschmiedes und des Münzers, sind insbesondere in Biringuccios *Pirotechnia* beschrieben. Kupfer wurde vorzugsweise mit Zinn zu Bronze legiert. Für die Herstellung von Münzen wurden in bestimmten festgelegten Verhältnissen Kupfer und Zinn, daneben auch Blei und Messing zusammengefügt. Messing, eine Legierung aus Kupfer und Zink, wurde lange vor der Gewinnung metallischen Zinks beim Verschmelzen von Kupfer mit zinkhaltigen Mineralien, vor allem Galmei (Zinkcarbonat), erhalten.[141] Eine der häufiger hergestellten Legierungen war die von Zinn und Blei, aus der wie aus Zinn alleine Gefäße und Geschirr hergestellt wurden oder die, in einem bestimmten Mischungsverhältnis, zum Verzinnen verwendet wurde.[142] Eine weitere Verwendung fand Blei seit der Erfindung des Buchdrucks in der Herstellung von Bleilettern. Zur Härtung des Metalls wurde das Blei in diesem Fall mit Antimon oder Wismut legiert.[143] Um spiegelnde Oberflächen zu erhalten, wurden im 16. Jahrhundert zahlreiche Legierungen erprobt. Sie wurden z.B. aus Kupfer, dem etwas Zinn zugesetzt war, oder umgekehrt aus Zinn mit wenig Kupfer hergestellt. Dieser Legierung konnte noch Antimon und Silber beigefügt werden.[144] Amalgame eigneten sich besonders gut für die Herstellung von Glasspiegeln. Dazu wurde Quecksilber mit Wismut, Blei und Zinn amalgamiert.[145]

Die Herstellung von Edelmetall-Legierungen und die Methode des Vergoldens und Versilberns sind von besonderem Interesse, weil diese Verfahren mit reversiblen chemischen Operationen einhergingen. Gold wurde wegen seiner Weichheit vor der Weiterverarbeitung zu Münzen, Schmuck oder Gefäßen stets mit Silber oder Kupfer legiert. Elektron nannte man

[141] Vgl. ZIPPE (1857) 242, FESTER (1969) 71 und KOPP GdCh IV 113 ff..
[142] Vgl. ZIPPE (1857) 183 ff..
[143] Vgl. FESTER (1969) 72 f..
[144] Vgl. BIRINGUCCIO (1540) 388.
[145] Vgl. ZIPPE (1857) 214 f..

bereits in der Antike eine Legierung aus Gold und Silber in einem bestimmten Verhältnis, die vorzugsweise zur Herstellung von Münzen verwendet wurde. Das Vergolden von silbernen und kupfernen Gegenständen gehörte zu den Routinearbeiten eines Goldschmiedes. Zu diesem Zweck wurde Gold mit Quecksilber amalgamiert und als Amalgam auf die Gefäßoberfläche aufgetragen. Anschließend wurde durch Erhitzen das Quecksilber verdampft.[146] Sowohl Gold als auch Quecksilber wurden in diesem letzten Schritt des Vergoldens also als Reinstoffe wiedergewonnen. Wollte man das auf der Oberfläche haftende Gold ablösen, so mußte erneut amalgamiert werden und das Gold wiederum aus dem Amalgam durch Verdampfen des Quecksilbers freigesetzt werden.[147] Eine andere Methode der Ablösung der Goldoberfläche verwandte Schwefel, wobei Gold als Goldleber (Goldsulfid) vom Gefäß gelöst und anschließend durch Kupellation mit Blei wiedergewonnen wurde. Eine dritte Methode der Ablösung setzte Königswasser[148] ein, die einzige Säure, in der sich Gold auflösen läßt. Durch Erhitzen der Lösung und Evaporieren des Königswassers fiel Gold an.[149] Auch die verschiedenen Scheidemethoden für die Scheidung von Gold und Silber oder von Gold und Kupfer mußte ein Goldschmied oder Münzmeister beherrschen, wenn er die kostbaren Edelmetalle aus nicht mehr verwendbaren Münzen oder Gefäßen zurückgewinnen wollte.

Im metallverarbeitenden Gewerbe, insbesondere in den Goldschmieden und Münzstätten, wurden, wie dieser kurze Überblick zeigt, nicht nur chemische Verbindungen im zeitgenössischen Sinne hergestellt, sondern zumindest in zwei Fällen, nämlich bei der Rückgewinnung der Edelmetalle und bei der Verwendung von Amalgamen, auch wieder reversibel in die Ausgangsstoffe zerlegt.

IV.3.1.6 *Zusammenfassung*

Wir finden somit im Hüttenwesen und im metallverarbeitenden Gewerbe zahlreiche im Rahmen eines Arbeitsprozesses reversibel durchgeführte chemische Verbindungsbildungen in dem zeitgenössischen weiten, die Legierungen und Amalgame einschließenden Sinn.

- Zahlreiche metallische *Legierungen* , z.B. von Gold mit Silber oder Kupfer, Silber mit Kupfer, Kupfer mit Zinn oder Zink, Zinn mit Blei, Blei mit Antimon und Wismut etc., wurden zur Herstellung von Münzen oder anderen Gebrauchsgütern verfertigt und in einigen Fällen aus diesen Gebrauchsgütern zurückgewonnen.
  Die Extraktion der Edelmetalle Gold und Silber aus ihren Erzen verlief über die Bildung der Legierung dieser Metalle mit Blei. Metallische Legierungen mit Blei wurden auch bei der Scheidung von Gold und Silber von unedlen Metallen hergestellt und anschließend reversibel zerlegt.
- Die Bildung von *Amalgamen* und ihre reversible Zerlegung wurde bei der Gewinnung von Gold und Silber aus ihren Erzen, beim Vergolden und Versilbern und bei der Herstellung von Spiegeloberflächen aus Quecksilber, Blei, Zinn und Wismut durchgeführt.

---

[146] Vgl. BIRINGUCCIO (1540) 367.

[147] Vgl. BIRINGUCCIO (1540) 383.

[148] Königswasser ist ein Gemisch aus Salpetersäure und Salzsäure. Es wurde durch Auflösen von Salmiak (Ammoniumchlorid) in Salpetersäure gewonnen.

[149] Vgl. BIRINGUCCIO (1540) 383.

Als Material der Aufbewahrungsgefäße[150] für Quecksilber wurde gewöhnlich Eisen verwendet, das im Unterschied zu allen anderen Metallen, die mehr oder weniger schnell Amalgame bilden, von Quecksilber nicht angegriffen wird.

– Mit *Schwefel* oder Spießglanz (Antimonsulfid) wurden Gold und Silber voneinander geschieden oder Silber von Eisen, wobei diese Legierungen durch die Verbindung von Schwefel mit dem jeweils unedleren Metall zerlegt werden. Silbersulfid, das bei der Scheidung von Gold und Silber mit Schwefel oder Antimonsulfid anfiel, wurde durch Blei oder Kupfer in Silber und Blei- bzw. Kupfersulfid zerlegt. Aus Quecksilber und Schwefel wurde Zinnober hergestellt, sei es zu Transportzwecken oder sei es zur Verwendung des Zinnobers als roter Farbstoff. Diese Herstellung des Zinnobers war eine Resynthese aus den Analyseprodukten Quecksilber und Schwefel, die man aus natürlichem, aber verunreinigtem Zinnober gewonnen hatte. Da zahlreiche unedle Metalle in ihren Erzen als Sulfide vorkommen, war in der metallurgischen Praxis darüber hinaus auch die Einwirkung von Schwefel auf andere Metalle wie z.B. Eisen oder Blei bekannt.

Ein Vergleich mit der *Tabelle stofflicher Beziehungen* Geoffroys zeigt die Übereinstimmung dieser drei Gruppen metallurgischer Operationen mit der rechten Hälfte dieser Tabelle, in der die Herstellung und reversible Zerlegung von Legierungen, Amalgamen und Metallsulfiden aufgenommen sind.

Chemische Operationen mit Säuren und Metallen, Alkalien oder Erden, auf die die empirischen Kenntnisse in der linken Hälfte der Tabelle Geoffroys zurückgeführt werden könnten, waren dagegen mit zwei Ausnahmen in der Metallurgie selten. Die eine wichtige Ausnahme ist die Scheidung von Gold und Silber mit Salpetersäure. Bei diesem Vorgang wird eine Gold-Silber-Legierung durch die Auflösung des *Silbers* in *Salpetersäure* zerlegt und danach das Silber aus der Auflösung in *Salpetersäure* durch *Kupfer* wiedergewonnen. Diese Operation war der Prototyp von Verbindungsbildungen auf nassem Wege und ihrer reversiblen Zerlegung durch Präzipitation. Durch Präzipitation mit *Eisen* wurde darüber hinaus auch Kupfer im Zementationsprozeß aus *kupfersulfat*haltigem Grubenwasser gewonnen.

Konsolidiert und in ihren Möglichkeiten enorm erweitert wurden chemische Operationen in sauren Auflösungen durch die pharmazeutische Praxis des 17. Jahrhunderts. Auf diese in der Pharmazie praktizierten chemischen Operationen, insbesondere auf die einfachen Verbindungsbildungen und ihre reversiblen Zerlegungen, die für das chemische Verbindungskonzept und die Tabelle Geoffroys bedeutsam waren, wird im folgenden Abschnitt eingegangen.

IV.3.2 *Die chemischen Operationen des Apothekergewerbes*

IV.3.2.1 *Die Destillation und Extraktion pflanzlicher Materialien*

Die Gewinnung anorganischer chemischer Verbindungen, darunter vor allem von Salzen, erfolgte im Zusammenhang einer chemisch-pharmazeutischen Praxis, in deren Zentrum bis etwa Mitte des 17. Jahrhunderts die Destillation bzw. die Sublimation[151] und daneben die Ex-

[150] Vgl. Zippe (1857) 209.

[151] Die Sublimation unterscheidet sich von der Destillation nur dadurch, daß feste Sublimate statt flüssiger Destillate im Rezipienten erhalten werden.

traktion mit Lösungsmitteln stand. Die Gewinnung wässriger und öliger Destillate aus Pflanzen oder pflanzlichen Produkten nahm in dieser Praxis zunächst den größten Raum ein. Verschiedene als Medikamente verwendbare Öle destillierte man z.B. aus Hölzern, Schalen und Rinden, Gewürzen und Samen. Aus diesen pflanzlichen Materialien ließen sich bei niedrigeren Temperaturen auch scharf schmeckende und leicht flüchtige Wässer, die man als geistreiche Wässer oder Spiritus bezeichnete, abdestillieren. Geschmacksneutrale wässrige Destillate ergaben vor allem die Stengel und Blätter grüner Pflanzen. Zuweilen ließen sich aus den wässrigen Destillaten auch saure Salze (Oxalate) auskristallisieren.

In vielen Fällen wurden die pflanzlichen Destillate nicht aus rohen, bloß mechanisch zerkleinerten pflanzlichen Materialien gewonnen, sondern diese wurden vorher Löse- oder biochemischen Abbauprozessen unterworfen. Aus vergorenen Früchten oder deren Säften oder aus vergorenen Kräutern wurden brennbare oder saure Spiritus (Alkohol und Essigsäure) destilliert. Zahlreiche pflanzliche Materialien übergoß man mit Alkohol, seltener auch mit Wein, einem Öl, Wasser oder Essig, und ließ das Ganze einige Tage bis mehrere Wochen oder gar Monate stehen, ein Vorgang, den man als Digestion bzw. Putrefaction bezeichnete. Dabei wurden für medizinisch wertvoll gehaltene pflanzliche Substanzen durch das Lösungsmittel aus den Pflanzen extrahiert. Nach der Beendigung der Extraktion wurde die Lösung vom pflanzlichen Bodensatz getrennt, und anschließend gewann man aus dieser Lösung unterschiedlich bezeichnete Destillate. Statt dessen wurde auch vielfach die Konzentration solcher Lösungen durch Abdestillieren oder Evaporieren (langsames Abdampfen an der Luft) des Lösungsmittels erhöht. Vor allem aus hitzeempfindlichen Blüten und auch aus verschiedenen Hölzern und Wurzeln erhielt man auf diese Weise sogenannte Extrakte oder, wenn sie gefärbt waren, Tinkturen.

Die Iatrochemiker und Apotheker des 17. Jahrhunderts unterwarfen aber nicht nur Pflanzen, sondern nahezu alle verfügbaren Substanzen, die sie den drei Reichen der Natur entnahmen, der Destillation und Extraktion. Unter den Materialien tierischer Herkunft wurden Knochen, Fleisch, Blut, Urin, Hörner, Korallen, Perlen etc. destilliert und eventuell zuvor aufgelöst. Insbesondere aus einigen dieser tierischen Materialien, so z.B. aus Blut oder Urin, ließen sich Sublimate, die sogenannten flüchtigen alkalischen Salze (Ammoniumcarbonat), gewinnen. Das eigentlich Neuartige im Vergleich zur früheren pharmazeutischen Praxis aber war die Verwendung von Mineralien, die man auf dieselbe Art und Weise wie die tierischen und pflanzlichen Materialien bearbeitete. Während es sich bei den pflanzlichen und tierischen Materialien um Stoffgemische handelte, bei deren Destillation wiederum verschiedene Fraktionen von Stoffgemischen erhalten wurden[152], lieferte das Mineralreich vermittelt über die Metallurgie und an den Bergbau angrenzende Gewerbe mit den natürlichen Salzen, den Metallen, der Soda und den Erden zahlreiche Reinstoffe. Durch Destillation natürlich vorkommender Salze wurden die Mineralsäuren erhalten. Verschiedene Salzgemische ergaben bei ihrer Destillation neue, bisher unbekannte Salze. Metalle, Alkalien, Erden und Mineralsäuren wurden zu Ausgangsstoffen für die Gewinnung neuer chemischer Verbindungen gemacht.

---

152 Eine Ausnahme sind lediglich die als Destillate erhaltenen Reinstoffe Alkohol und Essigsäure.

IV.3.2.2 Die Herstellung von Salzen als chemische Medikamente

Im Laufe des 17. Jahrhunderts wandelte sich die chemisch-pharmazeutische Praxis von einer natürliche, spontan verlaufende chemische Veränderungen nutzenden und natürliche Stoffgemische trennenden in eine herstellende Praxis. Durch Auflösung oder – um die Analogie zu den Operationen mit pflanzlichen Materialien zu verdeutlichen – durch Digestion von Metallen, Alkalien oder Erden in einem geeigneten Lösungsmittel wie den Mineralsäuren und der Essigsäure wurde eine stetig wachsende Zahl neuer Salze hergestellt. Diese Salzherstellungen auf nassem Weg erfolgten in mehreren Varianten, die für das zeitgenössische Verständnis dieser Operationen von Bedeutung waren. Bei den Auflösungen der Metalle und der anderen anorganischen Reinstoffe fungiert die Säure sowohl als Reagenz als auch als Lösungsmittel. Das durch die chemische Reaktion, die mit der Auflösung einhergeht, gewonnene Salz liegt in der Lösung dissoziiert vor und muß vom Lösungsmittel Säure erst getrennt werden, um als neue chemische Verbindung erhalten zu werden. Diese Trennung erfolgte meist durch Destillation. Wenn das Salz einen niedrigen Siedepunkt hatte, wurde es als Destillat oder Sublimat im Rezipienten erhalten. In diesem Fall verhielt sich das Salz genauso wie die pflanzlichen und tierischen Destillate. In anderen Fällen glich die Auflösung eher der Extraktion pflanzlicher Materialien mit Lösungsmitteln. Das Lösungsmittel, die Säure, wurde abdestilliert oder evaporiert, und die Salze fielen dann, meist beim Abkühlen, aus der hochkonzentrierten Lösung aus. Der nasse Weg der Gewinnung von Salzen durch Auflösung eines Metalls, Alkalis oder einer Erde eröffnete neben der Destillation und dem Evaporieren und Auskristallisieren des Salzes noch eine weitere Möglichkeit der Salzgewinnung, die durch Präzipitation. Das Metall z.B. wurde in einer Säure aufgelöst, und anschließend mit einem Präzipitationsmittel ein Salz ausgefällt.

Im Folgenden werden nur diejenigen chemisch-pharmazeutischen Operationen rekonstruiert, auf die sich die chemischen Verbindungsvorstellungen Geoffroys u.a. bezogen. Dies waren, wie vor allem aus der Tabelle Geoffroys ersichtlich ist, die Herstellungen und reversiblen Zerlegungen von Salzen. Diese Rekonstruktion der Salzsynthesen und -analysen bei den Iatrochemikern und Apothekern erfolgt unter zwei Gesichtspunkten. Erstens soll für den Teil V, in dem es um die Reflexion und das Verständnis dieser Operationen geht, der Weg geebnet werden. Aus diesem Grund ist die Verschiedenheit der Verfahren als ein Gliederungsprinzip eingeflossen. Das zeitgenössische Verständnis der chemischen Operationen hing nämlich viel enger und unmittelbarer mit den Verfahren zusammen, als man heute vermuten würde. Chemische Substanzen, die mittels derselben chemischen Operation, z.B. der Destillation, gewonnen wurden, interpretierte man, obwohl es sich aus heutiger Sicht um völlig verschiedene Prozesse und entsprechend unterschiedliche Resultate handeln konnte, nach einem einheitlichen Schema. Umgekehrt wurden Substanzen, die wie die Salze auf unterschiedliche Art und Weise gewonnen wurden, auch für verschieden gehalten. Im Hinblick auf die folgende Rekonstruktion der chemischen Operationen der Salzgewinnung ist also zu beachten, daß die durch Destillation erhaltenen Salze völlig anders interpretiert wurden als die durch Auflösung und Präzipitation gewonnenen. Mit anderen Worten: Was im Folgenden als Salzgewinnungen zusammengefaßt und rekonstruiert wird, entspricht *nicht* dem Verständnis dieser Operationen bei den Autoren der pharmazeutischen Schriften. Vielmehr wird damit die spätere Perspektive der Begründer des chemischen Verbindungskonzepts eingenommen. Diejenigen chemischen

Operationen, die von den Autoren der pharmazeutischen Schriften als Salzgewinnungen verstanden wurden, bzw. diejenigen Produkte, die von ihnen als Salze klassifiziert wurden, bilden einen relativ kleinen Teil unter den aus unserer Sicht damals gewonnenen Salzen. Um auf die Differenz dieses Verständnisses bei den Autoren der pharmazeutischen Schriften und den Begründern des chemischen Verbindungskonzepts hinzuweisen, werden jeweils die historischen Namen der Salze, die bereits Hinweise auf die Klassifikation und in Verbindung damit auch auf das Verständnis der Operationen geben, angeführt und die heutigen systematischen Bezeichnungen nur in Klammern angegeben.

Zweitens und hauptsächlich wird aber versucht, mit der folgenden Rekonstruktion eine systematische Übersicht über die im Zusammenhang mit der Medikamentengewinnung praktizierten und in den pharmazeutischen Schriften beschriebenen reversiblen Verbindungsbildungen und -zerlegungen zu geben. Deshalb wird innerhalb der einzelnen Unterabschnitte nach Verbindungsklassen und Typen der Zerlegung chemischer Verbindungen gegliedert, eine Gliederung, die das chemische Verbindungskonzept voraussetzt und einen unmittelbaren Vergleich mit der Tabelle Geoffroys ermöglicht. Es kann auf diese Weise nachgewiesen werden, daß ausnahmslos alle chemischen Verbindungsbildungen zwischen Säuren und Metallen, Alkalien oder Erden, die in der Tabelle Geoffroys angeführt sind, bereits lange vor dem Aufstellen dieser Tabelle im Apothekergewerbe vorkamen und in den pharmazeutischen Schriften beschrieben wurden. Weiterhin wird, zwar nicht mit derselben Vollständigkeit im Einzelfall, aber lückenlos hinsichtlich des Typus der Zerlegung, nachgewiesen, daß auch die in der Tabelle angeführten reversiblen Zerlegungen von Verbindungen durch einen hinzugefügten Stoff bereits im Apothekergewerbe zu pharmazeutischen oder anderen gewerblichen Zwekken durchgeführt worden waren.

IV.3.2.3 *Die Gewinnung von Salzen durch trockene Destillation*

Die Mehrheit der chemischen Medikamente, die Paracelsus und seine Anhänger verwendeten, waren Pflanzendestillate. *Chemische* Medikamente waren diese, weil sie mittels eines chemischen Verfahrens, der Destillation, gewonnen wurden, aber dies war keineswegs eine Neuheit. Neu und aufsehenerregend war dagegen die medizinische Verwendung anorganischer, meist sehr giftiger Verbindungen. Einige dieser Substanzen waren schon vorher, aber nur äußerlich, z.B. in Salben, angewandt worden. Paracelsus und seine Anhänger wandten diese Gifte auch innerlich an und fügten neue hinzu. Zu den Verbindungen, die die frühen Paracelsusanhänger am häufigsten als Medikamente verwendeten, gehören die Quecksilber- und Antimonsalze.[153] Diese Salze wurden zunächst meist durch trockene Destillation, d.h. durch Vermischen der festen Ausgangsstoffe und anschließendes starkes Erhitzen des Gemischs in einer Destillationsapparatur, gewonnen. Zu den damals bedeutsamsten Salzen, die auf diesem trockenen Weg gewonnen wurden, gehören Sublimat (Quecksilber(II)-chlorid), Kalomel (Quecksilber(I)-chlorid) und Antimonbutter (Antimon(III)-chlorid). Alle drei Salze haben einen relativ niedrigen Siedepunkt und wurden deshalb bei der trockenen Destillation als Sublimat bzw. Destillat im Rezipienten der Apparatur aufgefangen.

---

153 Der Titel *Triumph-Wagen Antimonii*, den Basil Valentinus seiner Schrift von 1604 gab, weist auf die herausgehobene Rolle der Antimonverbindungen hin.

Sublimat konnte schon im 16. Jahrhundert aus dem Handel mit Venedig bezogen werden, wurde aber von den Iatrochemikern und Apothekern meist selbst durch Destillation von Quecksilber mit Kochsalz (Natriumchlorid) und Vitriol (Eisensulfat) hergestellt.[154] Eine entsprechende Beschreibung gibt z.B. Beguin in seinen *Elemens de Chymie* (1615).[155] Sublimat wurde neben Turpethum minerale (Quecksilbersulfat) als Medikament gegen die Syphilis eingesetzt[156], fand aber wegen seiner starken Nebenwirkungen als äußerst korrosive und giftige Substanz sonst selten direkte medizinische Anwendung. Hauptsächlich wurde es als Ausgangsmaterial für die Gewinnung anderer Metallchloride wie Kalomel, Antimonbutter oder Spiritus fumans Libavii (Zinn(IV)-chlorid)[157] verwendet.

Kalomel, auch süßer Sublimat genannt, erhielt man durch Destillation von Quecksilber mit Sublimat.[158] Hierfür geben z.B. Beguin[159] und später z.B. Glaser[160] eine genaue Herstellungsvorschrift. Kalomel wurde als Medikament gegen Geschlechtskrankheiten und Wurmbefall verwendet.

Auf die Gewinnung der Antimonbutter und eines Folgeproduktes, des Mercurius vitae des Paracelsus, soll etwas genauer eingegangen werden, weil diese beiden Operationen von den Autoren der pharmazeutischen Schriften anders als die üblichen Verfahren der Medikamentengewinnung erklärt wurden.[161] Erste Beschreibungen der Gewinnung von Antimonbutter durch trockene Destillation von Spießglanz (Antimonsulfid) mit Sublimat[162] finden sich z.B. in Basil Valentinus' *Triumph=Wagen Antimonii* (1604)[163], in Libavius' *Alchymia* (1597)[164] oder in Beguins *Elemens de Chymie* .[165] Bei dieser Destillation geht Antimontrichlorid, das bereits bei 223 Grad Celsius siedet, als ölige Flüssigkeit, d.h. als stark wasserhaltiges Salz, schon bei relativ gelinder Erwärmung in den Rezipienten über. Danach wurde die Temperatur erhöht, um eine möglichst große Ausbeute zu erhalten. Dabei setzte sich an den kühleren Teilen der Apparatur, am Hals der Retorte, ein rotes Pulver ab, das z.B. von Beguin, Glauber, Le Fèvre oder Glaser als Zinnober (Quecksilbersulfid) identifiziert wurde. Glaser z.B. empfiehlt auch die medizinische Verwendung dieses Zinnobers, erwähnt aber auch, man

---

[154] $Hg + 2\,FeSO_4 \rightarrow HgSO_4 + SO_2 + 2\,FeO$

$HgSO_4 + 2\,NaCl \rightarrow HgCl_2 + Na_2SO_4$

[155] Vgl. BEGUIN (1615) 246 f..

[156] Vgl. SCHELENZ (1904) 390.

[157] Die Gewinnung von Zinnchlorid ist nach Kopp in der *Praxis alchymiae* (1605) und den *Syntagma selectorum arcanorum* (1611) des Libavius beschrieben – vgl. KOPP GdCh IV 130.

$Sn + 2\,HgCl_2 \rightarrow SnCl_4 + 2\,Hg$

[158] $Hg + HgCl_2 \rightarrow Hg_2Cl_2$

[159] Vgl. BEGUIN (1615) 248.

[160] Vgl. GLASER (1663) 223 ff..

[161] Vgl. unten Teil V.2.2.4.

[162] $Sb_2S_3 + 3\,HgCl_2 \rightarrow 2\,SbCl_3 + 3\,HgS$

[163] „Nimm getödetes Quecksilber, so in der Apothecken zu verkauffen, und schön gläntzend und rein sublimirt worden, und gutes Spießglas auch so viel, die reibe untereinander, und destillire sie durch eine Retorten (...)“. (DTC I Anh. 256) Getötetes Quecksilber war in diesem Fall Sublimat. Valentinus verwendet hier den Terminus Spießglas anstelle von Spießglanz (Antimonsulfid).

[164] Libavius beschreibt die Destillation von Antimonbutter unter „Öl von Merkur“: „Versetze Mercurius sublimatus mit etwa der doppelten Menge präparierten Stibium, destilliere so lange auf Sand, bis der Helm weiß wird; es geht eine weiße Materie über, die bei Krätze angewendet wird.“ (LIBAVIUS (1597/D) 412) Stibium ist ein anderer Name für Spießglanz.

[165] „Prens quatre onces d'Antimoine pulverisé & huict onces de Mercure sublimé, mesle le tout ensemble, & le destile dans une cornue à feu de cendres, (...) Apres cela on donne feu de suppression peu à peu (...) iusques à ce que le cinabre se sublimera au col de la retorte (...)“. (BEGUIN (1615) 163 f.)

könne aus ihm „lebendigen Mercurius" (Quecksilber) durch Erhitzen mit Weinsteinsalz (Kaliumcarbonat) wiedergewinnen.[166]

Aus der Antimonbutter stellte man auch Mercurius vitae (Antimonoxidchloride), der später meist als emetisches oder Algarotpulver bezeichnet wurde, her, indem man sie in Wasser auflöste. Dabei fällt Mercurius vitae als weißes Pulver aus, und gleichzeitig wird das Wasser sauer.[167]

IV.3.2.4 *Die Gewinnung von Mineralsäuren durch Destillation*

Die zweite bedeutsame Gruppe chemischer Reinstoffe, die neben den Salzen durch Destillation gewonnen wurden, bildeten die Mineralsäuren Schwefelsäure, Salpetersäure und Salzsäure, die man meist als Spiritus bezeichnete. Die Mineralsäuren wurden sowohl als freie Säuren pharmazeutisch verwendet als auch in weit größerem Umfang als Auflösungsmittel, mittels derer man eine Vielzahl neuer Medikamente, meist Salze, gewann. Die gebräuchlichste Methode der Gewinnung der Mineralsäuren war die durch Destillation eines natürlich vorkommenden Salzes. Dabei erfolgt eine Zerlegung des jeweiligen Salzes in das Säureanhydrid und einen Rest, die Salzbasis. Das Säureanhydrid ergibt z.B. durch Einleiten in Wasser die Säure.[168] Insbesondere Glauber hat in seinen *Furni novi philosophici* (1646–49) die Herstellung von Mineralsäuren, darunter erstmals ausführlich und auch nachahmbar die der Salzsäure, beschrieben.

Die Gewinnung von *Schwefelsäure* war das einfachste Verfahren, da sich die schwefelsäurehaltigen Salze, die Vitriole, ohne weitere Zusätze durch bloßes Erhitzen zerlegen lassen. Meist wurde grüner Vitriol (Eisensulfat), der auch einfach als Vitriol bezeichnet wurde, für die Destillation verwendet. Bei der Lektüre der Anleitungen für die Destillation des Vitriols verblüfft zunächst, daß man zwischen zwei Destillationsprodukten unterschied. Die Vorschrift, die z.B. Glauber für diese Destillation gibt, soll nämlich keineswegs, wie wir heute vermuten würden, zeigen, wie eine einzige Säure dadurch zu erhalten ist, sondern es ging ihm darum, ein „Oleum acidum & Spiritum Vitrioli volatilem zu machen".[169] Diese beiden Destil-

---

166 „Die Butter ist ein gut causticum (...) es verzehret das wilde Fleisch / und reiniget die venerischen um sich fressende Geschwüre. Der Zinnober vom Spießglase ist ein remedium specificum wider die schwere Noth (...) Wenn man diesen Zinnober mit gleichen Theilen Weinstein Saltz mischet / in einer Retorten distilliret / kommt ein lebendiger Mercurius heraus." GLASER (1663/D) 250 f..

167 Antimontrichlorid hydrolisiert in Wasser in verschiedene Antimonoxidchloride, z.B.:

$SbOCl$ und $2\ SbOCl \cdot Sb_2O_3$

Dabei wird Salzsäure frei:

$SbCl_3 + H_2O \rightarrow SbOCl + 2\ HCl$

$2\ SbCl_3 + 3\ H_2O \rightarrow Sb_2O_3 + 6\ HCl$

Daraus bildet sich

$2\ SbOCl \cdot Sb_2O_3$

168 Z.B. für die Entstehung von Schwefelsäure durch Erhitzen von Kupfersulfat:

$CuSO_4 \rightarrow CuO + SO_3$

$SO_3 + H_2O \rightarrow H_2SO_4$

169 „Wann dann dein Geschirr heiß und glüend ist / so wirff mit einem eysern Löffel / von deinem Vitriol 1. oder 2. untzen auff einmal hinein / setze den Deckel darauff / so gehen alsobalde die Spiritus mit der Phlegmate über in den Recipienten als ein weisser Nebel (...). Dann laß das Feur außgehen / und den Ofen kalt werden. Nimb den Recipienten davon / und giesse das übergestiegene in einen Retorten, lege solchen in eine Sand-Capel / und distillier fein mit gelindem Feur den Spiritum volatilem von dem schweren Oleo (...)". (GLAUBER (1646–49) II 9 f.)

lationsprodukte, der Spiritus vitrioli volatile, sonst meist als Spiritus vitrioli bezeichnet, und das Oleum vitrioli, die wir heute als verdünnte und als konzentrierte Schwefelsäure identifizieren können, wurden für zwei verschiedene Substanzen gehalten. Es war keineswegs sinnlich evident, daß der farblose und leichter flüchtige Spiritus vitrioli und das zähflüssige, schwerer flüchtige und rötlich gefärbte Oleum vitrioli ein und dieselbe Säure sind und sich bloß in ihrer Konzentration unterscheiden.[170] Erst gegen Ende des 17. Jahrhunderts wurde von Kunckel zum ersten Mal die Vermutung geäußert, daß sich beide Säuren nur in ihrem Wassergehalt unterscheiden.[171] Für beide Säuren, den Spiritus vitrioli und das Oleum vitrioli, führt Glauber auch unterschiedliche Verwendungszwecke an. Als Universalheilmittel, dessen „Krafft / nicht genugsamb zu loben und außzusprechen" (GLAUBER (1646–49) II 13), pries er den Spiritus vitrioli.[172] Das Oleum vitrioli, das er dagegen für weniger medizinisch geeignet hielt[173], sollte vor allem als Auflösungsmittel eingesetzt werden: „Weiters können auch etliche Metalla (...) damit solvirt / und in ihre Vitriola gebracht werden" (II 14).

Die beiden anderen Mineralsäuren, die Salpetersäure und die Salzsäure, können nicht durch bloßes Erhitzen und Destillieren eines natürlich vorkommenden Salzes gewonnen werden. Wird Kochsalz als Ausgangssubstanz für die Gewinnung von Salzsäure und Salpeter für die von Salpetersäure verwendet, so ist der Zusatz von Schwefelsäure notwendig. Dies geschah zunächst in indirekter Weise durch den Zusatz eines Vitriols.

Die *Salpetersäure* fand technologische Anwendungen im größeren Maßstab in der Metallurgie und wurde zur Bereitung von Medikamenten benötigt. Zunächst nur aus dem Handel mit Venedig beziehbar, wurde sie im 16. Jahrhundert bereits im Nebenbetrieb der Hüttenwerke oder in Wasserbrennereien durch Destillation von Salpeter mit Alaun (Kaliumaluminiumsulfat) oder einem Vitriol gewonnen.[174] Ähnlich wie im Fall der Schwefelsäure unterschied Glauber die mit Salpeter und Aluminis bzw. Alaun gewonnene Salpetersäure, die er als Salis nitri spiritus oder einfach Spiritus nitri bezeichnete, von der aus Salpeter und Vitriol gewonnenen, die er als Aqua fortis bezeichnete.[175] Über die Verwendung des Spiritus nitri schreibt Glauber, er werde „nicht viel in medicina gebrauchet" und sei vor allem zu verwenden „in handlung der Metallen und Mineralien / dieselben in ihre vitriola, calces, flores und crocos zu bringen" (GLAUBER (1646–49) II 40). Da aber Aqua fortis denselben Verwendungszweck hatte, nämlich „die Metallen damit zu solviren und bequäm zu machen / desto leichter

170 Ebenso wenig sinnlich evident war, daß die aus den verschiedenen Ausgangsstoffen, aus dem blauen (Kupfersulfat), grünen (Eisensulfat) oder weißen Vitriol (Zinksulfat) oder aus Alaun gewonnenen Säuren identisch sind. Vgl. KOPP GdCh III 304.

171 Vgl. Kopp GdCh III 305. Dies verweist auf ein Problem, das in der Praxis der Iatrochemiker und Apotheker relativ folgenreich gewesen sein muß. Die destillierten Säuren wurden für homogene Substanzen gehalten, nicht für wässrige Lösungen, die verschiedene Konzentrationen besitzen können. Infolgedessen war man sich zunächst auch nicht des Problems bewußt, daß es für Auflösungen von Metallen und anderen Stoffen optimale Säurekonzentrationen gibt und man deshalb auf konstante Säurekonzentrationen achten muß. Dies ist ein Grund, warum diese Auflösungen häufig sehr lange dauerten.

172 Glauber beschreibt auf über einer Seite die medizinische Verwendung des Spiritus vitrioli. Die Beschreibung beginnt mit den Worten: „(...) so man darvon etliche Tropffen einimbt / und darauff schwitzet / so durchsuchet er den gantzen Leib / öffnet alle Obstructiones, verzehrt das Böse im Leibe gleich wie Feur das Holtz; ist ein fürtreffliche Medicin in Epilepsia, mania, suffocatione matricis, scorbuto, Melancholia, hypochondriaca, und andern Kranckheiten / welche von obstructionibus und putredine sanguinis herkommen: Ist auch gut in peste, und allen andern Fiebern zu gebrauchen (...)". (GLAUBER (1646–49) II 12)

173 „Dieses oleum wird nicht viel in Medicina gebraucht / wiewol solches fast in allen Apotecken gefunden wird / damit sie ihre kühlende Siruppen und Conserven bißweilen etwas säuerlich machen." (GLAUBER (1646–49) II 14)

174 $2\,KNO_3 + FeSO_4 + H_2O \rightarrow 2\,HNO_3 + K_2SO_4 + FeO$

175 Vgl. GLAUBER (1646–49) II 38 u. 65 f..

in Medicamenten zu bringen" (II 66), kommt Glauber zu dem Schluß, daß „ein Spiritus Nitri und Aqua-fort bey nahe ein Ding sein und gleiche würckung haben" (ebd.). Als Argument für die Identifizierung zweier Stoffe – dies ist in Hinblick auf Teil V bedeutsam – führt Glauber hier nicht die bloße Beobachtung von Merkmalsübereinstimmungen an, sondern ihre Wirkungen in chemischen Operationen. Von Glauber soll auch die direkte Methode der Gewinnung relativ hoch konzentrierter Salpetersäure durch Destillation von Salpeter mit Schwefelsäure überliefert sein, die er aber nicht schriftlich, sondern nur mündlich gegen Entschädigungszahlung weitergegeben haben soll.[176] Dabei wird Salpeter durch freie Schwefelsäure zerlegt, wobei Salpetersäure und das Nitrum vitriolatum (Kaliumsulfat) entstehen.

Die *Salzsäure*, vor Glauber nur relativ selten erwähnt[177], wurde von diesem erstmals unter der Bezeichnung Spiritus salis detailliert beschrieben und in ihren Verwendungsmöglichkeiten emphatisch angepriesen. Als freie Säure schrieb er ihr eine fast universelle Heilwirkung bei äußerlicher und innerlicher Anwendung zu.[178] Auch als besonders gutes Auflösungsmittel, außer für Silber, beschreibt Glauber den Spiritus salis:

> „Weiters sage ich / ist er ein Menstruum, welches allen andern fürgehet in solvirung der Metallen. Dan es können alle Metalla und Mineralia, excepta Luna, auch fast alle Lapides (...) damit solvirt und in unterschiedliche gute Medicamenten bereitet werden." (GLAUBER (1646–49) I 27)

Darüber hinaus empfahl Glauber die Verwendung des Spiritus salis im Haushalt, z.B. als Würz- oder Konservierungsmittel.[179] Zwei Verfahren kannte Glauber für die Herstellung dieser Säure, aber nur für eines gab er ein schriftliches Rezept, nämlich für die Gewinnung durch Destillation eines Gemischs von Kochsalz mit Alaun oder Vitriol, das auf glühende Holzkohlen gegeben wurde.[180] Wie im Falle der direkten Salpetersäureherstellung mit freier Schwefelsäure verhinderten auch hier vermutlich die gewerblichen Interessen die schriftliche Preisgabe der direkten Herstellungsmethode der Säure. Dieses Verfahren wurde Anfang des 18. Jahrhunderts von Chemikern wie Boerhaave unter expliziter Berufung auf Glauber als Destillation des Kochsalzes mit Schwefelsäure beschrieben.[181] Bei dieser Destillation wird Kochsalz mit Schwefelsäure in Salzsäure und Glaubersalz (Natriumsulfat) zerlegt.[182] Glauber selbst erwähnte in seiner Schrift *De natura salium* (1658) nur das Glaubersalz, das er als Restprodukt dieser direkten Herstellungsmethode in der Retorte vorfand.[183]

---

176 Vgl. WALDEN (1929) 158. Bei diesem Verfahren dürfte die Ausbeute und Konzentration der hergestellten Säure bedeutend höher gewesen sein.

177 Bei Basil Valentinus und Libavius gibt es Herstellungsvorschriften, die aber für eine praktische Reproduktion zu undeutlich sind – vgl. KOPP GdCh III 346.

178 „Es wird von allen Chymicis dafür gehalten / daß der Spiritus Salis per se ein herrliche Medicin, gantz sicher inn- und eusserlich zu gebrauchen sey: daß er den Durst in hitzigen Kranckheiten lesche / den Schleim im Magen ledig macht und verzehre / einen guten Appetit zum Essen befördere / sey auch gut den Hydropicis, Calculosis & Podagricis, und dergleichen in vielen andern Kranckheiten dienstlich." (GLAUBER (1646–49) I 26)

179 Vgl. GLAUBER (1646–49) I 53 ff..

180 Vgl. GLAUBER (1646–49) I 23.

$$2\,NaCl + FeSO_4 + H_2O \rightarrow 2\,HCl + Na_2SO_4 + FeO$$

181 Vgl. WALDEN (1929) 159 f. und KOPP GdCh III 347.

182 $2\,NaCl + H_2SO_4 \rightarrow 2\,HCl + Na_2SO_4$

183 Vgl. KOPP GdCh IV 40.

Interpretiert man mit den Begründern des chemischen Verbindungskonzepts die Destillation der Mineralsäuren aus natürlich vorkommenden Salzen als deren Zerlegung, so machte die Gewinnung der Mineralsäuren mit den folgenden chemischen Zerlegungsarten bekannt:

- Die Zerlegung von Vitriolen in Schwefelsäure und einen Rest durch Erhitzen.
- Die Zerlegung von Salpeter in Salpetersäure und Nitrium vitriolatum durch Zugabe von Schwefelsäure oder Vitriolen.
- Die Zerlegung von Kochsalz in Salzsäure und Glaubersalz durch Zugabe von Schwefelsäure oder Vitriolen.

Ein Blick auf die Tabelle Geoffroys zeigt, daß wir damit die Zerlegungen von Salzen mit Schwefelsäure erfaßt haben, die dieser in den Spalten fünf bis acht seiner Tabelle darstellt.

IV.3.2.5 *Die Gewinnung von Salzen durch Auflösen von Metallen oder fixen Alkalien in Säuren*

Um die Wende vom 16. zum 17. Jahrhundert hatte man bereits mehrere Salze vermittels der neuen Methode, nämlich auf nassem Weg durch Auflösung eines Metalls, eines Alkalis oder einer Erde in einer Säure, hergestellt. Einer der ersten Iatrochemiker, der die Gewinnung mehrerer Salze durch Auflösung von Metallen oder Alkalien in Säuren beschrieb, war Oswald Croll. Crolls *Basilica Chymica* (1609) enthält im zweiten Teil eine Sammlung von Rezepten für die Gewinnung chemischer Medikamente.[184] Seine berühmteste Medizin war der Tartarus vitriolatus, ein Digestivum, das aus der Auflösung von Weinsteinsalz, einem fixen Alkali also, in Vitriolöl (Schwefelsäure) auskristallisierte.[185] Die Gewinnung von Turpethum minerale (Quecksilbersulfat), das vermutlich schon Paracelsus gegen die Syphilis, Wassersucht und innerliche Geschwüre einsetzte[186], aus Quecksilber und Vitriolöl[187] ist ebenfalls bei Croll beschrieben. Aus der Auflösung von Quecksilber in Aqua fortis (Salpetersäure) kristallisierte Praecipitatio mercurii egregia (Quecksilber(I)-nitrat und/oder Quecksilber(II)-nitrat)[188] aus, das später meist als Quecksilbervitriol oder Quecksilbersalpeter bezeichnet wurde, ein verdauungsförderndes Mittel. Denselben medizinischen Zwecken diente Vitri antimonii correctio (Antimonsulfat), das er aus Antimonglas[189] und Spiritus oder Oleum vitrioli (Schwefelsäure)[190] erhielt.

Einige Jahre vor dem Erscheinen der *Basilica Chymica* hatte bereits Libavius in seiner *Alchymia* (1597) mehrere, allerdings nicht immer sehr genaue Rezepte für die Gewinnung von Metallsalzen – er bezeichnete sie meist als Metallkalke – durch die Auflösung eines Metalls in Aqua fortis (Salpetersäure) oder Essig (Essigsäure) und Abdestillieren oder Evaporieren des Lösungsmittels gegeben. Diese Metallkalke sollten als Ausgangsmaterialien für die

---

184 Zu den folgenden Medikamenten Crolls vgl. MULTHAUF (1954) 111 ff..

185 $K_2CO_3 + H_2SO_4 \rightarrow K_2SO_4 + H_2O + CO_2$

186 Vgl. SCHELENZ (1904) 390 und SCHNEIDER (1972) 92.

187 $Hg + 2\,H_2SO_4 \rightarrow HgSO_4 + SO_2 + 2\,H_2O$

188 $3\,Hg + 8\,HNO_3 \rightarrow 3\,Hg(NO_3)_2 + 2\,NO + 4\,H_2O$
$Hg + Hg(NO_3)_2 \rightarrow Hg_2(NO_3)_2$

189 Unter Antimonglas wurde meist ein Gemisch aus Antimonoxid und -sulfid verstanden, das aus dem Antimonerz Spießglanz (Antimonsulfid) durch starkes Erhitzen erhalten wird – vgl. MULTHAUF (1954) 118.

190 $Sb_2O_3 + 3\,H_2SO_4 \rightarrow Sb_2(SO_4)_3 + 3\,H_2O$

Gewinnung verschiedener chemischer Medikamente dienen.[191] Durch Auflösung von Zinn in *Salpetersäure* erhielt er nach Erkalten der Lösung Kristalle und bezeichnete sie als Vitriol von Zinn[192] oder, bei leicht variiertem Verfahren, als Zinnkalk (beides Zinnitrat).[193] Bleikalk (Bleinitrat) erhielt er, indem er Salpetersäure zu Bleipulver goß, wobei sich in der Kälte Kristalle bildeten.[194] Die Gewinnung von Silberkalk (Silbernitrat) und Kupferkalk (Kupfernitrat) aus Silber bzw. Kupfer und Salpetersäure erwähnt Libavius, allerdings ohne eine genaue Durchführungsvorschrift zu geben.[195] Im geschmolzenem Zustand wurde Silbernitrat, später auch als Crystalli Dianae bezeichnet[196], als „Höllenstein" zum Ätzen von Geschwüren und Wunden verwendet. Ebenso bloß erwähnt wird bei Libavius auch die Möglichkeit der Gewinnung der Metallkalke des Kupfers, Zinns und Bleis durch Auflösen in *Essigsäure*.[197] Das später als Bleizucker bezeichnete Bleiacetat bereitete noch den Chemikern des 18. Jahrhunderts große Schwierigkeiten hinsichtlich der Erklärung, wie der süße Geschmack dieses Salzes zustandekommt.

Beguin, der bei der Abfassung seiner *Elemens de Chymie*(1615) die *Alchymia* des Libavius vermutlich gekannt hat, beschreibt darin ebenfalls, aber sehr viel genauer und detaillierter als Libavius die Gewinnung von Sel oder Vitriol de Lune (Silbernitrat) durch Auflösen von Silber in Esprit de nitre (Salpetersäure) und Abdestillieren des Lösungsmittels, wobei er eine Gewichtszunahme des Silbers feststellt.[198] Sel oder Vitriol de Jupiter (Zinnitrat) gewann er durch Auflösen von Zinn in Aqua fortis, Sel oder Vitriol de Venus (Kupferacetat) durch Auflösen von Kupferkalk (Kupferoxid) in Essig (Essigsäure), Sel oder Vitriol de Saturne (Bleiacetat) ebenfalls durch Auflösen von Blei oder Minimum (Bleioxid) in Essig (Essigsäure) sowie als einer der ersten auch Sel oder Vitriol de Mars (Eisensulfat) durch Auflösen von Eisen in Esprit de vitriol (Schwefelsäure).[199]

Basil Valentinus, dessen Schriften größtenteils im ersten Viertel des 17. Jahrhunderts erschienen, beschrieb ebenfalls Operationen, mit denen Metallsalze, die er generell als Vitriole bezeichnete, erhalten werden können. Solche Vitriole stellte er durch Auflösung von Blei, Eisen, Quecksilber, Kupfer, Silber und Gold in Mineralsäuren her.[200] In seinem Traktat *Von den*

---

191 Bei Libavius heißt es: „Solche (Kalke) ergeben den Ausgangsstoff für Liquores, Tinkturen, für eine Quintessenz und andere Arkana." (LIBAVIUS (1597/D) 203)

192 Vgl. LIBAVIUS (1597/D) 511.

193 Vgl. LIBAVIUS (1597/D) 207.

$Sn + 2\,HNO_3 \rightarrow Sn(NO_3)_2 + H_2$

194 Vgl. LIBAVIUS (1597/D) 207.

$Pb + 2\,HNO_3 \rightarrow Pb(NO_3)_2 + H_2$

195 Vgl. LIBAVIUS (1597/D) 205 ff..

$3\,Ag + 4\,HNO_3 \rightarrow 3\,AgNO_3 + NO + 2\,H_2O$

$3\,Cu + 8\,HNO_3 \rightarrow 3\,Cu(NO_3)_2 + 2\,NO + 4\,H_2O$

196 Vgl. KOPP GdCh IV 200.

197 Vgl. LIBAVIUS (1597/D) 206 f.. Dabei bilden sich Acetate, z.B.:

$Pb + 2\,CH_3\,COOH \rightarrow Pb(CH_3\,COO)_2 + H_2$

198 „Ayez bonne quantité d'esprit de Nitre bien purifié, & huict onces de Lune (...) mettez digerer l'espace de vingt quatre heures au bain vaporeux, puis destilez à chaleur lente les esprits les plus volatils du Nitre (...) remettez d'autre esprit de Nitre, digerez, destilez iusque à ce que la Lune soit augmentee de poids de trois ou quatre onces des esprits plus fixes du Nitre (...)". (BEGUIN (1615) 233)

199 Vgl. BEGUIN (1615) 234–39. – Eisensulfat, dessen Gewinnung vor Beguin schon Valentinus beschrieb, wurde bereits zu Beginn des 17. Jahrhunderts in den offiziellen Medikamententaxen geführt – vgl. dazu FESTER (1969) 91.

$Fe + H_2SO_4 \rightarrow FeSO_4 + H_2$

200 Vgl. PARTINGTON HC II 199.

natürlichen und übernatürlichen Dingen (1603) lehrt er z.B. die Darstellung von grünem Vitriol (Eisensulfat)[201] und in den *Conclusiones* die von Quecksilbervitriol (Quecksilbernitrat).[202]

Die folgende Tabelle soll einen Überblick über die zu Beginn des 17. Jahrhunderts mit Salptersäure, Schwefelsäure, Essigsäure sowie mit Sublimat gewonnenen Salze geben und einen Vergleich mit der Tabelle Geoffroys ermöglichen.

201 Dort heißt es: „Nimm oleum vitrioli, solvir darin martem; mache einen vitriol daraus." (Zit. nach KOPP GdCh IV 147)

202 In seinen *Conclusiones* heißt es: „Vitriolum Mercurii wird leichtlich gemacht mit einem aqua fort (...) so er [sc.: der Mercurius – U.K.] darinnen solviret wird, so schießen Crystallen einem Vitriol ganz gleich". Dieser Vitriol sollte, in Weingeist aufgelöst, eine „edle Medicin ad Luem Gallicam [sein], curiret alte Schäden, Schwindsucht, Harn=Winde, die Gicht, und viele Krankheiten jagt sie aus dem menschlichen Leibe." (Zit. nach KOPP GdCh IV 195)

	Salpetersäure	**Schwefelsäure**	**Essigsäure**	**Sublimat*** (Quecksilber(II)-chlorid)
Quecksilber	Praecipitatio mercurii egregia (Croll) Quecksilbervitriol (Valentinus) (Quecksilber(I)-u.(II)-nitrat)	Turpethum minerale (Croll) (Quecksilbersulfat)		Sublimé doux (Beguin) Kalomel (später) (Quecksilber(I)-chlorid)
Silber	Silberkalk (Libavius) Sel ou Vitriol de Lune (Beguin) (Silber(I)-nitrat)			
Kupfer bzw. Kupferoxid	Kupferkalk (Libavius) (Kupfer(II)-nitrat)		Kupferkalk (Libavius) Sel ou Vitriol de Venus (Beguin) (Kupfer(II)-acetat	
Zinn	Zinnkalk (Libavius) Sel ou Vitriol de Jupiter (Beguin) (Zinn(II)-nitrat)		Zinnkalk (Libavius) (Zinn(II)-acetat)	Spiritus fumans Libavii (Libavius) (Zinn(IV)-chlorid)
Blei bzw. Bleioxid	Bleikalk (Libavius) (Blei(II)-nitrat)		Bleikalk (Libavius) Sel ou Vitriol de Saturne (Beguin) Bleizucker (später) (Blei(II)-acetat)	
Antimon (Antimonsulfid)		Vitri antimonii correctio (Croll) (Antimon(III)-sulfat)		Antimonbutter (Valentinus, Libavius, Beguin) (Antimon(III)-chlorid)
Eisen		Sel ou Vitriol de Mars (Beguin) Eisenvitriol (Valentinus) (Eisensulfat)		
Fixes Alkali (Kaliumcarbonat)		Tartarus vitriolatus (Croll) (Kaliumsulfat)		

Tabelle 1: *Die Salzgewinnung zu Beginn des 17. Jahrhunderts mit Salpeter-, Schwefel-, Essigsäure und durch Sublimat auf trockenem Weg*[203]

* Sublimat wurde an Stelle der freien Salzsäure verwendet.

203 Die nach den historischen Stoffbezeichnungen in Klammern genannten Autorennamen sollen darauf hinweisen, daß sich in ihren Schriften – z.T. erstmalige – Beschreibungen der jeweiligen Salzherstellung finden.

IV.3.2.6 *Die systematische Erweiterung der Salzgewinnung auf nassem Wege*

Erst in der zweiten Hälfte des 17. Jahrhunderts wurden die Möglichkeiten, die in der Gewinnung von Medikamenten auf dem Weg der Auflösung von Metallen, Alkalien oder Erden in Mineralsäuren liegen, vollständig ausgeschöpft. Zahlreiche neue, bisher unbekannte Salze wurden entdeckt und ihre pharmazeutischen und gelegentlich auch anderen praktischen Verwendungsmöglichkeiten untersucht. Diese Anwendung der drei Mineralsäuren beschreibt Glauber in seinen *Furni novi philosophici* sehr systematisch. In den ersten beiden Teilen dieser Schrift stellt er jeweils zuerst die Gewinnung von Spiritus salis (Salzsäure), Spiritus und Oleum vitrioli (Schwefelsäure), Spiritus nitri und Aqua fortis (Salpetersäure) und Aqua regis dar, und danach folgen Rezepte für die Gewinnung von Medikamenten durch Auflösung verschiedener Metalle mit jeweils einer dieser Säuren.

Mit *Salpetersäure* erhielt Glauber die Nitrate von Metallen, und zwar von Silber, Kupfer, Zinn, Blei und Quecksilber, die er meist als Crystalli bezeichnete, sowie Crocus Martis (Eisenoxid).[204] In seiner *Pharmacopoea spagirica* (1667) beschreibt er die Auflösung des flüchtigen Laugensalzes (Ammoniumcarbonat), d.h. eines flüchtigen Alkalis, in Salpetersäure, aus der sein Nitrum flammans (Ammoniumnitrat) auskristallisierte.[205] Mit Pottasche, einem fixem Alkali, und derselben Säure erhielt er einen künstlichen Salpeter (Kaliumnitrat).[206] Dieses auch als Sal nitrum bezeichnete Salz wurde etwa um die gleiche Zeit auch von Tachenius aus einem anderen fixen Alkali, dem Weinsteinsalz, und Salpetersäure gewonnen und wenig später bereits in den offiziellen Medikamententaxen aufgelistet.[207] Ein anderer Salpeter, dessen Kristallform sich von der des natürlichen Salpeters unterschied, der würfelförmige Salpeter (Natriumnitrat), wurde zufällig entdeckt bei der Gewinnung von Königswasser durch Destillation des Kochsalzes mit Salpetersäure. Ein relativ unbekannter Medizinprofessor aus Leipzig namens Johann Bohn beschrieb diesen Salpeter als erster.[208] Die Zahl der Salze der Salpetersäure wurde durch Kunkel vermehrt, der einen Kalksalpeter (Kalziumnitrat), das salpetersaure Salz einer Erde, durch Auflösen von Kreide in Salpetersäure gewann.[209]

Durch direkte Umsetzung mit *Schwefelsäure* stellte Glauber die schwefelsauren Salze von Metallen her, und zwar des Silbers, Kupfers, Eisens und Zinks.[210] Diese Salze bezeichnete er als Vitriole der Metalle. Im Zusammenhang mit der Herstellung der Salpetersäure auf direktem Weg, durch Destillation von Salpeter mit Vitriolöl, entdeckte Glauber als Rückstand

---

[204] Vgl. GLAUBER (1646–49) II 51 und 58–60. – Eisen bildet bei der Auflösung in Salpetersäure kein Nitrat, sondern ein Oxid.

[205] Vgl. KOPP GdCh III 250.
$(NH_4)_2CO_3 + 2\,HNO_3 \rightarrow 2\,NH_4NO_3 + H_2O + CO_2$

[206] Vgl. KOPP GdCh III 224.
$K_2CO_3 + 2\,HNO_3 \rightarrow 2\,KNO_3 + H_2O + CO_2$

[207] Vgl. FESTER (1969) 91.

[208] Vgl. KOPP GdCh IV 40. – Königswasser ist ein Gemisch aus drei Teilen HCl und einem Teil HNO_3.
$3\,NaCl + 4\,HNO_3 \rightarrow 3\,NaNO_3 + 3\,HCl + HNO_3$

[209] Vgl. KOPP GdCh IV 50.
$CaCO_3 + 2\,HNO_3 \rightarrow Ca(NO_3)_2 + H_2O + CO_2$

[210] Vgl. GLAUBER (1646–49) II 15–18 u. 38.
$2\,Ag + 2\,H_2SO_4 \rightarrow Ag_2SO_4 + SO_2 + 2\,H_2O$
$2\,Cu + O_2 + 2\,H_2SO_4 \rightarrow 2\,CuSO_4 + 2\,H_2O$
$Fe + H_2SO_4 \rightarrow FeSO_4 + H_2$
$Zn + H_2SO_4 \rightarrow ZnSO_4 + H_2$

in der Retorte ein schwefelsaures Salz eines fixen Alkalis[211], das er als Nitrum vitriolatum (Kaliumsulfat)[212] bezeichnete. Auf ähnliche Weise, nämlich als Rückstand bei der Salzsäuregewinnung aus Kochsalz und Vitriolöl, entdeckte Glauber sein Glaubersalz (Natriumsulfat)[213], das als Sal mirabile Glauberi ein weitverbreitetes Medikament wurde.[214] Auch das schwefelsaure Salz des flüchtigen Alkalis wurde von Glauber auf direktem Wege hergestellt und noch lange unter der Bezeichnung Sal ammoniacum secretum Glauberi in den offiziellen Medikamententaxen und Pharmakopöen geführt.[215] Wann genau der sogenannte Gypsum arte factum (Kalziumsulfat) aus Kalkerde und Schwefelsäure[216] zum ersten Mal hergestellt wurde, ist nicht ermittelbar. Erwähnt wurde dieses Salz z.B. von Pott Mitte des 18. Jahrhunderts, der aber auf Vorläufer verweist.[217]

Durch Auflösung der Metalle oder Metallkalke bzw. -flores (beides Metalloxide) in *Salzsäure* gewann Glauber die Chloride der Metalle Eisen, Kupfer, Zinn, Blei, Antimon, Arsen und Zink.[218] Es gelang ihm allerdings nicht, diese Salze in kristallinem Zustand zu erhalten, sondern nur als wasserhaltige, zähflüssige Substanzen, die er unter anderem wegen dieser äußeren Merkmale als Olea zusammenfaßte. Außer Oleum antimonii (Antimon(III)-chlorid) war keines dieser Salze zuvor bekannt.[219] Glauber fand für dieses gewöhnlich als Antimonbutter bezeichnete und aus Spießglanz (Antimonsulfid) und Sublimat (Quecksilber(II)-chlorid) gewonnene Salz den direkten Weg der Herstellung durch Auflösung der Flores des Antimons (Antimonoxid) in Salzsäure und Abdestillieren der Flüssigkeit.[220] Wie Zinnchlorid wurde es hauptsächlich zum Ätzen von Geschwüren medizinisch verwendet. Dieselbe Anwendung fand Oleum arsenici (Arsen(III)-chlorid), hergestellt aus den Flores des Arsens (Arsen(III)-oxid) und Salzsäure.[221] Oleum Martis (Eisenchlorid), das Glauber als rot-gelbes Öl beschreibt, sollte durch Auflösen von Stahl in Salzsäure gewonnen und gegen Fisteln, Krebsgeschwüre, Krätze und andere Hautkrankheiten verwendet werden.[222] Oleum Veneris (Kupferchlorid) erhielt Glauber als dunkelgrünes Öl, nachdem er Kupferkalk (Kupferoxid) in Salzsäure aufgelöst und die Feuchtigkeit abgezogen hatte.[223] Er empfahl es vor allem gegen Geschlechts-

---

211 Vgl. KOPP GdCh IV 20.

212 $2\ KNO_3 + H_2SO_4 \rightarrow K_2SO_4 + 2\ HNO_3$

Bei der Destillation mit Vitriol entsteht dagegen ein schwer identifizierbares Gemisch aus Kaliumsulfat und Eisenoxid (s.o.). Nitrum vitriolatum stimmt mit dem zuvor von Croll durch Sättigung von Weinsteinsalz mit Schwefelsäure erhaltenen Tartarus vitriolatus (Kaliumsulfat) überein.

213 Vgl. KOPP GdCh IV 40.

214 $2\ NaCl + H_2SO_4 \rightarrow Na_2SO_4 + 2\ HCl$

215 Vgl. KOPP GdCh III 250. Formelgleichung:
$(NH_4)_2CO_3 + H_2SO_4 \rightarrow (NH_4)_2SO_4 + H_2O + CO_2$

216 $CaCO_3 + H_2SO_4 \rightarrow CaSO_4 + H_2O + CO_2$

217 Vgl. KOPP GdCh IV 51.

218 Vgl. GLAUBER (1646–49) I 37–48.

219 Libavius erwähnt in seiner 1605 erschienenen *Praxis alchymiae* einen aus Zinn und Sublimat gewonnenen Spiritus, der später als Spiritus fumans Libavii (Zinn(IV)-chlorid) bezeichnet wurde – vgl. KOPP GdCh IV 130.
$Sn + 2\ HgCl_2 \rightarrow SnCl_4 + 2\ Hg$
Bei Glaubers Auflösung von Zinn in Salzsäure entsteht Zinn(II)-chlorid:
$Sn + 2\ HCl \rightarrow SnCl_2 + H_2$

220 $Sb_2O_3 + 6\ HCl \rightarrow 2\ SbCl_3 + 3\ H_2O$

221 $As_2O_3 + 6\ HCl \rightarrow 2\ AsCl_3 + 3\ H_2O$

222 $Fe + 2\ HCl \rightarrow FeCl_2 + H_2$

223 $CuO + 2\ HCl \rightarrow CuCl_2 + H_2O$

krankheiten. Oleum Saturni (Bleichlorid), ein gelbes Öl, gewann er durch Auflösen der Flores des Bleis (Bleioxid) und Oleum lapidis calaminaris (Zinkchlorid), ein rotes Öl, durch Auflösung von Galmei (Zinkcarbonat) in Salzsäure.[224] Oleum lapidis calaminaris, dem er eine „wunderbare Krafft" zuschrieb, sollte gegen Lepra und allgemein als Reinigungsmittel (Purgativum) pharmazeutisch eingesetzt werden.

Auch verschiedene Chloride der Alkalien wurden Mitte des 17. Jahrhunderts gewonnen. Die Herstellung des Sal marinum regeneratum (Kaliumchlorid), das auch unter der Bezeichnung Sal diureticum pharmazeutisch verwendet wurde, aus einem fixen Alkali, der Pottasche, und Salzsäure beschrieb Tachenius.[225] Dasselbe Salz wurde bereits vorher von Sylvius de le Boe als Rückstand bei der Destillation des flüchtigen Laugensalzes aus Pottasche und Salmiak gewonnen und war als Sylvisches Fiebersalz in der Medizin bekannt.[226] Auch die direkte Herstellung des Salmiaks aus dem flüchtigen Laugensalz und der Salzsäure gelang Mitte des 17. Jahrhunderts Sala und Tachenius.[227] Daß aus konzentrierten Auflösungen von Kalkerde in Salzsäure ein Salz ausfällt, wurde ebenfalls in der zweiten Hälfte des 17. Jahrhunderts entdeckt. Das Salz wurde später, weil es im geschmolzenen Zustand phosphoresziert, als Hombergscher Phosphor bezeichnet.[228]

IV.3.2.7 *Zusammenfassung zu den Salzherstellungen*

Mit diesen in der zweiten Hälfte des 17. Jahrhunderts aus einer der drei Mineralsäuren und einer Salzbasis, einem Metall oder einem fixen oder flüchtigen Alkali oder einer absorbierenden Erde, hergestellten Salzen, die fast alle als Medikamente angewendet oder im Zusammenhang mit der Suche nach neuen Medikamenten entdeckt wurden, haben wir eine vollständige Liste der Salze, die sich durch Kombination der Stoffe in der ersten Hälfte der Tabelle Geoffroys ergeben.

- Mit *Salzsäure* wurden auf direktem Weg, der zweiten Spalte in der Tabelle Geoffroys entsprechend, die Chloride des fixen und flüchtigen Alkalis, der Kalkerde, des Zinns, Antimons, Kupfers sowie über die Tabelle Geoffroys hinausgehend des Zinks, Eisens, Bleis und Arsens gewonnen. Die in der zweiten Spalte der Tabelle Geoffroys noch angeführten Chloride der edlen Metalle Silber und Quecksilber wurden von Glauber, wie weiter unten ausgeführt werden wird, auf dem Wege der Präzipitation erhalten oder waren im Falle des Quecksilbers schon zuvor auf trockenem Weg als Sublimat und Kalomel[229] gewonnen worden. Aus dem noch fehlenden Gold erhielt schon Croll durch Auflösen mit

224 $PbO + 2\,HCl \rightarrow PbCl_2 + H_2O$
$ZnCO_3 + 2\,HCl \rightarrow ZnCl_2 + H_2O + CO_2$

225 Vgl. Partington HC II 294 und Kopp GdCh IV 18 f..
$K_2CO_3 + 2\,HCl \rightarrow 2\,KCl + H_2O + CO_2$

226 Vgl. Kopp GdCh IV 19.
$K_2CO_3 + 2\,NH_4Cl \rightarrow 2KCl + (NH_4)_2CO_3$

227 Vgl. Kopp GdCh III 241.
$(NH_4)_2CO_3 + 2\,HCl \rightarrow 2\,NH_4Cl + H_2O + CO_2$

228 Vgl. Kopp GdCh IV 50.
$CaCO_3 + 2\,HCl \rightarrow CaCl_2 + H_2O + CO_2$

229 Kalomel wurde auch auf nassem Weg durch Präzipitation mit Kochsalz gewonnen (s.u.).

Königswasser, einem Gemisch aus Salz- und Salpetersäure, und Präzipitieren mit einem Alkali (s.u.) das Knallgold (Gold(III)-oxid mit angelagertem Ammoniak).

- Mit *Salpetersäure*, der Referenzsubstanz der dritten Spalte der Tabelle Geoffroys, waren die Salze des fixen und flüchtigen Alkalis, des Kalks als einer absorbierenden Erde, des Eisens, Kupfers, Bleis, Quecksilbers, Silbers und Zinns hergestellt worden.
- Mit *Schwefelsäure*, der Referenzsubstanz der vierten Spalte der Tabelle Geoffroys, waren die Salze des fixen und flüchtigen Alkalis, der Kalkerde, des Eisens, Kupfers, Silbers, Quecksilbers, Zinks und Antimons hergestellt worden, also eine Anzahl von schwefelsauren Salzen, die weit über die bei Geoffroy erwähnten hinausgeht.
- Auch mit der *Essigsäure*, die als einzige weitere Säure neben den drei Mineralsäure in der sechsten und achten Spalte Geoffroys angeführt ist, wurden schon zu Beginn des 17. Jahrhunderts verschiedene Metallsalze gewonnen. Die Zahl der Acetate wurde ergänzt durch die des fixen und flüchtigen Alkalis, deren Herstellung z.B. Tachenius in seinem *Hippocrates chymicus* (1666) beschrieb und die er unter dem Namen Tartarus vini oder Tartarus regeneratus[230] bzw. Sal ammoniacum liquidum als Medikamente verwendete.[231]

Vergleiche zu dieser Zusammenfassung die Tabelle auf der folgenden Seite.

[230] Der Name Tartarus regeneratus deutet auf den regenerierten Tartarus oder Weinstein – das ist das weinsteinsaure Salz des fixen Alkalis – hin. Daß Kaliumacetat für regeneriertes Kaliumtartrat gehalten wurde, liegt unter anderem daran, daß Weinsäure und Essigsäure zunächst nicht unterschieden werden konnten.

[231] Vgl. KOPP GdCh IV 341.

	Salzsäure		Salpetersäure		Schwefelsäure
Fixes Alkali (Kalium-carbonat)	Sal diureticum, Sylv. Fiebersalz, Sal marinum regeneratum (Kaliumchlorid)	**Fixes Alkali** (Kalium- o. Natrium-carbonat)	Künstl. Salpeter, Sal nitrium (Kaliumnitrat) Würfelförmiger Salpeter (Natriumnitrat)	**Fixes Alkali** (Kalium- u. Natrium-carbonat)	Tartarus vitriolatus Nitrium vitriolatum (Kaliumsulfat) Glaubersalz (Natriumsulfat)
Flüchtig. Alkali (Ammon.-carbonat)	Salmiak (Ammoniumchlorid)	**Flüchtig. Alkali** (Ammon.-carbonat)	Nitrium flammans (Ammoniumnitrat)	**Flüchtig. Alkali** (Ammon.-carbonat)	Sal ammoniacum secretum Glauberi (Ammoniumsulfat)
Kalkerde	Hombergscher Phosphor (Kalziumchlorid)	**Kalkerde**	Kalksalpeter (Kalziumnitrat)	**Kalkerde**	Gypsum arte factum (Kalziumsulfat)
Zinn	Oleum Jovis, Spiritus fumans Libavii (Zinn(IV)-chlorid)	**Eisen**	Crocus Martis (Eisenoxid)	**Eisen**	Eisenvitriol (Eisen(II)-sulfat)
Antimon (Antimon-sulfid)	Antimonbutter, Oleum antimonii (Antimon(III)-chlorid)	**Kupfer**	Kupfervitriol (Kupfernitrat)	**Kupfer**	Kupfervitriol (Kupfer(II)-sulfat)
Kupfer (Kupfer-oxid)	Oleum Veneris (Kupfer(II)-chlorid)	**Blei**	Bleivitriol, Crystalli Saturni (Bleinitrat)	**Silber**	Silbervitriol (Silber(I)-sulfat)
Silber	Silberkalk (Präzip. mit NaCl: Silber(I)-chlorid)	**Queck-silber**	Quecksilbervitriol (Quecksilbernitrat)	**Queck-silber***	Turpethum minerale (Quecksilber(II)-sulfat)
Queck-silber	Sublimat (trock. Destill.: Qu.(II)-chlorid) Kalomel (trock. Destill. o. Präzip. mit NaCl: Qu.(I)-chlorid)	**Silber**	Crystalli Dianae, Crystalli Lunae, Höllenstein, Sel de lune (Silbernitrat)	**Zink***	Zinkvitriol (Zink(II)-sulfat)
Galmei* (Zink-carbonat)	Oleum lapidis calaminaris (Zink(II)-chlorid)	**Zinn***	Zinnvitriol, -salz, Crystalli Jovis (Zinnitrat)	**Antimon*** (Antimon-sulfid)	Vitri antimonii correctio (Antimon(III)-sulfat)
Eisen*	Oleum Martis (Eisen(II)-chlorid)				
Blei* (Bleioxid)	Oleum Saturni (Blei(II)-chlorid)				
Arsen*	Oleum arsenici (Arsen(III)-chlorid)				

Tabelle 2: *Die Salzgewinnung Mitte des 17. Jahrhunderts durch Auflösen einer Salzbasis in freien Mineralsäuren*[232]

[232] Zu Vergleichszwecken werden die Salze entsprechend der Reihenfolge in der Tabelle Geoffroys angeordnet. Die Salze mit den durch ein * bezeichneten Basen sind bei Geoffroy nicht erwähnt.

IV.3.2.8 *Präzipitationen aus sauren Auflösungen*

Das dritte Standardverfahren, das zur Gewinnung chemischer Medikamente angewendet wurde, war das Auflösen eines Stoffs, meist eines Metalls, und die nachfolgende Präzipitation mit einem Präzipitationsmittel. Als Präzipitationsmittel wurden Metalle, Alkalien, Kochsalz und Schwefelsäure verwendet. Obwohl diesen Präzipitationen, aus heutiger Sicht betrachtet, ganz verschiedene chemische Reaktionen zugrundeliegen, die zu verschiedenen Substanzen führen, werden sie im Folgenden, dem zeitgenössischen Verständnis dieser Operationen entsprechend[233], zusammenhängend dargestellt. Werden Metalle als Präzipitationsmittel verwendet, so findet eine Redoxreaktion statt. Das unedlere und als Präzipitationsmittel dienende Metall B wird bei Kontakt mit dem edleren, gelöst und oxidiert vorliegenden Metall A oxidiert, und dabei wird zugleich das edlere Metall A reduziert und fällt als Pulver aus[234]. Das zuerst durch die Säure oxidierte und gelöste Metall A wird somit durch eine Redoxreaktion wiedergewonnen. Wird eine alkalische Substanz, z.B. Kalium- oder Ammoniumcarbonat, als Präzipitationsmittel verwendet, so fällt nicht das Metall, sondern ein unlösliches Metalloxid, -hydroxid oder Metallcarbonat aus.[235] Bei der Zugabe einer Kochsalzlösung fallen unlösliche Metallchloride und bei Schwefelsäure als Präzipitationsmittel unlösliche Metallsulfate aus. In allen drei Fällen ist die zugrundeliegende Reaktion eine Ionenreaktion. Das Präzipitationsmittel liegt, wenn es aufgelöst ist, bereits in Ionenform vor und bildet mit den Ionen des gelösten Metalls A eine unlösliche Verbindung, die ausfällt.[236] Das ursprünglich oxidierte und aufgelöste Metall A wird in diesem Fall nicht als elementares Metall wiedererhalten, sondern liegt nach der Präzipitation als Metallverbindung, als Salz, vor.

Es wurde bereits zu Beginn dieses Abschnitts IV.3 darauf hingewiesen, daß im 17. und frühen 18. Jahrhundert Redoxreaktionen von Metallen nicht als solche erkannt wurden, und dies hatte Auswirkungen für das zeitgenössische Verständnis der verschiedenen Präzipitationen.[237] Ignorieren wir aber einmal mit Geoffroy und den anderen Begründern des chemischen Verbindungskonzepts, daß bei der Auflösung von Metallen in Säuren auch Redoxreaktionen ablaufen, und verstehen mit ihnen die Auflösung als eine Verbindungsbildung von Metall und Säure, dann ist die Präzipitation eine reversible chemische Zerlegung der zunächst entstandenen Verbindung durch das zugefügte Präzipitationsmittel, in welcher Form auch immer, ob verbunden oder elementar, das präzipitierte Metall vorliegt.

IV.3.2.8.1 Die Präzipitation mit einem Metall

Prototyp der Präzipitation mit einem Metall als Präzipitationsmittel war die bereits im 15. Jahrhundert in der Metallurgie praktizierte Präzipitation von Silber aus Scheidewasser mit

[233] Vgl. unten Teil V.2.

[234] Z.B. Auflösung: $Fe + H_2SO_4 \rightarrow Fe^{2+} + SO_4^{2-} + H_2$

Präzipitation: $Fe^{2+} + SO_4^{2-} + Zn \rightarrow Zn^{2+} + SO_4^{2-} + Fe$

[235] Bei der Zugabe von Alkalien wird der pH-Wert der Lösung erhöht und es fallen je nach Löslichkeitsprodukt die Oxide oder Hydroxide aus und bei der Verwendung von alkalischen Carbonaten auch die schwer löslichen Metallcarbonate.

[236] Z.B. für die Fällung von Silberchlorid aus Salpetersäure mit Kochsalz:

$Ag^+ + NO_3^- + Na^+ + Cl^- \rightarrow AgCl + Na^+ + NO_3^-$

[237] Vgl. unten Teil V.2.

Kupfer im Anschluß an die Scheidung von Gold und Silber. Die Iatrochemiker und Apotheker kannten dieses Verfahren nicht nur aus den metallurgischen Schriften, sondern auch aus eigener Erfahrung. Die Vorschrift für die Scheidung von Gold und Silber mit Aqua fortis und die anschließende Präzipitation von Silber mit Kupfer ist in fast allen pharmazeutischen Schriften enthalten.[238] Man wollte auf diese Weise reines Gold oder Silber als Ausgangsmaterial für die Medikamentengewinnung erhalten.

Schon Basil Valentinus weist darauf hin, daß man auch das in Salpetersäure aufgelöste Kupfer durch Zugabe von Eisen wiedererhalten könne[239], und formuliert bereits eine Art Fällungsreihe, wenn er sagt, Silber könne durch Kupfer und Kupfer durch Eisen präzipitiert werden.[240] Glaser und Lemery verlängern die Fällungsreihe von Metallen in Salpetersäure weiter in Richtung der unedlen Metalle. So schreibt z.B. Glaser im Zusammenhang mit der Vorschrift für die Reinigung des Goldes mit Aqua fortis:

> „(...) das Silber / so in aq. fort ist / wird praecipitirt mit einem kupffernen Bleche / (...) Das Silber findet man auf dem Boden / welches gewaschen und getrucknet / und in Gestalt eines Kalcks verwahret / oder in einem Tiegel mit sale tartari geschmoltzen wird. Wenn man aber in diesem gebrauchten Scheide-Wasser / welches eigentlich eine Auflösung des Kupffers ist / noch eine leichtere und irdischere Materie thut / als zum Exempel Eisen / so praecipiret sich das Kupffer; (...) welches man auch durch mineralia, als Galmey oder Zinck / weil sie viel irdischer und leichter seynd / als das Eisen / praecipitiren kan.“ (GLASER (1663/D) 108 ff.)

Diese Fällungsreihe läßt sich in Richtung der edlen Metalle verlängern, wenn man die Fällung von Gold mit Quecksilber hinzufügt. Glaser beschreibt z.B. unter mehreren Varianten, Gold zu kalzinieren, d.h. in Pulverform zu überführen, eine Variante, in der es heißt, man solle ein Quint Gold in Königswasser auflösen, sechs Quint Quecksilber hinzugeben und erhalte dann nach 24 Stunden am Boden des Gefäßes ein Goldpulver.[241]

Glauber faßt in seinen *Furni novi philosophici* die Möglichkeit der Fällung eines Metalls durch ein anderes folgendermaßen zusammen:

> „Solvire welches Metall du wilt in seinem behörigen menstruo, es geschehe gleich mit distilirten spiritibus acidis, oder scharpffen salien mit zuthun gemeines Wassers / oder im Fewer truckne in einem Tigel / wie du wilt / und lege darnach in ein solche solution ein ander Metall / welches das solvens lieber angreifft alß dasjenige / welches dasselbe zu sich genommen hatte / so wirstu befinden / daß das solvens das angenommene Metall oder Mineral fallen lässet / und das ander / welches es lieber angreiffet / antasten und solviren wird.“ (GLAUBER (1646–49) II 96)

IV.3.2.8.2 *Die Präzipitation mit Alkalien, Kochsalz und Schwefelsäure*

Die Auflösung von Gold in Königswasser und die anschließende Präzipitation von Knallgold (Gold(III)-oxid mit angelagertem Ammoniak) mit Oleum tartari (konzentrierte wässrige Lö-

---

238 $2\ Ag^+ + 2\ NO_3^- + Cu \rightarrow Cu^{2+} + 2\ NO_3^- + 2\ Ag$

239 $Cu^{2+} + 2\ NO_3^- + Fe \rightarrow Fe^{2+} + 2\ NO_3^- + Cu$

240 Vgl. KOPP GdCh II 292. – Ähnlich lautende Formulierungen findet man z.B. in den in der zweiten Hälfte des 17. Jahrhunderts erschienenen Schriften des Tachenius (vgl. PARTINGTON HC II 295), Glasers, Lemerys (vgl. N. LEMERY (1675) 103 f.) und anderer.

241 Vgl. GLASER (1663/D) 123. – Königswasser wirkt durch atomares Chlor oxidierend:
$HNO_3 + 3\ HCl \rightarrow NOCl + 2\ H_2O + 2\ Cl$
$2\ Au + 6\ Cl \rightarrow 2\ Au^{3+} + 6\ Cl^-$
$2\ Au^{3+} + 3\ Hg \rightarrow 3\ Hg^{2+} + 2\ Au$

sung von Weinsteinsalz) war eine schon bei Croll, Valentinus oder Beguin beschriebene Präzipitation mit einem *Alkali*.[242] Weitere Beispiele sind die Präzipitationen aus den Auflösungen von Silber oder Kupfer in Salpetersäure, die Glauber in seinen Schriften beschreibt. Aus der Auflösung von Kupfer in Salpetersäure könne mit Weinsteinsalz ein grüner Präzipitat (basisches Kupfercarbonat) ausgefällt werden[243], der als Farbe anstelle von Grünspan verwendbar sei, schreibt er. Ebenso, daß mit Ammoniak aus der Auflösung von Silber in Salpetersäure ein schwarzer Präzipitat (Silberoxid)[244] erhalten werde.[245] Lemery beschreibt weitere solche Präzipitationen mit einem fixen oder flüchtigen Alkali, z.B. aus einer Auflösung von Zinn in Salpetersäure, wobei ein weißes Pulver, ein Magistere de Jupiter (Zinn(II)-hydroxid), entstehe, das als Pomade zur Weißfärbung des Gesichts verwendbar sei.[246] Dieselbe Verwendung als Schminke fand das Magisterium des Bleis (Bleicarbonat), dessen Präzipitation aus der Auflösung von Blei in Essigsäure mit Oleum tartari z.B. von Le Fèvre oder Glaser beschrieben wird.[247]

Die Gewinnung von Silberkalk (Silberchlorid), das als Medikament gegen Epilepsie und verschiedene Gehirnerkrankungen verwendet wurde, durch Präzipitation einer salpetersauren Silberlösung mit *Kochsalz*, ist eine Präzipitation, die in vielen pharmazeutischen Schriften beschrieben wird.[248] Basil Valentinus gibt in seinen *Handgriffen* bereits eine Vorschrift dafür[249], und ebenso Beguin[250], Glauber, Le Fèvre oder Lemery[251]. Im Hinblick auf das zeitgenössische Verständnis dieser Präzipitationen ist es interessant, daß z.B. Le Fèvre und Glauber schreiben, man könne den Silberkalk durch Präzipitation entweder mit Salzwasser oder mit Kupfer gewinnen. Eine weitere Präzipitation mit Kochsalz, die in den pharmazeutischen Schriften häufiger beschrieben ist, ist die eines weißen Präzipitats (Quecksilber(I)-chlorid) aus einer salpetersauren Quecksilberlösung.[252] Quecksilber(I)-chlorid war eines der beliebtesten Quecksilbermedikamente, das gewöhnlich durch trockene Destillation von Quecksilber mit Sublimat gewonnen[253] und als Kalomel bezeichnet wurde. Schon Beguin gibt in seinen

---

242 Königswasser wurde häufig durch Auflösen von Salmiak in Salpetersäure hergestellt. Das Königswasser war somit ammoniakhaltig. Gold wird in Königswasser zu Gold(III)-oxid oxidiert, das Ammoniak anlagert und als $Au_2O_3 \cdot 2NH_3$ und $Au_2O_3 \cdot 3NH_3$ ausfällt. Knallgold ist ein starkes Oxidationsmittel, daher der Name. Beguin, der zum ersten Mal von Knallgold (Or fulminant diaphoretic) spricht – Croll sprach von Aurum volatile – und es als schweißtreibendes Mittel einsetzte, schreibt, man solle eine Dragme Gold in einer Unze Königswasser auflösen und zwei Unzen Oleum tartari hinzufügen; der Goldkalk präzipitiere dann auf den Boden des Gefäßes. Vgl. BEGUIN (1615) 219 f..

243 $K_2CO_3 + H_2O \rightarrow 2\,K^+ + OH^- + HCO_3^-$

$HCO_3^- + H_2O \rightarrow H_3O^+ + CO_3^{2-}$

$2\,Cu^{2+} + 2\,OH^- + CO_3^{2-} \rightarrow CuCO_3 \cdot Cu(OH)_2$

244 $NH_3 + H_2O \rightarrow NH_4^+ + OH^-$

$2\,Ag^+ + 2\,OH^- \rightarrow Ag_2O + H_2O$

245 Vgl. zu beiden Operationen PARTINGTON HC II 356.

246 Vgl N. LEMERY (1675) 124 f..

$Sn^{2+} + 2\,NO_3^- + 2\,OH^- \rightarrow Sn(OH)_2 + 2\,NO_3^-$

247 Vgl. LE FÈVRE (1660/D) 790 und GLASER (1663/D) 151 f..

$Pb^{2+} + 2\,CH_3COO^- + CO_3^{2-} \rightarrow PbCO_3 + 2\,CH_3COO^-$

248 $Ag^+ + NO_3^- + Na^+ + Cl^- \rightarrow AgCl + Na^+ + NO_3^-$

249 Vgl. KOPP GdCh IV 202.

250 „Dissouls la Lune en eau forte, puis versant d'eau salee par dessus elle se precipitera au fonds du matras en chaux blanche (...)". (BEGUIN (1615) 212)

251 Vgl. GLAUBER (1646–49) II 16 u. 52, LE FÈVRE (1660/D) 718 und N. LEMERY (1675) 116 f..

252 $2\,Hg^+ + 2\,NO_3^- + 2\,Na^+ + 2\,Cl^- \rightarrow Hg_2Cl_2 + 2\,Na^+ + 2\,NO_3^-$

253 Vgl. oben IV.3.2.1.

Elemens de Chymie eine entsprechende Vorschrift[254], und später folgen ihm z.B. Kunckel[255] und Lemery.[256] Lemery schreibt in seinem *Cours de Chymie*, man könne diese Präzipitation genausogut wie mit Kochsalz auch mit *Salzsäure* (Esprit de sel) durchführen. Weiter heißt es verallgemeinernd, eine Säure könne das, was eine andere aufgelöst habe, präzipitieren.[257]

Präzipitationen mit *Schwefelsäure* sind besonders ausführlich in Glaubers *Furni novi philosophici* beschrieben.[258] Kupfersulfat z.B. präzipitierte er durch Auflösen von Kupfer in Salzsäure und Zugabe von Schwefelsäure. Daraus gewann er durch Sublimation die Flores veneris (Kupferoxid), die zum Heilen offener Wunden verwandt werden sollten.[259] Die Breite der Anwendbarkeit der Schwefelsäure als Präzipitationsmittel beschrieb Glauber in folgenden Worten:

> „Ferners praecipitiert ein Oleum acidum Vitrioli communis alles / es seyen Metalla oder Lapides der Thieren und Fischen / oder Perlen und Corallen / welche in Spiritu Salis oder Nitri solviert seyn / und machet schöne leichte Pulver daraus / welche von den Apoteckern Magisteria genennt werden / viel schöner / als wann sie mit Sale Tartari weren praecipitiert worden." (GLAUBER (1646–49) II 17)

IV.3.2.9 *Die Zerlegung künstlicher Salze*

Eine gezielte Zerlegung chemisch hergestellter Salze in die ursprünglichen Ausgangsstoffe war ein von den Iatrochemikern und Apothekern des 17. Jahrhunderts sehr selten praktizierter Ausnahmefall. Diese Praktiker gewannen die Salze ja wegen ihrer praktischen Nutzanwendung als Medikamente, und dabei wäre eine Zerlegung in die ursprünglichen Komponenten völlig kontraproduktiv gewesen. Ein solcher Ausnahmefall trat z.B. ein, wenn man aus edlen und relativ kostbaren Metallen einen Vitriol oder ein Salz durch Auskristallisieren aus der sauren Lösung gewinnen wollte und annehmen konnte, daß nach dem Auskristallisieren noch ein Rest des edlen Metalls in der sauren Lösung verblieben sei. Glauber beschreibt z.B. in seinen *Furni novi philosophici* eine solche Rückgewinnung von Silber, nachdem man Silbervitriol (Silbernitrat) durch Auflösen von Silber in Salpetersäure und langsames Auskristallisieren des Salzes in der Kälte gewonnen hat. „Die übrige Solution", heißt es dort,

---

254 „Dissouls le Mercure en eau forte, puis versant d'eau salee par dessus, ils se precipitera en poudre blanche. (...) Il sert principalement pour les maladies veneriennes (...)". (BEGUIN (1615) 185)

255 Vgl. KOPP GdCh IV 193.

256 Vgl. N. LEMERY (1675) 257.

257 „La precipitation du mercure se peut faire par l'esprit de sel, comme par le sel en substance." Und als Marginale: „Un acide fait precipiter ce qu'un autre acide avoit dissout." (N. LEMERY (1675) 259)

258 Stahl hebt in seiner Untersuchung über die Salze hinsichtlich der Gewinnung von Vitriolen durch Präzipitation auch Kunckel hervor. Kunckel habe gezeigt, „(...) auf was Art und Weise, dieses Vitriolische oder Schwefel-Sauer auch das Silber, Zinn, Regulum Antimoni, Quecksilber, ja selbsten Bley, vollkommen angreiffen, klahr solviren, und selbst Crystallisch damit werden könne sowohl durch gegebene genugsame Hitze; als durch so genannte praecipitation, wann dergleichen Metalle, so viel sich ihrer mit nitrosischem Sauer solviren lassen, durch Zugiessung des Vitriolischen wieder dergestalt daraus geschieden werden, daß dieses letztere sich anschläget und mit ihnen zu Boden fällt." (STAHL (1723) 218)

259 „Wan man Venerem in Spiritu Salis aufflöst / und mit Oleo Vitrioli praecipitirt / absüsst / trucknet und sublimirt / so bekomt man Flores, welche / so bald sie kalt werden / in der Lufft in einen schönen grünen Balsamum fliessen / zu allen verderbten Wunden und offenen schäden / wie sie auch mögen genant werden / ein köstlicher Schatz." (GLAUBER (1646–49) I 67)

$$Cu^{2+} + 2\,Cl^- + 2\,H^+ + SO_4^{2-} \rightarrow CuSO_4 + 2\,Cl^- + 2\,H^+$$

Sublimation:

$$CuSO_4 \rightarrow CuO + SO_3.$$

„welche nicht Crystallisiret ist / kan man in einem kupffern Gefäß / mit zuthun süß Wasser / auff dem Fewer / in einen calcem praecipitiren, absüßen / trucknen / und zu anderem Gebrauch bewahren / oder wieder in ein corpus schmeltzen." (GLAUBER (1646–49) II 52)

Im Rahmen der Verfolgung praktisch-gewerblicher Interessen gab es neben solchen selten vorkommenden gezielten Zerlegungen von Metallsalzen in die Ausgangsstoffe auch einige nicht als solche beabsichtigte oder als solche verstandene Zerlegungen, die im Zusammenhang mit der Weiterverarbeitung von Metallsalzen zu wirksameren Medikamenten auftraten. Dazu gehört die Destillation von chemisch hergestellten Vitriolen und von Salmiak, die Zerlegung der leicht reduzierbaren Edelmetallverbindungen wie die des Goldes oder Quecksilbers und die Wiederauflösung von Metallsalzen in Wasser und anschließende Präzipitation anstelle der direkten Präzipitation aus der sauren Auflösung. Bereits Basil Valentinus schreibt in seinen *Handgriffen* von einer Goldsolution in Königswasser, die in der Kälte Kristalle absetze, die der „wahre Vitriol" des Goldes seien.[260] Wenn man die Kristalle mit Quecksilber vermische und anschließend das Gemisch erhitze, heißt es weiter, so bleibe Gold zurück.[261] Eine ähnliche Beschreibung gibt Beguin im Zusammenhang mit der Herstellung von Knallgold. Man könne daraus Gold wiedergewinnen, heißt es, wenn man es mit Quecksilber vermische, das Quecksilber anschließend abdampfe und das Gold mit einem Flußmittel zusammenschmelze.[262] In den *Handgriffen* des Basil Valentinus findet sich auch eine Vorschrift für die Gewinnung des Quecksilbersalzes Sublimat durch Destillation von Quecksilber, Vitriol und Kochsalz. Aus diesem Sublimat könne man Quecksilber wiedergewinnen, wenn man den Sublimat auf ein Eisenblech lege.[263] Die Zerlegung von Zinnober durch Destillation mit Eisen oder einem anderen unedlen Metall war eine chemische Operation, die im metallurgischen Gewerbe zum Zweck der Quecksilbergewinnung bzw. des Quecksilbertransportes durchgeführt wurde.[264] Glaser trifft z.B. in seinem *Traité de la Chymie* die allgemeine Feststellung, man könne alle Quecksilberverbindungen auf diese Weise zerlegen.[265]

Der Weg der Gewinnung von Magisterien durch Wiederauflösen eines zuvor gewonnenen Metallsalzes in Wasser und Zugabe eines Präzipitationsmittels zu dieser wässrigen Salzlösung ist in den pharmazeutischen Schriften relativ selten beschrieben. Die übliche Methode war die unmittelbare Präzipitation des Magisteriums aus der sauren Auflösung des Metalls. In manchen Fällen, vielleicht weil die Auflösung des Metalls in der jeweiligen Säure sehr viel Zeit beanspruchte und andererseits das Salz leicht aufzubewahren war, wurde aber auch dieser umständlich scheinende Weg des Wiederauflösens des Salzes in Wasser mit nachfolgender Präzipitation gegangen. Lemery beschreibt z.B. ein solches Verfahren für die Ge-

---

260 Valentinus stellte Königswasser durch Auflösung von Salmiak in Salpetersäure her. Die auskristallisierte Substanz dürfte deshalb eine Komplexverbindung des Goldes mit Chlor- und Ammoniumionen gewesen sein. Vgl. KOPP GdCh III 349 f..

261 Vgl. KOPP GdCh IV 209 und PARTINGTON HC II 197. Bei diesem Vorgang wird Gold erstens durch das unedlere Quecksilber reduziert und dann amalgamiert. Beim Erhitzen wird das Quecksilber aus dem Amalgam entfernt.

262 Vgl. BEGUIN (1615) 219 f..

263 „Den Mercurium sublimatum reibe gar klein, leg ihn auf ein Eisenblech ganz dünn auseinander gebreitet in Keller, laß es etliche Tag und Nacht stehen, so fleußt ein Wasser davon, auch revificirt sich der Mercurius." (Zit. nach KOPP GdCh IV 190)

$HgCl_2 + Fe \rightarrow Fe^{2+} + 2\,Cl^- + Hg$

264 Vgl. oben IV.3.1.3.

$HgS + Fe \rightarrow FeS + Hg$

265 „Es ist zu mercken / daß alle Zubereitungen des Mercurii, eben wie der Zinnober durch das Eisenfeil / oder ungeleschten Kalck könen revivificiret werden (...)". (GLASER (1663/D) 225)

winnung des Magisteriums des Bleis (Bleicarbonat). Um Blei in Essig aufzulösen benötigt man mehrere Tage. Wenn aber vorrätiger Bleizucker (Bleiacetat), der aus der Auflösung von Blei in Essig auskristallisierte, wieder in Wasser aufgelöst wird und zu dieser Lösung Weinsteinsalz (Kaliumcarbonat) als Präzipitationsmittel hinzugegeben wird, so erhält man innerhalb kurzer Zeit das Magisterium des Bleis.[266]

Die Zerlegung chemisch hergestellter Vitriole (Metallsulfate) durch Destillation ist in Glaubers *Furni novi philosophici* ausführlich beschrieben. Glauber ging es dabei um den praktischen Zweck, aus den Metallen ebenso wie aus pflanzlichen, tierischen und einigen mineralischen Stoffen einen als Medikament verwendbaren Spiritus zu gewinnen. Künstliches Eisen- und Kupfervitriol (Eisen- und Kupfersulfat), die durch Auflösen von Eisen bzw. Kupfer in Schwefelsäure und langsames Auskristallisieren gewonnen worden waren, destillierte er anschließend, weil er den destillierten Spiritus (Schwefelsäure) für besser hielt als der nach demselben Verfahren aus natürlichen Vitriolen gewonnene.[267] Verallgemeinernd heißt es, man könne auf diese Weise von allen Mineralien und Metallen einen Spiritus machen, der „kräftiger" als der aus natürlichen Salzen gewonnene ist.[268]

Mit derselben Zielsetzung, um einen als Medikament verwendbaren Spiritus zu gewinnen, wurde auch der Salmiak (Ammoniumchlorid) durch Destillation zerlegt. Der gewöhnliche Salmiak wurde von den Iatrochemikern und Apothekern nicht selbst hergestellt, sondern als Handelsware aus Venedig bezogen.[269] Zwar zweifelte man daran, daß der Salmiak ein Naturstoff im üblichen Sinne des Wortes sei, man wußte aber nicht, auf welche Weise dieses Salz in den Ländern, aus denen es importiert wurde, gewonnen wurde.[270] Noch Lemery schreibt in seinem *Cours de Chymie* (1675), es habe bis in die Gegenwart Unklarheiten über die Herkunft und Entstehung dieses „natürlichen" Salmiaks gegeben.[271] Eine Vorschrift zur Gewinnung eines Spiritus oder Salis ammoniaci volatili bzw. flüchtigen Laugensalzes (Ammoniumcarbonat) durch Destillation von Salmiak mit einem fixen Alkali[272] gibt z.B. Glauber in seinen *Furni novi philosophici*. Dort heißt es, es könne entweder aus Urin oder Salmiak „ein sehr kräfftiger und durchdringender Spiritus" gemacht werden, „welcher nicht allein in Medicina zu vielen Kranckheiten zugebrauchen / sondern in Mechanicis und operationibus Chimicis sehr dienstlich erfunden worden".(GLAUBER (1646–49) II 157) Während dieser Spiritus aus dem Urin „sehr mühsam zu machen" sei, könne man ihn „auß dem Salmiac viel leichter machen". (ebd. 158) Dann folgt die Vorschrift, wie man Salmiak und Galmei (Zinkcarbonat) pulverisieren, mischen und schließlich destillieren solle. Weiter heißt es:

---

266 Vgl. N. LEMERY (1675) 148.

$Pb^{2+} + 2\,CH_3COO^- + CO_3^{2-} \rightarrow PbCO_3 + 2\,CH_3COO^-$

267 „Solcher Vitriol nun / ist viel reiner und besser / als ein gemeiner / dann er einen bessern Spiritum volatilem gibt als der gemeine / derentwegen allhier der Modus zu machen gesetzt ist." (GLAUBER (1646–49) II 15)

$CuSO_4 \rightarrow CuO + SO_3;$

$SO_3 + H_2O \rightarrow H_2SO_4.$

268 Vgl. GLAUBER (1646–49) II 37.

269 Vgl. oben IV.1.1.

270 Vgl. KOPP GdCh III 240.

271 „Il est étonnant que l'origine de ce sel armoniac ait esté ignorée jusqu'à present; car on n'est point encore instruit exactement ny du lieu où l'on le fait, ny des materies qu'on employe à sa composition (...)". (N. LEMERY (1675) 458)

272 $2\,NH_4Cl + K_2CO_3 \rightarrow (NH_4)_2CO_3 + 2\,KCl.$

„Dieses nun ist der beste weg auß dem Salmiac einen starcken Spiritum zu machen / deßgleichen geschicht auch wann man geraspelt / oder gefeilet Zinck / an statt Galmei nimmet / und kan solches auch mit zusatz Salis Tartari holtz-laugen Saltz / ungelöschten Kalck / und dergleichen dinge gethan werden (...)". (GLAUBER (1646–49) II 159)

Neben diesen im Zusammenhang mit der Medikamentengewinnung erfolgenden chemischen Operationen, die spätestens von den Begründern des chemischen Verbindungskonzepts als Zerlegungen verstanden wurden, gab es aber auch bereits einige gezielte Zerlegungen von Metallsalzen, die nur als Hinweis auf ein wachsendes, von praktischen Nützlichkeitserwägungen unabhängiges Erkenntnisinteresse der Praktiker an chemischen Operationen zu deuten sind oder – um es mit den Worten Glasers auszudrücken – die „aus Lust" an der Sache durchgeführt wurden. Glaser schreibt in seinem *Traité de la Chymie* im Zusammenhang mit der Gewinnung des Bleisalzes (Bleiacetat) und Magisteriums des Bleis (Bleicarbonat) durch Auflösen von Bleikalk (Bleioxid) in Essig und Präzipitieren mit Oleum tartari (wässrige Lösung von Kaliumcarbonat):

„Wenn man aus Lust das Saltz und magisterium Saturni wieder zu Bley machen wil / läst man ein wenig sal tartari in einem Tiegel schmeltzen / und thut ein wenig von dem Saltz oder magisterio darzu / so wird alsbald Bley daraus." (GLASER (1663/D) 153)

Lemery beschreibt dieselbe Zerlegung, wobei er anstelle des Alkalis Kohle hinzufügte.[273]

Daß sich die auskristallisierten oder präzipitierten Salze, nachdem sie wieder in Wasser aufgelöst sind, genauso verhalten wie die sauren Auflösungen, aus denen die Salze gewonnen wurden, zeigt vor allem Lemery in seinem *Cours de Chymie*. Im Zusammenhang mit der Beschreibung der Herstellung von Vitriol de Lune (Silbernitrat) durch Auflösung von Silber in Salpetersäure heißt es, man könne nach dem Wiederauflösen dieses Salzes in Wasser daraus mit Kupfer Silber wiedergewinnen.[274] Dabei erwähnt er , daß das wiedergewonnene Silber quantitativ mit dem aufgelösten Silber übereinstimme, d.h. dasselbe Gewicht habe.

IV.3.2.10 *Zusammenfassung zu den Zerlegungen von Auflösungen und Salzen*

Verstehen wir mit Geoffroy und den anderen Begründern des chemischen Verbindungskonzepts die Präzipitationen als chemische Zerlegungen, so sind in den pharmazeutischen Schriften zusammen mit den Zerlegungen von Salzen durch Destillation folgende Zerlegungen beschrieben:

- Die Zerlegung der Auflösung eines Metalls in einer Säure durch ein Metall als Präzipitationsmittel oder die Zerlegung eines Metallsalzes mit einem Metall. Von verschiedenen Autoren wurde für diese Präzipitationen bereits eine Fällungsreihe angegeben: Silber wird durch Kupfer, Kupfer durch Eisen und Eisen durch Zink präzipitiert. Hinzu kommt die Zerlegung von Goldverbindungen durch Quecksilber und von Quecksilberverbindungen durch Eisen.

273 Vgl. N. LEMERY (1675) 152. Bleiacetat bzw. -carbonat wird beim Erhitzen in Bleioxid zerlegt, das durch reduzierende Brennmaterialien zu Blei reduziert wird.

274 „Si l'on veut revivifier ces crystaux en argent, il ne faut que les jetter dans de l'eau tiede & y ajoûter une plaque de cuivre (...)". (N. LEMERY (1675) 110)

- Die Zerlegung der sauren Auflösung eines Metalls durch ein fixes oder flüchtiges Alkali und die Zerlegung der Verbindung eines flüchtigen Alkalis mit einer Säure (des Salmiaks) durch ein fixes Alkali oder eine absorbierende Erde.
  Dieses sind Zerlegungsarten, die den Ordnungsreihen der Spalten eins bis vier der Tabelle Geoffroys entsprechen.[275]
- Die Zerlegung der Auflösung eines Metalls in Salz- oder Salpetersäure mit Schwefelsäure.
- Die Zerlegung der Auflösung eines Metalls in Salpetersäure mit Salzsäure oder mit Kochsalz, das die Salzsäure enthält.

Nimmt man die weiter oben dargestellte Gewinnung von Salpetersäure und Salzsäure durch Destillation des natürlich vorkommenden Salpeters bzw. Kochsalzes mit Schwefelsäure hinzu und subsumiert die aus Kalk bestehenden Korallen unter die absorbierenden Erden, so ergeben sich daraus die Zerlegungsarten, die den Ordnungsreihen der Spalten fünf bis acht in der Tabelle Geoffroys entsprechen.

[275] Bei Geoffroy ist in der ersten Spalte seiner Tabelle die absorbierende Erde unter dem flüchtigen Alkali angeordnet, d.h. das flüchtige Alkali müßte die absorbierende Erde verdrängen. Diese Anordnung wurde schon kurz nach Erscheinen der Tabelle von anderen Chemisten moniert.

TEIL V

DIE REFLEXION DER GEWERBLICHEN PRAXIS

Im Teil III dieser Arbeit wurde gezeigt, daß der paracelsischen Elementen- und Prinzipientheorie der Entstehung und Zusammensetzung von Naturkörpern kein chemisches Verbindungskonzept zugrundelag. Auch die Korpuskulartheorie Boyles und der im 17. Jahrhundert aufkommende, die Prinzipientheorie integrierende Atomismus implizierte noch kein chemisches Verbindungskonzept. Boyle nahm chemische Verbindungsbildungen nur für einige reversible chemische Operationen an, während er viele andere als Transmutationen erklärte. Ausgehend von diesem Resultat wurde im Teil IV untersucht, wo und in welchem Kontext die chemischen Operationen, auf die sich die Verbindungsvorstellungen Boyles u.a. sowie das chemische Verbindungskonzept Geoffroys beziehen, durchgeführt wurden und woher die Kenntnisse über diese Operationen stammten. Es wurde gezeigt, daß diese Operationen in der gewerblichen chemischen Praxis durchgeführt wurden und daß es darüber eine umfangreiche technologische Literatur gab. Während reversible chemische Operationen mit Reinstoffen in der Metallurgie schon im 16. Jahrhundert und davor praktiziert wurden, entwickelte sich die herstellende chemisch-pharmazeutische Praxis der Salzgewinnungen, auf die sich das chemische Verbindungskonzept in erster Linie stützt, erst im 17. Jahrhundert.

In diesem Teil soll nun der Frage nachgegangen werden, wie die Autoren der metallurgischen und pharmazeutischen Schriften die von ihnen beschriebenen chemischen Operationen interpretierten, und insbesondere, ob sie bereits chemische Verbindungsvorstellungen entwikkelten. Von der Untersuchung dieser Frage kann selbstverständlich keine Antwort darauf erwartet werden, wie einfache Handwerker, Bergleute, Metallraffineure oder auch einfache Apotheker ihre Arbeit verstanden. Die Autoren chemisch-technologischer Schriften waren zwar Praktiker, aber besondere, relativ gebildete, die in der gewerblichen Praxis oder in der Ausbildung für diese Schlüsselstellungen einnahmen.

Hinsichtlich der Frage nach der Reflexion und dem Verständnis chemischer Operationen bei den Autoren chemisch-technologischer Schriften ist ein Unterschied zwischen den metallurgischen und den pharmazeutischen Schriften zu konstatieren. Beide können, wie im Teil IV gezeigt wurde, als chemisch-technologische Schriften bezeichnet werden, weil sie die chemischen Operationen der gewerblichen Praxis deskriptiv und anwendungsorientiert und nicht als Erläuterungen oder Experimente im Kontext einer Theorie chemischer Operationen darstellen, was, wie gezeigt, nicht bedeutet, daß die deskriptive Darstellung chemischer Operationen völlig ohne Reflexion oder in einer Art Beobachtungssprache erfolgte. Vielmehr fließt bereits in die deskriptive Terminologie ein bestimmtes implizites Verständnis des Beschriebenen ein. Der Unterschied zwischen metallurgischen und pharmazeutischen Schriften besteht erstens darin, daß es in den pharmazeutischen Schriften nicht bei diesen implizit in den Deskriptionen enthaltenen Vorstellungen bleibt, sondern daß diese Vorstellungen auch explizit sprachlich ausgedrückt werden. Zudem treten zweitens wesentliche inhaltliche Differenzen im Verständnis der jeweils beschriebenen chemischen Operationen auf. Während in den metallurgischen Schriften implizit Vorstellungen enthalten sind, die dem chemischen Verbindungskonzept sehr nahekommen, hat das Grundverständnis chemisch-pharmazeutischer Operationen nichts mit dem chemischen Verbindungskonzept gemein. Auch die Konzeption der Metalltransmutation, die in den alchemistischen und sporadisch auch in den pharmazeutischen Schriften entwickelt wird, weicht erheblich vom chemischen Verbindungskonzept ab. Jedoch lassen sich in den pharamazeutischen Schriften, die etwa Mitte des 17. Jahrhunderts erschienen, auch neue Erklärungsansätze reversibler chemischer Operationen finden, die erstmals chemische Verbindungsvorstellungen enthalten.

V.1 Die Reflexion der metallurgischen Operationen

Anders als in den pharmazeutischen Schriften finden wir in der metallurgischen Literatur fast keine Erklärungsversuche für die mit den verschiedenen Arbeitsphasen verbundenen chemischen Operationen. Nur in Ausnahmefällen wird die Funktion und das Verhalten der einzelnen Stoffe beim Vermischen, Erhitzen etc. explizit thematisiert.[1] Die deskriptive Sprache der metallurgischen Schriften bringt jedoch ein bestimmtes Verständnis der Vorgänge zum Ausdruck, das nun genauer untersucht werden soll. Wir werden unten (V.2) sehen, daß in der pharmazeutischen Literatur die Mehrheit der chemischen Operationen als Scheiden im Sinne von Extrahieren erhöhter Substanzen verstanden wurde. Im Hinblick darauf soll zuerst der Frage nachgegangen werden, wie der Terminus Scheiden in den metallurgischen Schriften verwendet wurde. Danach wird der Terminus Auflösung untersucht, der im Zusammenhang mit den reversibel durchgeführten Arbeitsverfahren der Extraktion der Edelmetalle mit Blei oder Quecksilber und der Scheidung der Metalle mit stofflichen Scheidemitteln verwendet wurde.

V.1.1 *Das Scheiden*

Im zehnten Buch seiner *De re metallica* schreibt Agricola über das Scheiden der Metalle, die Metalle müßten geschieden werden, weil die „Natur oder Kunstfertigkeit sie vermischt haben"; und:

> „Von Natur findet sich vor allem ein gewisser Anteil Gold in Silber und in Kupfer; ein gewisser Anteil Silber in Gold, in Kupfer, in Blei und in Eisen; etwas Blei in Silber; schließlich Eisen in Kupfer." (Agricola (1556) 555)

Die Vorstellungen, die mit dieser Redeweise vom Anteil eines Metalls in einem anderen sowie vom Vermischtsein und Scheiden verbunden sind, werden insbesondere bei der Beschreibung der Probierverfahren deutlich. Die Probierverfahren dienten der Feststellung des quantitativen Gehalts eines Metalls in seinem Erz oder in seiner Legierung mit einem oder mehreren anderen Metallen. Wie durch das Probieren der Erze festgestellt werden sollte, „ob sie irgend etwas Metall in sich enthalten oder keines (...), ob viel oder wenig darin ist", so sollte z.B. bei einer Münze ermittelt werden, ob Silber „mehr als recht ist die Münzer dem Golde beigemischt haben" (AGRICOLA (1556) 298) und „welchen Teil edlen Metalls das unedle in sich enthält" (ebd. 326). Neben der Ermittlung der quantitativen Zusammensetzung der Erze oder Legierungen war man beim Probieren, insbesondere der edlen Metalle, auch bemüht, die geschiedenen Metalle in quantitativer Hinsicht vollständig zu gewinnen. Das Scheiden von Sil-

[1] Eine solche Ausnahme ist z.B. Agricolas Erklärung der Rolle der Zuschläge für das Probieren der Erze im 7. Buch seiner *De re metallica* (Agricola (1556) 312).

ber und Gold, so heißt es bei Agricola, solle so erfolgen, daß sie „keine Einbuße erleiden“ (ebd. 326).

Die Redeweise vom Teil oder Anteil eines Metalls in einem anderen bedeutet somit in den metallurgischen Schriften expressis verbis einen Teil mit einem bestimmten eigenen und meßbaren Gewicht. Metallische Legierungen, die von einigen Autoren pharmazeutischer Schriften, z.B. von Libavius, als vollkommen homogene Stoffe aufgefaßt wurden, wären demnach bereits sehr früh in den metallurgischen Schriften als Aggregate verschiedener, nebeneinander liegender körperlicher Teile verstanden worden. Scheiden bedeutet dann das Auseinanderlegen dieser verschiedenartigen körperlichen Teile eines homogen erscheinenden Ganzen.

Diese Interpretation läßt sich stützen, indem wir andere Verwendungsmöglichkeiten des Wortes Scheiden untersuchen. Die Verwendung von Scheiden[2] ist bei Agricola nämlich keineswegs auf chemische Operationen, d.h. im Verständnis dieser Zeit auf solche Operationen beschränkt, bei denen das Arbeitsmittel Feuer eingesetzt wurde, sondern das Wort kommt auch im Zusammenhang mit Arbeitsprozessen vor, bei denen mechanische Arbeitsinstrumente verwendet wurden. Auch bei der Beschreibung der Vorbereitung der Erze für das Schmelzen der Metalle durch das Pochen, Sieben, Waschen etc. redet Agricola von Scheiden. Die Erze, so heißt es zu Beginn des 8. Buches seiner *De re metallica*, sind von „Natur meist unrein und im Gemisch mit Erden, Festen Gemengen und Steinen“, und diese sind vor dem Erschmelzen der Metalle „abzutrennen (ertz scheiden)“ (AGRICOLA (1556) 346).[3] Die sich an die mechanische Erzaufbereitung anschließende Arbeitsphase des Schmelzens der Metalle aus den Erzen mit dem chemischen Instrument Feuer, wird von Agricola als eine bruchlose Fortführung dieser mechanischen Aufbereitungsarbeiten verstanden:

> „Diejenigen, die die Erze erhitzen, rösten und brennen, ziehen zwar manches von dem ab, was mit den Metallen vermischt oder verbunden zu sein pflegt, vieles auch die, die die Erze mit Stempeln pochen, sehr viel die, die sie waschen, sieben und trennen; aber alles, was das Aussehen der Erze unscheinbar macht und etwas Unförmiges und Unschönes verursacht, können sie nicht wegnehmen. Deshalb ist man notwendigerweise auf die Verschmelzung zugekommen, durch die die Erden, Feste Gemenge und Steine so von den Metallen getrennt werden, daß jedes Metall die ihm eigene Farbe aufweist, daß es rein und in vieler Hinsicht für den Menschen von großem Nutzen wird. Indem aber die Verschmelzung eine Abtrennung derjenigen Bestandteile ist, die vor der Ausschmelzung mit den Metallen vermischt waren, wird jedes Metall durch Feuer sozusagen geläutert.“ (AGRICOLA (1556) 462)[4]

Wie in den pharmazeutischen Schriften wird als Ziel der Scheidung die Gewinnung eines reinen oder geläuterten Scheideproduktes genannt. Aus dem Kontext der metallurgischen Schriften geht aber hervor, daß Reinigen oder Läutern hier nicht die Bedeutung von Erhöhen und Vervollkommnen der Substanz haben, sondern das Wegnehmen solcher stoffspezifischer *körperlicher Teile* des Erzes, die mit den körperlichen Metallteilen vermischt sind und dadurch deren Qualitäten, wie z.B. die Farbe, verdecken. Das Schmelzen des Metalls als Fortführung

[2] Agricola verwendet im lateinischen Original (AGRICOLA (1556)) meist das Verb separare. Die zeitgenössische, erste deutsche Übersetzung von 1557 spricht sowohl im Kontext des achten Buchs über die Aufbereitung der Erze als auch im Zusammenhang mit dem Schmelzen der Metalle im neunten und der Scheidung der Metalle im zehnten Buch von Scheiden.

[3] Die erste deutsche Übersetzung von 1557 lautet: „Dan dieweil die natauer die metall offtmals herfür zebringen pfleget gantz unsauber / unnd mitt erden / harten säfften / auch steinen vermischet / ist von nöhten den mehrer teil von den ärtz eb mans schmeltzet / scheiden.“ (AGRICOLA (1557) 214)

[4] Anstelle von „Abtrennung“ im letzten Satz des Zitats steht in der zeitgenössischen, ersten deutschen Übersetzung: „Dieweil aber die Schmeltzung (...) ein Scheidung ist“ (AGRICOLA (1557) 293).

der mechanischen Erzaufbereitung mit anderen, nämlich chemischen, Mitteln bleibt diesem Verständnis gemäß derselbe Vorgang des Abtrennens oder Auseinanderlegens stofflich spezifischer körperlicher Teile. Und ebenso nahtlos fügt sich in dieses Bild eines einheitlichen Prozesses der Metallgewinnung mit kontinuierlichen Übergängen der einzelnen Arbeitsschritte das Verständnis des abschließenden Vorgangs der Trennung oder Scheidung der Metallgemische.

Wenn somit der Terminus Scheiden in den metallurgischen Schriften übergreifend für alle drei Arbeitsphasen der Metallgewinnung verwendet wurde, sei es die mechanische Erzaufbereitung, das Schmelzen der Metalle aus den Erzen oder die Trennung der Metallgemische, und im Sinne des Zerlegens einer Mischung in die präexistierenden körperlichen Teile verstanden wurde, so stellt sich auf der anderen Seite die Frage, wie die offensichtlichen Unterschiede dieser drei Arbeitsverfahren erklärt wurden. Insbesondere ist zu fragen nach der Erklärung der Notwendigkeit und der Rolle der Scheidemittel Blei, Salpetersäure und Schwefel bei der Scheidung natürlicher Metallgemische oder auch künstlich hergestellter Legierungen sowie der Funktion der Extraktionsmittel Blei und Quecksilber beim Schmelzen von Gold und Silber aus ihren Erzen.

V.1.2 *Die Auflösungen*

Sowohl das Verschmelzen der Edelmetalle Gold und Silber mit Blei oder Quecksilber bei ihrer Extraktion aus den Erzen als auch das Verschmelzen von Legierungen mit Blei im Zusammenhang der Metallscheidung sowie das nasse Lösen von Gold-Silber-Legierungen in Salpetersäure, ebenfalls im Zusammenhang der Scheidung dieser Metalle, wird in den metallurgischen Schriften mit dem Terminus Auflösung bezeichnet. Auflösung meint dabei sowohl den Vorgang der Vermischung der Stoffe als auch das homogen erscheinende Resultat dieses Vorgangs.

Der Vorgang des Verschmelzens der Metallegierungen mit Blei bei der Metallscheidung wird in allen metallurgischen Schriften als Eingehen des Metalls in das Blei und Aufnahme des Metalls durch das Blei beschrieben. Die Scheidung des Silbers von Zinn mit Hilfe von Blei stellt z.B. Ercker mit folgenden Worten dar:

> „Unter den Metallen geht das Zinn allein sehr gern ins Blei. Aber von der Gewalt des Feuers will es nichts wissen. Denn so bald es in große Hitze kommt, will es wieder davon, steigt auf dem Blei nach oben und wird ganz zähe (...)". (ERCKER (1574) 90)

Und an anderer Stelle heißt es: „Das Blei nimmt das silberreiche Zinn bald auf" (ebd. 99), oder das Blei „ergreift" das Silber im Silbererz und „zieht es an sich" (ebd. 65).[5]

Mit ähnlichen Worten wird auch die Rolle des Quecksilbers bei der Extraktion von Gold oder Silber beschrieben. Man schüttet das Erz und Quecksilber zusammen, schreibt Agricola, mischt sie und reibt beide, bis die Erzstücke „nicht mehr von dem Quecksilber unterschieden werden können. (...) und bald wird das Quecksilber, das das ganze Gold in sich aufgenommen hat, (...) in eins zusammenfließen." (AGRICOLA (1556) 321) Das Quecksilber, so Ercker, „greift" das Gold „an" und „löst es auf", so daß es „goldhaltig" wird. (ERCKER (1574) 121)

---

[5] Vgl. dazu auch AGRICOLA (1556), z.B. 330, und FACHS (1595), z.B. 43 u. 55.

Als Angreifen, Arbeiten und Aufnehmen wird auch das Lösen der Edelmetalle in Salpetersäure bezeichnet. Gieße Scheidewasser über goldhaltige Silberbleche, schreibt Ercker,

> „worauf es bald aus eigener Kraft zu arbeiten beginnt. (...) Wenn dieses Scheidewasser hier genug gearbeitet hat, daß es nicht mehr angreift, so gieß das nunmehr silbrige Scheidewasser ab (...). Wenn nun das Scheidewasser alles Silber aus dem Golde herausgelöst und in sich aufgenommen hat, so gieß das silberige Scheidewasser zusammen in einen Kolben (...); auf das Gold oder den Goldkalk, der im Kolben zurückgeblieben ist jedoch reines und siedendheißes Wasser (...)". (ERCKER (1574) 163)

Die Notwendigkeit des wiederholten Aufgießens von Scheidewasser auf die Silber-Gold-Legierung begründet Fachs mit den Worten:

> „(...) geuß wieder ohngefehr ein Quent schwer Scheidewasser darauff / und laß es arbeiten / wie zuvor / damit wann etwan das vorige Wasser zu schwach wäre worden / und Silber bey dem Golde gelassen hätte / daß es doch das frische Scheidewasser angreiffen / und vollend auff solvierte." (FACHS (1595) 81)

In diese Beschreibungen der Auflösungen geht zunächst die Vorstellung ein, daß der Vorgang der Auflösung mit einer Ortsveränderung verbunden ist. Der aufgelöste Stoff geht hinein in das Auflösungsmittel bzw. wird von ihm angezogen oder ergriffen. Diese Ortsbewegung wird aber nicht als mechanische Bewegung träger Körper aufgefaßt, sondern die anthropomorphe Ausdrucksweise schließt Intentionalität und Antrieb oder Kraft der beteiligten Stoffe ein. Das Zinn „geht sehr gern ins Blei ein" und „will wieder davon", die Auflösungsmittel arbeiten oder ergreifen etc. nur solange, bis sie „schwach werden" – so Fachs im Hinblick auf die Salpetersäure – oder „schwach und kraftlos" werden – so Agricola in Bezug auf das aufnehmende Blei (AGRICOLA (1556) 498). Das Auflösungsmittel fungiert somit nicht nur als mechanisches Instrument der Zerkleinerung, sondern auch als anziehende Substanz und als aufnehmendes Behältnis. Das Resultat der Auflösung ist mithin nicht nur der verflüssigte oder pulverisierte aufgelöste Stoff, sondern auch eine Vermischung durch Ineinanderschachteln der aufnehmenden Säure und des aufgelösten Stoffs, wobei diese individuell erhalten bleiben.

Damit ist die Vorstellung verbunden, daß der aufgenommene Körper aus dem Behältnis auch wieder herausgebracht werden, herausfallen oder niederfallen kann. Bei der Scheidung von Gold und Silber mit Salpetersäure wurde im letzten Schritt das Silber wieder aus dem Scheidewasser zurückgewonnen. Die Frage, „wie man das Silber wieder aus dem Scheidewasser ausbringen und fällen soll", beantwortet z.B. Ercker mit dem Hinweis, daß die gewöhnliche Art, welche fast alle Goldschmiede anwenden, diejenige sei, bei der man das Scheidewasser bloß in eine Kupferschale gießen müsse, „worauf das Silber in der Kupferschale, dem Auge sichtbar, bald ausfällt" (ERCKER (1574) 167). Die Beschreibung des gesamten Scheidevorgangs von Gold und Silber mit Scheidewasser läßt übereinstimmend in allen metallurgischen Schriften erkennen, daß von einer Erhaltung des Silbers im Scheidewasser ausgegangen wird. Wenn die Silber-Gold-Legierung mit Scheidewasser übergossen ist, so Agricola, soll der Kolben „erhitzt werden, bis sich das Silber auflöst; das Zeichen dafür ist das Aufkochen des Wassers. Auf dem Grunde setzt sich Gold von schwärzlicher Farbe; das mit dem Wasser vermischte Silber schwimmt oben auf." (AGRICOLA (1556) 559) Vom „silbrigen Scheidewasser", das „alles Silber aus dem Golde herausgelöst und in sich aufgenommen hat", redet Ercker (ERCKER (1574) 163).

Die Vorstellung der Erhaltung der Ausgangsstoffe in der homogen erscheinenden Auflösung, sei es eine Bleilegierung, ein Amalgam oder die salpetersaure Auflösung von Gold und Silber, scheint sehr eng mit dem Wissen um die Reversibilität des Vorgangs zusammenzuhängen. Eine indirekte Bestätigung dieser Annahme findet sich bei Glauber. Anders als die Metallurgen will dieser das Verschmelzen der Metalle mit Blei im Kupellationsverfahren der Metallscheidung als eine Transmutation des Bleis verstanden wissen. Den seiner Meinung nach vorliegenden Irrtum der Metallurgen führt er auf die Möglichkeit der Wiedergewinnbarkeit des Bleis zurück:

> „Dan der mehrer theil die mit Abtreiben umbgehen / nicht wissen wie es hergehe mit dem abtreiben / sondern vermeinen das Bley lauffe also corporalisch mit dem Kupffer und anderm Zusatz in die Capellen / weiln es sich wider corporalisch darauß schmeltzen lässt (...)". (GLAUBER (1646–49) IV 14)

V.1.3 *Zusammenfassung*

Die Vorstellungen, die in die Beschreibungen der praktisch bedeutsamen chemischen Operationen der Metallurgie einfließen, weisen schon sehr früh strukturelle Ähnlichkeiten mit dem vom Ende des 17. Jahrhunderts an entwickelten chemischen Verbindungskonzept auf. Das Auflösen wird als Verbinden im Sinne eines Ineinanderschachtelns zweier Stoffe, als Aufnahme des aufzulösenden Stoffs in das Behältnis Auflösungsmittel unter individueller Erhaltung beider Stoffe, verstanden. Die anthropomorphe Redeweise, mit der die Vorgänge bei der Auflösung beschrieben werden, impliziert ihr Verständnis als Ortsbewegung, aber nicht als eine bloß mechanische, sondern als eine, der Antrieb und Gerichtetheit immanent ist. Dieses Verständnis dürfte eng mit der Reversibilität von Auflösen und Zerlegen verknüpft sein, die in der Metallurgie nicht erst durch gedankliche Kombination von in der Praxis getrennt durchgeführten Teiloperationen erkennbar war, sondern die innerhalb eines Arbeitsganges realisiert wurde. Es fügt sich darüber hinaus in das Verständnis von Scheiden als Zerlegen einer Mischung in die präexistierenden körperlichen Teile. Da die Auflösung nicht der eigentliche Zweck der metallurgischen Prozesse, sondern nur Mittel der Scheidung war, während die Scheidung das eigentliche Ziel der Metallgewinnungsverfahren und das übergeordnete Verfahren darstellte, kann es nicht verwundern, wenn das Verständnis der Auflösung auch maßgeblich von dem der Scheidung beeinflußt war. Als Scheidung werden in den metallurgischen Schriften sowohl die Erzvorbereitung als auch das Schmelzen der Metalle aus den Erzen wie schließlich die Trennung der Metallgemische bezeichnet. Diese übergreifende Verwendung des Terminus Scheidung für mechanische und chemische Arbeitsverfahren zeugt von einheitlichen Gesichtspunkten, unter denen alle metallurgischen Prozesse betrachtet wurden. Diese hängen eng zusammen mit dem Verständnis der Metallurgie als handwerkliche Arbeit, worauf im Teil VI zurückgekommen wird.

V.2 DIE REFLEXION DER PHARMAZEUTISCHEN OPERATIONEN

Bei allen Autoren pharmazeutischer Schriften gibt es ungeachtet vieler kleinerer, individueller Abweichungen ein übereinstimmendes Grundverständnis der von ihnen beschriebenen chemischen Operationen. Für die Rekonstruktion dieses Verständnisses bieten die chemisch-pharmazeutischen Lehrbücher besonders gute Anhaltspunkte. Sie enthalten vor dem Rezepte-Teil, in dem die konkreten chemischen Operationen für die Gewinnung der einzelnen Medikamente in einer spezifischen Terminologie beschrieben werden, Erläuterungen zu dieser Terminologie. Die Rekonstruktion muß sich somit nicht ausschließlich auf eine hermeneutische Exegese der Operationsbeschreibungen verlassen, sondern kann sich zusätzlich auf solche explizit formulierten Reflexionsresultate der Autoren stützen. In diese Erläuterungen zur chemischen Terminologie, die entweder zu Bezeichnungen für chemische Operationen wie z.B. dem Digerieren, Putrefizieren, Destillieren oder Extrahieren oder alternativ zu den Produkten dieser Operationen wie z.B. den Spiritus, Olea, Quintessenzen, Tinkturen etc. gemacht werden, gehen nicht nur technische Angaben zu den Durchführungsmodi dieser Operationen ein, sondern auch Erklärungen. Der chemischen Terminologie wird in den pharmazeutischen Schriften stets eine doppelte Bedeutung durch den Bezug auf die technologische Seite chemischer Operationen und durch das Verständnis dieser Operationen gegeben. Dieses Verständnis bleibt aber auf die konkreten Operationen bezogen. Es wird nicht versucht, Zusammenhänge zwischen den Erläuterungen der einzelnen Operationen aufzuzeigen oder diese konsistent darzustellen, und schon gar nicht, eine allgemeine, von den konkreten Verfahren abstrahierende Theorie chemischer Veränderungen zu formulieren.[6] Gerade weil solche Erläuterungen nicht elaboriert sind, sind sie auch nicht hinreichend für die Rekonstruktion des Verständnisses der chemischen Operationen. Sie geben nur im Zusammenhang mit der Untersuchung der Anwendung der Termini im Rezepte-Teil des jeweiligen Lehrbuchs genaueren Aufschluß. Den Autoren der pharmazeutischen Lehrbücher ging es aber auch gar nicht um die Darstellung und Weitergabe einer chemischen Theorie der Operationen. Ihre Intention war die Vermittlung praktischer pharmazeutischer Kenntnisse, und dafür genügte eine Erläuterung der von der Umgangssprache abweichenden Fachtermini. Darüber hinausgehende theoretische Ambitionen beschränkten sich vorerst auf naturphilosophische Fragen, insbesondere auf die im ersten Teil der Lehrbücher behandelte Elementen- und Prinzipientheorie. Die praktische Funktion der terminologischen Erläuterungen geht u.a. auch aus ihrer Plazierung im Lehrbuch hervor. In Le Fèvres *Traicté de la Chymie* z.B. folgt das Kapitel *Von den Termini der chymischen Operationen oder Arbeiten*[7] im Anschluß an den prinzipientheoretischen ersten Teil der Schrift, nachdem der Autor explizit festgestellt hat, mit dem Abschluß dieses ersten Teils sei auch das „Ende der Theoriae“ erreicht. Es ist zugleich Auftakt einer *Handgrifflehre*, die außerdem noch die Lehre von der Handhabung und den verschiedenen Graden des Feuers, eine Gerätekunde und eine Erklärung der chemischen Zeichen enthält.[8]

---

[6] Wenn also im Folgenden aus solchen Erläuterungen zitiert wird, so werden diese Zitate keinem umfassenderen Kontext entnommen, sondern stehen auch meist in derselben mehr oder weniger isolierten Form im Text, wie sie zitiert werden.

[7] Vgl. LE FEVRE (1660/D) 95–110.

[8] In der *Alchymia* des Libavius steht dieser Teil, der den Titel *Über die vorbereitenden und sonst auf irgendeine Weise der Handgrifflehre dienenden Operationen* trägt, in der *Handgrifflehre (De Encheria)* – vgl. LIBAVIUS (1597/D) 40–116. Beguin *Elemens de Chymie* schalten einen solchen terminologischen Teil ohne besondere Benennung (S.49–74) zwischen den ersten Teil, in dem das Ziel der Chemie und die Prinzipienlehre behandelt wird, und den Rezepte-Teil ein. In de Claves *Cours de Chimie* bildet der Teil *Des divers Noms, dont il faut avoir cognoissance* (S.30–34) den Abschluß des ersten, allgemeinen Teils, der eine Definition der Chemie, eine Geräte- und Feuerkunde und Bemerkungen zur Prinzipienlehre enthält. In Glasers *Traité de la Chymie* wird das Kapitel *Von den unterschiedlichen Arbeiten / deren man sich bedienet um die mixta aufzulösen / und in ihre prinicipia zu bringen* (S.15–35) in eine *Handgrifflehre* mit Geräte- und Feuerkunde eingeordnet.

Im Folgenden wird zunächst das Grundverständnis – man kann wegen dessen Stabilität auch von einem Denkschema reden – der Destillation bzw. Sublimation und der Extraktion mit Lösungsmitteln rekonstruiert. Dieses Denkschema weist viele Übereinstimmungen mit der alchemistischen Theorie der Metalltransmutation auf und ist durch das paracelsische Naturbild der Autoren ebenso bestimmt wie durch ihre praktischen Erfahrungen. Obwohl dieses Denkschema auf die Destillation *aller* Naturkörper, also auch der Metalle und der anderen aus dem Mineralreich stammenden Stoffe angewendet wurde, wird es zunächst nur an den chemischen Operationen mit pflanzlichen Materialien rekonstruiert und dann in einem nächsten Schritt in seiner Anwendung auf den etwas komplizierteren Fall der Salzbildungen aus Metallen verfolgt. Dabei zeigt sich, daß sich nicht nur die Resultate der Destillation pflanzlicher und tierischer Materialien mit diesem Denkschema erklären ließen, sondern auch die auf demselben Weg erfolgenden Salzbildungen. Völlig anders hingegen wurden Salzgewinnungen interpretiert, die mittels eines anderen Verfahrens, nämlich durch Auflösung in einer Säure und Präzipitation, erfolgten. Obwohl beide Arten des Verständnisses nichts mit dem chemischen Verbindungskonzept gemein haben, bot das letztere doch bessere Voraussetzungen für Erklärungsalternativen in solchen Fällen von Salzbildungen, die sich nicht reibungslos in die beiden vorhandenen Denkschemata einordnen ließen. Auf solche abweichenden, neuartigen Erklärungsansätze, die von den Begründern des chemischen Verbindungskonzepts aufgegriffen werden konnten, wird im zweiten Teil dieses Abschnitts eingegangen.

V.2.1 *Die traditionellen Denkschemata*

V.2.1.1 *Das Scheiden und Extrahieren von Essenzen*

Unter den chemischen Medikamenten der Iatrochemiker bildeten die pflanzlichen und tierischen Destillate und Sublimate und die mit Lösungsmitteln extrahierten pflanzlichen Substanzen die größte Gruppe. Auch die Salzgewinnung aus Metallen, Alkalien oder Erden und Säuren erfolgte zu einem großen Teil durch Auflösen und anschließendes Destillieren. Im Spektrum der Destillation natürlicher Stoffe bildete die Salzgewinnung bloß einen relativ kleinen Abschnitt. Auf der Grundlage dieser praktischen Einbettung der Salzgewinnung in die Destillation natürlicher Stoffe unterschied sich deren Reflexion und Verständnis im allgemeinen nicht von dem der Destillation organischer Materialien. In deren Zentrum stand die Destillation von Pflanzen.

Die Iatrochemiker nahmen für sich in Anspruch, über wirksamere Medikamente als die Galenisten zu verfügen. Chemische Operationen dienten dem praktischen Zweck, diese hochwirksamen Medikamente zu gewinnen. Destilliertes Zimtwasser, schreibt z.B. Beguin in seinen *Elemens de Chymie*, stärke das Herz viel schneller als der unaufbereitete Zimt, und einige Tropfen Anisöl, das chemisch gewonnen wurde, seien wirksamer als der natürliche Anis.[9] Wie aber wurde die höhere Wirksamkeit der Destillate erklärt und wie der Vorgang des Destillierens? Die heutige Antwort auf diese Frage würde lauten, daß durch die Destillation ein Gemisch organischer Substanzen getrennt wird und daß im Destillat, das ebenfalls in der Re-

[9] Vgl. BEGUIN (1615) 28 f.

gel ein Gemisch ist, der pharmazeutische Wirkstoff in höherer Konzentration als zuvor vorliegt. Die Iatrochemiker hielten die pflanzlichen Materialien jedoch nicht für Stoffgemische sondern für Mixta, d.h. für vollkommen homogene Substanzen.[10] Welchen Veränderungen sollten also diese vollkommen homogenen Substanzen bei der Destillation unterworfen werden?

Die Iatrochemiker bezeichneten die Gewinnung von Destillaten und Sublimaten aus pflanzlichen Materialien als Scheidung oder Extraktion einer Essenz oder eines Extraktes.[11] Unter Essenzen bzw. Extrakten wurden nicht gewöhnliche empirische chemische Stoffe verstanden. Eine Essenz, schreibt z.B. Libavius in seiner *Alchymia*, ist eine Substanz, mit der „zugleich die Wirkkraft (virtus) verbunden ist, durch die der Stoff, wie man sagt, ‚lebt' (vivere) oder in ‚Blüte steht' (in vigore esse) und kraftvoll ist" (LIBAVIUS (1597/D) 72). Sie sei die „innere Natur" eines Naturkörpers, „die die Kräfte der gesamten Substanz im subtilen und verborgenen Teil der Materie mit sich führt" (ebd. 350). Dasjenige, wovon man die Essenz bei der Destillation trennte oder extrahierte, wurde dagegen als dessen körperliche Hülle, als das Grobe und Tote oder als caput mortuum bezeichnet.[12]

Hinter solchen und ähnlichen Formulierungen läßt sich unschwer das Paracelsische Naturbild der Iatrochemiker wiedererkennen.[13] Nach diesem Naturbild sind alle Naturkörper, auch die Mineralien, belebt und bergen unter ihrer körperlichen und sichtbaren Hülle nicht unmittelbar wahrnehmbare spirituelle Kräfte. Das Scheiden oder Extrahieren eines homogenen Mixtums durch die Destillation wurde daher verstanden als Trennung der körperlichen Hülle vom subtilen oder spirituellen Inneren oder – wie man sehr häufig auch sagte – des Reinen vom Unreinen.

Die Begriffe des Reinen und Unreinen hatten in diesem Denkschema eine vollkommen andere Bedeutung als die neuzeitlichen chemischen Begriffe des Reinstoffs und Gemischs. Reines bedeutete in den pharmazeutischen Schriften nicht ein homogener, unvermischter Reinstoff, denn homogen war ja nach Auffassung der Iatrochemiker bereits das Mixtum, aus dem extrahiert wurde. Vielmehr wurden solche Substanzen als reine bezeichnet, die von ihrer groben Körperlichkeit befreit waren und als subtile Substanzen den menschlichen Körper ungehindert durchdringen konnten. Ihre Vorzugsstellung haben diese destillierten Substanzen, schreibt Libavius, weil sie „wegen der die gesamten Körper durchdringenden Subtilität der Essenz schnell helfen" (LIBAVIUS (1597/D) 327). Aufgrund ihrer durchdringenden Subtilität galten die extrahierten chemischen Medikamente als besonders wirksam und für den Menschen als in besonderer Weise nützlich.[14]

---

[10] Vgl. oben Teil III.1.

[11] Eine einheitliche Nomenklatur, mittels derer man über die chemischen Operationen und ihre Produkte reflektierte, gab es selbst bei ein und demselben Autor nicht. Dies ist insofern auch nicht anders zu erwarten, als die Reflexion chemischer Operationen durch die Autoren technologischer Schriften selbstverständlich noch kein theoretisches Niveau mit definierten theoretischen Grundbegriffen erreicht hatte. Im Deutschen war meist von Scheiden und Extrahieren die Rede, im Französischen von séparer und tirer. Manche Autoren wie Libavius und Beguin gebrauchen den Begriff Extrakt relativ umfassend für alle Produkte der Destillation und der Extraktion mit Lösungsmitteln. Le Fèvre und Glaser dagegen sprechen allgemein von Essenzen und benutzen den Begriff Extrakt hauptsächlich, wenn das ohne Destillation mit Lösungsmitteln Hervorgeholte gemeint ist.

[12] Vgl. LIBAVIUS (1597/D) 72.

[13] Vgl. oben Teil III.1.

[14] Le Fèvre hebt daher in seinem *Traicté de la Chymie* explizit hervor, unter dem Reinen sei nicht etwas Homogenes zu verstehen, sondern das für den Menschen Nützliche. „(...) quelques-uns (...) veulent que ce qui est homogene, soit pur, & que tout ce qui est hétérogene, soit impur (...) nous entendrons par le pur, tout ce qui dans le

Das Herauslösen pflanzlicher Substanzen aus mechanisch zerkleinerten pflanzlichen Materialien mit Lösungsmitteln wie Alkohol wurde analog zur Destillation verstanden. Während bei der Destillation die Wärme die „hervorholende Kraft“ (Libavius (1597/D) 72) sein sollte, war es in diesem Fall das Lösungsmittel oder Menstruum, das die Essenz herausziehen sollte. Diese auch als Extrahieren oder Ausziehen im engeren Sinne bezeichnete chemische Operation erläutert z.B. Glaser in den terminologischen Bemerkungen seines *Traité de la Chymie* folgendermaßen:

„Ausziehen oder extrahieren, ist in den Thieren und Kreutern die reineste Theile von den groben und irdischen zu scheiden / und solches zwar durch bequeme menstrua, welche das Wesen / so der Laborante begehret / herausziehen können; zum Exempel: Man ziehet die hartzige Substantz aus dem jalap durch den spir. vini (...)“. (Glaser (1663/D) 25)

War die durch das Lösungsmittel herausgezogene oder extrahierte Substanz gefärbt, so nannte man sie eine Tinktur.

„Die Tinktur ist das (formale) spezifische Arkanum, das zusammen mit der Essenz und den formalen Qualitäten auch die Farbe des Stoffes hat, so daß es zu einer ihm ähnlichen Natur tingieren kann.“ (Libavius (1597/D) 368)[15]

Das zeitgenössische Verständnis des Extrahierens (im engeren Sinn) von Extrakten und Tinkturen mit Menstruen und des Destillierens als Scheiden oder Extrahieren (im weiteren Sinn) von Essenzen unterscheidet sich somit eklatant von dem modernen Begriff des Extrahierens. Während mit dem modernen Begriff Extrahieren der Vorgang des Lösens oder Diffundierens einer Substanz aus einem Stoff*gemisch* in ein Lösungsmittel gemeint ist, und die Lösung oder der Extrakt ebenso als Stoffgemisch gilt, verstehen die Autoren der pharmazeutischen Schriften darunter erstens das chemische, mit der Wärme oder einem Menstruum erfolgende Zerlegen eines homogenen Mixtums. Zweitens sollten die extrahierten Substanzen nicht in derselben Weise körperliche Substanzen sein wie die natürlichen Körper. Scheidung bedeutete nicht chemische Zerlegung *in* gleichermaßen körperliche Teile, sondern das Scheiden grober körperlicher Teile *von* reinen, subtilen, die in der Kette der Wesen eine höhere Rangstufe als die groben körperlichen einnehmen.

Das Verständnis der Destillation und der Extraktion mit Lösungsmitteln als Scheiden des groben Körperlichen vom subtilen oder spirituellen Inneren eines Naturkörpers wurde nicht nur durch den naturphilosophischen Hintergrund der Iatrochemiker bestimmt, sondern auch durch ihre Erfahrungen mit chemischen Operationen. Tatsächlich können ja durch Destillation subtile Substanzen oder, wie wir heute sagen würden, flüchtige Dämpfe oder Rauch, also Stoffe oder Stoffgemische mit niedrigen Siedepunkten, von fixen oder nicht flüchtigen groben Stoffen, solchen mit höheren Siedepunkten, getrennt werden. Die flüchtigen und zunächst in Dämpfe oder Rauch überführten Substanzen können bei ihrer Abkühlung im Rezipienten der Destillationsapparatur als Flüssigkeiten oder als resublimierte Feststoffe aufgefangen werden und werden somit vom festen, in der Retorte verbleibenden Rückstand geschieden. Ebenso setzt sich beim Extrahieren mit Lösungsmitteln ein aus festen pflanzlichen Materialien bestehender Bodensatz von der Lösung ab. Sowohl der in der Retorte verbliebene

mixte peut servir à notre but & à notre dessin: comme au contraire, nous entendrons par l'impur, tout ce qui s'oppose à notre intention.“ (Le Fèvre (1660) I 81 f.)

15 „Les Chymiques par le mot de teinture, n'entendent pas les simples couleurs separees des corps mixtes, ou bien exaltees (comme pense le vulgaire). Mais les couleurs adherantes à l'essence des choses, & aux qualitez formelles tirees du corps mixtes.“ (Beguin (1615) 126)

Rückstand als auch der Bodensatz der Extraktion wurden gewöhnlich als medizinisch nutzloser Teil verworfen, während die Destillate oder Lösungen sich als medizinisch wirksamer und chemisch aggressiver als die unversehrten Pflanzen erwiesen.

Sollte diese empirische Bedeutung der als spirituelle Substanzen bezeichneten Destillate und der Extrakte und Tinkturen nicht in der naturphilosophischen untergehen, so durfte die Unterscheidung zwischen körperlich Grobem und Subtilem oder Spirituellem nicht als absolute Entgegensetzung gefaßt werden. Le Fèvre ist deshalb in seinem *Traicté de la Chymie* bemüht, mißverständliche Formulierungen des Paracelsus richtigzustellen. Wenn Paracelsus gesagt habe, so präzisiert Le Fèvre, man müsse das Mysterium von seinem Körper befreien, so meine er, man müsse es von seinem *groben* Körper, in dem es eingeschlossen sei, befreien und ihm einen subtileren verleihen, so daß es unsere Körper durchdringen könne.[16] Die Möglichkeit, beide Bedeutungen, die empirische und die naturphilosophische, zusammen zu denken, wird im Zusammenhang mit einer Idee, die im 16. und 17. Jahrhundert allgemein vertraut war, nachvollziehbar. Dies ist die Idee einer kontinuierlichen Kette der Wesen, die bei den irdischen Naturkörpern anfängt und bei den himmlischen und unkörperlichen Wesen endet.[17] Eingeordnet in diese Kette der Wesen, bilden die durch chemische Kunst hervorgebrachten subtilen, spirituellen Substanzen Mittelglieder in der Kette der Wesen.

In den Schriften des Paracelsus, insbesondere in seiner *Archidoxis*, werden die durch Destillation oder Extraktion mit Lösungsmitteln hervorgeholten Essenzen als Mysterium, Arkanum, Quinta essentia etc. bezeichnet – Namen, die der alchemistischen Literatur entnommen sind – und allesamt in sehr emphatischen Formulierungen als besonders wirksame Medizinen und höhere Wesen vorgestellt.[18] Die späteren pharmazeutischen Schriften differenzieren dagegen die verschiedenen Extrakte. Sie unterscheiden zwischen veredelten oder erhöhten Essenzen wie der Quintessenz und bloß hervorgeholten wie den Prinzipien.

Libavius z.B. grenzt Tinkturen, Öle, Spiritus und Wässer als „spezifische Arkana" von den Quintessenzen ab. Während das spezifische Arkanum ein „Extrakt der inneren Natur" ist, „der die Substanz einer jeden Spezies ziemlich genau wiedergibt", und zwar so, „daß die substantielle innige Mischung nicht verlorengeht" (LIBAVIUS (1597/D) 368) – mit anderen Worten so, daß *vorhandene*, für die Stoffspezies spezifische Qualitäten hervorgeholt werden –, wird die Quintessenz so definiert:

> „Die Quintessenz ist das zur Reinheit der ätherischen Natur und zu den vorzüglichsten Kräften erhöhte Mysterium. Daher pflegt man sie als ‚Himmel' und ‚himmliche Substanz' zu bezeichnen, in der die reinste und echteste innige Mischung haftet (...)". (LIBAVIUS (1597/D) 350)[19]

---

[16] „(...) lorsque Paracelse dit qu'il faut dépoüiller ce mystere de son corps, il prétend seulement qu'il lui faut ôter son corps grossier, dans lequel il est emprisonné, pour lui en donner un plus subtil, dont il se puisse dégager & se spiritualiser aisément, afin qu'il soit capable de passer jusques dans nos dernieres digestions, & de corriger les défauts que l'impure peut y avoir causés." (LE FÈVRE (1660) I 92)

[17] Siehe dazu LOVEJOY (1985).

[18] Ein Arkanum gehörte nach Paracelsus einer höheren Rangstufe der Wirklichkeit an. Es ist „(...) unkörperlich, unsterblich und ewig lebend (...). Seine Natur kann vom Menschen nicht verstanden werden. (...) Es hat die Macht uns zu verändern, zu verwandeln, zu erneuern und wieder herzustellen, wie die Arkana Gottes. (...) Arkanum ist jede Tugend des Dinges tausendfach verbessert." (PARACELSUS *Archidoxis*, W III 38)

[19] Ähnlich heißt es z.B. bei Beguin: „Le mot de quint'essence signifie une substance etheree, celeste, & tres subtile, composee de trois principes du corps mixte dissoult, despoüillez de leurs qualitez elementaires sensibles, corruptibles & mortelles, & uniz au corps spirituel, ou esprit corporel." (BEGUIN (1615) 271 f.) Die Nähe zu Paracelsus zeigt die Definition der Quintessenz, die Paracelsus in seiner *Archidoxis* gibt: „Es ist nun zu verstehen, daß Quinta Essentia nur die Natur, Kraft, Tugend und Arznei ist, die in dem Dinge ohne eine

Wiederum bedeutet in diesem Zusammenhang der Begriff des Reinen etwas völlig anderes als in der neuzeitlichen Chemie, meint nämlich edlere, vollkommenere, in der Kette der Wesen den himmlichen Wesen näher stehende Substanzen.[20]

In den pharmazeutischen Schriften der zweiten Hälfte des 17. Jahrhunderts, in denen die Prinzipientheorie nicht mehr wie bei Paracelsus auf die Verbrennung, sondern auf die Destillation gestützt wurde[21], nahm diese Tendenz zu, zwischen hervorgeholten vorhandenen Qualitäten und erhöhten oder veredelten zu unterscheiden. Als Prinzipien galten die drei flüchtigen oder subtilen Destillationsprodukte Öl oder Sulphur, Spiritus oder Mercur, Wasser oder Phlegma und auch die nicht flüchtigen, im Rückstand der Retorte verbleibenden, die Erde und das fixe alkalische Salz.[22] Wenn immer es in der zweiten Hälfte des 17. Jahrhunderts hieß, man destilliere ein Wasser, Spiritus oder Öl oder erhalte eine Erde oder ein fixes Salz, so hatte diese Redeweise nach wie vor eine naturphilosophische, aber auch zugleich eine empirische, chemische Bedeutung. Als Erde wurde eines der nicht flüchtigen Scheideprodukte bezeichnet, weil es wie die als Erden klassifizierten natürlichen Stoffe in der Destillation nicht flüchtig sowie wasserunlöslich und unverbrennlich war. Salz hieß das zweite in der Retorte verbleibende Scheideprodukt, weil es wie die natürlichen Salze geschmackerregend, wasserlöslich und kristallin war. Öl nannte man eines der Destillate, weil es wie die natürlichen Öle bei der Destillation flüchtig war und eine ölige oder fettige Konsistenz besaß. Das destillierte Wasser hatte gleiche oder ähnliche Eigenschaften wie die natürlich vorkommenden Arten von Wasser (Regenwasser, Mineralwasser, Meerwasser etc.). Lediglich für die Spiritus kannte man keine natürlich vorkommende analoge Stoffklasse.

In ihrer naturphilosophischen Bestimmung wurden die Prinzipien aber sehr wohl von der Körperlichkeit empirisch vorkommender natürlicher Stoffe unterschieden. Unter Prinzipien verstand man, wie oben (III.1) dargelegt wurde, Konstituentien von Naturkörpern und Substanzen, die, durch die chemische Kunst aus den vollkommenen Mixta hervorgebracht, als Mittelglieder in der Kette der Wesen die Tendenz zur vollkommenen Spiritualisierung in sich tragen sollten. Die fünf Destillationsprodukte Spiritus, Öl, Wasser, Salz und Erde galten als Prinzipien, weil sie in sich dieselben Qualitäten vereinigen sollten, die den konstituierenden Prinzipien als spezifischen Qualitätssets zukommen sollten.

Die geschiedenen Prinzipien unterschieden sich von den erhöhten oder veredelten Extrakten dadurch, daß in ihnen *vorhandene* Qualitäten des natürlichen Mixtums durch Neukombinieren auf verschiedene Teile konzentriert wurden, während die erhöhten oder veredelten Extrakte *edlere* Qualitäten, als im ursprünglichen Mixtum vorhanden waren, in sich vereinigten. Die Unterscheidung zwischen geschiedenen Prinzipien und geschiedenen erhöhten Extrakten oder Essenzen trifft Le Fèvre folgendermaßen:

---

herbe und fremde Beimengung enthalten ist. Sie ist auch die Farbe, das Leben und die Eigenschaft des Dinges. Sie ist ein Geist, der dem Lebensgeist gleicht."(PARACELSUS W III 21)

[20] In der auf Geber zurückgehenden alchemistischen Transmutationstheorie, in der davon die Rede ist, ein unedles Metall werde in ein edleres verwandelt, indem die Prinzipien in einen *reineren* Zustand überführt werden, hat der Begriff des Reinen ebenfalls die Bedeutung des Vollkommenen und Edlen.

[21] Vgl. oben Teil III.1.2.3.

[22] Die ursprüngliche Trennung zwischen körperlichen, groben und subtilen Scheideprodukten wurde in diesem Bezug auf empirische Produkte der Destillation aufgegeben und durch die Unterscheidung zwischen aktiven und passiven Prinzipien ersetzt. Als aktive Prinzipien wurden Spiritus, Öl und Salz und als passive Wasser und Erde bezeichnet. Neben der Flüchtigkeit spielten dabei die lösenden Eigenschaften der aktiven Prinzipien eine Rolle. Die stärkere Akzentuierung der lösenden Eigenschaften deutet auf die in der chemischen Praxis gewachsene Bedeutung der Auflösungen hin.

„Man kan auch aus den Mixtis über die fünff Wesen oder Prinicipia, so man durch das Feuer / wie ich gedacht / extrahiret / Essentias haben / und solches durch andere Operationes Chymicas, welche diese Principia Chymica verbessern / und dieselbe zu ihrer Reinigkeit bringen. Diese Essentiae seynd nicht allein unterschieden von dem Composito, aus welchem sie gezogen / sondern haben auch viel kräfftigere Tugenden / als die / mit welchen das gantze mixtum begabt gewesen; ja sie übertreffen auch die Principia selbsten (...)". (LE FEVRE (1660/D1) 54)[23]

Die Erhöhung oder Veredelung der Prinzipien bzw. ihrer Qualitäten sollte, wie in diesem Zitat angedeutet wird, durch besondere chemische Operationen erreicht werden. Diese Operationen waren vor allem die sogenannte Digestion und daneben, aber viel seltener, die Fermentation.

V.2.1.2 *Das Erhöhen von Substanzen durch Digestion und Fermentation*

Den Prozeß des langsamen, durch Wärme geförderten Herauslösens von Substanzen aus mechanisch zerkleinerten Pflanzen, sei es, um aus den Extrakten Destillate zu gewinnen, sei es, um sie zu Extrakten oder Tinkturen durch Destillieren und Evaporieren des Lösungsmittels einzudicken, bezeichnete man auch als Digerieren.[24] Das Digerieren nahm längere Zeit in Anspruch, oft einige Tage oder, wenn es mit Alkohol durchgeführt wurde, einen bis mehrere Monate. Nach der erforderlichen Digestionszeit, dem Monat (mens), nannte man die Lösungsmittel auch Menstruen.[25] Dieser Prozeß der Digestion[26] wurde durch mäßiges Erwärmen gefördert, entweder durch Stehenlassen an der Sonne oder im Mist, im Wasserbad, in

[23] „On peut encore tirer des mixtes des essences, outre les cinq substances, ou les cinq principes que nous avons dit qu'on en tiroit par le moyen du feu, & cela par la diversité des opérations chymiques, qui changent en mieux les mêmes principes de ces mixtes, & qui les conduisent à leur pureté. Ces essences ne seront pas seulement d'un corps tout-à-fait dissemblable de celui du composé, dont elles sont tirées; mais elles auront encore des qualités & des vertus beaucoup plus efficaces que celles dont leur corps étoit orné durant son intégrité. (...) Mais quoique ces essences merveilleuses ayent divers noms chez les Auteurs, qui les appellent arcanes, magisteres, élixirs, teintures, panacées, extraits & spécifiques; elles sont néanmoins comprises sous le mot général de pur. Cela se dit de la sorte, parce qu'après avoir tiré ces essences des mixtes, on rejette ordinairement le reste comme impure." (LE FÈVRE (1660) I 90 f.)

[24] Die Termini Extrahieren und Digerieren, die sich auf *konkrete* chemische Operationen bezogen, werden in den pharmazeutischen Lehrbüchern unterschiedlich verwendet und erläutert. Libavius führt eine Extraktion mit Menstruen als besondere Art der Extraktion neben der Destillation bzw. Sublimation und neben der Digestion noch nicht an. Beguin dagegen nennt die Extraktion mit Menstruen, die Extraktion mit einem „Intermedium" (BEGUIN (1615) 59), als dritte Variante der Extraktionen. Er unterscheidet aber nicht zwischen Extraktion und Digestion, sondern bei ihm ist Digestion wiederum ein Sonderfall der Extraktion mit einem Intermedium. In den späteren pharmazeutischen Schriften wie denen Le Fèvres oder Glasers werden in den terminologischen Erläuterungen Extraktion und Digestion gesondert aufgeführt. Die Extraktion wird als Ausziehen mit einem Menstruum erläutert. Die Digestion soll dagegen mit einem Menstruum und mit Wärme als chemischen Agentien durchgeführt werden. Bei Glaser z.B. heißt es, „Digerieren ist die dinge durch eine mäßige Wärme kochen (...) Die Digestion geschiehet ins geheim mit Zusetzung eines bequemen menstrui zu der materie (...)". (GLASER (1663/D) 22 f.) Solche Unterschiede, die hier nicht weiter verfolgt werden, deuten auf einen Wandel im Verständnis der Digestion hin. Generell wird in der zweiten Hälfte des 17. Jahrhunderts den Lösungsmitteln gegenüber der Wärme eine neue, eigenständige Funktion als chemischen Agenzien eingeräumt.

[25] Bei Libavius, der eine sehr genaue Beschreibung der Digestion gibt, werden folgende Zeitangaben gemacht: „Frische, vom eigenen Saft feuchte Kräuter, aus denen durch Destillieren die Essenz hervorgeholt werden soll, werden drei Tage lang mazeriert; trockene, mit Wein besprengte, sieben Tage; Samen und Aromata einen halben Monat; Wurzeln, wenigstens wenn sie trocken sind, einen ganzen Monat; Mineralisches einen philosophischen Monat lang, der 40 Tage oder auch länger währt, je nach (der Festigkeit des Stoffes) und der Art des Menstruums." (LIBAVIUS (1597/D) 101) – Die Bezeichnung Philosophischer Monat stammt aus der alchemistischen Theorie. Die Zeit von vierzig Tagen oder eines philosophischen Monats wurde veranschlagt, um den Philosophischen Stein oder den Stein der Weisen, mittels dessen man unedle Metalle in edle transmutieren wollte, zu bereiten – vgl. ebd. 57.

[26] Anstelle von Digerieren sprach man zuweilen auch von Mazerieren. Auch die Bezeichnung Zirkulieren bedeutet fast dasselbe. Die Zirkulation wurde allerdings in einem besonderen Gefäß, dem Pelikan, vorgenommen, in dem leicht siedende Lösungen aufsteigen und verdampfen und an den kalten Gefäßwänden kondensieren und absteigen konnten.

feuchtem Heu etc..[27] Kam es während der Digestion zur Gährung, so bezeichnete man den Prozeß als Fermentation. Aus praktischen Zwecken, um Spiritus zum pharmazeutischen Gebrauch oder als Genußmittel zu gewinnen, wurde die Fermentation durch Zugabe von Fermenten (Hefearten) gefördert.

Schon die Wahl der Bezeichnung Digestion deutet auf das Verständnis dieser Operationen hin. Digestion, heißt es bei Le Fèvre,

> „das ist linde Dauung / ist eine von den fürnehmsten / wie auch von den nöthigsten Operationibus in der gantzen Chymia / weil die Mixta dadurch bequem gemacht werden / leicht von sich zu lassen / was wir daraus begehren; sie wird durch ein recht Menstruum, wie auch gelinde und langwierige Digestion / oder Dau- und Fäulungs-Wärme verrichtet (...)". (LE FEVRE (1660/D) 107)[28]

Die chemische Operation der Digestion wurde somit als eine chemische Verdauung verstanden. Sie blieb als eine der wichtigsten Operationen „der *gantzen* Chymia" nicht auf Pflanzen beschränkt, sondern wurde ebenfalls mit tierischen und – dies ist für das Verständnis besonders aufschlußreich – auch mit mineralischen Stoffen durchgeführt. Digestion oder Verdauung der Mixta bedeutete zunächst die Scheidung der subtilen reinen und daher nützlichen Teile vom Unreinen. Wie die natürliche Verdauung im Verdauungstrakt des Menschen die nützlichen Substanzen von den Exkrementen trennt, so sollte auch die chemische Verdauung verfahren. Im Falle der chemischen Verdauung war es die Verdauungs- oder Digerierwärme, die die subtileren Teile der Mixta von den groben trennen sollte. Zugleich sollten die Substanzen erhöht oder veredelt werden. Die Digestion, schreibt z.B. Beguin, macht die zähen Dinge subtil, kocht die rohen und versüßt die herben.[29] Als praktisches Resultat erhielt man auf diese Weise im nächsten Schritt, bei der Destillation, nicht nur erheblich mehr Essenz aus einer Substanz, sondern zugleich eine Essenz, die eine höhere Rangstufe in der Kette der Wesen einnehmen sollte. Das Erhöhen, erläutert Libavius,

> „ist die Operation, durch die ein in den Affizierungen (affectiones) veränderter Stoff zu einer höheren Rangstufe der Substanz und Wirkkraft hingeführt wird." (LIBAVIUS (1597/D) 99)

Ganz ähnlich wurde auch die Fermentation verstanden. Bei der Fermentation oder Gärung wurden Spiritus von groben körperlichen Teilen getrennt, und auch in diesem Fall erhielt man erheblich mehr und, wie man meinte, auch bessere Spiritus. Auch die Wärme spielte hierbei eine Rolle. Im Unterschied zur Digestion mußte man aber bei der Fermentation keine Wärme von außen zuführen, sondern es wurde Wärme frei. Als Erklärung wurde ein *inneres* Feuer als Agens der Fermentation unterstellt.[30]

---

27 Vgl. LIBAVIUS (1597/D) 100.

28 Ähnlich erläutert Libavius das Verfahren des Digerierens: „Digerieren heißt nämlich, etwas nach Art der natürlichen Verdauung (digestio) der Speisen im Magen durch die jeweils passende Wärme zurechtzukochen (concoquere) und das Vorliegende in den Stand zu setzen, seine Kraft zu äußern." (LIBAVIUS (1597/D) 100) – Vgl. BEGUIN (1615) 59 und GLASER (1663/D) 22.

29 „Tout de mesme la digestion Chymique par le moyen de la chaleur convenable à chaque chose, separe les parties subtiles, d'avec les grossieres, subtilie encore les choses crasses, cuit les crues, adoucit les aspres & acerbes, & en somme est de telle utilité, qu'on peut sans doute esperer beaucoup plus d'essence des choses digerees que des autres." (BEGUIN (1615) 59 f.) – Vgl. dazu GLASER (1663/D) 22.

30 Glaser z.B. erläutert die Fermentation folgendermaßen: „Fermentiren ist die flüchtige und geistliche theile der Cörper ex potentia in actum zu bringen / um dieselbe von den groben und irdischen Theilen zu befreyen / wie man solches siehet in den gegohrnen Feuchtigkeiten / und fürnehmlich im Wein / (...) Sie ist der digestion sehr gleich / ausgenommen / daß diese durch Hülffe der äusserlichen wärme vollbracht wird / jene im gegentheil geschiehet aus ihren eigenen Kräfften / und durch das innerliche und natürliche Feuer der vermischten Dinge." (GLASER (1663/D) 26 f.)

Wie aber sollte die Wärme, die bei anderen chemischen Operationen wie der Destillation oder Sublimation bloß eine chemische Zerlegung der Substanzen bewirkte, im Falle der Digestion und Fermentation die Veredelung einer Substanz und die Erhöhung ihrer Qualitäten verursachen? Tatsächlich war es nicht allein die Wärme, die diesen Veredelungsprozeß bewirken sollte. Die Wärme sollte vielmehr als von außen oder innen kommendes Agens einen natürlichen, biologischen Reifeprozeß des Körpers fördern. Das Erhöhen, schreibt Libavius, „tritt in zweifacher Gestalt auf: als Reifen (maturatio) und als Gradieren (gradatio)".

> „Das Reifen ist das Erhöhen aus dem Rohen und Unreifen (e rudi crudove) in das Gereifte und Vervollkommnete (ad maturum et perfectum)." (LIBAVIUS (1597/D) 99)

Wie das Verständnis der Destillation so ist auch das der Digestion und Fermentation sowohl durch die Erfahrung mit chemischen Operationen als auch das Paracelsische Naturbild der Iatrochemiker bestimmt. Fermentation und Digestion, d.h. das langsame Extrahieren oder Diffundieren pflanzlicher Substanzen in Lösungsmittel, bewirken eine chemische Scheidung von Substanzen bzw. von Stoffgemischen. In beiden Fällen setzt sich ein Bodensatz ab, der verworfen wurde, während man nur die klare, häufig zuvor noch filtrierte Lösung destillierte. Die Destillation einer solchen Lösung ist meist erfolgreicher als die mit hohen Temperaturen erfolgende trockene Destillation. Man erhält mehr und auch bessere, weil unzersetzte, medizinisch wirksame Substanzen und insbesondere nach der Fermentation oder Gärung auch erheblich mehr Spiritus (Alkohol). Beide Operationen gehen sehr langsam vor sich, erfordern oft Monate und bedürfen wie ein pflanzlicher Reifeprozeß der Wärme und Feuchtigkeit. Die Rede von chemischer Verdauung oder Reifen ist aber auf der anderen Seite keineswegs als bloße Metapher zu verstehen. Das Paracelsische Naturbild schloß die Vorstellung belebter, sich entwickelnder oder reifender Naturkörper, und zwar der Naturkörpern aller drei Reiche, ein. Der Gedanke einer natürlichen Entelechie aller Naturkörper war Kernbestand des hylozoistischen Naturbilds der Paracelsianer.

Dieses Naturbild war auch bestimmend für eine Idee, die Paracelsus und seine Anhänger der alchemistischen Theorie des Mittelalters und ihrer Zeit entnahmen, nämlich die Idee der Transmutation unedler Metalle in edle. Obwohl die Idee der Transmutation der Metalle zahlreiche Parallelen und Übereinstimmungen mit dem Verständnis der Digestion und Fermentation aufweist, verwendeten Paracelsus und seine Anhänger ebenso wie die meisten Autoren der pharmazeutischen Schriften den Terminus Transmutation nicht für pharmazeutische Operationen.[31] Die übergreifenden Begriffe, die für die Reflexion chemisch-pharmazeutischer Operationen verwendet wurden, waren Scheidung oder Extraktion. Scheidung oder Extraktion, so können wir nun festhalten, bedeuteten in Bezug auf die pharmazeutischen Operationen Destillation, Extraktion, Digestion und Fermentation:

- Das Zerlegen eines Naturkörpers mit dem chemischen Mittel Wärme oder einem Menstruum in zwei oder mehrere heterogene Substanzen.
- Ein schöpferischer Prozeß, bei dem aus dem homogenen Ganzen eines Mixtums chemisch heterogene Teile durch Auseinandertreten und Neukombination der Qualitäten des Ganzen erst geschaffen und durch die unterschiedliche Einwirkung der Wärme chemisch zerlegt werden.

[31] Eine Ausnahme ist Libavius, worauf weiter unten zurückgekommen wird.

- Das Scheiden in grobe, unreine Teile des Mixtums, die die vorhandenen körperlichen Qualitäten des Mixtums in sich vereinigen, und in subtilere, reinere, die die vorhandenen höheren Qualitäten des Naturkörpers tragen und in der Kette der Wesen Mittelglieder bilden. Oder
- das Scheiden in Prinzipien, ebenfalls höherrangige Substanzen in der Kette der Wesen, durch Neukombination vorhandener Qualitäten des Mixtums auf verschiedene Teile in der Weise, daß die ursprünglichen Qualitätssets der konstituierenden Prinzipien wieder hergestellt werden.
- Das Erhöhen oder Veredeln der Qualitäten des Naturkörpers durch Reifen, wodurch die geschiedenen Substanzen eine höhere Rangstufe in der Kette der Wesen einnehmen.

Dieser auf die Destillation, Extraktion, Digestion und Fermentation bezogene weite Begriff der Scheidung, der auch die Veredelung von Substanzen umfaßt, implizierte das Verständnis der Scheidung als Förderung natürlicher Scheideprozesse. Da die Idee der Transmutation das Verständnis chemischer Operationen als Förderung natürlicher Prozesse noch deutlicher hervortreten läßt und die Skizze des Grundverständnisses chemischer Operationen bei den Iatrochemiker vervollständigt, soll im folgenden Abschnitt ein kurzer Blick auf sie geworfen werden.

V.2.1.3 *Die Transmutation*

Die Möglichkeit der Verwandlung unedler Metalle in die edelen Metalle Gold und Silber wurde schon in mittelalterlichen alchemistischen Theorien zu begründen versucht. Paracelsus und seine Anhänger sowie auch einige Autoren pharmazeutischer Schriften wie Libavius oder Glauber griffen Erklärungsansätze alchemistischer Theorien auf und erweiterten ihren Anwendungsbereich auf einige andere chemische Veränderungen, so z.B. auf die Gewinnung künstlicher Edelsteine und Perlen, auf natürliche und künstliche Versteinerungen, Verholzungen, Verglasungen oder auch auf die Salpetergewinnung.[32] Das Verständnis der Transmutation weist große Übereinstimmungen mit dem der Scheidung als Veredelung oder Erhöhung auf. Nur um das Aufweisen solcher Übereinstimmungen zwischen dem Verständnis der Transmutation und den grundlegenden Denkmustern, mit denen im 17. Jahrhundert chemisch-pharmazeutische Operationen reflektiert wurden, geht es im Folgenden.[33]

Transmutation bedeutet die vollständige Umwandlung eines Stoffs in einen edleren. Der größere Rahmen für die Transmutationstheorien wurde durch das scholastische Verständnis

---

[32] Vgl. dazu PARACELSUS *De natura rerum*, W III 269, und LIBAVIUS (1597/D) 180 u. 189.

[33] Es gab in der mittelalterlichen Alchemie verschiedene Varianten der Erklärung der Metalltransmutation. Kopp z.B. unterscheidet die auf Geber zurückgehenden „Materialisten", die den Akzent auf die Korrektur der Zusammensetzung der Metalle legten, von den sich auf Raimund Lull stützenden „Mystikern", die die Transmutation vorwiegend organizistisch erklärten – vgl. KOPP GdCh II 234. Es geht in diesem Abschnitt nicht darum, solchen Differenzen genauer nachzugehen, und auch nicht um den Zusammenhang und die Konsistenz der Erklärungsansätze bei ein und demselben Autor – denn auch da werden unterschiedliche Wege der Erklärung eingeschlagen – bzw. um die Frage, ob von einer einheitlichen Theorie der Transmutation die Rede sein kann. Auch soll hier nicht die Frage der empirischen Fundierung solcher Theorien bzw. die Praxis alchemistischer Transmutationsversuche beleuchtet werden. Einen, allerdings nur ausschnitthaften Einblick in diese Frage gibt der Abschnitt über die Vitriole weiter unten (V.2.2.6). Das Anliegen dieses Abschnitts beschränkt sich auf das Aufweisen gemeinsamer Denkmuster im Konzept der Transmutation und der chemisch–pharmazeutischen Scheidung.

chemischer Veränderungen als Veränderungen der substanziellen Form des Ganzen abgesteckt. Transmutation, so erläutert Libavius,

> „besteht darin, das schlechthin aus dem Einen ein Anderes entsteht (...). Was so durch Transmutation entstanden ist, ist edler, sei es in Anbetracht seiner Natur als solcher, sei es für die Verwendung." (LIBAVIUS (1597/D) 179 f.)[34]

Transmutation, so könnte man auch sagen, ist eine Veränderung und Veredelung der Qualitäten eines Stoffs, so daß der verwandelte Stoff anders klassifiziert werden muß als der Ausgangsstoff. Sie ist nach einer Formulierung von Libavius ein Übergang der Species eines Stoffs in eine andere oder sogar der Gattung in eine andere.[35]

Wie sollte nun der Prozeß der Verwandlung vor sich gehen? Von zentraler Bedeutung für die Beantwortung dieser Frage ist die Tatsache, daß dasjenige, was transmutieren sollte, ein *Natur*körper war. Im Paracelsischen Naturbild aber wurde zwischen den belebten natürlichen Wesen des Pflanzen- und Tierreichs und den Körpern des Mineralreichs keine prinzipielle Differenz gesehen. Es lag daher nahe, übergreifende Vorstellungen des Transmutationsverlaufs für die Naturwesen aller drei Reiche zu entwickeln. Drei grundlegende Varianten dieser Vorstellungen lassen sich festhalten, die des Putrefizierens oder Faulens, die des Fermentierens, Tingierens oder Projizierens und die des Reifens. Alle diese Bezeichnungen bedeuten, wie schon bei den chemischen Operationen der Scheidung gesehen, sowohl den technischen Durchführungsmodus der chemischen Operationen als auch deren Verständnis.

Im 7. Buch seiner Schrift *De natura rerum* schreibt Paracelsus unter der Überschrift *Über die Verwandlung der natürlichen Dinge*, man müsse dazu verschiedene Staffeln, das sind verschiedene chemische Operationen, durchlaufen.[36] Nachdem der Stoff durch Kalzination, Sublimation oder Lösung vorbereitet sei, folge die Fäulnis als „ein gar vornehmer Grad, der mit Recht der erste sein sollte" (PARACELSUS W III 261). Die technische Durchführung des Putrefizierens unterschied sich kaum von der des Digerierens. Die zu transmutierende Substanz sollte in sogenannte Putrefizierflaschen gegeben, mit einem Menstruum übergossen und in Mist eingebettet werden.[37] Das Verständnis des Putrefizierens bringt Paracelsus wie folgt zum Ausdruck:

> „Die Fäulnis aber hat so große Wirkung, daß sie die alte Natur verzehrt und alle Dinge in eine neue und andere Natur verwandelt. Sie bringt eine neue Frucht hervor. Alle lebendigen Dinge sterben darin, alle gestorbenen Dinge faulen darin und alle toten Dinge bekommen wieder ein Leben darin. Sie verändert die Schärfe jedes ätzenden Salzgeistes und macht ihn milde und süß. Sie verwandelt die Farben und scheidet das Reine vom Unreinen, das Reine nach oben, das Unreine nach unten, jedes gesondert." (PARACELSUS: *De natura rerum*, W III 262)

Fäulnis bedeutete also den Tod des Alten, das Verzehren der alten Natur oder, wie es in anderen Paracelsischen Schriften und denen seiner Nachfolger in Anlehnung an die peripatetische Terminologie auch oft heißt, das Zurückgehen der geformten Materie in die ungeformte Mate-

---

[34] Deutlicher noch kommt der scholastische Hintergrund bei Paracelsus zum Vorschein. Transmutation, heißt es bei ihm, „(...) ist das, wenn ein Ding seine Form und Gestalt verliert und verwandelt wird, so daß es seiner ersten Form und Substanz gar nicht mehr gleich sieht, sondern eine andere Form, eine andere Substanz, ein anderes Wesen, eine andere Farbe, eine andere Tugend oder Eigenschaft annimmt." (PARACELSUS *De natura rerum*, W III 259)

[35] Vgl. LIBAVIUS (1597/D) 180.

[36] Vgl. PARACELSUS W III 259 ff.

[37] Vgl. LIBAVIUS (1597/D) 56 f.

ria prima.[38] Aus der Materia prima sollte spontan, durch Wiedergeburt, ein Körper mit neuen Eigenschaften bzw. mit einer anderen substanziellen Form hervorgehen:

„Die Fäulnis ist nämlich eine Umkehrung und der Tod aller Dinge, eine Zerstörung des ersten Wesens aller natürlichen Dinge. Daraus kommt es zu einer Wiedergeburt und zu einer neuen Geburt mit tausendfacher Verbesserung." (PARACELSUS *De natura rerum*, W III 222)

Nicht nur Pflanzen und Tiere, sondern auch Mineralien sollten eine zeugende Kraft besitzen. Das Modell der spontanen Generation, das auch in den zeitgenössischen biologischen Disziplinen vertraut war, wurde auch für die Erklärung der Transmutation der Mineralien verwendet. Wenn, so fragt Libavius, „aus einem in einem Teich verwesten Pferd Aale hervorgehen, oder auf dem Trocknem Hornissen, aus dem Aas eines Löwen oder Stieres Bienen, aus Honig Ameisen, aus allerlei Lehmsorten Frösche, Mäuse, Erdregenwürmer usw." (LIBAVIUS (1597/D) 188), warum soll dann der Scheidekünstler nicht auch die Transmutation von Mineralien bewirken können? Die Nähe des Verständnisses der Transmutation als Putrefaktion zu dem der Scheidung und Veredelung als Digestion liegt auf der Hand. Zuweilen wurden auch Putrefaktion und Digestion in einem Atemzug als Erklärungen der Transmutation genannt. So heißt es im vierten Teil der *Furni novi philosophici* Glaubers:

„Ist auch solche transmutation einer digestion gleich / als wan ein Pferd oder Ochs Graß isset und digerirt, auß welchem digestio die Natur Ochsen und Pferden Fleisch machet / und in des Menschen Magen das Ochsen-fleisch zu Menschen-fleisch digeriret wird." (GLAUBER (1646–49) IV 40)

Basil Valentinus schreibt in seinem *Triumph-Waagen Antimonii*,

„alles anzuzeigen von der wunderbarlichen Formirung und Veränderung der Naturen eine in die andere / wolte ein groß Buch aufzuschreiben erfordern. Die vornehmste Ursach aber solcher Veränderung durch Abwechslung ist diese / daß Digestio und Putrefactio die vornehmsten Haupt-Schlüssel darzu sind (...)". (DTC I Anh. 27)

Die eng verwandten Verfahren des Fermentierens, Tingierens und Projizierens stellen eine zweite Grundvariante des Verständnisses von Transmutation dar. Warum, fragt Glauber im vierten Teil seiner *Furni novi philosophici* alle an der Möglichkeit der Metalltransmutation Zweifelnden, soll man ein Metall nicht ebenso wie Pflanzensaft durch Fermentation oder Gärung verbessern und läutern können? Es gelte nur ein geeignetes Ferment zu finden:

„Also wan wir auff die Metallen ein bequäme fermentation finden könten / würden dieselben gleichermassen gereinigt / und zur Beständigkeit verwandelt können werden (...)". (GLAUBER (1646–49) IV 35)

Das geeignete Ferment, die Medizin, Tinktur oder das „vollkommene Elixir"[39], das hier für die Metallveredelung gesucht wurde, unterschied sich kaum vom Stein der Weisen der Alchemisten.[40] Tinktur wurde, wie gesehen, ein gefärbter Extrakt genannt, mittels dessen andere Stoffe gefärbt werden können. Die für die Transmutation unedler Metalle in Gold oder Silber aufzufindende Tinktur sollte diese aber über das Färben hinaus in ein „viel edleres Wesen" bringen.[41] Das Tingieren sollte wie das Fermentieren allmählich erfolgen. Das unedle Metall sollte

---

38 Vgl. z.B. LIBAVIUS (1597/D) 181.

39 Vgl. LIBAVIUS (1597/D) 105 u. 181.

40 Vgl. dazu KOPP GdCh II 160 ff. und von LIPPMANN (1919) 320 u. 492 ff.

41 So schreibt Paracelsus im Kapitel *Über die Verwandlung der natürlichen Dinge*: „Die Tinktur nun ist eine gar edle Materie, mit der man die metallischen und menschlichen Körper färbt und verbessert, in ein viel edleres Wesen bringt, in ihre höchste Gesundheit und Reinheit, mit der man alle Dinge nach ihrer Farbe und Natur färbt." (PARACELSUS W III 263 f.)

zuerst durch Schmelzen flüssig gemacht werden, damit die Tinktur dieses wie Hefe oder Sauerteig durchdringen und es vollständig verwandeln kann.[42] Das Projizieren mit einem großen Elixier oder einer Medizin sollte dagegen unter „plötzlichem Eindringen" und „Umwandeln" verlaufen. Das Projizieren, so erläutert Libavius,

> „ist das Erhöhen durch eine auf den umzuwandelnden Stoff projizierte Medizin, (und zwar) unter plötzlichem Eindringen und Umwandeln (...). Auch dies ist hauptsächlich für die Metalle von Bedeutung und wird durch eine ‚lebendige Medizin' (medicina animalis) bewirkt, die die metallische Natur in vorzüglichstem Grade besitzt und ein unedles Metall in dasjenige wandeln kann, aus dem sie selbst extrahiert ist." (LIBAVIUS (1597/D) 105)

Das Extrahieren dieser lebendigen Medizin aus Gold oder, wie es auch hieß, der „Seele des Goldes" oder dem „Samen des Goldes"[43] mußte auf der Basis dieses Verständnisses der Transmutation natürlich ein Hauptanliegen und zugleich der Schwachpunkt aller praktischen Bemühungen um Metallveredelungen sein.

Als Reifeprozeß wurde Transmutation fast ausschließlich in Bezug auf die Transmutation von *Metallen* verstanden. Wer sollte glauben, so lautet eine der Antworten Glaubers auf die Frage, „Was von der Verbesserung der Metallen zu halten sey",

> „daß in einem Ey ein lebendiger Vogel mit aller seiner gestalt; oder in eim unansehnlichen Samen ein Kraut mit Stengel / schönen Blumen und Farben / wie auch lieblichem Geruch (wans nicht so bekandt und gemein were) solte verborgen seyn? Warumb solten nicht auch die metalla embryonata, welche ihre Vollkommenheit noch nicht erlanget / durch Kunst und Hülff des Fewers gezeitiget werden? Wird doch ein unreiff saurer Apffel und Birn / durch der Sonnen wärme / in ein liebliche und wolgeschmacke Frucht gezeitiget?" (GLAUBER (1646–49) IV 38)

Unedle Metalle wurden in demselben Sinne als unreif verstanden, in dem man z.B. von unreifen Früchten redet. Das Paracelsische Naturbild, in dem alle natürlichen Körper nicht nur als belebte, sondern als sich auf ein bestimmtes Ziel hin entwickelnde begriffen wurden, ist der allgemeine Hintergrund dieses Verständnisses der Transmutation.[44] Der spezielle Hintergrund im Fall der Transmutation der Metalle war der, daß man sie alle zu einer gemeinsamen Species zählte. Was aber zu einer einzigen Species gehörte – hier gibt es wieder eine gemeinsame Grundlage mit den zeitgenössischen Systematisierungsversuchen anderer Disziplinen der Historia naturalis, vor allem der biologischen –, mußte einerlei Wesen besitzen. Der Essentialismus der zeitgenössischen Systematisierungsbemühungen führte bei der Systematisierung der chemischen Gegenstände dazu, daß man z.B. nach einer Urerde, einem Ursalz, einer Ursäure etc. noch suchte, während man im Gold bereits das Wesen der vollkommenen Metallität gefunden zu haben glaubte. Die Erklärung der Transmutation speziell der Metalle als Reifen aus einem unvollkommenen Zustand in einen vollkommenen erhielt auf diesem Hintergrund eine besondere Plausibilität.

---

[42] Vgl. PARACELSUS W III 264.

[43] Vgl. KOPP GdCh II 224 ff. und METZGER (1923) 117 ff.

[44] So fragt auch Leonhard Müllner in seinem *Bericht von der Generation und Geburt der Metallen*: „Aus was Ursachen ist dann das Gold zu seiner Perfection kommen und zu Gold worden/ und die andern nicht/ dieweil sie doch alle aus einerley Materi gebohren seynd?" Die Antwort lautet: „Aus der Ursach/ das Gold ist zeitig/ und hat seinen Termin erreichet/ gleich als ein Apffel oder Birn auf dem Baum/ welche Birn oder Apffel man vor der Zeit abbricht/ die ist sandig und sauer/ und mag nicht gessen werden/ so man sie aber ihre Zeit läst hangen/ so wird sie gut und wohlgeschmack zu essen." (DTC I 315 f.) – Vgl. dazu PAGEL (1982) 112: „All objects in nature undergo at some time a transmutation from a ‚prime' through an ‚intermediate' towards an ‚ultimate' stage – the latter indicating the final fulfilment of destiny, the Aristotelian ‚perfection' or ‚entelechia' of an object."

Der Chemist, der eine Transmutation bezweckte, sei es eine als Putrefizieren, als Fermentieren oder Projizieren oder als Reifen verstandene, mußte also bloß versuchen, einen natürlichen Prozeß zu beschleunigen. Er glaubte, seine Zwecke erreichen zu können, weil sie mit den Zwecken der Natur übereinstimmten. Er verstand sich nicht als Künstler im eigentlichen Sinne des Wortes, sondern als ein bloßer Förderer und Unterstützer der Natur, der seine Tätigkeit möglichst genau in den Naturprozeß einfügen mußte. Die chemische Kunst liefert nur die Gefäße, die der Natur fehlen – so Le Fèvre[45] , oder in der Beschreibung der Transmutationskunst im Zusammenhang mit der spontanen Generation durch Libavius ausgedrückt:

> „Obschon all das auch sonst in einfacher Weise natürlich entsteht, so findet es doch bei geschickter Anwendung durch den Scheidekünstler Eingang in die Transmutationskunst. (...) Und wenn die Stoffe sonst auch natürlicherweise zu faulen vermögen, so kann sie doch der Scheidekünstler für die Fäulnis herrichten und in bestimmten Grenzen halten, damit das, was entstehen soll, schneller, besser oder anders zustande kommt; und daß hier die Scheidekunst einen Einfluß ausübt, ist sicher. Die Natur liefert nämlich lediglich das zeugende Prinzip; wenn nun der Scheidekünstler für ein geeignetes Material, für Ort, Wärme, richtige Aufsicht usw. sorgt, so kann er, wobei die Nährung mit einem bestimmten Saft hinzukommt, einen mit bestimmter Form und Kraft ausgestatteten Stoff produzieren (...)". (LIBAVIUS (1597/D) 188)

V.2.1.4 *Die Anwendung der traditionellen Denkschemata auf die Salzherstellung*

V.2.1.4.1 *Die Salzherstellung als Extraktion von Essenzen*

Die Reflexion der chemischen Operationen der Salzbildung durch Auflösung von Metallen, Alkalien oder Erden in Säuren und anschließende Destillation oder Sublimation des Salzes oder anschließende Evaporation des Lösungsmittels erfolgte in demselben Denkschema wie die analogen Operationen mit organischen Stoffgemischen. Dies hatte u.a. den Grund, daß die aus dem Mineralreich stammenden Reinstoffe beim Destillieren bzw. beim Auflösen und nachfolgendem Destillieren zahlreiche Übereinstimmungen mit dem Verhalten pflanzlicher oder tierischer Materialien zeigen. Destillierte man ein Salz wie z.B. Vitriol oder ein Salzgemisch aus Kochsalz bzw. Salpeter und einem Vitriol, so erhielt man Olea und Spiritus (Säuren unterschiedlicher Konzentration) als Destillate.[46] Aus anderen Mineralien wie z.B. Spießglanz (Antimonsulfid) oder Quecksilber erhielt man ebenfalls nach der Zugabe von Salzen wie Kochsalz und Vitriol, Olea oder sublimierte Substanzen (das wasserhaltige Antimontrichlorid bzw. Quecksilber(II)-chlorid oder Sublimat) und einen in der Retorte verbleibenden Rückstand (ein Gemisch aus Eisenoxid und Natriumsulfat).[47] Metalle (nach der engeren zeitgenössischen Klassifikation) bereiteten dagegen beim Versuch, daraus Destillate oder Sublimate zu gewinnen, Schwierigkeiten. Dennoch gelang auch dies, denn wenn man z.B. Zinn mit Sublimat vermischte und destillierte, erhielt man eine rauchende Flüssigkeit, den sogenannten Spiritus fumans Libavii.[48] Die Versuche, auch aus den anderen fünf Metallen, dem Gold, Silber, Kupfer, Eisen und Blei, Destillate oder Sublimate zu gewinnen, wurde so schnell nicht aufgegeben. Erfolge bei diesen Bemühungen glaubte Glauber melden zu

45 Vgl. LE FEVRE (1660) 32.

46 Vgl. oben IV.3.2.4.

47 Vgl. oben IV.3.2.3 und Tabelle 1.

48 Spiritus fumans Libavii ist Zinn(IV)-chlorid, das bei 114 Grad Celsius siedet.

können. Mit seinen neu erfundenen Öfen, schreibt er im ersten Teil seiner *Furni novi philosophici*, könne man:

„(...) nicht allein auß den flüchtigen Vegetabilibus oder Mineralibus, (doch unverbrännlichen) sondern auch auß den fixesten Metallen / oder Lapidibus wunderbahrlicher Weise / gantz leichtlich viel Spiritus, Olea und Flores machen / welches sonsten gantz unmöglich durch gemeine und bekandte Distillir-Kunst zu thun were." (GLAUBER (1646–49) I 15)

Worin bestand der Erfolg Glaubers? Die Flores, die Glauber für extrahierte Essenzen hielt, waren sublimierte Metalloxide. Durch Auftragen von Metallfeilen oder dünnen Metallblechen auf glühende Kohlen wurden die Metalle oxidiert, und zugleich so hohe Temperaturen erzielt, daß ein Teil der Oxide sublimierte.[49] Denjenigen, die schon vor ihm vorgaben, sublimierte Flores gewonnen zu haben, erwiderte er, seine Flores seien reinere, subtilere Substanzen, die der anderen dagegen mehr korporalisch.[50]

Die Olea, die Glauber ebenfalls aus den Metallen zu extrahieren vermeinte, wurden nicht als Destillate, sondern nach dem Abdestillieren oder Evaporieren des Lösungsmittels als Rückstand in der Retorte erhalten. Glauber war es erstmals gelungen, relative reine und konzentrierte Salzsäure zu gewinnen.[51] Mit dieser Säure, dem Spiritus salis, ließen sich die Metalle oder ihre Kalke (Metalloxide) auflösen, und nach dem Abdampfen oder Abdestillieren der Flüssigkeit blieben zähflüssige, ölige Substanzen, die er als Olea bezeichnete, zurück. Diese Olea waren wasserhaltige Metallchloride, also chemische Verbindungen.[52] Glauber aber hielt diese Salze für aus Metallen mittels des Spiritus salis ausgezogene Extrakte.

Die Auffassung Glaubers, er könne ebenso wie aus Kochsalz oder Vitriol auch aus Metallen einen flüchtigen sauren Spiritus extrahieren, bedurfte schon komplizierterer Vermittlungsschritte. Nachdem Glauber im ersten Teil seiner *Furni novi philosophici* auf die Destillation eines Spiritus aus Vitriol, Alaun oder Kochsalz hingewiesen hat, heißt es:

„Es kan auch ein solcher penetrirlicher Sulphur:scher Spiritus von den Mineralien und Metallen gemacht werden / welcher an kräften den Spiritum Vitrioli, Salis communis, & und Aluminis übertrifft." (GLAUBER (1646–49) II 36)

Glauber löste die Metalle in Schwefelsäure oder in Salzsäure auf und evaporierte anschließend die Lösung.[53] Weiter heißt es:

„(...) darnach treibt man den Spiritum acidum wiederumb von dem Metall / so führet er einen Spiritum volatilem mit sich / (...) und seind solche Metallische Spiritus den Menschen zugebrauchen / noch kräftiger als diejenige / welche von den Salien gemacht seyn worden." (ebd. 37)

Beide Male wurden – aus heutiger Sicht betrachtet – Salzlösungen hergestellt, aus denen anschließend die ursprüngliche Säure wieder abdestilliert wurde. Glauber meinte dagegen, der abdestillierte Spiritus sei eine Mischung aus dem als Lösungsmittel verwendeten, aus einem natürlichen Salz gewonnenen Spiritus und einem flüchtigen, aus den Metallen extrahierten

49 Vgl. GLAUBER (1646–49) I 64 ff.

50 „Meine Flores aber davon ich schreibe / werden für ein solche materi verstanden / welche (...) ein leicht / subtil und zart Pulver / welches zwischen den Zänen nicht knirst / noch in den Augen gespüret wird; welche meines erachtens für Flores können angenommen werden / hergegen die andern mehr corporalisch sind (...) Hergegen aber diese / (...) so rein und zart / wan sie in den Leib werden genommen / daß sie alsobalden ihre Krafft von sich geben / und schnell operiren / nach dem sie darzu ordiniret seyn." (GLAUBER (1646–49) I 64 f.)

51 Vgl. WALDEN (1929) 159 ff.

52 Vgl. oben IV.3.2.6 und Tabelle 2.

53 „Man solviret Martem, Venerem, Saturnum oder Jovem, mit Spiritu Vitrioli oder Salis communis acido; abstrahiret die Feuchte davon (...)". (GLAUBER (1646–49) II 36 f.)

Spiritus, den das Lösungsmittel mit sich führt". Der abdestillierte Spiritus wurde deshalb für besser gehalten als der als Lösungsmittel eingesetzte. Welche empirischen Daten für dieses Verständnis sprachen, kann hier nicht aufgeklärt werden. Auch die Tatsache, daß die nach genau derselben Operation und *vollständiger* Evaporation der Säure erhaltenen Substanzen als extrahierte Olea bzw. als Vitriole[54] verstanden wurden, in dem vorliegenden Fall dagegen eine Extraktion von Spiritus angenommen wird, ist nicht bis ins Letzte nachvollziehbar. Geht man davon aus, daß die Evaporation des Lösungsmittels nicht vollständig war – Glauber macht in dieser Hinsicht keine genauen Angaben, sondern spricht nur vom Abstrahieren der Feuchte – und die Verdunstung des Lösungsmittels abgebrochen wurde, bevor sich die Vitriole bzw. die Olea absetzten, so könnte die Operation so verstanden werden, daß zuerst durch die Säure der Körper der Metalle „aufgeschlossen" wird[55], aus dem aufgeschlossenen Körper der innere Spiritus in das Lösungsmittel austritt und dann zusammen mit diesem aufgrund seiner Flüchtigkeit abdestilliert werden kann.

Bessere empirische Anhaltspunkte für die Destillation eines Spiritus aus Metallen hatte man beim Destillieren der aus einem Metall und Essig (Essigsäure) gewonnenen Salze oder Vitriole[56]. Aus der Auflösung von Blei in Essig wurde nach dem Evaporieren des Lösungsmittels ein süß schmeckendes Salz, der Bleizucker (Bleiacetat), gewonnen. Wurde dieser Bleizucker anschließend destilliert, so fing man im Rezipienten einen Spiritus auf, der völlig andere Eigenschaften aufwies als der Essig. Er war nicht sauer, besaß einen eigenartigen Geruch und war, anders als die Essigsäure, brennbar.[57] Denselben Spiritus erhielt man auch aus dem mit Essig hergestellten Kupfervitriol (Kupferacetat)[58]. Tatsächlich wurde durch die Destillation dieser Acetate ein neuer, bisher unbekannter Spiritus gewonnen, nämlich Aceton. Die Autoren der pharmazeutischen Schriften hielten diese leicht flüchtige Flüssigkeit jedoch für den extrahierten Spiritus des Bleis bzw. des Kupfers, der in den Salzen verborgen gewesen sei.

Wie aus den pflanzlichen und tierischen Materialien, so versuchte man auch aus den Mineralien und insbesondere auch aus den Metallen Tinkturen sowie veredelte Essenzen zu extrahieren. Le Fèvre z.B., der im Unterschied zu anderen Autoren auch Tinkturen als erhöhte Essenzen verstand, schreibt in seinem *Traicté de la Chymie*:

> „Die dritte Bereitung der Metallen ist die Extraction / oder Ausziehung / oder besser zu sagen / die Zeitigmach- und Erhöhung des reinesten / reiffsten und besten innerlichen Schwefels der Metallen / von welchem die Tincturen herkommen." (LE FEVRE (1660/D) 684)

Über die Bereitung der Tinktur des Silbers liest man bei ihm: „Zu dieser Tinctur zu gelangen / muß man erstlich ein menstruum, dadurch sie extrahiret wird / wie folget / bereiten". (LE FEVRE (1660/D) 722) Es folgt die Anleitung für die Gewinnung für Silberchlorid durch Präzipitation einer Auflösung von Silber in Salpetersäure mit Salzwasser und dessen Digerieren in ammoniakalischer Lösung.[59] Anschließend sollte die Lösung evaporiert werden, wobei am

---

54 Vgl. unten V.2.2.5.

55 Zu diesem Verständnis der Wirkungsweise der Säure siehe unten V.2.1.4.2.

56 Zum Verständnis der als Salze oder Vitriole bezeichneten Metallsalze siehe unten V.2.2.5.

57 Vgl. z.B. LE FÈVRE (1660/D) 795 f. – Hier und im Folgenden wird die zeitgenössische deutsche Übersetzung des *Traicté* zitiert, weil der Bd. 2 der französischen Ausgabe nicht zugänglich war.

58 Vgl. GLASER (1663/D) 196 ff.

59 Dabei löst sich Silberchlorid unter Komplexsalzbildung auf.

$AgCl + 2\,NH_3 \rightarrow [Ag(NH_3)_2]^+ + Cl^-$

Boden des Gefäßes ein nach Urin riechendes Pulver zurückbleibe. Diesem Pulver sollte Alkohol zugefügt werden. Weiter heißt es:

> „(...) circulire / bis der Spiritus eine hohe blaue Farbe an sich genommen / (...) filtrire / (...) ziehe in Balneo die Hälffte des menstrui ab / bewahre das übrige wol / denn es ist die rechte Essentz des Silber / und sehr vortrefflich wider alle Kranckheiten des Gehirns (...)" (LE FEVRE (1660/D) 723).[60]

Le Fèvre hatte durch diese Operation die Lösung eines Komplexsalzes in Alkohol erhalten und hielt das Ganze für eine durch wiederholtes Digerieren bzw. Zirkulieren erhöhte oder gereifte Essenz. Die Analogie zwischen dem langsamen, als Digerieren verstandenen Extrahieren pflanzlicher Substanzen mit Alkohol und der Bildung alkoholischer Lösungen mit Metallsalzen wird bei Glauber noch allgemeiner formuliert. Im ersten Teil seiner *Furni novi philosophici* folgt unmittelbar im Anschluß an die Anleitung, „Quintam Essentiam omnium vegitabilibum zu extrahiren", diejenige für die Extraktion der „Quinta Essentia omnium Metallorum & Mineralium". Man müsse die Metalle nur in Spiritum salis auflösen, die Lösung eindampfen und dann mit Alkohol digerieren, so setze sich die Quinta essentia des Metalls als Öl auf der Lösung ab.[61]

Freilich ging die analoge Interpretation der Destillation oder der Extraktion pflanzlicher oder tierischer Materialien und der Metalle oder anderer mineralischer Reinstoffe nicht reibungslos auf.

Erstens konnten aus vielen pflanzlichen und tierischen Materialien ohne alle Zusätze Destillate gewonnen werden, bei den Metallen und Mineralien dagegen waren in der Regel Zusätze, entweder Salze oder Säuren, vor der Destillation erforderlich. Dieser Unterschied entging den Autoren der pharmazeutischen Schriften keineswegs. So stellt z.B. Glaser in Bezug auf die Metalle und Mineralien explizit fest:

> „(...) unterdessen kan nichts daraus gemacht werden ohne Zuthung einiger Saltze / Oele od' Geister; wiewol nun die meiste Gewächse keiner Zuthuung fremder Materie bedürftig / müssen sie dennoch unterschiedlich / gleich wie die mineralien praepariret werden (...)" (GLASER (1663/D) 93 f.).

Zweitens handelte es sich bei den pflanzlichen und tierischen Materialien um Stoffgemische, bei deren Destillation bzw. Extraktion mit Lösungsmitteln tatsächlich ein Rückstand zurückblieb, während sich die Metalle und mineralischen Reinstoffe zum einen vollständig im Lösungsmittel auflösen und zum anderen – mit Ausnahme der Destillation der „metallischen Spiritus", bei der es sich um eine chemische Zerlegung von Salzen handelte – sich vollständig in Olea, Vitriole oder Salze und Tinkturen oder Quintessenzen umwandeln konnten. Für den Aspekt des Trennens von etwas anderem im Begriff der Scheidung oder Extraktion konnten in diesen Fällen also keine empirischen Anhaltspunkte gefunden werden.

---

60 Das Zirkulieren wurde ebenso wie das Digerieren als Reifen verstanden – siehe oben V.2.1.2.

61 Vgl. GLAUBER (1664) I 36. Eine ähnliche Anleitung gibt Libavius: „Das mit Aquafort nach Art eines Magisteriums hergestellte trinkbare Metall wird mit bestem Weingeist übergossen und den gehörigen Monat lang in Mist digeriert. Alsdann destilliert man bis zur Trockne, so daß vom Metall etwas durch den Helm übergeht. Was am Boden ‚koaguliert' ist, wird von neuem zu einer Öligkeit gelöst, mit der man die vorige Behandlung wiederholt, bis der edelste Teil des Metalls ausgeschöpft und durch den Helm geführt ist (...). Digeriere, was extrahiert ist, einen Monat lang in Mist und destilliere es bei gelindem Feuer, dann geht das Menstruum heraus. Wechsle die Vorlage und setze mit stärkerer Wärme zu, dann geht ein in der Regel zweifarbiger metallischer Liquor über. Ein Teil ist nämlich weiß, ein anderer behält die Farbe seines Metalls bei; man lasse im Rezipienten ruhig stehen, dann setzt sich die Quintessenz vom materiellen weißlichen Teil zum Boden ab." (LIBAVIUS (1795/D) 351 f.)

Bevor auf den Umgang mit dieser zuletzt genannten Schwierigkeit eingegangen wird, soll zunächst die Lösung des ersten Problems, der Notwendigkeit der Zugabe von Säuren, behandelt werden. Sie erfolgte, indem sich die Autoren an der scheinbaren Funktion von Säuren beim Scheiden von Gold und Silber in der Metallurgie orientierten. Die Auflösung von Metallen in Mineralsäuren, insbesondere in Scheidewasser (Salpetersäure), mit nachfolgender Präzipitation – aus der Sicht der modernen Chemie eine Methode der Salzherstellung – wurde im 17. Jahrhundert nicht als Salzbildung, sondern als Verkalkung und diese als eine bloß vorbereitende chemische Operation für die Destillation, Extraktion oder Digestion verstanden.

V.2.1.4.2 *Die Salzherstellung als Verkalkung oder Pulverisierung*

Die Notwendigkeit, Metallen oder anderen mineralischen Reinstoffen vor dem Destillieren oder Digerieren stets eine Säure oder ein Salz zuzufügen, wurde mit ihrer Körperlichkeit erklärt. Metalle galten aufgrund ihrer Härte als Körper par excellence, die durch korrodierende Mittel aufgeschlossen werden müssen, bevor daraus Essenzen extrahiert werden können. Als Beispiel sei die Erklärung Le Fèvres für die Notwendigkeit der Auflösung von Gold vor dessen Extraktion angeführt:

> „(...) weil das Gold ein harter / dichter / verschlossener und fixer Leib ist / also muß man es aufschliessen / damit das jenige / so man darzu anwenden will / um es zu dissolviren und extrahiren / darin thun könne / was man begehrt. Solches aber kan nicht geschehen / es sey denn / daß es durch das Amalgamiren / Cementiren und Dissolviren calcinirt werde / welche es praepariren / und in ein Pulver und Kalck bringen." (LE FEVRE (1660/D) 697)

Weiter heißt es:

> „Die gebräuchlichste Calcination des Goldes geschicht auch durch Aquam regis (...) darinn solviret man Gold / (...) giesset man nach und nach Tropffenweise das so genannte Oleum tartari per deliquium darein / so fällt das Gold zu Boden (...)". (ebd. 703)

Das Auflösen in einer Säure, das geht aus diesem Zitat ebenfalls hervor, galt nicht als einzige Methode, um ein Metall aufzuschließen. Le Fèvre führt auch das Amalgamieren und die Zementation an und an anderer Stelle die Kalzinierung in Reverberierfeuer, d.h. bei hohen Temperaturen.[62] Alle vier, aus heutiger Sicht verschiedenen, chemischen Operationen wurden einheitlich interpretiert als die Gewinnung von Metallkalken. Und Metallkalke, dies zeigt das obige Zitat weiterhin, galten als Metallpulver, d.h. als bloß mechanisch zerteilte Metallkörper.[63]

Welche Funktion und Wirkungsweise sollte im speziellen Fall der Kalzinierung durch Säuren den Säuren zukommen? Die Erläuterung der Kalzination in den terminologischen Bemerkungen des *Traicté de la Chymie* Le Fèvres gibt eine Antwort auf diese Frage:

---

[62] Vgl. LE FÈVRE (1660/D) 683; vgl. auch LIBAVIUS (1597/D) 61 ff. u. 65 ff. und BEGUIN (1615) 52.

[63] Unter Metallkalken verstand man also im 17. Jahrhundert in der Regel nicht, wie dies in den meisten chemiehistorischen Darstellungen behauptet wird, chemisch veränderte, den späteren Metalloxiden analoge Substanzen. Le Fèvre ist in dieser Hinsicht keine Ausnahme, sondern dieses Verständnis findet sich generell in den damaligen pharmazeutischen Schriften. So heißt es z.B. bei Libavius: „Ein Kalk aber ist nach der allgemeinen Bezeichnung ein beliebiges, zu unfühlbaren (impalpabilis) Teilen zerkleinertes Pulver (...)". (LIBAVIUS (1597/D) 61). Ebenso heißt es bei Beguin: „Calcination est une reduction du mixte en chaux, appellee par Geber pulverisation du composé (...)" (BEGUIN (1615) 49) oder Glaser: „Calcinieren ist zu Kalck oder Pulver machen (...)" (GLASER (1663/D) 17).

„Die Calcination oder Verkalckung ist eine gewaltsame Arbeit / dadurch das mixtum zu Kalck und Aschen wird / solche ist zweyerley / nemlich eine / so durch ein sichtbar Feuer geschiehet / und wird Calcinatio actualis genannt / die andere aber / welche durch ein empfindlich / aber unsichtbar Feuer vollbracht wird heisset Calcinatio potentialis, und jene bedarff brennend Holtz oder Kohlen / diese aber nur Scheidewasser / oder zerfressende Dünste / wie solches in der Praecipitation und Fumigation zu sehen ist." (LE FEVRE (1660/D) 104)[64]

Die Säure sollte beim Kalzinieren also erstens gewaltsam auf das Mixtum einwirken und zweitens sollte sie durch ein inneres Feuer auf dieselbe Weise wirken wie das äußere Feuer verbrennender Kohlen und verbrennenden Holzes. Über den Mechanismus der Wirkungsweise der Säure bei der Kalzination gibt Libavius in seiner *Alchymia* noch etwas genaueren Aufschluß. Das Korrodieren, heißt es dort, „ist das Kalzinieren mit ‚korrodierenden Medizinen', deren Schärfe (acrimonia) eindringt und das Gefüge zu kleinsten Teilen (secundum minima) löst". (LIBAVIUS (1597/D) 65) „Deshalb ist die ‚Medizin' auch scharf und subtil, meistens wirklich (actu) flüssig, um sich in die Tiefe einzulagern und das Gefüge nach Art des Feuers lösen zu können". (ebd. 58) Die Säure sollte nicht in heutigem Sinne chemisch, d.h. als Stoff einwirken, sondern wie das Feuer nach Art feinster mechanischer Instrumente, die den Körper zu einem Pulver zerteilen.[65]

Wir verstehen heute das Kalzinieren eines Metalls im Feuer, das Zementieren mit Salzen und das Auflösen mit einer Säure als chemische Reaktionen, und zwar als Oxidationen, bei denen im Falle der Auflösung durch Säuren Metallsalze und in den anderen Fällen Metalloxide gebildet werden. Lediglich beim Amalgamieren eines Metalls und anschließendem Verdampfen des Quecksilbers und bei einer speziellen Präzipitationsmethode, bei der ein unedleres Metall als das aufgelöste verwendet wird, werden die Metalle als Pulver wiedererhalten. Wie war es möglich, daß alle diese verschiedenen Operationen gleichermaßen als mechanisches Zerkleinern der Metalle zu Pulvern verstanden wurden?

Für die Bezeichnung chemischer Produkte als Metallkalke und deren Verständnis als Metallpulver gab es zwei Kriterien. Erstens die Reduzierbarkeit der präzipitierten, amalgamierten, mit Salzen korrodierten oder im Feuer oxidierten Metalle und zweitens, im speziellen Fall der sauren Auflösung, die Präzipitation. Nicht die bloße Auflösung eines Metalls in einer Säure war schon die *vollständige* mit dem Terminus Kalzination belegte Operation, sondern die Auflösung mit nachfolgender Präzipitation.[66] Nehmen wir als Beispiel die Gewinnung von Silbersalzen.[67] Während das aus der Auflösung von Silber in Salpetersäure durch langsames Evaporieren des Lösungsmittels in der Kälte auskristallisierende Salz (Silbernitrat)

[64] Vgl. auch Glaser: „Calcinieren ist zu Kalck oder Pulver machen durch ein sichtbarlich oder unsichtbarlich Feuer; das sichtbarliche ist unser ordinar feuer (...). Das unsichtbare ist das Feuer in den scheidewassern und zerfressenden Geistern." (GLASER (1663/D) 17)

[65] Lediglich an einer Stelle räumt Libavius, und ihm folgend auch Beguin, ein, daß bei der Verkalkung auch stoffliche Veränderungen eintreten können: „Wenn also das Band des Festseins (vinculum soliditatis) das Feuchte ist, so wird dieses auf irgendeine Art durch Trocknen, Brennen, Rösten usw. weggefangen, jedoch innerhalb der Grenzen für die ‚Reduktion' oder wenigstens der Erhaltung der Substanz (...)". Unmittelbar im nächsten Satz wird aber nochmals die Analogie zu mechanischen Zerkleinerungsprozessen betont: „Den Pulvern verwandt sind die Feilspäne, Schabsel (rasurae), Granalien usw.; sie unterscheiden sich nur durch ihre Größe." (LIBAVIUS (1597/D) 134)

[66] In den terminologischen Erläuterungen der pharmazeutischen Lehrbücher fehlt daher in der Regel der Terminus Auflösung für eine bestimmte chemische Operation. Erst die nachfolgende Präzipitation oder Destillation bzw. Evaporation wurde als Abschluß und Einheit einer chemischen Operation verstanden, denn erst mit diesem abschließenden Schritt war der Zweck der Handlung, die Gewinnung eines Kalkes oder einer extrahierten Essenz, erreicht.

[67] Vgl. die Tabellen 1 u. 2.

wegen seiner sichtbar kristallinen Form und Ähnlichkeit mit den natürlichen Vitriolen als Silbervitriol bezeichnet wurde[68], wurden die präzipitierten Silbersalze als Silberkalk klassifiziert. Frappierend ist dabei zunächst, daß es keine Rolle spielte, mit welchem Präzipitationsmittel – ob mit Kupfer, Salzwasser oder einem alkalischen Stoff – präzipitiert wurde.[69] Denn nur im Fall der Verwendung eines unedleren Metalls wie Kupfer als Präzipitationsmittel wird das aufgelöste Silber als Metallpulver wiedererhalten, während in den anderen Fällen Silberchlorid bzw. Silberoxid ausfallen.[70]

Betrachtet man den Vorgang der Präzipitation aus der Sicht des 17. Jahrhunderts, von den damals gegebenen Voraussetzungen ausgehend, so klärt sich diese Merkwürdigkeit auf. Erstens fallen alle Präzipitate, auch die Salze, anders als die langsam auskristallisierenden Salze, als feinkristalline Pulver aus. Wichtiger aber noch ist zweitens, daß eine Präzipitation in einer ganz äußerlichen Hinsicht als reversibler Vorgang erscheint. Zuerst wird ein fester Körper aufgelöst und bildet mit dem flüssigen Lösungsmittel eine Einheit. Er wird flüssig gemacht, wie das zuweilen in den pharmazeutischen Schriften hieß. Fügt man ein Präzipitationsmittel zu der Lösung hinzu, so erscheint wieder ein fester, nun aber pulverisierter Stoff. Solche Verfestigungen aus Flüssigkeiten traten auch in anderen Zusammenhängen auf, z.B. wenn flüssiges Wasser zu Eis erstarrt oder Milch bei Zugabe eines sauren Stoffs gerinnt oder wenn extrahierte Säfte eingedickt werden.[71] Man faßte im 17. Jahrhundert alle diese Verfestigungen aus Flüssigkeiten als Koagulationen zusammen.[72] Die chemische Reaktionen begleitenden Aggregatzustandsänderungen, die wir heute als chemisch irrelevant betrachten, wurden im 17. Jahrhundert für so bedeutsam gehalten, daß einige Autoren sie zu Systematisierungskriterien für chemische Operationen machten.[73] Legte eine solche Reversibilität bereits nahe, daß es sich bei den Präzipitaten vielleicht um die aufgelösten bzw. verflüssigten Metalle handele, die bei der Präzipitation wieder fest geworden seien, so schien man über einen empirischen Hinweis zu verfügen, daß dies wirklich der Fall sei. Denn aus allen Präzipitaten und anderen Kalken der edlen Metalle Gold, Silber und Quecksilber und darüber hinaus auch in vielen anderen Fällen konnten durch Erhitzen die Metalle wiedererhalten werden.

Wenn wir heute im Falle der Präzipitation eines edlen Metalls durch ein unedleres sagen, das ursprünglich aufgelöste bzw. oxidierte Metall sei durch die Präzipitation wiedergewonnen worden, so beruht diese Aussage nicht auf bloßer Beobachtung. Der Augenschein spricht sogar eher dagegen, daß das Präzipitat überhaupt ein Metall ist, denn die ausgefällten Metalle fallen als Pulver aus, denen wesentliche Eigenschaften der regulinischen Metalle fehlen. Erst nachdem diese Pulver zu einem regulinischen Metallkörper zusammengeschmolzen sind, kommen die typischen metallischen Werkstoffeigenschaften wie Härte, Glanz, Elastizität, Schmiedbarkeit etc. zum Vorschein. Durch dieselbe Operation und scheinbar denselben

---

68 Vgl. unten V.2.2.5.

69 Vgl. LIBAVIUS (1597/D) 68, BEGUIN (1615) 212, LE FEVRE (1660/D) 721 und GLASER (1663/D) 170.

70 Vgl. oben IV.3.2.8.

71 Die Beispiele stammen von LIBAVIUS – vgl. (1597/D) 97 f.

72 Libavius z.B. erläutert Koagulieren folgendermaßen: „Das ‚Koagulieren' ist das Zusammenziehen (coactio) von Stoffen gleicher Natur aus einer dünnen und flüssigen Konsistenz zu einer festen." (LIBAVIUS (1597/D) 96) Vgl. auch BEGUIN (1615) 70 und GLASER (1663/D) 18.

73 Dieses Systematisierungskriterium verwendet z.B. Libavius und noch grundsätzlicher Beguin, der chemische Operationen als solche in Solutionen und Koagulationen unterteilt – vgl. die Systematisierungschemata zu Beginn der *Alchymia* des Libavius bzw. der *Elemens de Chymie* Beguins.

chemischen Vorgang können unter Umständen auch aus Metalloxiden, -hydroxiden oder -carbonaten die Ausgangsmetalle erhalten werden. Im Fall der Edelmetalle genügt dazu das Erhitzen auf höhere Temperaturen, und im Fall der unedlen Metalle blieb die reduzierende Eigenschaft von Brennmaterialien, wie oben (IV.3.1) dargestellt, im 17. Jahrhundert verborgen. Auch andere präzipitierte Metall*salze* fallen, weil sie nicht durch langsames Verdunsten des Lösungsmittels auskristallisieren können, in Pulverform an. D.h. hinsichtlich ihrer äußeren Gestalt und ihrer Gewinnungsmethode unterscheiden sich diese pulverförmigen Salze viel eher von den kristallinen Salzen als von den Metallpulvern oder den mit Alkalien präzipitierten, ebenfalls pulverförmigen Metallverbindungen. Einige von ihnen ließen sich sogar unter denselben Bedingungen wie die Metalloxide, -hydroxide oder -carbonate (über die Zwischenstufe der Metalloxide) zu Metallen reduzieren. Diese Gemeinsamkeiten sprachen für eine einheitliche Interpretation der Präzipitationen und für die Zusammenfassung mit den anderen Kalzinierungsprodukten unter der Bezeichnung Metallkalke.

Die Reversibilität der Amalgamierung und der Oxidation von Metallen und in einigen Fällen auch der Metallsalzbildungen durch Erhitzen in Verbindung mit der Unkenntnis der Rolle der Brennmaterialien als Reduktionsmittel führte die Autoren der pharmazeutischen Schriften dazu zu glauben, bei den Metallkalken handele es sich um bloß mechanisch zerkleinerte Metalle. In dieses Denkschema waren jedoch einige der durch Auflösung eines Metalls in einer Säure und Präzipitation gewonnenen Metallpulver (Metallsalze) nicht reibungslos integrierbar. Schon Libavius war sich dieser Problematik bewußt und brachte dies auch in seiner *Alchymia* zum Ausdruck. Im letzten Abschnitt des Kapitels über die Korrosion oder Kalzination der Metalle durch Aquafort-Arten schrieb er:

> „Beachte jedoch bei diesem ganzen Geschäft, daß, abgesehen von reinem Gold, nicht lediglich ein ‚Korrodieren' stattfindet, sondern zugleich auch irgendeine Minderung (corruptio) oder wenigstens eine ziemlich augenscheinliche Veränderung (alteratio), wie beim Eisen, Cuprum usw. zu sehen ist." (LIBAVIUS (1597/D) 69)

Die „augenscheinliche Veränderung" präzipitierter Metallsalze im Vergleich zu den eingesetzten Metallen, so z.B. ihr veränderter Geschmack oder ihre Wasserlöslichkeit, war nur eines der Probleme. Ein anderes, gewichtigeres, war die Unmöglichkeit einige der Metallpulver (Metallsalze) durch Erhitzen wieder in die ursprünglichen Metalle zu überführen.[74] Der naheliegende Ausweg, der sich zur Lösung dieser Probleme anbot, war die Erklärung solcher Salzbildungen als Transmutationen.

V.2.1.4.3 *Die Gewinnung von Metallsalzen als Transmutation*

Das Problem der Irreversibilität vieler Metallsalzbildungen durch bloßes Erhitzen des Salzes löste Libavius, indem er solche Salze als Transmutationsprodukte unter die Magisterien einordnete. Magisterien wurden von erhöhten Extrakten negativ abgegrenzt als Substanzen, die ohne Extraktion durch Erhöhung oder Veredelung der ganzen Substanz erhalten werden.[75] In Abweichung vom üblichen Gebrauch des Terminus Metallkalk[76] macht Libavius im zweiten

[74] Vgl. dazu z.B. LIBAVIUS (1597/D) 203 ff.

[75] Vgl. LIBAVIUS (1597/D) 120.

[76] Und auch in Abweichung zu seinen eigenen Erläuterungen der Kalzination in der *Handgrifflehre* des ersten Teils der *Alchymia*.

Teil seiner *Alchymia* den Vorschlag, unter Metallkalken nur noch die Transmutationsprodukte zu verstehen und diese von den Metallpulvern abzugrenzen. „Sich zu", heißt es dort,

> „daß du bei den Metallen zwischen deren Pulvern, Kalken (...) usw. unterscheidest. Die Pulver lassen sich bei den Metallen leicht ‚reduzieren' und entstehen auf einfachere Weise; die Kalke haben sich weiter von der metallischen Natur entfernt, indes kehren auch sie manchmal wieder zurück usw. Die vollkommenen Metalle (Gold nämlich und Silber) lassen sich eher in Pulver als echte Kalke überführen." (LIBAVIUS (1597/D) 203 f.)

Das Kriterium dieser Abgrenzung ist die Reduzierbarkeit der Metallpulver bzw. die Reversibilität der Operation. Libavius hebt explizit hervor, daß nach seiner Terminologie die üblicherweise als Goldkalk bzw. Silberkalk bezeichneten Produkte wegen ihrer Reduzierbarkeit Metallpulver zu nennen seien. Die Gewinnung von Blei- und Zinnsalzen durch Auflösung dieser unedlen Metalle in Salpeter-, Schwefel- oder Essigsäure hielt Libavius dagegen für Transmutationen.[77]

In den meisten anderen pharmazeutischen Schriften wurden die als Transmutationsprodukte aufgefaßten Metallsalze als Magisterien bezeichnet. Das Magisterium des Bleis (Bleicarbonat) z.B. sollte nach Glaser gewonnen werden, indem durch Erhitzen hergestellter Bleikalk (Bleioxid) in destilliertem Essig (Essigsäure) aufgelöst und dann mit Oleum tartari (Kaliumcarbonat) präzipitiert wird.[78] Le Fèvre dagegen hielt dieses Produkt für ein falsches Magisterium des Bleis und meinte, das „rechte Magisterium Saturni" (Bleisulfat) könne erhalten werden, indem Bleiweiß (Bleicarbonat) in Spiritus Veneris (Schwefelsäure) digeriert und danach das Lösungsmittel eingedampft werde.[79] In seinen *Furni novi philosophici* wendet sich Glauber gegen die seiner Meinung nach mißbräuchliche Verwendung der Bezeichnung Magisterium bei den Apothekern. Als Magisterium interpretiert zwar auch er die mit Oleum vitrioli präzipitierten Metallsulfate, über die mit anderen Präzipitationsmitteln gewonnenen Produkte glaubt er jedoch feststellen zu können:

> „Allhier kan ich nicht unterlassen / weiln der Magisterien gedacht wird / einen grossen Mißbrauch / und Irrthumb / welcher in Bereitung solcher Magisterien eingerissen / ein wenig zu entdecken.
> Paracelsus lehret in seinen *Archidoxis* magisteria machen welche er extrahierte Magisteria nennet: Seine Discipuli zum theil aber / lehren praecipitierte Magisteria machen / welche den vorigen in allen gantz ungleich seyn. (...) Ohne Zweiffel seynd Paracelsi Magisteria gute hertz-stärkende lebendige Medicamenta gewesen / hergegen die andere todte Corpora (...)".

In Bezug auf die angeblichen Magisterien aus Korallen und Perlen heißt es noch:

> „Dann / was für eine verbesserung solte man doch in solcher Praeparation zuerwarten haben / wann man ein steinichte Materi in corrosivischen Wassern aufflöst und wiederum zu einem Stein praecipitiert? Solte wol seine Krafft auff solche Weise vermehret werden?" (GLAUBER (1646–49) II 18)

Glauber begründet seine Zweifel nicht etwa mit einem grundsätzlichen Einwand gegen das Verständnis präzipitierter Salze als Transmutationsprodukte, sondern mit der auf der Reversibilität von Auflösung und Verfestigung durch Präzipitation beruhenden Annahme, daß es sich bei den Magisterien um bloß pulverisierte Stoffe handele.

---

77 Vgl. LIBAVIUS (1597/D) 207 und siehe oben IV.3.2.3.

78 Vgl. GLASER (1663/D) 151 f.

79 Vgl. LE FEVRE (1660/D) 790 ff.

Die Erklärung von Salzbildungen als Transmutationen war auch eine der Möglichkeiten, das weiter oben angeschnittene[80], und bis jetzt noch offene Problem zu lösen, warum bei der Extraktion vieler Metallessenzen kein korporalischer Rückstand übrigbleibt, sondern die Metalle vollständig aufgelöst und in Essenzen überführt werden. Bei Le Fèvre, der in seinem *Traicté de la Chymie* eine Zusammenfassung der verschiedenen Präparationen der Metalle gibt, heißt es im Anschluß an die Erläuterung der Reinigung, der verschiedenen Arten der Kalzinierung und der Extraktion metallischer Essenzen:

> „Die vierdte ist die Volatilisation / oder Flüchtigmachung / und ist auch nichts anders / als daß man die metallische Natur dergestalt ändere / daß (...) man sie in einem Spiritum oder Oel herübertreibe (...). Die fünffte ist die Sublimation / oder Auferhebung durch welche die Metallen (...) sich in Floribus oder Blumen an die Geschirr anlegen / (...) die unedlen Metallen zu melioriren / oder verbessern (...)". (LE FEVRE (1660/D) 683 ff.)

Le Fèvre versteht also die vermeintliche Gewinnung der Metallspiritus, -olea und -flores nicht als Extraktion, sondern als Volatilisation bzw. Sublimation, und meint, damit werde eine Änderung bzw. Verbesserung der Metalle erreicht, eine Formulierung, die das Verständnis dieser Operationen als Transmutationen nahelegt.

V.2.1.5 *Zusammenfassung*

Die neuzeitliche Chemie versteht chemische Veränderungen als Stoffinteraktionen, bei denen bewegte stoffspezifische körperliche Teile umgruppiert und neu kombiniert werden. Im Denken der Paracelsusanhänger und -nachfolger galten chemische Veränderungen dagegen als Veränderungen von Qualitäten, die unabhängig von gleichzeitigen Stoffkombinationen oder Stoffzerlegungen stattfinden sollten. Qualitäten sollten neukombiniert werden können, so daß aus einem homogenen Ganzen verschiedenartige Teile geschaffen und durch das Feuer geschieden werden. Qualitäten sollten durch Reifen erhöht und veredelt oder, wie man auch sagte, in einen reineren Zustand überführt werden. Auch die Erhöhung durch Reifen wurde durch Einwirkung der Wärme gefördert. Qualitäten sollten auch von einem Stoff übertragen oder imprimiert werden können, wie es im Konzept der Transmutation durch ein Ferment oder einer Tinktur gedacht wurde. Gegenstand solcher Veränderungen war stets ein Naturkörper. Der Chemist extrahierte aus Naturkörpern und erhöhte, was in diesen bereits angelegt war. Seine Aufgabe bestand hauptsächlich darin, natürliche Veränderungsprozesse, sei es die Reifung, die Scheidung durch Tod und Fäulnis, die Digestion oder die Fermentation zu fördern und zu forcieren.

In das Konzept der chemischen Veränderungen einbezogen waren auch Änderungen „mechanischer" Qualitäten oder der äußeren Gestalt, die heute als Änderungen von Aggregatzuständen und des Zerteilungsgrades aus chemischen Veränderungen ausgegrenzt sind. Das Feuer sollte wie ein äußeres mechanisches Instrument auch solche Veränderungen bewirken können. Die Säuren, die in der chemischen Praxis des 17. Jahrhunderts größere Bedeutung gewannen, wurden ebenfalls als mechanisch wirksame Instrumente verstanden. Es gab somit weder scharfe Grenzen zwischen chemischen Veränderungen und biologischen oder physio-

[80] Vgl. oben V.2.1.4.3.

logischen Veränderungsprozessen noch zu mechanischen Veränderungen hin. Als *chemische* Veränderung galt in erster Linie alles, was durch Feuer und Wärme bewirkt war.

Die grundlegende Idee war die der kontinuierlichen Qualitätsveränderungen in chemischen Operationen. Alle Naturkörper waren Mixta mit Qualitätssets unterschiedlicher Dominanzverhältnisse, in denen supprimierte Qualitäten hervorgeholt, dominierende supprimiert und alle Qualitäten neu kombinierbar und scheidbar waren. Jede Qualität sollte verschiedene Reinheitsgrade annehmen können. Das Erhöhen oder Veredeln eines Stoffs wurde als kontinuierliche Erhöhung des Reinheitsgrades einer oder mehrerer Qualitäten gedacht. Es war möglich, bei einer chemischen Veränderung bloß eine oder wenige Qualitäten der äußeren Gestalt zu verändern, dann gehörte die Substanz immer noch der gleichen Stoffart oder -klasse an, oder, im anderen Extremfall, ihre substanziellen Qualitäten so zu verändern, daß ein neuer, einer anderen Stoffklasse angehörender Stoff entstand.[81] Die Idee der kontinuierlichen Qualitätsveränderungen korrespondierte mit der der kontinuierlichen Kette der Wesen. Wenn es zwischen den verschiedenartigen Naturwesen alle Abstufungen und Schattierungen von Qualitäten gab, so mußte auch die natürliche oder chemisch geförderte natürliche Veränderung eine kontinuierliche Reihe von Qualitätsveränderungen durchlaufen können.

Die chemisch-pharmazeutischen Operationen mit Reinstoffen, auf die sich das Anfang des 18. Jahrhunderts entwickelte chemische Verbindungskonzept hauptsächlich bezog, wurden zunächst nicht als chemische Verbindungsbildungen, sondern im Rahmen der paracelsischen Denkschemata verstanden. Sie wurden entweder in Analogie zu den Operationen mit Stoffgemischen tierischer oder pflanzlicher Herkunft als Extraktionen von Essenzen aufgefaßt oder, im Falle der Gewinnung von Metallsalzen durch Auflösung und Präzipitation, als Pulverisierung der Metalle. Das Hauptkriterium für diese zweite Variante des Verständnisses der Salzbildung war die Möglichkeit der reversiblen Zurückführung der Präzipitate in Metalle. Den Mineralsäuren wurde in beiden Varianten die Rolle mechanischer Instrumente, die den Körper aufzuschließen haben, zugesprochen. Jedoch ließen sich nicht alle Metallsalze mit diesen beiden Denkschemata erklären. Ein möglicher Ausweg war die Interpretation von Metallsalzen als Transmutationsprodukte. Alternativ zu dieser im tradierten Denkschema verbleibenden Möglichkeit gaben einige Autoren auch Erklärungen, die chemische Verbindungsvorstellungen enthielten.

V.2.2 *Neue Erklärungsansätze*

Die Subsumtion von Salzbildungen unter die vorhandenen Denkschemata für chemische Operationen bereitete in einigen Einzelfällen Schwierigkeiten. Diese Einzelfälle summierten sich im Laufe des 17. Jahrhunderts, es wurden Beziehungen zwischen ihnen hergestellt, aber die Reflexion dieser Beziehungen abstrahierte vorerst noch nicht von den konkreten chemischen Operationen. Das Grundverständnis chemisch-pharmazeutischer Operationen als Extrahieren und Erhöhen von Essenzen oder als Transmutation implizierte die Irreversibilität solcher Operationen. Bereits die Intention der Paracelsusnachfolger, reine und erhöhte Essenzen zu ge-

[81] Daß auf der Grundlage dieser Auffassung die Klassifizierung von chemisch gewonnenen Stoffen schwer zu begründen war, zeigte Boyle in seinem *Sceptical Chymist* – vgl. oben III.2.6.2.

winnen, setzte gerichtete chemische Veränderungen voraus. Das physiologische Verständnis chemischer Operationen stand im Einklang mit dieser Intention. Es ist ein Charakteristikum biologischer Wachstums- und Reifeprozesse sowie physiologischer Prozesse wie Fäulnis, Fermentation und Verdauung, daß sie zeitlich gerichtet verlaufen. Und alle Erfahrungen, die man mit Destillationen und Extraktionen pflanzlicher und tierischer Materialien machen konnte, bestätigten diese Auffassung.

Die Herstellungen von Salzen aus Metallen, Alkalien oder Erden und Säuren sind dagegen reversibel durchführbar. Aus den chemisch hergestellten Salzen sind die Metalle und flüchtigen Alkalien oder die Säuren wiedergewinnbar. Die Wiedergewinnung der Metalle aus präzipitierten Metallsalzen oder allgemein aus Metallkalken wurde schon Ende des 16. Jahrhunderts als bloß mechanische Veränderung oder Veränderung der Qualitäten der Gestalt erklärt. Die *Präzipitation* selbst blieb aber in der ersten Hälfte des 17. Jahrhunderts ein unerklärtes Phänomen. Warum fielen die Metallpulver erst nach Zugabe einer weiteren Substanz zu Boden und warum waren nur ganz bestimmte Substanzen als Präzipitationsmittel geeignet? (V.2.2.1)

Ein analoges Erklärungsproblem lag im Falle des *Salmiaks* vor. Die Versuche, aus dem Salmiak einen Spiritus zu extrahieren, zeigten, daß dies nur nach Zugabe ganz bestimmter Substanzen möglich war und daß es sich dabei um dieselben Substanzen handelte, die auch zur Präzipitation von Metallkalken geeignet waren. Der gewonnene Spiritus stimmte zudem in allen charakteristischen Merkmalen mit dem flüchtigen Laugensalz überein, das zur Herstellung des Salmiaks verwendet worden war. (V.2.2.2)

Probleme traten auch auf, wenn chemische Operationen aus einer anderen Perspektive, nämlich von ihren Produkten aus, ins Auge gefaßt wurden. Die zunehmende Vielfalt der chemisch gewonnenen Substanzen mußte geordnet und klassifiziert werden. Klassifiziert wurden Stoffe im 17. Jahrhundert nicht nach ihrer Zusammensetzung, sondern in erster Linie nach ihren sinnlich wahrnehmbaren Eigenschaften. Zunehmend wurde auch das chemische Verhalten der Stoffe, wie z.B. die Wasserlöslichkeit im Falle der Salze, die Efferveszenz mit Säuren bei den Alkalien oder die Reduzierbarkeit der Metallkalke berücksichtigt. Ein zweites, untergeordnetes Klassifikationskriterium war die Herkunft der Substanzen aus den drei Naturreichen. So faßte man z.B. alle wasserlöslichen, kristallinen, den Geschmack erregenden und dem Kochsalz analogen Substanzen zur Klasse der Salze zusammen und unterteilte diese Klasse nach Salzen mineralischer, tierischer und pflanzlicher Herkunft. Die Klassifikation chemischer Produkte stand natürlich in engem Zusammenhang mit dem Verständnis der chemischen Operationen. Wurde ein aus einer sauren Auflösung präzipitierter Stoff als Magisterium klassifiziert, so hieß das, daß er ein Transmutationsprodukt sei. Klassifizierte man einen auf dieselbe Weise erhaltenen Stoff als Metallkalk, weil man daraus das Metall wiedergewinnen konnte, dann war die chemische Operation, mit der er gewonnen wurde, eine Kalzinierung oder Pulverisierung des Metalls, also bloß eine Änderung der äußeren Gestalt. Aber es gab fließende Übergänge zwischen bloßer Gestaltänderung und anscheinend vollständiger Umwandlung der substantiellen Qualitäten eines Stoffs. Die Korrosivität mancher Metallkalke (im Falle präzipitierter Salze) war nicht zu übersehen. Im Falle der *Quecksilberverbindungen* Sublimat und Zinnober wurden sowohl ihre neuen Eigenschaften als auch ihre reversible Zerlegbarkeit praktisch genutzt. Wie sollten diese Substanzen klassifiziert werden, als Kalke oder als Magisterien? (V.2.2.3)

Zweifel traten auch bezüglich einiger Substanzen auf, die man als extrahierte Essenzen verstand. Wenn die *Antimonbutter* (Antimon(III)-chlorid) tatsächlich ein aus Quecksilber extrahiertes Oleum war, so hätten sich der Rückstand und die Folgeprodukte anders verhalten müssen, als es tatsächlich der Fall war. Aus dem Rückstand war nämlich Quecksilber wiedergewinnbar und aus dem Folgeprodukt regulinisches Antimon. (V.2.2.4)

Die sogenannten *Vitriole* der Metalle (hauptsächlich Metallsulfate und -acetate) faßte man zunächst wie die Olea der Metalle (Metallchloride) als extrahierte Essenzen auf. Als Vitriole gehörten diese Substanzen zur Klasse der Salze. Wie aber sollte man erklären, daß sich aus einem Metall durch Anwendung verschiedener Säuren nicht nur ein einziges, sondern verschiedene Salze extrahieren ließen? Und warum blieb bei dieser Extraktion kein Rückstand zurück? Zudem hatte man eine Gewichtszunahme der Vitriole im Vergleich zu den aufgelösten Metallen festgestellt. (V.2.2.5)

Die Beschäftigung mit diesen Problemen und ihre vorläufige Lösung führte bezogen auf die Auflösung und Präzipitation zu einem neuen Verständnis chemischer Operationen, in dem die stofflichen Beziehungen im Mittelpunkt standen, und in engem Zusammenhang damit in den oben genannten Einzelfällen, also im Fall des Salmiaks, der Quecksilberverbindungen, der Antimonbutter und der chemisch gewonnenen Vitriole, zu einer neuen Auffassung ihrer Herstellung und Zusammensetzung, die wesentliche Momente des chemischen Verbindungskonzepts enthielt.

V.2.2.1 *Die Erklärung der Präzipitation von Metallkalken*

Die Präzipitation in sauren Auflösungen gab einige Erklärungsprobleme auf, deren Lösung in der zweiten Hälfte des 17. Jahrhunderts in Angriff genommen wurde. Wird ein Metall in einer Säure aufgelöst, so entsteht eine klare, völlig homogen erscheinende Lösung. Gibt man nun einen weiteren, als Präzipitationsmittel geeigneten Stoff hinzu, so fällt der pulverförmige Metallkalk aus der Lösung aus. Warum aber sinken die zerkleinerten Metallteile nicht bereits ohne Zugabe eines weiteren Stoffs zu Boden? Auf welche Weise bewirkt der hinzugefügte Stoff diesen Vorgang und warum sind nur ganz bestimmte Stoffe zur Präzipitation geeignet?

Die Antworten, die in den pharmazeutischen Schriften Glaubers, Le Fèvres und Glasers auf diese Fragen gegeben werden, unterscheiden sich kaum. Die Präzipitation edlerer Metalle durch unedlere erklärt z.B. Glauber so:

> „Solvire welches Metall du wilt in seinem behörigen menstruo (...) und lege darnach in eine solche solution ein ander Metall / welches das solvens lieber angreifft alß dasjenige / welches dasselbe zu sich genommen hatte / so wirstu befinden / daß das solvens das angenommene Metall oder Mineral fallen lässet / und das ander / welches es lieber angreiffet / antasten und solviren wird." (GLAUBER (1646–49) II 96)

Die zerkleinerten Metallteile sollen demnach nicht bereits aus der Auflösung zu Boden fallen, weil das Auflösungsmittel den aufgelösten Stoff annehmen oder zu sich nehmen soll. Bei Glaser heißt es, die Säure zerfresse das Metall und nehme es in sich auf[82], und bei Le Fèvre, die

[82] Die Präzipitation von Silber mit Kupfer aus Scheidewasser erklärt Glaser so: „(...) weil das Kupffer nicht so dichte / und viel irdischer / als das Silber ist / es auch leichtlich durch diesen corrosivischen Spiritum angegriffen wird / welcher / indem er mit Ungestüm diesen neuen Leib / den er leicht zerfressen kan / anfällt / verläst er den ersten / und nimt so viel Kupffer in sich / als er halten kan." (GLASER (1663/D) 108 f.)

Säure nehme das Metall auf und sättige sich damit.[83] Bei der Präzipitation des Metalls durch Zugabe eines anderen Metalls soll das zuvor gehaltene Metall wegen der Präferenz oder Vorliebe für das Präzipitationsmittel fallen gelassen werden.

Eine Variante zu dieser Erklärung der Präzipitation mit Metallen als Präzipitationsmitteln war die für die Präzipitation mit Alkalien.[84] Während im Fall der Präzipitation von Metallkalken mit Metallen die Säure als die aktive und wählende Substanz verstanden wurde, sollte im Fall der Präzipitation mit Alkalien auch das Präzipitationsmittel eine aktive Rolle spielen. Die präzipitierenden Alkalien sollten die Kraft des Auflösungsmittels, mit der dieses die gelösten Stoffe hielt, schwächen oder sie sollten die Säure töten. Glauber z.B. schreibt, daß „die Salia fixa", die fixen alkalischen Salze,

> „den Acidis entgegen seyn / und dieselbe so sie die oberhand haben / tödten / und ihnen ihre krafft benehmen. Dardurch das jenige / damit sie vermischet seyn / von seinem Band entlediget wird (...)". (GLAUBER (1646–49) II 161)[85]

Der Unterschied der beiden Erklärungsvarianten wird verständlich, wenn man die Interpretation der Bildung von Salzen aus Alkalien, auf die im nächsten Abschnitt eingegangen wird, einbezieht. Gemeinsam ist beiden Varianten, daß die Auflösung nicht als bloßes Gemisch des Auflösungsmittels und des aufgelösten Stoffs begriffen wird und daß die zunächst bloß mechanische Funktion der Säure aufgehoben ist in ihrer chemischen Beziehung zu den aufgelösten Stoffen. Wenn davon die Rede ist, die Säure zernage oder zerfresse ein Metall, nehme es in sich auf und gebe es wieder ab, weil es eine Vorliebe zum präzipitierenden Metall habe und sich lieber damit sättige, so ist diese Redeweise auf dem Hintergrund des hylozoistischen Naturbildes der Autoren keineswegs metaphorisch gemeint. Die Stoffe wurden als belebte Substanzen verstanden, und ihre unterschiedlichen Beziehungen wurden daher als Beziehungen zwischen lebenden Wesen begriffen. Erst im 18. Jahrhundert wird der Begriff der Sättigung, der bis heute chemischer Fachterminus geblieben ist, metaphorisch verwendet und damit zusammenhängend als chemischer Fachterminus mit eingeengter Bedeutung verwendet. Die Erklärung der Präzipitation eines Metallkalkes durch ein Alkali als Schwächung einer Kraft des Auflösungsmittels, die zunächst vielleicht moderner und rationaler klingt, erfolgte auf demselben naturphilosophischen Hintergrund wie die scheinbar irrationalere und anthropomorphere Erklärung mit Vorlieben und Sympathien. Die Naturkörper sollten als belebte Wesen innere Kräfte bergen, und es ist dieses Kraftverständnis, das die Autoren zum Ausdruck bringen. Im Rahmen dieses Naturbildes müssen beide Erklärungen rational genannt werden, und anthropomorph kann im Rahmen eines hylozoistischen Naturbildes keine von ihnen sein.[86]

Die Präzipitation von Metallkalken durch Metalle oder Alkalien war in mehrerer Hinsicht ein besonders bedeutsamer Fall reversibler Operationen. Das Feuer, das man als universelles

[83] Vgl. LE FEVRE (1660/D) 825.

[84] Erklärungen der Präzipitation mit Schwefelsäure konnten in den untersuchten pharmazeutischen Schriften nicht gefunden werden. Die Präzipitation mit Kochsalzlösung wurde analog zur Präzipitation mit Alkalien erklärt. Vgl. dazu GLASER (1663/D) 31 und LE FEVRE (1660/D) 103.

[85] Bei Glaser z.B. heißt es: „(...) das sal alcali des Wein-Steins / welches wie andere alcalia den corrosivischen Geistern ihre Krafft benimmt / also / daß sie müssen den Leib auf den Boden fallen lassen / den sie zuvor unter die Gestalt eines Wassers gebracht hatten (...)". (GLASER (1663/D) 116) Und an anderer Stelle heißt es, das Alkali „zerbricht die Kräffte" der Säure (ebd. 152).

[86] D.h., die in verschiedenen chemiehistorischen Darstellungen vertretene These, die Rede von Vorlieben etc. sei im Unterschied zu der von Kräften anthropomorph und weniger rational, läßt sich bei Beachtung des zugrundeliegenden Naturbildes nicht aufrecht erhalten.

Mittel chemischer Operationen zu betrachten gewohnt war, spielte bei der Präzipitation offensichtlich keine Rolle. Die Ursache chemischer Veränderungen mußte sich also im Fall der Präzipitationen auf die stofflichen Beziehungen reduzieren. Diese Beziehungen konnten, weil man es sowohl bei den aufgelösten Metallen als auch bei den Präzipitationsmitteln mit freien Reinstoffen zu tun hatte, verglichen werden, ohne vermittelnde Reflexionsschritte dazwischen zu schalten. Zudem hatte man es bei den Metallen mit einer Gruppe von Reinstoffen zu tun, die einerseits ähnliche Gruppeneigenschaften in ihrem Reaktionsverhalten besaßen, andererseits aber abgestufte Unterschiede in ihrem Reaktionsverhalten bzw. in ihren Beziehungen zu anderen Stoffen zeigten. Resultat solcher Vergleiche war die Aufstellung einer Ordnungsreihe der gegenseitigen Präzipitationen von Metallen bzw. der Metalle mit Alkalien aus sauren Auflösungen. Glaser z.B. formuliert eine solche Ordnungsreihe der Präzipitation von Silber durch Kupfer, Kupfer durch Eisen, Eisen durch Zink und Zink (Zinkhydroxid) durch ein fixes Alkali.[87] Ordnungsreihen, wie sie später Geoffroy in seiner Tabelle stofflicher Beziehungen aufstellte, waren kein absolutes Novum, sondern hatten Vorläufer in der technologischen Literatur des 17. Jahrhunderts.

V.2.2.2 *Die Erklärung der Salzbildungen aus fixen Alkalien und der Salmiak*

Als Alkalien wurden Substanzen pflanzlicher oder tierischer Herkunft bezeichnet, die im ersten Fall durch Auslaugen von Pflanzenaschen oder durch Verbrennen von Weinstein und im zweiten durch Destillation von Blut, Urin oder Hörnern erhalten wurden. Sie wurden aufgrund ihrer Wasserlöslichkeit auch als Salze klassifiziert. Eine Reihe von Eigenschaften unterschied diese Alkalien von den mineralischen Salzen, dem Meersalz, Steinsalz, Vitriolen, Alaunen und Salpeter. Sie hatten eine eigentümliche Schärfe, seifenartigen Geschmack und wirkten auf der menschlichen Haut ätzend. Beim Erhitzen sublimierten die sogenannten flüchtigen alkalischen Salze tierischer Herkunft, und aus keinem der Alkalien ließ sich wie aus den mineralischen Salzen durch Destillation ein Spiritus gewinnen. Ihr charakteristischstes Merkmal aber war ihre Efferveszenz mit Säuren.[88]

Übergießt man z.B. Oleum tartari (wasserhaltiges Weinsteinsalz oder Kaliumcarbonat) mit Oleum vitrioli (Schwefelsäure), so braust dieses fixe Alkali heftig auf. Nach dem Verdunsten des Lösungsmittels bleibt ein wasserlöslicher fester Stoff, den man Tartarus vitriolatus (Kaliumsulfat) nannte, zurück. Dieser wies große Ähnlichkeit mit natürlichen Salzen auf, und man klassifizierte ihn deshalb auch als Salz. Woraus war dieses Salz entstanden? Sowohl der Spiritus als auch das alkalische pflanzliche Salz galten bereits als Extrakte aus Naturkörpern. Auffallend war, daß sich der Geschmack und andere Eigenschaften dieses Salzes von dem des alkalischen Salzes und dem der Säure unterschieden:

> „(...) denn das Oleum vitrioli ist ein starck Corrosiv (...) das Oleum Tartari ist scharff / beissend / hat einen urinosischen und gantz unannehmlichen Geschmack / und dennoch wird aus beiden ein Magisterium, so eine angenehme Säure hat / und weiter in keinem

---

[87] Vgl. oben die Zitate in IV.3.2.8.1.

[88] Beim Übergießen von Kalium- und Ammoniumcarbonat mit einer Säure wird Kohlendioxid frei. Auch Metalle efferveszieren mit Säuren, aber die Stärke der Wasserstoff- bzw. Schwefeldioxid- und Stickoxidentwicklung hängt stark vom Zerteilungsgrad der Metalle und der Konzentration der jeweiligen Säure ab, so daß sie häufig nicht so stark ins Auge fällt.

Stück mehr / weder von deß einen noch andern Qualitäten derer Dinge / daraus es gemacht ist / participiret / oder theilhafftig ist (...)". (LE FEVRE (1660/D) 514)[89]

Le Fèvre verstand also das aus einer Säure und einem Alkali hervorgegangene Salz als Magisterium, d.h. als ein in allen Qualitäten verändertes Transmutationsprodukt. Bezog man das Phänomen der Efferveszenz beim Zusammenfügen von Alkalien und Säuren ein, so ergab sich ein plausibles Verständnis der Transmutation. Die Efferveszenz war Ausdruck des Streites zweier konträrer Wesen, die gegen ihre natürlichen Bestrebungen durch die chemische Kunst zusammengefügt wurden. Der Streit endet in der gegenseitigen Tötung oder Mortifikation. Mit der Erklärung der Entstehung von Salzen aus Alkalien und Säuren als Mortifikation im Sinne einer Transmutation hatte man zugleich eine Erklärung für die präzipitierende Wirkung der Alkalien gefunden. Alkalien konnten als Präzipitationsmittel in sauren Auflösungen von Metallen wirken, weil sie die Säure, die die Metallteile hält, schwächen und schließlich töten sollten, so daß sie die Metalle fallen lassen mußte.

Aber es gab noch eine andere Perspektive auf die Bildung von Salzen aus Alkalien und Säuren. Die Bildung des Tartarus vitriolatus (Kaliumsulfat) war insofern ein Extremfall, als sie mit den chemischen Mitteln des 17. Jahrhunderts irreversibel war. Alkalisulfate sind thermisch sehr stabil, so daß die Säure durch Erhitzen nicht wiedergewonnen werden kann, und auch aus der wässrigen Lösung dieses Salzes konnte kein Präzipitat ausgefällt werden.[90] Letzteres traf zwar auch für die anderen aus Alkalien und Säuren gewonnenen Salze zu, aber nicht die Unzerlegbarkeit beim Erhitzen. Aus den mit Essig (Essigsäure), Spiritus nitri oder Aqua fortis (Salpetersäure) oder Spiritus salis (Salzsäure) gewonnenen Salzen ließen sich nämlich beim Erhitzen, meist mit Zusätzen, saure Spiritus wiedergewinnen. Zuerst war also aus einem natürlichen Salz ein saurer Spiritus gewonnen worden, dieser ergab mit einem Alkali ein anderes Salz, und aus diesem anderen Salz wurde wiederum ein saurer Spiritus erhalten. Der gesamte Prozeß erwies sich somit als reversibel. Diese Reversibilität wurde aber vorerst noch nicht als Reversibilität von Verbinden und Zerlegen aufgefaßt, sondern – ähnlich wie das Auflösen und Präzipitieren als reversible Verflüssigung und Verfestigung – an der Veränderung körperlicher Qualitäten festgemacht und als reversible Spiritualisierung und Corporifizierung verstanden. Was aber wollte man mit einem solchen reversiblen Prozeß praktisch erreicht haben? Dazu Le Fèvre:

„Die Spiritualisierung aber / oder Geistlichmachung verändert den gantzen Leib in einen Spiritum, also / daß nichts sichtbarliches oder handgreiffliches mehr bleibet: Hergegen nimmt der Geist wiederum einen Leib an durch die Corporification / und wird durch dieselbe wieder sichtbar; es ist aber dieser Leib erhöhet / und übertrifft gar weit den jenigen / woraus er gezogen worden / weil dieser glorificirte Cörper das Geheimnis seines mixti in sich begreifft." (LE FEVRE (1660/D) 109)

Nicht nur war mit dieser Erklärung der Reversibilität unter der Hand aus der Extraktion eines Spiritus die Umwandlung des Leibes in einen Spiritus geworden, sondern beim Durchlaufen dieses Kreisprozesses soll die Substanz auch erhöht oder veredelt werden.

---

89 Auf derselben Seite heißt es bezogen auf das mit Weinsteinsalz und Essigsäure gewonnene Sal tartari purgativum (Kaliumacetat): „(...) solche Veränderung deß Geschmacks in diesem Saltze beweiset / daß (...) die Acida und Alkali, oder die saure und laugenhafftige Sachen einander in ein Neutralwesen verändern / so keines der beyden vorigen mehr ist / und gleichwol viel vortrefflichere und nicht so schädliche Kräffte in ihm hat (...)". (LE FEVRE (1660/D) 514)

90 Fixe Alkalien stehen daher auch an der Spitze der Fällungsreihen der Tabelle Geoffroys.

Eine Aufweichung des traditionellen Denkschemas in diesem Zusammenhang bahnt sich bei Le Fèvres Nachfolger Glaser an. Spiritualisieren, schreibt dieser, ist

> „die harten Cörper zu geistern machen / wie man solches an den saltzen practiciret, welche durch die distillation gantz in geister verwandelt / auch nicht wieder leibhaft werden / ohne Zusetzung eines Cörpers / so sie anziehet und bey sich behält." (GLASER (1663/D) 33 f.)

> „Corporisiren ist den geistern einen Leib geben / welches ofte mit den sauern Geistern / wenn sie mit fixen saltzen / oder dürren erden gemischt werden / practiciret wird: zum Exempel wenn man einen spiritum nitri oder aqua fort mit dem fixen Saltz des Weinsteins mischt / hält das letzte so genau das erste an sich / daß von diesen beyden ein guter Salpeter wird(...)". (ebd. 20)

Bei Glaser ist keine Rede mehr von einer Erhöhung nach Durchlaufen des Kreisprozesses. Das aus Weinsteinsalz und Salpetersäure erhaltene Salz (Kaliumnitrat) identifiziert er als einen guten Salpeter. Ähnliche Konsequenzen zog wohl Glasers Zeitgenosse und Kollege Tachenius[91], der das aus Weinsteinsalz und Essigsäure auskristallisierende Salz als Tartarus regeneratus (Kaliumacetat) und das aus demselben Alkali und Salzsäure erhaltene als Sal marinus regeneratus (Kaliumchlorid) bezeichnete.[92] Beide Salze zeigten große Übereinstimmung mit dem natürlichen Tartarus oder Weinsteinsalz bzw. dem natürlichen Meersalz.[93] Die fixen, korporalischen Alkalien sollten die Spiritus, wie Glaser sagt, anziehen und bei sich halten. Das Analoge dieser Erklärungsweise zu der der Auflösung von Metallen und Säuren, bei der die Säuren Metalle anziehen sollen, fällt ins Auge. Aber aus der Auflösung von Metallen ließen sich Metallkalke präzipitieren, die als Metallpulver aufgefaßt wurden. Die Zerkleinerung der Metalle durch die gewaltsame Einwirkung der Säure sollte zu einer Mischung von Metallteilen und Säure und ihrer gegenseitigen Anziehung führen. Entstand auch bei der Korporifizierung der Säure durch ein Alkali eine Mischung aus zwei Körpern oder war das resultierende Salz *ein* Leib und ein homogenes Ganzes? Diese Frage wird bei Glaser noch offen gelassen und erstmals im *Cours de Chymie* N. Lemerys zugunsten der zweiten Alternative beantwortet. Daß die Frage bei Glaser offen blieb, lag an einer Tücke, die die Entscheidung komplizierte. War es der chemischen Kunst wirklich und somit ziemlich einzigartig gelungen, Naturkörper zu re-generieren, so mußten diese Naturkörper nach der Elementen- und Prinzipientheorie der Konstitution der Naturkörper homogene Ganze sein. War dagegen z.B. der chemisch gewonnene Salpeter dem natürlichen nur sehr ähnlich und daher zwar in die gleiche Klasse einzuordnen, aber nicht identisch mit ihm, sondern als ein Kunstprodukt durchaus verschieden, so war es möglich, ihn als ein aus verschiedenartigen Teilen bestehendes Ganzes aufzufassen, wie dies zu dieser Zeit bereits im Falle der chemisch gewonnenen Vitriole – wie im nächsten Abschnitt zu zeigen – der Fall war.

Wie ausschlaggebend die Unterscheidung zwischen Naturkörpern und Kunstprodukten war, führt das Verständnis des *Salmiaks* deutlich vor Augen. Salmiak war ein aus dem Handel mit Venedig beziehbares Salz[94], also nicht in erster Linie ein pharmazeutisches Produkt. Ob dieser Handels-Salmiak ein Naturstoff sei oder ein chemisches Kunstprodukt, war längere Zeit umstritten. Jedenfalls scheint es eine Diskussion darüber gegeben zu haben, in deren

---

[91] Zu Tachenius vgl. PARTINGTON HC II 291 ff.

[92] Vgl. KOPP GdCh IV 19 u. 341 und PARTINGTON HC II 294.

[93] Beide Salze sind aber nicht identisch mit diesen natürlich vorkommenden Salzen. Meersalz ist Natriumchlorid und Weinsteinsalz ist Kaliumtartrat.

[94] Vgl. oben IV.1.1.

Verlauf in der zweiten Hälfte des 17. Jahrhunderts Autoren wie Le Fèvre, Glaser und N. Lemery die Ansicht vertraten, es handele sich dabei um ein Kunstprodukt, das aus Kochsalz, Ruß und dem aus Urin destillierten flüchtigen Laugensalz (Ammoniumcarbonat) gewonnen werde.[95]

Unabhängig von dieser Diskussion hatten die Iatrochemiker versucht, auch aus dem Handels-Salmiak wie aus allen anderen verfügbaren Substanzen Essenzen zu destillieren. Resultat dieser Bemühungen war, daß man erkannte, daß aus Salmiak erst nach Vermischen mit ganz bestimmten Stoffen, vorzugsweise mit einem fixen Alkali, ein flüchtiges Salz zu gewinnen war. Dieses flüchtige und als Sublimat erhaltene Salz zeigte alle charakteristischen Merkmale eines Alkalis. Wenn nun einerseits der Salmiak aus einem flüchtigen alkalischen Salz, Kochsalz und Ruß hergestellt, und andererseits aus diesem Salmiak ein flüchtiges alkalisches Salz wiedergewonnen wurde, so lag ein reversibler Prozeß vor.[96] Im alten Denkschema hätte man diese Reversibilität als Korporifizierung des flüchtigen Laugensalzes und anschließende Spiritualisierung verstanden. Auch hätte man das aus Salmiak wieder spiritualisierte flüchtige Laugensalz keineswegs als identisch mit dem aus Urin gewonnenen aufgefaßt. Genau diese Identifikation nahmen Glaser und sein deutscher Kollege Glauber aber vor. Glauber schreibt in seinen *Furni novi philosophici*, man könne das flüchtige Laugensalz genauso gut wie aus Urin auch aus Salmiak gewinnen:

> „Weilen aber dieser Spiritus auß dem Urin / wie jetzt gelehret / sehr mühsam zu machen ist / so wil ich auch underweisen / wie man denselben auß dem Salmiac viel leichter machen / und erlangen könne." (GLAUBER (1646–49) II 158)

Man müsse den Salmiak nur mit einem fixen Alkali oder auch mit ungelöschtem Kalk, Galmei (Zinkcarbonat) oder Zink in einer Destillationsapparatur erhitzen, so erhalte man im Rezipienten das flüchtige Laugensalz. Warum nahm Glauber an, es handele sich bei dem aus Salmiak gewonnenen flüchtigen Laugensalz um dasselbe Salz, das zu dessen Bereitung eingesetzt wurde?[97] Sehen wir uns seine Erklärung des Vorgangs bei der Gewinnung des flüchtigen Laugensalzes bzw. des Sal volatile urinae, wie er es nennt, an:

> „Möchte jemand fragen / warumb muß dem Salmiac, Galmei, Zinck / ungeläschter Kalck / gebrandter Weinstein / Saltz / von Holtz-aschen / Fixer Salpeter oder dergleichen durchs Fewer bereitte dinge / zugesetzt werden / ist es nicht gleich viel / ob ich einen Bolum [= Ton – U.K.], oder ein andere Erden / (gleich bey andern Salien geschicht) zusetze / und einen Spiritum davon distillire / warumb mussen es eben diese obbeschriebene Mineralien und Salia fixa seyn? Darauff berichte ich / daß in dem Sal Armoniac zweyerley Salien seyn / nemblich ein Sal Acidum commune, und ein Sal Volatile Urinae, welche beide ohne deß einen tödtung nicht wol zu scheiden seyn (...)". (GLAUBER (1646–49) II 160)

Glauber suchte nach einer Erklärung dafür, daß aus Salmiak nur nach Zugabe ganz bestimmter Substanzen ein Spiritus gewonnen werden konnte. Er fand sie, indem er einen Zusammenhang herstellte zwischen diesem Fall und der Präzipitation von Metallkalken aus sauren Auflösungen durch Alkalien und Metalle. Das – nach damaligen Verständnis – Halbmetall

95 Die Rolle, die Ruß bei dieser Operation spielt, ist nicht ganz klar. Wahrscheinlich wirkt er als Energieliferant bei der Zersetzung von Kochsalz. Vgl. LEMERY (1675) 458. – Le Fèvre und Glaser unterscheiden den Salmiak früherer Zeiten, der ein natürlicher gewesen sei, von dem zeitgenössischen, den sie für künstlich halten – vgl. LE FEVRE (1660/D) 973 und GLASER (1663/D) 298 f.

96 $(NH_4)_2CO_3 + 2\,NaCl \rightarrow 2\,NH_4Cl + Na_2CO_3$
$2\,NH_4Cl + Na_2CO_3 \rightarrow (NH_4)_2CO_3 + 2\,NaCl$

97 Glauber wußte, daß Salmiak aus dem flüchtigen Laugensalz des Urins oder Blutes, Kochsalz und Ruß gewonnen werden konnte – vgl. *Tractatus de natura salium* in: GLAUBER OC 488.

Galmei oder Zink sollte eine große Gemeinschaft und Liebe zu Säuren haben. Die im Salmiak enthaltene Säure des Kochsalzes sollte aufgrund dieser Liebe das flüchtige Alkali loslassen und an seiner Stelle das Zink ergreifen.[98] Das Alkali dagegen ist Widersacher der Säure, tötet sie, so daß die Säure das ergriffene flüchtige Alkali nicht mehr halten kann und es frei lassen muß.[99] Beide Annahmen enthalten die Voraussetzung, daß der Salmiak aus zwei selbständig wirkenden Teilen besteht, die als Teile Vorlieben zu anderen Substanzen haben können. Die Bildung des flüchtigen Laugensalzes wird verstanden als Zerlegung eines aus zwei Salzen zusammengesetzten Salzes in seine beiden Bestandteile. Die Reversibilität der Bildung von Salmiak und flüchtigem Laugensalz ist nun nicht mehr allein eine Korporifizierung und Spiritualisierung, sondern eine Kombination zweier Substanzen aufgrund innerer Beziehungen und eine reversible Zerlegung aufgrund unterschiedlicher Beziehungen.[100]

Wie ist es möglich, daß die Salzbildungen aus fixen Alkalien und einer Säure, insbesondere bei Le Fèvre, noch im alten Denkschema verstanden wurden, während man im Fall des Salmiaks davon abwich? Die entscheidende Hürde für dieses abweichende Verständnis war im Zusammenhang mit der Diskussion genommen worden, ob der Salmiak ein natürliches oder ein Kunstprodukt sei. Man entschied sich dafür, daß der im chemischen Kleingewerbe hergestellte Salmiak ein Kunstprodukt sei. Ein analog zu Produkten der mechanischen Kunst verstandenes chemisches Kunstprodukt war aber im Rahmen des aristotelisch geprägten Natur- und Weltbildes etwas anderes als ein Naturstoff. War erst einmal akzeptiert, daß chemische Operationen etwas anderes bewirken können als die Nachahmung von Naturprozessen, daß sie wie die mechanischen Künste von der Natur abweichende Kunstprodukte *herstellen* können, so war eine notwendige Voraussetzung für ein neues Verständnis der Reversibilität chemischer Operationen als ein Zusammenfügen und Auseinanderlegen von Stoffteilen erfüllt.[101]

---

98 „(...) weilen der Galmei oder Zinck solcher Natur ist / daß er große gemeinschafft mit allen accidenten hat / dieselbe sehr liebet / und auch von ihnen geliebet wird (...) also hencket sich das sal acidum in der wärme an denselben / verbindet sich damit / dadurch das Sal Volatile ledig gemacht / und zu einem subtilen Spiritu distilliret wird." (GLAUBER (1646–49) II 160 f.)

99 „(...) wann nemblich durch zu thun eines vegetabilischen fixen Saltzes / die acidität bey dem Salmiac getödtet wird / dardurch das Sal Urinae, welches zuvorn damit gebunden war / seine vorige freyheit und krafft sich in die höhe zuschwingen / und in einen Spiritum zugehen / erlanget." (GLAUBER (1646–49) II 161)

100 Ähnliche Auffassungen wie Glauber vertreten auch Le Fèvre und Glaser. Le Fèvre betont, der Salmiak sei ein Salz, „so von allen Salien unterschieden" sei. Es sei „von unterschiedlichen Dingen zusammen gesetzt" (LE FEVRE (1660/D) 974) und habe eine „zweyfache Natur". Die „Vermisch- und Vereinigung dieser beyden Salien" sei so stark, daß nur „durch Zuthun mit einer andern Materie / welche das saure Saltz kan zurücke halten", der urinosische und flüchtige Spiritus aufsteigen könne (ebd. 980 f.). – Glaser meint, im Unterschied zu Le Fèvre und Glauber, Salmiak bestehe aus flüchtigem Laugensalz, Kochsalz und Ruß. „Und ob es gleich scheinet / daß diese Mischung vollkommen / und die Vereinigung dieser Saltze von unterschiedlichen Geschlechten nunmehr unzutrennlich sey / nichts desto weniger (...) kan man sie leicht von einander scheiden (...)". (GLASER (1663/D) 303) Die Scheidung des Salmiak mit fixem Alkali erklärt Glaser nicht als Tötung der Säure, sondern als Vereinigung des Meersalzes mit dem fixen Alkali, wodurch das flüchtige Laugensalz „sich von seinen Banden" losmache (ebd. 304).

101 Ein Blick auf eine aus heutiger Sicht mit der Gewinnung des Handels-Salmiak und dessen Zerlegung identische chemische Operation, die von Le Fèvre aber noch ganz im Rahmen des alten Denkschemas für eine chemische Umwandlung *natürlicher* Stoffe interpretiert wurde, mag diese noch im 17. Jahrhundert getroffene Unterscheidung zwischen Naturstoffen und Kunstprodukten verdeutlichen. Für dasselbe aus Urin gewonnene flüchtige Laugensalz, das mit Kochsalz und Ruß destilliert den Handels-Salmiak ergeben sollte, beschreibt Le Fèvre einige hundert Seiten vorher, im Teil über die chemischen Operationen mit animalischen Stoffen, die folgende Operation: „Nimm ein flüchtig Saltz / welches du wilst / thue acht Loht davon in einen hohen Kolben (...) lege einen kleinen Recipienten vor / hernach geuß Tropffen-weis einen guten rectificirten Spiritum Salis auf das flüchtige Saltz / und fahre also fort / bis der Streit des sauren Spiritus und flüchtigen / schwefelichten Saltzes aufhöre / alsdenn ist eine Vereini-

V.2.2.3 *Die Erklärung der Reversibilität von Quecksilberverbindungen*

Quecksilber- und Antimonsalze und -verbindungen waren die ersten anorganisch-chemischen Medikamente, die schon im 16. und frühen 17. Jahrhundert in größerer Vielfalt von den Paracelsus-Anhängern hergestellt und pharmazeutisch verwendet wurden. Ihr exzeptioneller Stellenwert in der Heilpraxis der Paracelsianer macht es heute nachvollziehbar, warum es gerade die Quecksilber- und Antimonverbindungen waren, um deren vertieftes Verständnis man sich schon zu Beginn des 17. Jahrhunderts bemühte. Nicht alle Quecksilber- und Antimonverbindungen ließen sich reibungslos in vorhandene Denkschemata einordnen. Zwar konnte man die Mehrzahl dieser Verbindungen als Essenzen oder als Kalke interpretieren. Schwierigkeiten bereiteten jedoch im Fall der Quecksilberverbindungen – auf die Antimonsalze wird im nächsten Abschnitt zurückgekommen – das Quecksilbersalz Sublimat (Quecksilber(II)-chlorid) und das Quecksilbersulfid Zinnober.

Sublimat wurde durch Destillation bzw. Sublimation von Quecksilber mit Kochsalz und Vitriol gewonnen.[102] Einerseits verhielt sich Sublimat wie kalziniertes Quecksilber, denn Quecksilber wurde daraus wiedererhalten, wenn man Sublimat zusammen mit einem Metall destillierte, wie dies z.B. bei der Gewinnung des Spiritus fumans Libavii (Zinn(IV)-chlorid) durch Destillation von Sublimat mit Zinn geschah. Auf der anderen Seite sprachen auffallende Eigenschaftsveränderungen dagegen, daß es sich beim Sublimat lediglich um pulverisiertes Quecksilber handele. Gerade wegen dieser neuen Eigenschaften war der Sublimat bereits im 16. Jahrhundert als Ätzsublimat im Handel. Diese Eigenschaften schien er auf Metalle zu übertragen, denn er korrodierte oder kalzinierte sie nicht nur, sondern machte die Essenzen, die man aus kalzinierten Metallen gewinnen wollte, ebenfalls ätzend und korrosivisch.

Dasselbe Problem hatte man mit Zinnober.[103] Daraus war Quecksilber anscheinend durch bloßes Erhitzen wiederzugewinnen. Aber auch Zinnober hatte offensichtlich noch eine Reihe anderer Eigenschaften als bloß zerkleinertes Quecksilber, insbesondere seine rote Farbe, aufgrund derer er als Farbstoff verwendet wurde.

Eine der Möglichkeiten, die Reversibilität der Bildung von Quecksilberverbindungen bei gleichzeitiger Änderung von mehr als bloß einer körperlichen Eigenschaft zu verstehen, geht auf Paracelsus zurück. Paracelsus versteht die Wiedergewinnung von Quecksilber aus Zinnober oder Sublimat als Revivifikation oder Wiederbelebung des Quecksilbers und entspre-

---

schmack überkommen (...)". (LE FEVRE (1660/D) 229 f.) In dieser Beschreibung, die eine Variante der Salmiakherstellung zum Gegenstand hat, wird kein Hinweis darauf gegeben, daß es sich bei dem gewonnenen Salz um Salmiak handeln könnte. Es heißt lediglich, das flüchtige Laugensalz werde figirt oder fixiert. Dabei blieb es nicht verborgen, daß man aus diesem fixierten Salz wieder ein leicht sublimierbares alkalisches Salz gewinnen kann, und zwar wenn man es genauso wie im Falle des Handels-Salmiaks mit einem fixen Alkali destilliert: „Nimm acht Loht dieses Saltzes / mische es mit zwey Loht Salis Tartari (...) gib Feuer per gradus, bis die Sublimation verrichtet. Durch dieses Mittel überkommet man ein so subtiles Saltz / daß es desgleichen in der Natur nicht zu finden (...)" (ebd. 231). Die Reversibilität wird also in diesem Fall ganz im traditionellen Denkschema bleibend als Fixierung oder Korporifizierung des flüchtigen Laugensalzes und nachfolgende Spiritualisierung verstanden. Nach Durchlaufen des Kreisprozesses soll das respiritualisierte Salz nicht identisch mit dem flüchtigen Laugensalz, sondern eine erhöhte Substanz sein. Der Unterschied zu den chemischen Operationen mit Handels-Salmiak lag lediglich darin, daß dieser als Kunstprodukt aufgefaßt wurde, während man im vorliegenden Fall davon ausging, natürliche Stoffe und deren Veränderung zum Gegenstand zu haben.

102 Vgl. oben IV.3.2.3 und Tabelle 1.

103 Vgl. oben IV.3.1.3.

chend die Bildung dieser Verbindungen als dessen Mortifikation oder Tötung.[104] Anders als im Verständnis der Reversibilität des Auflösens in Säuren als Verflüssigung und des Präzipitierens als Wiederfestmachen oder Koagulieren ließ das Konzept der Mortifikation und Revivifikation mehr Raum für weitere als bloß korporalische Eigenschaftsveränderungen.

Mortifikation konnte die Vernichtung der wesentlichen Eigenschaften eines Stoffs bedeuten, und dann ging dieses Verständnis nahtlos über in das der Transmutation. Ein Beispiel für die Verwendung des Terminus Mortifikation im Sinne von Transmutation ist die Mortifikation der Säuren durch Alkalien, die im vorangegangenen Abschnitt erwähnt wurde. Auch Paracelsus gebraucht den Terminus Mortifikation hauptsächlich in diesem starken Sinn, und an ihn anknüpfend im 17. Jahrhundert noch Le Fèvre:

> „Durch die Mortification oder Tödtung werden die mixta gleichsam zerstöret / und verlieren alle Beschaffenheiten und Tugenden / die sie zuvor hatten; überkommen aber andere viel höhere und kräftigere durch Revification oder Wiederlebendigmachung. Dies hat Paracelsum bewogen zu sagen: daß die Gewalt des Todes des Lebens Krafft ist / weil ohne dieselbe keine Auferstehung geschiehet (...)". (LE FEVRE (1660/D) 109)

Le Fèvre versteht wie Paracelsus die Reversibilität von Mortifikation und Revivifikation nicht als Wiederherstellung eines Identischen, sondern als einen Kreisprozeß, aus dem eine erhöhte oder veredelte Substanz hervorgeht.

Mortifikation und Revivifikation konnten aber auch – als anderes Extrem – bedeuten, daß nur die äußere Gestalt eines Stoffs verändert wird, und in diesem Sinne gebrauchen z.B. in der zweiten Hälfte des 17. Jahrhunderts Glaser und N. Lemery diese Termini:

> „Mortificieren ist die eusserliche Gestalt eines mixti vernichten / welches man an dem Mercurio thut / in dem man ihm seinen Fluß und Bewegung benimmt." (GLASER (1663/D) 30)[105]

Im frühen 17. Jahrhundert kommt diese schwächere Bedeutung von Mortifikation in den terminologischen Unschärfen zwischen den Bezeichnungen Quecksilber und Sublimat zum Ausdruck. Quecksilber wurde meistens als Mercurius vivus bezeichnet, als lebendiges Quecksilber also, und Sublimat als Mercurius sublimatus. Gelegentlich redeten einige Autoren aber auch von einem Mercurius vivus sublimatus bzw. von einem sublimierten Mercurius vivus.[106] Hinzu kamen vereinzelte vom Transmutationsschema abweichende Erklärungen der Herkunft der Korrosivität des Sublimats. So meint z.B. Basil Valentinus in seinen *Handgriffen*, Quecksilber „führet die quintam essentiam spiritus salis in der sublimation mit auf" (zit. nach KOPP GdCh IV 190). Was immer unter dem „Mitführen" einer „quinta essentia" im einzelnen zu verstehen ist[107], erst bei Beguin und dann, vorwiegend in der zweiten Hälfte des 17. Jahrhunderts, bei Autoren wie de Clave, Le Fèvre, Glaser und N. Lemery sind Formulierun-

---

[104] Vgl. PARACELSUS *De natura rerum*, W III 248 ff.

[105] In demselben Sinn bezeichnet N. Lemery in seinem *Cours de Chymie* die Bildung von Metallkalken als Mortifikation der Metalle – vgl. LEMERY (1675) 125 ff.

[106] So beginnt eine Anleitung, die Basil Valentinus in seinen *Handgriffen* gibt, folgendermaßen: „Nimm Mercurium vivum, der siebenmal sublimirt und schneeweiß ist (...)". (Zit. nach KOPP GdCh IV 191)

[107] Nach Kopps Verständnis bedeutet diese Passage, die Salzsäure sei ein Bestandteil des Sublimats im Sinne des chemischen Verbindungsbegriffs, – vgl. KOPP GdCh IV 190. Unter einer Quintessenz wurde aber im 16. und 17. Jahrhundert eine nicht-körperliche Substanz verstanden.

gen zu finden, die besagen, die Korrosivität des Sublimats gehe auf die Salzsäure[108] als stoffspezifischen körperlichen Bestandteil des Sublimats zurück:

> „(...) daß die Spiritus deß Saltzes [= Kochsalzes – U.K.] / Vitriols / und Nitri / welche er [sc.: der Artist – U.K.] gebraucht den Mercurium zu sublimiren / ihn corrosivisch gemacht haben / so lang nun dieselbe bey dem Mercurio bleiben / können sie wircken wegen ihrer Schärffe (...)". (LE FEVRE (1660/D) 825)

Diese neue Erklärung der Korrosivität des Sublimats stand in engem Zusammenhang mit der Erklärung der Rolle des zugefügten Stoffs bei der Revivifikation des Quecksilbers aus Sublimat. Le Fèvre fährt im obigen Zitat fort:

> „(...) wenn man ihnen aber etwas zu nagen gibt, welches sie sättiget / und ihnen zugleich die Kräffte benimt / so verlieren sie die Wirckung / so sie hatten / und lassen den Mercurium ungeschmack / wie er war / ehe diese Geister ihm zugesetzt wurden: Dieses ist klar zu sehen in der Revificirung deß Sublimats / durch den ungelöschten Kalck und Sal Tartari / denn dieses seynd alkalische Salia / welche die Natur der anderen Saltze / so da sauer / scharff und corrosivisch seynd / tödten und verändern / weil denn diese Spiritus den Mercurium nicht mehr erhalten können / wird er durch das Feuer erhoben / und fällt in den Recipienten in Gestalt und Wesen eines lauffenden Quecksilbers." (ebd.)

Diese Erklärung der Revivifikation des Sublimats als Sättigung der Spiritus mit einer anderen Substanz und als Schwächung oder Tötung derselben durch ein Alkali, in deren Folge sie den Mercurius nicht mehr halten können, stand im Einklang mit der Erklärung der Präzipitation durch ein Alkali. Dieselbe Erklärung wurde in der zweiten Hälfte des 17. Jahrhunderts auch für die Revivifikation des Quecksilbers aus Zinnober und dann, verallgemeinernd, auch aus anderen Quecksilberverbindungen gegeben:

> „Es ist zu mercken, daß alle Zubereitungen des Mercurii, eben wie der Zinnober durch das Eisenfeil / oder ungeleschte Kalck können revivificiret werden / weil diese die Geister / welche den Mercurium gebunden / und die unterschiedliche Form gegeben hatten an sich ziehen und behalten." (GLASER (1663/D) 225)[109]

Das Verständnis, die Spiritus hielten das Quecksilber oder zögen es an, wie es auch hieß, und verließen es wieder, wenn bestimmte andere Stoffe hinzugefügt werden, impliziert, daß Sublimat, Zinnober oder andere Quecksilberverbindungen aus zwei verschiedenen stoffspezifischen körperlichen Bestandteilen zusammengesetzt sind bzw. daß bei der Bildung dieser Quecksilberverbindungen jeweils zwei Stoffe zu einem neuen kombiniert und bei der Revivifikation dieser Kombination wieder reversibel zerlegt werden. Die Kombination von Quecksilber mit einer freien oder einer verborgenen, z.B. im Schwefel enthaltenen, Säure führt jedoch dieser Auffassung gemäß nicht zu einer mechanischen Mischung, in der die erhaltenen Teile beziehungslos nebeneinander liegen, sondern zu einem neuen Ganzen, dessen heterogene Teile sich anziehen. In diesem Verständnis sind die grundlegenden Momente des chemischen Verbindungskonzepts enthalten. Daß sich dies Verständnis zunächst am Sublimat

---

108 Beguin meint, Sublimat enthalte den Spiritus oder die Säure des Vitriols, der neben dem Kochsalz zur Sublimatbildung verwendet wurde, als Bestandteil – vgl. BEGUIN (1615) 167.

109 Einige Seiten zuvor erklärt Glaser die Zerlegung des Zinnobers mit Eisen so: „Die Feil-Späne / die in der Retorten blieben [= Eisensulfid – U.K.] / werden locker / schwartz / und am Gewichte vermehret / weil sie allen Schwefel des Zinnobers an sich behalten; denn der Schwefel verläst den Mercurium, um sich an das Eisen zu hängen / wegen der sauren Geister / welche in dem Schwefel verborgen (...)". (GLASER (1663/D) 212) Also auch die Bildung des Quecksilbersulfids Zinnober wird mit der Beziehung einer Säure – sie ist in diesem Fall im Schwefel verborgen – zu Quecksilber erklärt. In demselben Sinne schreibt de Clave über die Revivifikation des Quecksilbers: „Nous disons qu'il n'y a aucune preparation du Mercure (...) qu'elle ne se reduise en son premier etat (...) parce que les esprits, par le moyen desquels le Mercure avoit esté coagulé, sont relevez par la chaux." (DE CLAVE (1646) 133 f.)

und Zinnober herausbildete, ist kein Zufall. Vielmehr gibt es frappierende Parallelen zu dem im vorangegangenen Abschnitt vorgestellten Fall des Salmiaks. Wie der Salmiak waren Sublimat und Zinnober bereits im 16. Jahrhundert nicht nur als Arzneimittel, sondern auch anders verwendete Produkte des chemischen Kleingewerbes, die vor allem im Handel mit Venedig bezogen werden konnten. Handwerkliche Produkte konnten aber auch als Kunstprodukte verstanden werden, die sich in ihrer Herstellung und Zusammensetzung von transformierten oder extrahierten Naturprodukten durchaus unterscheiden konnten.

Die Auffassung, Metalle oder Halbmetalle zögen Säuren an sich und hielten sie fest, vertritt Beguin schon sehr früh und vermutlich als erster in Bezug auf eine andere chemische Verbindungsbildung, nämlich die des Antimonsalzes Antimonbutter (Antimon(III)-chlorid).

V.2.2.4 *Die Erklärung der Bildung der Antimonbutter*

Die Antimonbutter war eines der ersten Salze, dessen Entstehung und Aufbau oder Zusammensetzung von mehreren Autoren pharmazeutischer Schriften, zuerst von Beguin, danach von Glauber, Le Fèvre und Glaser, abweichend vom üblichen Denkschema verstanden wurden. Man gewann die Antimonbutter durch Destillation von natürlich vorkommenden Spießglanz[110] (Antimonsulfid) mit Sublimat.[111] Die Bezeichnung Öl von Mercur, die Libavius dieser Substanz noch gab, deutet darauf hin, daß man Antimonbutter zunächst für ein aus Quecksilber extrahiertes Oleum hielt. Durch Destillation bzw. Sublimation von Quecksilber mit Kochsalz und Vitriol – dabei entsteht Sublimat – sollte Quecksilber kalziniert oder geöffnet und daraus anschließend durch Destillation mit Hilfe von Spießglanz eine Essenz extrahiert werden. Dieses Verständnis entsprach insofern den Beobachtungstatsachen, als Antimontrichlorid aufgrund seines niedrigen Siedepunktes (Sdp 223 Grad Celsius) als Destillat erhalten wurde.

Medizinisch bedeutsamer noch als die Antimonbutter selbst war für die Paracelsianer das weiße Pulver, das man erhielt, wenn man Wasser zu Antimonbutter goß. Antimontrichlorid wird dabei hydrolisiert (zerlegt) in Salzsäure – somit wird das Wasser sauer – und verschiedene Antimonoxidchloride, die als weißes Pulver aus der Lösung ausfallen.[112] Dieses weiße Pulver wurde seit Paracelsus Mercurius vitae genannt und, wie der Name schon ahnen läßt, für eine aus Quecksilber extrahierte, erhöhte oder veredelte Essenz gehalten.[113] In den phar-

---

110 Andere Bezeichnungen für Spießglanz waren Spießglas, Stibium oder Antimonium. War das metallische Antimon gemeint, so sprach man stets von regulinischem Antimonium.

111 Vgl. oben IV.3.2.3 und Tabelle 1.

112 Vgl. oben IV.3.2.3.

$SbCl_3 + H_2O \rightarrow SbOCl + 2\,HCl$ und

$2\,SbCl_3 + 3\,H_2O \rightarrow Sb_2O_3 + 6\,HCl$

Daraus bildet sich

$2\,SbOCl \cdot Sb_2O_3$

113 Nach Paracelsus ist Mercurius vitae ein Arkanum von einem höheren Vollkommenheits- oder Reinheitsgrad als die Quinta essentia. Das Arkanum Mercurius vitae soll die Tugend aller anderen Arkana, darunter auch des Steins der Weisen, übertreffen: „Wir kennen kein anderes Simplex, das ihm gleichen würde. (...) Es hat nicht nur die Tugend, die Menschen und andere empfindliche Wesen zu verwandeln, sondern es kann auch die Metalle in ihrem alten Wesen zu einem neuen Wesen erneuern, in der gleichen Weise auch die Gewächse. (...) Wenn der Mercurius des Lebens im Menschen und in anderen gebraucht wird, erneuert er alle Glieder, die in einem Alten verzehrt sind und die in einem Jungen wohnen. Er bringt die ganze verlorene Kraft wieder, bei alten Frauen kommt es z.B. wieder zur Menstruation und zur Blüte wie bei jungen." (ebd. 44 f.)

mazeutischen Schriften des 17. Jahrhunderts wurde dieses weiße Pulver auch als emetisches oder Algarotpulver bezeichnet.

Die Kritik[114] dieses allgemein üblichen Verständnisses stützte sich auf zwei Erfahrungstatsachen, die mit der Annahme, Antimonbutter und emetisches Pulver seien Extrakte aus Quecksilber, nicht vereinbar waren. Erstens setzt sich bei der Destillation von Spießglanz mit Sublimat an den kühleren, oberen Teilen der Destillationsapparatur ein fester Stoff mit einer auffallend roten Farbe ab.[115] Nun war die Bildung eines Rückstandes bei der Destillation eines Oleums keineswegs befremdlich, sondern vielmehr notwendiges Indiz für die Annahme einer Extraktion. Jedoch zeigte sich, daß dieser Rückstand alles andere als ein toter Restkörper war. Beim Erhitzen dieser Substanz erhielt man nämlich daraus wieder lebendiges Quecksilber. Dies war völlig unverständlich, wenn man annahm, die Antimonbutter sei ein Extrakt des Quecksilbers, weil ein Extrakt im traditionellen Denkschema die innere Wirkkraft und das Leben eines Naturkörpers besitzen, wogegen der Rückstand der Destillation ein Caput mortuum sein sollte. Die Frage, um welchen Stoff es sich statt dessen bei diesem roten Sublimat handeln konnte, war dagegen nicht allzu schwer zu beantworten. Die Kenntnisse aus dem Umgang mit Quecksilberverbindungen[116] sprachen dafür, daß es sich dabei um Zinnober handeln mußte. Wie aber konnte die Entstehung von Zinnober in diesem Fall erklärt werden? Entstand er vielleicht im vorliegenden Fall auf die gleiche oder ähnliche Weise wie gewöhnlich?

Die zweite Schwierigkeit bereitete der Mercurius vitae bzw. das emetische Pulver. Schon Beguin stellt in seinen *Elemens de Chymie* fest, daß beim Erhitzen dieses angeblichen Extrakts aus Quecksilber erstaunlicherweise regulinisches Antimon entsteht. Wie sollte die Herkunft dieses regulinischen Antimons aus einer Quecksilberessenz erklärt werden? Nun hatte man auch und gerade mit Antimonpräparaten in der pharmazeutischen Praxis viele Erfahrungen sammeln können. Regulinisches Antimon wurde gewöhnlich aus natürlich vorkommenden Spießglanz gewonnen, und man wußte auch, daß dabei zugleich Schwefel entsteht.[117]

Man hatte somit für die Erklärung der Entstehung des Zinnobers und des regulinischen Antimons die folgenden Mosaiksteine parat:

---

114 In Bezug auf dieses traditionelle Verständnis heißt es bei Beguin: „Ie ne me peux toutesfois assez estonner, comme plusieurs doctes: mais peu experts, se sont laissez emporter à une opinion de croire que ceste poudre emetique provient du Mercure sublimé, & non du regule d'Antimoine." (BEGUIN (1615) 166) Ebenso Glauber: „Dieses hab ich darumb angezeigt / weiln viel der meinung seynd / als wan es [sc.: die Antimonbutter – U.K.] ein Oleum Mercurii were / und nennen also das weisse Pulver / welches sie machen / wan sie viel Wasser / auff das Butyrum schütten / und sich das Antimonium wieder von den Spiritibus scheidet / und als ein weiß Pulver zu boden fällt / einen Mercurium Vitae, da doch kein Mercurius darbey ist (...)". (GLAUBER (1646–49) I 43) Noch Le Fèvre schreibt: „Fast alle Autores setzen die Distillation der Butter aus dem Spießglas unter die mercurialischen Distillirungen / thun aber unrecht (...)". (LE FEVRE (1660/D) 832)

115 $Sb_2S_3 + 3\,HgCl_2 \rightarrow 2\,SbCl_3 + 3\,HgS$

116 Siehe oben V.2.2.3.

117 Zur Gewinnung regulinischen Antimons röstete man Antimonsulfid z.B. mit Weinsteinsalz (Kaliumcarbonat) und reduzierte anschließend das dabei entstandene Antimonoxid mit Holzkohle zu Antimon, wobei allerdings die reduzierende Wirkung des Brennmaterials nicht erkannt wurde. Bei diesem Röstvorgang entsteht eine kaliumsulfidhaltige Schlacke, aus der beim Kochen in Wasser nach Zugabe von Essigsäure infolge der Oxidation des Sulfids Schwefel ausfällt. Dieser Schwefel wurde unter der Bezeichnung Sulphur antimonii auratum auch pharmazeutisch, z.B. als Brechmittel, verwendet. Vgl. dazu BEGUIN (1615) 170 und GLASER (1663/D) 227 ff. Alternativ zum Rösten des Antimonsulfids konnte dieses auch mit Eisen verschmolzen werden. Über diese Eisenschlacke schreibt Glaser: „Diese Schlacken seynd nichts anders / als das schwefelichte und irdische Theil des Spieß-Glases mit (...) einem Theil Eisen vermischt (...)". (GLASER (1663/D) 232)

1.) Aus Spießglanz (Antimonsulfid) erhielt man beim Erhitzen regulinisches Antimon und Schwefel.
2.) Aus Schwefel und Quecksilber erhielt man durch Erhitzen Zinnober.

Woher konnte das Quecksilber, das für die Bildung des Zinnobers benötigt wurde, stammen? Auch diese Frage war nicht schwer zu beantworten, denn man hatte den zur Gewinnung der Antimonbutter eingesetzten Sublimat aus Quecksilber gewonnen und zweitens war bekannt, daß sich Quecksilber aus Sublimat revivifizieren ließ.

War somit die Entstehung des Nebenproduktes Zinnober bzw. des Folgeproduktes Antimon erklärbar, so stellte sich erneut die Frage nach der Entstehung und dem Verständnis der Hauptprodukte Antimonbutter und emetisches Pulver. Für die Beantwortung dieser Frage waren die vorhandenen Denkschemata zunächst ausreichend, und sie fiel daher auch bei allen vier Autoren gleich aus. Anstatt das emetische Pulver als erhöhte Essenz aufzufassen, war es genauso gut möglich, es als Kalk, der durch Wasser präzipitiert wurde, zu verstehen. Die Entstehung des regulinischen Antimons aus dem emetischen Pulver wäre dann als eine Wiedergewinnung aus dem kalzinierten oder pulverisierten Antimon zu begreifen. Dazu Beguin:

> „Ich schließe also aus diesen unfehlbaren Erfahrungen, daß das emetische Pulver nichts anderes ist als der Antimonregulus, der durch den vitriolischen Geist, der im Sublimat war, kalziniert wurde.“[118]

Sollte aber das emetische Pulver kalziniertes Antimon sein, so ergab sich im Rahmen des vorhandenen Denkschemas der Kalzinierung eine eindeutige Konsequenz für das Verständnis der öligen Flüssigkeit Antimonbutter. Das woraus präzipitiert wurde, war stets eine Auflösung eines Metalls bzw. Halbmetalls in einer Säure. Die im Sublimat enthaltene Säure kalziniert oder pulverisiert regulinisches Antimon, und Antimonbutter ist somit eine Auflösung von regulinischem Antimon in der Säure des Sublimats:

> „Wiewol das schwere und dicke Oleum Antimonii, welches man Butyrum nennet / und vom Mercurio sublimato und Antimonio [= Spießglanz oder Antimonsulfid – U.K.] ist gemacht worden / nichts anders ist als ein Spiritus Salis, darin der Regulus Antimonii solvirt ist.“ (GLAUBER (1646–49) I 42)

Aus allen diesen Mosaiksteinen ließ sich nun ein Gesamtbild konstruieren, das Beguin in einem Diagramm repräsentiert:[119]

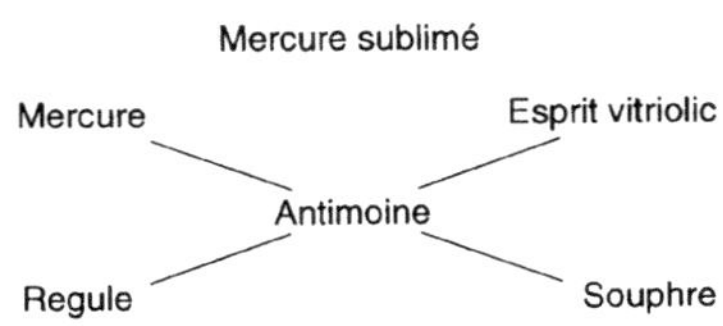

Jeweils in der Mitte des Diagramms sind die Ausgangsstoffe Mercure sublimé (Sublimat oder Quecksilber(II)-chlorid) und Antimoine (Spießglanz oder Antimonsulfid) angeführt und darunter die darin enthaltenen und agierenden Substanzen. Der Mercure (Quecksilber) des Sublimats kombiniert sich mit Souphre (Schwefel) des Antimonsulfids zu Zinnober und die

118 „Ie conclud donc par ces experiences infallibles que la poudre emetique n'est autre chose que le regule d'Antimoine calciné, par l'esprit vitriolic qui est dans le sublimé.“ (BEGUIN (1615) 168)

119 Siehe BEGUIN (1615) 168.

Säure[120] des Sublimats mit dem regulinischen Antimon des Antimonsulfids zur Auflösung Antimonbutter. Beguin, Glauber, Le Fèvre und Glaser stützen sich bei der Reflexion dieser Operation hauptsächlich auf die Reversibilität der Bildung von Sublimat, Zinnober, Antimonbutter und emetisches Pulver. Glauber fügt zwei weitere Argumente hinzu. Erstens, daß mit einer Herstellungsvariante, ausgehend von Flores Antimonii (Antimonoxid) und Spiritus salis, dasselbe Produkt erhalten werden kann:

> „Darauß zu schliessen / daß solches dicke Oleum nichts anders sey / als ein Solutio Antimonii cum Spiritu Salis; weiln der Spiritus Salis und Flores Antimonii eben ein solches dicke Oleum oder Butyrum geben / in allem gleich dem vorigen / welches vom Mercurio sublimato gemacht ist worden (...)". (GLAUBER (1646–49) I 43)

Zweitens, daß man durch Erhitzen des Zinnobers das ganze Gewicht des zur Gewinnung des Sublimats eingesetzten Quecksilbers wiedererhalten könne:

> „Der Sulphur Antimonii aber conjungirt sich mit dem Mercurio vivo, und gibt einen Cinnober (...): Und wer wol weiß damit umbzugehen / der kan sein gantzes Gewicht des Mercurii wieder bekommen." (ebd. 42 f.)[121]

Was nun noch zu erklären offen blieb, war die Frage nach der Ursache der Neukombination von Spießglanz und Sublimat zu Antimonbutter und Zinnober. Denn anders als bei der üblichen Gewinnung des Zinnobers ging man ja in diesem Fall nicht von freiem Quecksilber und Schwefel als Ausgangssubstanzen aus, und anders als bei gewöhnlichen Kalzinierungen mit einer Säure lag auch die Säure nicht als freie Säure vor. Die ausführlichste Erklärung finden wir bei Beguin. Die Verbindungsstriche in seinem Diagramm bedeuten nämlich nicht nur Kombinationsrichtungen, sondern auch Sympathien zwischen den Substanzen. Der vitriolische Geist soll demnach eine extreme Sympathie zu Metallen haben und mehr oder weniger auch zu anderen Mineralien, je nachdem, wie weit diese sich der metallischen Natur annähern. Weil sich nun das regulinische Antimon der metallischen Natur stärker annähern soll als das Quecksilber, sei die Sympathie der Säure zu Antimon größer als zu Quecksilber. Die Säure verlasse deshalb das Quecksilber, hefte sich an das Antimon und löse bzw. kalziniere es.[122] Nachdem aufgrund der Sympathieunterschiede zwischen der Säure und Quecksilber

---

120 Da Sublimat aus Quecksilber, Kochsalz und Vitriol gewonnen wurde, glaubte Beguin, Sublimat enthalte Esprit vitriolic (Schwefelsäure) anstatt Salzsäure.

121 Ebenso hat Glaser die verschiedenen Teiloperationen nicht nur gedanklich kombiniert, sondern das Nebenprodukt Zinnober wie Glauber auch praktisch zerlegt. Zunächst seine Erklärung für die Entstehung von Antimonbutter und Zinnober: „Hier ist zu mercken / daß in dieser Bereitung die sauren spiritus des Saltzes und Vitriols, welche den Mercurium in Gestalt eines Crystallinischen Saltzes hielten / ihn verlassen / greiffen den Regulum an / und führen ihn mit sich durch den Hals der Retorte, in Gestalt einer dicken gefrohrnen Butter. Der Mercurius aber gesellet sich zu dem Schwefel des Spießglases / und steiget mit ihm auf in Gestalt eines Zinnobers. (...) Wenn man diesen Zinnober mit gleichen Theilen Weinstein Saltz mischet / und in einer Retorten distilliret / kommt ein lebendiger Mercurius heraus." (GLASER (1663/D) 250 f.) Die Anleitung Glasers enthält die zusätzliche Pointe einer Analogie zwischen der Zerlegung von Zinnober mit Hilfe von Weinsteinsalz und der Zerlegung von Spießglas, ebenfalls mit Hilfe von Weinsteinsalz (siehe dazu oben Anmerkung 121 zur Gewinnung des regulinischen Antimons und des Sulphur antimonii auratum): „Der Schwefel aber des antimonii bleibet bey dem sale tartari, welches man hernach im Wasser auflösen / filtriren und den Schwefel mit distillirten Essig (...) praecipitiren [kann] (...) so überkömmet den warhafftigen Schwefel des Spießglases (...)". (ebd. 251)

122 „(...) ie dis que l'esprit vitriolic à une extreme sympathie avec les metaux, & d'autant plus ou moins avec les autres mineraux, qu'ils approchent ou qu'ils sont esloignez de la nature metallique. Et parce que le regule d'Antimoine approche plus de la nature metallique que le Mercure, voila pourquoy destilant le Mercure sublimé avec l'Antimoine, l'esprit vitriolic du Sublimé quitte le Mercure, & se ioint & attache au regule de l'Antimoine. (...) D'avantage apres que toute la liqueur gommeuse [= Antimonbutter – U.K.] est destilee, ne reste plus dans la cornue que le mercure du sublimé, & le souphre de l'Antimoine: & parce qu'ils ont une extreme sympathie par ensemble, en donnant feu de suppression ils se subliment par ensemble au col de la cornue en cinabre." (BEGUIN (1615) 167 f.)

und der Säure und Antimon die Ausgangssubstanzen zerlegt wurden und Antimonbutter entstanden ist, bleiben Quecksilber und Schwefel zurück. Aber auch zwischen diesen beiden Stoffen soll eine extreme Sympathie bestehen, aufgrund derer sie zusammentreten und als Zinnober sublimieren.

Obwohl die Ausgangsbasis der Erklärungen im einzelnen die vorhandenen Denkschemata waren, enthält die gesamte Erklärung doch zwei Reflexionsresultate die über diese Denkschemata hinausgehen. Erstens ist die Säure nicht mehr ein bloß mechanisch wirksames Instrument, das Metalle oder Mineralien bloß zerkleinert, sondern es soll zugleich eine innere Beziehung zwischen der Säure und dem aufgelösten Stoff bestehen, aufgrund derer sich die Säure von Quecksilber löst und sich an Antimon anheftet. Diese Beziehung wurde auf der Grundlage des Paracelsischen Naturbildes als Sympathie oder auch als Liebe, Gemeinschaft und Kraft verstanden. Die aus Antimon und der Säure bestehende Auflösung ist somit mehr als ein bloßes Stoffgemisch. Wie im späteren Konzept der chemischen Verbindung bleiben zum einen die Ausgangsstoffe als Bestandteile der Auflösung individuell erhalten, und zum anderen besteht eine Beziehung oder Bindung zwischen diesen Bestandteilen. Zweitens impliziert diese Erklärung, daß der Neukombination eine doppelte Zerlegung vorausgeht, und zwar eine Zerlegung im Sinne des modernen chemischen Zerlegungsbegriffs. Im Konzept der Wahlverwandtschaft des 18. Jahrhunderts wurden diese doppelten Zerlegungen zu den zentralen empirischen Stützen.

Die Suche nach einer Erklärung von Neben- und Folgeprodukten im Zusammenhang mit der Gewinnung von Antimonbutter und emetischem Pulver führte also dazu, daß die Auffassung, bei diesen beiden Substanzen handele es sich um extrahierte Essenzen, aufgegeben wurde zugunsten eines Verständnisses, das die wesentlichen Momente des chemischen Verbindungskonzepts enthält. Jedoch war dies vorerst wiederum nur ein Ausnahmefall, denn, wie wir gesehen haben, gab es eine ganze Reihe anderer Metallsalze bzw. deren wässrige und alkoholische Auflösungen, die man als extrahierte Olea und Tinkturen interpretierte. Allein Glaser wagte sich vorerst in seinem *Traicté de la chymie* etwas weiter vor:

> „(...) was vor eine Form man auch immer den metallen giebet / durch die gemeine Auflösungen welche eigentlich nichts / als Zerbeissungen sind / können sie doch allezeit in ihr vorig Wesen gebracht werden / also daß keine oder eine gar geringe Veränderung darbey zu spüren. Derohalben seynd die Essentien / Tincturen oder Olea, die man aus den Metallen ziehen wil / eigentlich nichts anders / als ein Metallisches Wesen / welches durch Zertheilung ihrer Substanz und derselben Vereinigung mit den menstruis eine andere Form an sich genommen / doch dergestalt / daß man diese kan davon scheiden / und jene in ihre vorige Form eines Metallischen Cörpers bringen." (GLASER (1663/D) 91)

Diese Ausführung, die Glaser in den Vorbemerkungen zum zweiten, praktischen Teil seines Lehrbuchs macht, steht aber völlig isoliert da und blieb vorerst ohne theoretische Konsequenzen.

V.2.2.5 *Vitriole als koagulierte Auflösungen*

Metallsalze, die durch langsames Evaporieren der Säure in Form größerer Kristalle erhalten wurden und den natürlich vorkommenden Vitriolen und anderen Salzen glichen, wurden gewöhnlich als Vitriole oder auch Salze der Metalle klassifiziert. Libavius faßt in seiner *Alchymia* die Vitriole noch ganz im Rahmen des traditionellen Denkschemas als Extrakte der Metalle auf, die mit einer Flüssigkeit aus dem Erz oder Metall hervorgeholt werden und sich dann aus der Flüssigkeit verfestigen oder koagulieren. Er nennt einen Vitriol daher auch „durch ‚koagulieren' zu einer trockenen Konsistenz verfestigte Essenz" (LIBAVIUS (1597/D) 490) oder „glasartiges Eis" (508). Während die natürlich vorkommenden Vitriole durch Quell- oder Regenwasser aus den Erzen extrahiert werden sollen, muß die chemische Kunst, die Vitriole aus den Metallen zu extrahieren versucht, diese Metalle zuerst öffnen, sie danach mit Wasser extrahieren und das Extrahierte koagulieren lassen.[123]

Beguin, dessen *Elemens de Chymie* in vielerlei Hinsicht auf der *Alchymia* des Libavius aufbauen, äußert sich in Bezug auf die chemisch gewonnenen Vitriole weniger eindeutig als Libavius. Als Vitriole oder Salze der Metalle bezeichnet er die jeweils aus der Auflösung von Silber oder Zinn in Esprit de nitre (Salpetersäure), von Eisen in Esprit de vitriol (Schwefelsäure) und von Kupfer oder Blei in Essig (Essigsäure) auskristallisierenden Metallsalze.[124] Die Vorschrift für die Herstellung des Silbervitriols (Silbernitrat) enthält aber ein interessantes Detail, das den Keim einer neuartigen Erklärung in sich birgt. Beguin macht nämlich genaue quantitative Angaben über das Gewicht des eingesetzten Silbers und das des daraus gewonnenen Vitriols. Der Prozeß der Vitriolgewinnung sei beendet, „wenn das Silber", dessen Ausgangsgewicht acht Unzen betrug, „drei oder vier Unzen an Gewicht zugenommen hat von den fixesten Geistern des Salpeters".[125] Beguin suchte offenbar nach einer Erklärung der Gewichtszunahme des Vitriols und fand sie, indem er annahm, sie rühre von den fixesten Geistern des Salpeters her, d.h. von den aus dem Salpeter durch Destillation gewonnenen und als Lösungsmittel eingesetzten Geistern, die teilweise fest oder fix werden, zum Silber hinzutreten und so dessen Gewichtsvermehrung bewirken.

In den pharmazeutischen Schriften der zweiten Hälfte des 17. Jahrhunderts wurde dieser Erklärungsansatz weiter ausgebaut, indem Zusammenhänge hergestellt wurden zwischen der Gewichtserhöhung des Vitriols und anderen bisher ungeklärten Phänomenen. War der Unterschied zwischen Metallkalken und Vitriolen wirklich so groß, wenn sich auch einige Metallkalke – präzipitierte Salze nämlich – ebenso wie die Vitriole als korrosiv erwiesen? Unter den Vitriolen gab es Differenzen, je nachdem, mit welcher Säure sie gewonnen wurden, und dies war unvereinbar sowohl mit der Auffassung, ein Vitriol sei ein hervorgeholter Extrakt des Metalls, als auch mit derjenigen, die Mineralsäuren, ganz gleich welcher Art, wirkten gleichermaßen wie mechanische Zerkleinerungsinstrumente.

Vitriole wurden chemisch gewonnen durch Auflösung eines Metalls in einer Säure und Evaporieren des Lösungsmittels. Die dazu erforderliche Säure erhielt man entweder aus einem natürlich vorkommenden Vitriol oder aus einem Gemisch von Vitriol und Salpeter. Aber auch aus dem chemisch hergestellten Vitriol konnten wieder ein Spiritus sowie das ursprünglich aufgelöste Metall gewonnen werden. Zwar war der aus dem chemisch hergestellten Vitriol destillierte Spiritus nicht wie das wiedererhaltene Metall ohne weiteres mit dem als Lösungsmittel verwendeten identifizierbar – darauf beruhte ja, wie wir oben gesehen haben, die

[123] Libavius gibt z.B. folgende Vorschrift für die Extraktion des Vitriols von Zinn (Zinnitrat): „Kalziniere mit einem Aquafort. Ziehe das (Aqua)fort vom Kalk ab. Gieße warmes süßes (Wasser) hinzu und extrahiere das Vitriol; seihe und ‚koaguliere'." (LIBAVIUS (1597/D) 511)

[124] Vgl. BEGUIN (1615) 239.

[125] „(...) destilez jusque à ce que la Lune soit augmentee de poids de trois ou quatre onces des esprits plus fixes du Nitre (...)". (BEGUIN (1615) 233)

Möglichkeit, diesen für einen Spiritus der Metalle zu halten –, aber dies war zumindest eine mögliche Alternative.

Unter den Autoren pharmazeutischer Schriften, die nach einem neuen, die bisher unverstandenen Erfahrungstatsachen integrierenden Verständnis der Vitriole suchten, ist zunächst Le Fèvre hervorzuheben. Le Fèvre ist u.a. mit den Problemen der Gewichtserhöhung der Vitriole und der Verschiedenheit der aus sauren Auflösungen auskristallisierenden Salze beschäftigt. Die Gewichtszunahme von Eisenvitriol, gewonnen aus der Auflösung von Eisen oder Stahl in Spiritus vitrioli, erklärt er so:

> „Es übertrifft aber die Quantität deß Vitriols das Gewicht deß darzu genommenen Stahls gar mercklich so daß dessen bisweilen wol dreymal mehr ist / woraus der Artist abnehmen kan / daß der Spiritus Vitrioli wieder leibhafft worden / und das vitriolische Zeichen und Bildnis / durch Mittel deß Stahls / als welcher auch zuvor Vitriol gewesen / wieder an sich genommen / man muß aber dennoch bekennen / daß dieses Vitriolum viel vortrefflicher ist / als das gemeine / daraus man den Spiritum / den man darzu gebrauchet / distilliret hat / denn die Spiritus die wieder lebhafft [leibhafft? – U.K.] werden / haben eine grössere und mächtigere Wirckung / als die schlechte natürliche Materien." (LE FEVRE (1660/D) 742)

An einer anderen Stelle, an der er sich gegen die Auffassung wendet, Vitriole seien echte Salze, heißt es:

> „(...) es giebet derer viel / welche glauben / daß sie ihrer Sachen gnug gethan / wenn sie die Metallen in einem saltzichten menstruo aufgelöset / dann wiederum coagulirt und crystallisirt / und zu einem aufflöslichen Wesen gemacht haben. Es ist aber eigentlich nichts / als der metallische Vitriol / welcher sich zu dem saltzichten Wesen des Spiritus / dessen man sich in der Aufflösung gebraucht / gesellet hat / und mit dem metallischen Kalck wieder leiblich worden ist." (ebd. 685)

Diese Äußerungen Le Fèvres lassen keine eindeutige Interpretation zu. Die Gewichtszunahme des Vitriols im Vergleich zum eingesetzten Metall wird damit erklärt, daß der Spiritus vitrioli wieder leibhaft geworden sei und offenbar an der Vitriolbildung als Körper beteiligt sein soll. Dieser Spiritus, der ursprünglich aus einem natürlichen, festen und damit körperhaften Vitriol gewonnen wurde, geht bei diesem Vorgang wieder in seinen körperhaften Anfangszustand zurück. Die Bemerkung, der korporifizierte Geist nehme Zeichen und Bildnis des Vitriols an, meint, alle äußerlichen Erkennungsmerkmale (Zeichen) und Eigenschaften des chemisch gewonnenen Vitriols seien durch die Säure bestimmt. Bei der Erklärung der Ursache der Korporifizierung greift Le Fèvre auf seine Theorie der Generation der Metalle zurück. Nach dieser Theorie soll das Wasser als „Gebärmutter" von einem Salzgeist „geschwängert", und „als erster sichtbarer Anfang der Metalle ein Vitriol" generiert werden.[126] Diese Herkunft des Metalls bestimmt aber auch dessen inneres Wesen, das sich somit als gleich oder zumindest verwandt mit dem inneren Wesen des aus Vitriol gewonnenen Spiritus erweist. Die Korporifizierung des Spiritus soll nun darauf beruhen, daß Gleiches sich mit Gleichem vereinigt, ein Topos, der auch in den späteren Affinitätstheorien des 18. Jahrhunderts, z.B. in derjenigen G.E. Stahls, noch auftritt. Es ist nicht das Metall, sondern der „metallische Vitriol", wie es im zweiten Zitat heißt, als Anfang und inneres Wesen des Metalls, der sich zum „saltzichten Wesen des Spiritus", ebenfalls ein Vitriol, „gesellt".

Was aber ist das Resultat dieser Vergesellschaftung? Ist es ein einziges Wesen und ein einheitliches homogenes Ganzes oder ein aus verschiedenen heterogenen Teilen zusammengesetztes? Diese Frage bleibt bei Le Fèvre offen. Einmal heißt es (im zweiten Zitat), das

126 Vgl. LE FEVRE (1660/D) 680.

„saltzichte Wesen des Spiritus“ werde mit dem „metallischen Kalck“, den auch Le Fèvre als Metallpulver auffaßt, „wieder leiblich“. Dies könnte bedeuten, daß der Vitriol auch aus diesen beiden heterogenen körperlichen Teilen besteht. Dafür spricht auch die Ansicht, das Gewicht des Vitriols setze sich additiv aus den Gewichten der Ausgangssubstanzen zusammen. Auf der anderen Seite ist Le Fèvre der Meinung, der chemisch gewonnene Vitriol werde nicht durch die *beiden* heterogenen Teile, aus denen er hergestellt wurde, bestimmt, sondern nur durch den koagulierten Spiritus. Das ganze ist ein Vitriol und soll daher auch, prinzipientheoretisch gesprochen, durch die Dominanz der Qualitäten des wieder leibhaft gewordenen und „Zeichen und Bildnis“ eines Vitriols annehmenden Spiritus eine einheitliche substanzielle Form besitzen. Der Vergleich, den Le Fèvre zwischen dem chemisch gewonnenen Vitriol und dem gemeinen oder natürlichen zieht, in dem er „bekennt“, der chemisch gewonnene sei „vortrefflicher“ als der gemeine, deutet ebenfalls auf dieses Verständnis hin. Der Prinzipientheoretiker Le Fèvre hatte sicherlich keinerlei Zweifel daran, daß der gemeine Vitriol als *natürlicher* Körper ein homogenes Ganzes sei, vielleicht hielt er diesen empirischen Stoff sogar für den ersten „*sichtbaren* Anfang“ der Metalle. Faßte man aber die Gewinnung des Spiritus als Spiritualisierung des natürlichen Vitriols und die Gewinnung des chemischen Vitriols als Rekorporifizierung des Spiritus zu einem Kreislauf zusammen, worauf die Formulierungen Le Fèvres hindeuten, so war der chemisch hergestellte Vitriol erstens ebenso wie der natürliche ein homogenes Ganzes, und zweitens erwies dieser sich als erhöhtes oder veredeltes Produkt, das, konsequent weitergedacht, Resultat eines Transmutationsprozesses war.

Wie auch immer eine adäquate Wiedergabe der Auffassung Le Fèvres auszusehen hat, er verstand die chemisch hergestellten Vitriole jedenfalls nicht als Extrakte der Metalle. Die Gewinnung der ebenfalls als Kristalle ausfallenden und von Le Fèvre als Salze der Metalle von den Vitriolen abgegrenzten chemischen Produkte bezeichnete er dagegen explizit als Extraktion. Ein Sal Martis oder Eisensalz (Eisenacetat) soll nach Le Fèvre aus Eisen extrahiert werden können, indem man Eisenfeilspäne in Essig (Essigsäure) auflöst und auskristallisieren läßt. Er empfiehlt, die Lösung kochen zu lassen, „damit die Extraction des Saltzes desto besser geschehe“ (LE FEVRE (1660/D) 750). Der Übersetzer der deutschen Ausgabe des *Traicté de la Chymie* aus dem Jahre 1685 äußert in einer Anmerkung seine Kritik an dieser Auffassung Le Fèvres, die hier ausführlich zitiert werden soll, weil daraus hervorgeht, daß dieser relativ unbekannte Übersetzer namens Joh. Hiskia Cardilucio[127] bereits ähnlich wie Glaser chemische Verbindungsvorstellungen, aber wiederum nur bezogen auf den Einzelfall, entwickelt hat und darüber hinaus noch Hinweise auf einige interessante Details gibt.

Zunächst spießt Cardilucio eine Inkonsequenz Le Fèvres auf. Wenn der Anfang eines jeden Metalls ein Vitriol ist, so dürfte aus einem jeden Metall, ganz gleich mit welcher Säure es behandelt wurde, auch nur ein und dasselbe Salz bzw. Vitriol zu extrahieren sein:

> „Es hat das Eisen und Stahl / wie auch alle andere metallische Cörper kein anderes Saltz in sich / als ihren Vitriol / und kan also auf diese Weise kein anderes Sal Martis mit so grosser Weitläuffigkeit extrahiret werden (...)“.

---

[127] Cardilucio ist, wie aus seiner Vorrede zur Übersetzung von Le Fèvres *Traicté* hervorgeht, auch Autor einer *Stadt- und Land-Apothecke*.

Weiter heißt es:

> „(...) alles das jenige / was die Metallen angreifft / und calciniret / das ist ein Acidum / oder eine Säure / wenn auch nichts anderes darzu käme / als die Flamme des Feuers / welche ebenmässig saur ist / und ihre Säure an die metallische Calces hänget / die man durch blosses Feuer calciniret / und solche Calces im Gewicht schwerer macht / wie an der Glette / Minimo / calcinirten Antimonio / und anderen im Feur allein gemachten metallischen Calcibus zu sehen; wenn nun solche Säure das Metall solviret / so coaguliret sie sich zugleich hergegen selber / und wird aus beyden ein Vitriol / so kein rechtes Saltz ist / sondern ein coagulirtes Acidum / so ohngefähr den vierdten / fünfften oder sechsten Theil seines Gewichts metallischen Kalck in sich hat / und so man solches mit dem hefftigsten Feuer sehr lange brennet / so gehet das Acidum fort / und hinterläßt entweder eine todte Erde / die sich nicht mehr in Wasser solviret / (...) und so man auch was lixivialisches zu solchen metallische Vitriolen vermischt / so schwächet es das Acidum derselben / daß es den metallischen Kalck muß fallen lassen / und wird aus dem Acido und Alcali ein vermischtes Wesen / wie ein Tartarus vitriolatus / und an Farben weißlicht / weil der metallische Kalck heraus ist." (In: LE FEVRE (1660/D) 751)

Cardilucio dreht die damals übliche Argumentationsweise, die Säure wirke wie das Feuer, um und erklärt damit gleichzeitig ein Phänomen, das in der zeitgenössischen Diskussion schon hin und wieder eine Rolle spielte, aber folgenlos blieb, nämlich die Gewichtszunahme der Metalle bzw. Halbmetalle, im obigen Zitat Blei und Antimon, bei der Kalzinierung im Feuer.[128] Der chemisch hergestellte Vitriol, so wird weiter mit aller Klarheit festgestellt, sei kein „rechtes Saltz", d.h. er dürfte auch nicht wie der natürliche in die Klasse der Salze eingeordnet werden, sondern er sei eine koagulierte Auflösung. Deren Gewicht setze sich additiv – Cardilucio macht auch quantitative Angaben – aus dem des Kalkes und der Säure zusammen. Neben der Gewichtszunahme wird die Möglichkeit der reversiblen Zerlegung des Vitriols als weiteres Argument für das Konzept der koagulierten Auflösung angeführt. In Hinblick auf die späteren Arbeiten Geoffroys ist interessant, daß Cardilucio die beiden Zerlegungsmöglichkeiten eines Vitriols, das Austreiben der Säure – allerdings beschränkt auf das Erhitzen, ohne die Möglichkeit der Verdrängung durch eine hinzukommende Säure in Betracht zu ziehen – und die Präzipitation des Metalls mit einem Alkali, erwähnt und eine Erklärung dafür gibt. Die Präzipitation wird erklärt mit einer „Schwächung" der Säure und die Auflösung, aus der präzipitiert wird, als ein Wirkverhältnis zwischen Säure und aufgelöstem Stoff. Die Auflösung eines Metalls in einer Säure besteht demnach nicht allein in der mechanischen Zerkleinerung des Metalls mittels der Säure, sondern die Säure nimmt selbst an der chemischen Veränderung teil, indem sie die zerkleinerten Metallteile in der Auflösung aufgrund eines kraftähnlichen Vermögens „hält". Die Präzipitation durch ein zugesetztes Alkali soll durch eine Schwächung der Säure verursacht werden, die nun die Metallteile nicht mehr halten kann und sie „fallen läßt". An die Stelle der aus einem Metall und einer Säure zusammengesetzten koagulierten Auflösung tritt nun ein aus derselben Säure und dem Alkali zusammengesetztes „gemischtes Wesen".

Glaser, Le Fèvres Nachfolger am Jardin des Plantes, stellt im Hinblick auf das Verständnis der Vitriole die traditionellen Denkschemata radikaler in Frage als sein Vorgänger. Glasers Überlegungen setzen an denselben Problemen an, an der Gewichtserhöhung der Vitriole und an ihrer Verschiedenheit. Sein *Traicté de la Chymie* enthält mehrere Überlegungen über die Gewinnung und das chemische Verhalten der Vitriole, die einen neuen Begriff der Auflösung im Sinne einer chemischen Verbindung implizieren. Über die Gewinnung des Sal Martis

[128] Bei der Kalzination wird das Metall oxidiert, und dadurch tritt eine Gewichtserhöhung ein.

(Eisenacetat) durch Auflösen des Eisens in Essig (Essigsäure) und Evaporieren des Lösungsmittels bemerkt Glaser:

> „Diese Crystallen werden uneigentlich Saltz genannt / eben wie die jenige des saturni, denn es seynd nur solutiones, in welchen der saure Geist deß Essigs mit den metallen leibhafft gemacht wird / der sie unter der Gestalt eines Saltzes hält / können aber gar leicht durch das Feuer / welches die leichte Geister des Essigs in die Lufft treibet / zerstöret werden / so bleiben alsdann die metallen in Gestalt eines irdischen Kalcks / welcher durch ein überaus hefftig Schmeltz-Feuer wieder zu einem metall wird." (GLASER (1663/D) 187 f.)

Glaser stellt zunächst die Bezeichnung Sal Martis oder Eisensalz für das gewonnene chemische Kunstrodukt und die darin zum Ausdruck kommende Subsumtion unter die Klasse der natürlichen Salze in Frage. Diese sogenannten Salze der Metalle seien uneigentlich Salze und sollten richtiger Auflösungen genannt werden. Die Auflösung war, wie gesehen, im herkömmlichen Denkschema eine Teiloperation, und zwar eine der Kalzinierung oder Zerkleinerung des Metalls dienende, durch die das Metall geöffnet werden sollte, um daraus Essenzen extrahieren zu können. Aus der Sicht der Veränderung körperlicher Merkmale faßte man die Auflösung eines festen Körpers auch als dessen Verflüssigung auf. Glasers Bemerkung über die uneigentlichen Salze verwirft dieses traditionelle Verständnis der Auflösung nicht, fügt aber Bestimmungen hinzu, die zu einem neuen Begriff der Auflösung führen. Das durch Auflösung in einer Säure kalzinierte oder verflüssigte Metall soll zusammen mit dem als Auflösungsmittel verwendeten sauren Geist wieder leibhaft gemacht werden. Der Grundgedanke ist der bereits erwähnte einer reversiblen Verflüssigung und Verfestigung aus einer Auflösung. Was aber in diesem Fall koagulieren sollte, war nicht, der üblichen Verwendung von Koagulieren entsprechend, eine einheitliche und homogene Substanz, sondern zwei Substanzen. Das zuvor als Salz des Eisens bezeichnete chemische Produkt wäre demnach eine verfestigte oder koagulierte Auflösung, die aus dem zerkleinerten Metall und der Säure zusammengesetzt ist. Auflösung heißt jetzt nicht mehr nur eine bestimmte Teiloperation, deren Zweck nicht sie selbst ist, sondern erstens eine eigenständige chemische Operation, die zweitens zu einer besonderen Stoffklasse, den koagulierten Auflösungen, führt. Das wichtigste Argument, das Glaser für seine Auffassung anführt, ist die Möglichkeit der reversiblen Zerlegung der koagulierten Auflösung. Durch Erhitzen können die Geister des Essigs abgetrieben, und in einem Schmelzprozeß kann auch das zuvor aufgelöste Metall wiedergewonnen werden.[129] Gleichzeitig löst Glaser mit diesem neuen Verständnis der koagulierten Auflösung auch das Problem der Gewichtserhöhung des Vitriols.[130]

Wurden die Verschiedenheit von Vitriolen und Salzen der Metalle, deren im Vergleich zu den eingesetzten Metallen erhöhtes Gewicht und die Reversibilität der Bildung von Vitriolen und Metallsalzen mit dem neuen Verständnis der koagulierten Auflösung konsistent und ein-

---

[129] Dieser Gedanke wird im Zusammenhang mit der Interpretation der Gewinnung des Bleisalzes (Bleiacetat) präziser formuliert. Auch in diesem Fall betont Glaser zunächst die Möglichkeit der reversiblen Zerlegung des Bleisalzes: „Wenn man aus Lust das Saltz (...) wieder zu Bley machen wil / läst man ein wenig sal tartari in einem Tiegel schmeltzen / und thut ein wenig von dem Saltz (...) darzu / so wird alsbald Bley daraus." Weiter heißt es: „Weil der saure spiritus des Essigs / worvon das Saltz oder weiße Pulver die äusserliche Form hat / durch das sal tartari zerstöret wird / denn dieses befördert zugleich das Schmeltzen / und bringet die Materi auch in ein metall." (GLASER (1663/D) 153)

[130] Glaser bemerkt z.B. im Zusammenhang mit der Gewinnung des Vitriols des Eisens: „Man bekömmt ins gemein aus einem Pfund Stahl vier Pfund vitriol. Diese Vermehrung kömmt her von dem spiritu vitrioli, welcher leibhafft worden / und sich mit dem Stahl vereiniget hat. Denn derselbe kan die saure Dinge durch seine zusammenziehende Krafft härten und an sich halten." (GLASER (1663/D) 173)

heitlich erklärt, so erwuchs daraus ein neues Erklärungsproblem. Die Säure konnte nun nicht mehr als bloß äußerliches, mechanisch wirkendes Instrument aufgefaßt werden, sondern es mußte eine Erklärung dafür geben, warum sie *zusammen* mit dem Metall koaguliert. Zwei Passagen in Glaser *Traicté* geben Aufschluß über seine Lösung des Problems:

> „(...) weil das aufgelöste Bley die saure Spiritus des Essigs an sich hält / diese werden mit dem Bley ein Leib / und wird aus beyden ein weiß durchsichtig und länglicht Saltz (...)". (GLASER (1663/D) 149)

Ebenso wird der Spiritus vitrioli zusammen mit dem Eisen „leibhafft", denn:

> „(...) derselbe [sc.: Stahl – U.K.] kan die saure Dinge durch seine zusammenziehende Krafft härten und an sich halten." (ebd. 173)

Damit sind die wichtigsten Momente des chemischen Verbindungskonzepts vorhanden. Die aus Blei oder Eisen und einer Säure gewonnenen koagulierten Auflösungen sind zusammengesetzt aus verschiedenen empirischen chemischen Stoffen, die in der Zusammensetzung individuell erhalten bleiben. Zugleich ist die koagulierte Auflösung kein bloßes Gemisch verschiedener Teile, sondern ein Ganzes, dessen Teile durch zusammenziehende Kräfte des Metalls zusammengehalten werden.

Dieses neuartige Verständnis der durch chemische Kunst gewonnenen Vitriole besagt freilich noch nichts über das Verständnis der natürlichen. In Bezug auf diese natürlichen Vitriole war in der zweiten Hälfte des 17. Jahrhunderts im Zusammenhang mit dem Problem der Möglichkeit der Metalltransmutation eine lebhafte Diskussion in Gang gekommen.

V.2.2.6 *Natürliche und künstliche Vitriole – Die Kontroverse um die Transmutation von Eisen in Kupfer*

Die alchemistische und von den Paracelsusanhängern übernommene Theorie der Metalltransmutation war im 17. Jahrhundert, nachdem trotz vielfältiger und einfallsreicher Versuche die ersehnten Resultate ausblieben, zunehmend in Mißkredit geraten. Um so bedeutender war für die Anhänger dieser Theorie jeder stützende Anhaltspunkt, und einen solchen glaubte man in der angeblichen Transmutation des Eisens in Kupfer durch natürliche Vitriollösungen gefunden zu haben.

In Böhmen und Ungarn gewann man, wie oben (IV.3.1.2) ausgeführt wurde, Kupfer im Zementationsprozeß aus kupfervitriolhaltigem Grubenwasser, indem man eiserne Gegenstände in die Lösung eintauchte. Dabei wird das Eisen ganz oder teilweise aufgelöst, und Kupferzement, d.h. pulverförmiges, schwammartiges Kupfer, setzt sich am restlichen Eisen oder am Boden ab und kann anschließend verschmolzen werden. Diese chemische Operation wurde von Paracelsus selber und vielen seiner Nachfolger als Transmutation des Eisens in Kupfer interpretiert und als Beweis für die Möglichkeit der Transmutation unedler Metalle in edlere ins Feld geführt.[131] Das vitriolhaltige Wasser sollte dabei die Rolle eines Fermentes oder einer Tinktur für die Transmutation spielen.[132]

[131] Vgl. dazu auch KOPP GdCh IV 163 und MULTHAUF (1966) 304 u. 316.

[132] Paracelsus z.B. hielt in seiner Schrift *Über die Tinktur der Physici*, in der er vorgibt, im Besitz der Tinktur für die Transmutation unedler Metalle in Gold zu sein, den Zweiflern an der Möglichkeit der Metallveredelung, insbesondere den verhaßten Universitätsgelehrten, entgegen: „Das laß im natürlichen Licht ein besonders großes Wunder sein, daß durch die Wirkung eines Spagyrikers ein Metall sein Wesen verlieren und ein anderes Metall werden soll.

Gegen diese Interpretation wurden im Laufe des 17. Jahrhunderts von verschiedener Seite Einwände erhoben.[133] In seiner 1627 erschienenen Schrift *Recherches sur la Métallurgie des Anciens* beschreibt Louis Savot, Leibarzt Ludwigs XIII., die Scheidung von Gold und Silber mit Salpetersäure, wobei er betont, daß man das Silber, obwohl dieses vollständig im Scheidewasser aufgelöst sei, mit Kupfer wiedererhalte. Dies erklärt er mit einer Anziehung zwischen Kupfer und Silber.[134] Die Gewinnung von Kupfer mittels Eisen aus *natürlichem* Vitriol erklärt Savot in Analogie zu dieser Präzipitation aus einer durch die chemische Kunst zuvor hergestellten Auflösung von Silber in Salpetersäure:

> „Nichts desto weniger ist es nur das in Vitriol, wie in Scheidewasser, aufgelöste Kupfer, das seinen ursprünglichen Zustand und die Beschaffenheit des Kupfers wieder angenommen hat vermittels des Eisens."[135]

Die Gewinnung von Kupfer im Zementationsprozeß soll demnach nicht in einer Transmutation des Eisens, sondern in einer Präzipitation des aufgelösten Kupfers durch Eisen bestehen. Savot sagt nicht, der Vitriol sei aus Kupfer und einer Säure zusammengesetzt[136], sondern das Kupfer sei in Vitriol aufgelöst, und zwar genauso wie Silber in Salpetersäure. Über die Zusammensetzung des Auflösungsmittels Vitriol ist damit noch nichts ausgesagt.

Genau dieselbe Auffassung vertritt später Glauber in seinen *Furni novi philosophici*. Im vierten Teil des Werkes, im Kapitel *Was von der Verbesserung der Metallen zu halten sey*, setzt er sich unter anderem mit der Möglichkeit der Transmutation der Metalle mit einer Tinktur auseinander. Dabei wehrt er ein mögliches Mißverständnis ab:

> „Ich verläugne nicht daß die Metallische Solutiones auff etlichen Metallen sich anschlagen / dieselben vergülden / versilbern und verküpffern / aber darumb nicht gradiren [= transmutieren – U.K.]; Wie dan bekandt genug ist / wan man Eisen in ein Vitriolisch Wasser legt / solches von dem Vitriol-Wasser nicht zu Kupffer wird / sondern nur das Kupffer auß dem Vitriol zu sich ziehet." (GLAUBER (1646–49) IV 49)

Aus dieser Äußerung geht zwar klar hervor, daß Glauber die Gewinnung von Kupfer aus natürlichem Vitriol nicht für eine Transmutation des Eisens hielt, sondern meinte, es sei präexistierendes Kupfer, das in diesem Fall durch Eisen gewonnen wird. Woraus aber wird Kupfer „herausgezogen", aus dem Vitriol, dessen Bestandteil es ist, oder aus einer Auflösung von Kupfer in Vitriol als Lösungsmittel? Daß die zweite Möglichkeit Glaubers Meinung entspricht, wird an einer anderen Stelle deutlich ausgesprochen:

> „So man gemeinen Vitriol in Wasser solviret, und darinn granulirt Zinck leget und kochet / so schlegt sich alles Metal und Schwebel in dem Vitriol an den Zinck nieder und wird die solution weiß / der nidergefelte schlam ist nichts anders alß Eysen / Kupffer und

---

Das hat auch den Aristoteles in seiner unbegründeten Philosophie zum Narren gemacht. Wenn die Bauern in Ungarn Eisen für eine bestimmte Zeit in einen Zipser Brunnen legen, wird es zu Rost gefressen. Wenn dieser Rost in einen Schmelzofen gegeben wird, so wird er von Stund' an reines Kupfer und nimmer zu Eisen reduziert." (PARACELSUS W III 322) (Zips ist eine Stadt in Ungarn, in der vitriolhaltige Grubenwässer vorkamen – vgl. KOPP GdCh IV 163.) Auch Libavius äußert in seiner *Alchymia* dieselbe Meinung: „Diejenigen, die jegliche Transmutation der Metalle abstreiten, werden durch Folgendes schlagend widerlegt: Alle Welt kennt doch diese Umwandlung durch vitriolhaltige Wässer; und die in den ungarischen Karpathen übliche ist jene Wandlung, deren Beschreibung folgendermaßen lautet (...)". (LIBAVIUS (1597/D) 185)

133 Außer den im Folgenden angeführten Autoren wären auch Sala, Jungius und van Helmont zu nennen – vgl. PARTINGTON HC II 279 und MULTHAUF (1966) 304.

134 „Quoy que l'argent soit tout dissoult & reduit en eau (...) y iettant par apres dedans des pieces de cuiure, lesquelles ont ceste proprieté particuliere d'attire à soy tout l'argent qui estois dissoult avec l'eau forte, lequel par le moyen du cuiure se tourne en poudre blanche, pour se joindre & attacher au cuiure (...)". (Zit. n. PARTINGTON HC II 38)

135 „(...) noanmoins ce n'est que le cuiure dissoult dans le vitriol, comme dans l'eau forte, qui a reprins son premier estat & consistens du cuiure par le moyen du fer (...)." (Zit. nach PARTINGTON HC II 38)

136 Ein solches Mißverständnis scheint bei PARTINGTON vorzuliegen – vgl. HC II 38.

Schweffel welches das Sal Vitrioli hat bey sich geführet / und nun durch den Zinck ihme ist benommen worden (...)". (ebd. II 94 f.)

Was dieses „bey sich geführet" genauer bedeutet, wird klar, wenn man sich Glaubers Erklärung der grünen Farbe des Vitriols ansieht:

„(...) weilen die grüne bey dem gemenen Vitriol nichts anders ist als Kupffer und Eisen / welches das Saltz-Wasser / da es durch solcher Metallen gänge gelauffen / solviret / und zu sich genommen hat (...) die grüne (...) welche nichts anders als ein calcinirt Eisen oder Kupffer ist / welches durch reduciren mit starckem Fewer und fluß sich offenbaret." (ebd. II 95 f.)

Das aus natürlichem Vitriol ausgefällte Kupfer ist somit nach Glauber eine Verunreinigung des Vitriols bzw. eine Auflösung und Kalzinierung des Kupfers durch Vitriol, die sich beim Durchlaufen des Vitriolwassers durch die Erzgänge gebildet hat.

Die Analogie zwischen der Fällung des Kupfers mit Eisen aus natürlicher Vitriollösung zur Fällung des Silbers aus künstlich hergestellter salpetersaurer Silberlösung mit Kupfer war einerseits hilfreich für die Aufgabe der Transmutationsauffassung. Andererseits führte sie aber dazu, daß man die Entstehung der natürlichen Vitriollösung genauso wie die der salpetersauren Silberlösung als Kalzination oder Zerkleinerung des Kupfers mit der der Salpetersäure analogen Vitriollösung und Herstellung einer Auflösung aus kalziniertem Kupfer und Vitriol verstand. Natürlicher und chemisch hergestellter Vitriol wurden auch bei Glauber deutlich auseinandergehalten.

TEIL VI

DIE GENESE DES CHEMISCHEN VERBINDUNGSKONZEPTS

Im diesem abschließenden und zusammenfassenden Teil soll versucht werden, auf der Grundlage des in den Teilen IV und V untersuchten historischen Materials die ausschlaggebenden Bedingungen der Genese des chemischen Verbindungskonzepts zu rekonstruieren. Zunächst werden die für die Herausbildung des chemischen Verbindungskonzepts bestimmenden Momente der Ausgangslage herausgearbeitet, die sich in der chemischen Praxis des 16. und 17. Jahrhunderts entwickelt hatten und die teilweise als Resultat eines tiefgreifenden Umbruchs dieser Praxis zu verstehen sind. In Verbindung damit wird auf die Veränderungen im Verständnis der chemischen Operationen bei den Chemisten des 17. Jahrhunderts eingegangen, die der Herausbildung des chemischen Verbindungskonzepts den Weg ebneten (VI.1). Sodann werden einige Aspekte der Reflexion analysiert, mit der die unmittelbaren Vorgänger Geoffroys den angesprochenen Veränderungen Rechnung zu tragen versuchten (VI.2). Schließlich wird rekonstruiert, wie Geoffroy ausgehend von diesen Voraussetzungen das chemische Verbindungskonzept formulierte, und gezeigt, inwiefern dieses eine vollständige Umwälzung der Grundlagen des Verständnisses chemischer Veränderungen darstellt (VI.3).

VI.1 DIE AUSGANGSLAGE

VI.1.1 *Die Metallurgie – Die Subsumtion chemischer Operationen unter das Handwerk*

Die Beschreibungen der chemischen Operationen der Metallurgie in den metallurgischen Schriften des 16. und frühen 17. Jahrhunderts unterschieden sich signifikant von denen der chemisch-pharmazeutischen Operationen in den gleichzeitig oder wenig später erschienenen pharmazeutischen Schriften. Die Autoren der metallurgischen Schriften verstanden die beschriebenen chemischen Operationen weder paracelsisch als physiologische oder biologische Prozesse noch peripatetisch als gegenseitige Beeinflussung von Qualitäten und Qualitätsübertragungen. Vielmehr wurden die chemischen Veränderungen als Vermischen und Ineinanderschachteln oder als Auseinanderlegen von Stoffen aufgefaßt.[1] Die strukturelle Übereinstimmung dieses Verständnisses mit dem späteren chemischen Verbindungskonzept liegt vor allem darin, daß in ihm das als Erhaltungsschema bezeichnete Moment dieses Konzepts wirksam ist. Wir können somit festhalten, daß lange vor der Wiederbelebung der mechanischen Korpuskulartheorie im 17. Jahrhundert und ohne jeden Rückgriff auf Theorien sich in der metallurgischen Praxis Vorstellungen herausbildeten, die Momente des späteren Verbindungskonzepts enthalten. Welche Gründe können hierfür geltend gemacht werden?

Die metallurgischen Schriften hatten ein jahrtausendealtes Handwerk zum Gegenstand. In diesem Handwerk ging es darum, Werkstoffe zu gewinnen, die, anders als die Produkte des Apothekergewerbes, zum großen Teil im Alltags- und Arbeitsleben wohl vertraut und deren Werkstoffeigenschaften unmittelbar sinnlich wahrnehmbar waren. In vielen Aspekten unterschied sich das metallurgische Handwerk nicht von den typisch mechanischen Handwerken. Denn nach dem zeitgenössischen Verständnis wurden in der Metallurgie die in der Erde bereits vorhandenen Metalle bloß hervorgeholt, von Gestein und anderen mineralischen Bei-

[1] Vgl. oben V.1.

mengungen gereinigt, voneinander getrennt, nach menschlichen Bedarfszwecken erneut zusammengesetzt oder, wie im Fall des Quecksilbers, in geeignete Transportformen überführt.[2] Ganz ähnlich hatte z.B. ein Baumeister, Spinner oder Weber unbrauchbare Bestandteile der zu verarbeitenden Rohmaterialien auszusondern und zu bestimmten Gebrauchszwecken verschiedene Baumaterialien oder Garnsorten etc. miteinander zu kombinieren. Die metallurgischen Arbeitsverfahren konnten somit als bloße Varianten typisch mechanischer Reinigungs-, Trenn- und Mischverfahren der mechanischen Handwerke erscheinen. Chemische Operationen waren lediglich geeignetere Mittel für die praktischen Zwecke der Metallurgie. Sie wurden nicht zum Zweck chemischer Veränderungen angewendet, sondern um das genaue Gegenteil einer chemischen Veränderung zu bewirken, nämlich die bloße Reinigung oder Mischung unter Erhaltung der Metalle. Diese praktische Subsumtion chemischer Operationen unter handwerkliche Zwecke war einer der Faktoren dafür, daß auch das Verständnis dieser chemischen Operationen in das übliche Verständnis handwerklicher Arbeit integriert wurde.

Die handwerkliche Arbeit unterscheidet sich von einer die natürlichen Produktionsprozesse bloß nutzenden, wie es die bäuerliche Arbeit und bis zu einem gewissen Grad auch die pharmazeutische des 16. und frühen 17. Jahrhunderts waren, vor allem darin, daß sie sich nicht in vorgefundene natürliche Abläufe einfügt, sondern Gegenstände aus ihren natürlichen Zusammenhängen isoliert und sie den selbstgesetzten Zwecken gemäß formiert. Diese Formierungsprozesse handwerklicher Arbeit gehen zum Teil mit reversiblen Prozessen des mechanischen Zerlegens und Zusammenfügens einher, deren strukturelle Übereinstimmung mit reversiblen chemischen Operationen die Möglichkeit bot, solche chemischen Operationen in das Verständnis handwerklicher Arbeit einzuordnen, soweit sie als reversible erkennbar waren. Diese Möglichkeit bestand nun gerade im Hinblick auf die Metallurgie, weil in ihr mit chemischen Reinstoffen, den Metallen und den stofflichen Mitteln ihrer Scheidung, gearbeitet wurde und weil die chemischen Operationen mit diesen Reinstoffen den praktischen Zwecken der Metallurgie entsprechend reversibel durchgeführt wurden. Die Reversibilität dieser Operationen konnte also ohne den Umweg über eine gedankliche Kombination von Teiloperationen, die in den praktischen Arbeitsabläufen getrennt durchgeführt worden wären, erkannt werden. Daß diese Erkenntnis und damit die Keimform des chemischen Verbindungskonzepts mit Irrtümern einherging – die Redoxreaktionen der Metalle blieben vorerst unentdeckt – ist dabei ein wissenschaftshistorisch hervorhebenswerter Begleitumstand.

Obwohl somit in den metallurgischen Schriften des 16. Jahrhunderts, ganz im Gegensatz zum allgemeinen Verständnis chemischer Veränderungen in dieser Zeit, Keimformen des chemischen Verbindungskonzepts zu finden sind, waren es nicht die Metallurgen bzw. die Autoren metallurgischer Schriften, die die Entwicklung dieses Konzeptes weitertrieben und von denen die Herausbildung der neuzeitlichen Chemie ausging. Es waren vielmehr andere, und zwar zum einen naturphilosophisch interessierte Personen wie Boyle oder Sennert und zum anderen vor allem die praktisch arbeitenden Chemisten im engeren Sinne, die Iatrochemiker und Apotheker, die die metallurgischen Schriften rezipierten und die darin zu findenden Beschreibungen mitsamt ihrem impliziten Verständnis dieser chemischen Operationen zum Gegenstand weiterer Reflexionen machten. Daß die Autoren der metallurgischen Schriften selbst ihr Verständnis der beschriebenen chemischen Operationen nur implizit aus-

[2] Vgl. oben IV.3.1.

drückten und sich anstelle einer weitergehenden Reflexion der chemischen Operationen den handwerklich-technologischen Aspekten der Metallurgie zuwandten, ist im Zusammenhang mit den praktischen Zwecken der Metallurgie, die ja keine chemischen Veränderungen intendiert, nur allzu verständlich.

VI.1.2 *Die blinde Nutzung natürlich ablaufender chemischer Veränderungen*

Abgesehen von der Metallurgie und dem chemischen Kleingewerbe Venedigs und Amsterdams waren vor Ablauf des ersten Drittels des 17. Jahrhunderts auf handwerklichem Niveau stattfindende chemische Operationen eingebettet in eine bloße Nutzung natürlich ablaufender chemischer Veränderungen. Alaun und Vitriole z.B. wurden durch natürliche Verwitterung von Mineralien gewonnen, und Namen wie Salpetergärten oder -plantagen bringen die Nutzung natürlicher Prozesse in derartigen Arbeitsverfahren sehr prägnant zum Ausdruck.[3] Auch im Apothekergewerbe, von dem Ende des 17. Jahrhunderts die Herausbildung der neuzeitlichen Chemie ausging, standen im 16. und frühen 17. Jahrhundert langwierige natürliche chemische und biochemische Prozesse wie die Digestion, Fermentation und Putrefaktion im Vordergrund.[4] Die Lösungsmittel z.B. bezeichnete man, gerade wegen ihrer langen, einen Monat oder mehr erfordernden Einwirkungszeit als Menstruen. Das Dominieren organischer Materialien, die sich in den genannten Operationen zu komplizierten organischen Stoffgemischen zersetzten, ließ ausschließlich irreversible und undurchschaubare chemische Operationen zu. Hinzukam, daß es in der praktischen Anwendung der gewonnenen Produkte nicht auf deren unmittelbar sinnlich wahrnehmbaren Eigenschaften ankam, sondern auf ihre „okkulten" und nicht beeinflußbaren Heilkräfte. Die Gemeinsamkeiten der Arbeitsabläufe der Medikamentengewinnung im 16. und frühen 17. Jahrhundert mit denen der bäuerlichen Produktion, die wesentlich darin besteht, die Bedingungen natürlicher Produktionsprozesse zu verbessern, sind offensichtlich, und es ist daher leicht nachvollziehbar, daß die Iatrochemiker ihre chemischen Operationen als Initiierung und Förderung natürlicher Prozesse begriffen.

Das handwerkliche Moment der Arbeit der Iatrochemiker bestand zunächst, sieht man einmal von mechanischen Zerkleinerungsarbeiten ab, in erster Linie im Destillieren. Und dieses war aufwendig genug, um den Namen Scheidekunst zu verdienen. Aber das Destillieren vollendete letztlich nur die als natürliche Scheidungen verstandenen Operationen des Digerierens, Fermentierens oder Putrefizierens, denn es wurden nur selten lediglich mechanisch zerkleinerte pflanzliche oder tierische Materialien unmittelbar destilliert. Die handwerkliche Kunst des Destillierens änderte nichts am Gesamtcharakter der iatrochemischen Arbeit als Förderung natürlich ablaufender chemischer Prozesse. Um die Analogie zur bäuerlichen Arbeit weiterzutreiben: Auch die Ernte des Bauern und die nachfolgenden Raffinationsprozesse haben ja durchaus handwerklichen Charakter.

Darüber hinaus weist das Destillieren selbst, gerade weil es kein mechanischer, sondern ein im weitesten Sinne chemischer Prozeß ist, charakteristische Merkmale auf, die solange nur in Analogie zu natürlich ablaufenden Veränderungen verstanden werden konnten, wie die Auffassung chemischer Prozesse generell vor der Alternative stand, sie entweder als hand-

[3] Vgl. oben IV.1.

[4] Vgl. oben IV.1. und V.2.1.

werklich-mechanische oder als natürliche Veränderungen begreifen zu müssen. Die handwerkliche Arbeit besteht in der Isolierung eines Gegenstandes aus seinen natürlichen Zusammenhängen und seiner mechanischen Formierung mit Werkzeugen, die durch die menschliche Hand und die an sie gebundene mechanische Energie bewegt werden. Die Analogie der Destillation zur handwerklichen Arbeit liegt darin, daß erstens aus einem natürlichen Stoffgemisch Stoffe bzw. einfachere Stoffgemische für menschliche Gebrauchszwecke geschieden werden und daß dies zweitens u.a. auch mit mechanischen Arbeitsmitteln, nämlich den Destillationsgeräten, geschieht. Im Unterschied zum Handwerk sind es aber nicht die menschliche Hand und die physische mechanische Energie, die die Veränderungen bei der Destillation hervorrufen, sondern die eingesetzte Wärmeenergie oder, wie die Chemisten sich ausdrückten, das Feuer. Das Feuer aber unterschied sich nur graduell von der Wärme des Sonnenlichtes, des Mistes, des Tresters etc., die beim Digerieren, Fermentieren oder Putrefizieren einwirkte. Es galt daher ebenso wie die Wärme aus diesen vorgefundenen natürlichen Wärmequellen als natürliches Agens chemischer Veränderungen. In den pharmazeutischen Schriften, die bis Mitte des 17. Jahrhunderts erschienen, wird ungebrochen die Auffassung vertreten, das Feuer sei ein natürliches Agens und infolgedessen seien auch die bewirkten chemischen Veränderungen natürliche. Dies war einer der Gründe dafür, daß die Destillation insgesamt als eine bloß forcierte natürliche Scheidung aufgefaßt wurde und somit in das Gesamtverständnis der iatrochemischen Arbeit integriert werden konnte. Ein zweiter Grund lag darin, daß die Destillation pflanzlicher und tierischer Materialien ebenso wie biologische Wachstums- und Reifeprozesse oder andere physiologische Veränderungen irreversibel verläuft. Es liegt auf der Hand, daß diese Irreversibilität unvermeidlich war, denn es handelte sich bei diesen Materialien ja um komplizierte Systeme von Makromolekülen, die durch die Wärme zunächst in Stoffgemische zersetzt und anschließend als nicht minder undurchschaubare Stoffgemische in verschiedene Fraktionen zerlegt wurden, die gleichfalls, wenn auch einfachere Stoffgemische waren. Was dabei vor allem ins Auge fallen mußte, waren die Aggregatzustandsänderungen der Stoffe, die eine der Grundlagen für das Paracelsische Konzept der Spiritualisierung darstellten.

Selbst die stärker handwerklich geprägten Arbeitsprozesse der iatrochemischen Medikamentengewinnung konnten somit als eine bloße Förderung natürlich ablaufender Veränderungen erscheinen. Die natürlichen Veränderungen wiederum wurden im Rahmen der paracelsischen Naturphilosophie als teleologische verstanden, so daß sich die Arbeit der Chemisten einordnen ließ in ein sinnvolles Naturganzes. Die Tatsache, daß die iatrochemischen Praktiker einer Philosophie zugeneigt waren, die dem heutigen „praktisch denkenden" Menschen geradezu irrational erscheint, läßt sich mit dem Gesamtcharakter der Erfahrungen der Iatrochemiker in Einklang bringen. Die paracelsische Naturphilosophie hebt sich von anderen Naturphilosophien der Renaissance durch den Stellenwert ab, den die Chemie bzw. die chemische Terminologie in ihr einnimmt. Die Einordnung der Chemie in eine Philosophie wie die Paracelsische setzte aber auf Seiten der Chemie ihre Subsumierbarkeit voraus. Die konkrete Gestaltung der chemischen Praxis des Paracelsus und seiner Nachfolger, die als bloße Förderung natürlicher Prozesse erschien, machte eine solche Integrierbarkeit möglich. Vielleicht kann sogar in dieser Arbeitspraxis selbst, neben dem Einfluß tradierter Naturphilosophien, ohne den die begriffliche Ausgestaltung freilich nicht möglich gewesen wäre, die wichtigste Wurzel der Paracelsischen Naturphilosophie gesehen werden.[5]

VI.1.3 *Säuren als neue Mittel und herstellende chemische Kunst*

Die Veränderung des Gesamtcharakters der chemischen Praxis des 17. Jahrhunderts ging von der Einführung und Herstellung anorganischer chemischer Medikamente in der medizinischen und pharmazeutischen Praxis der Paracelsus-Nachfolger aus. Diese entnahmen der Metallurgie nicht nur die wichtigsten Ausgangsmaterialien für die Gewinnung anorganischer Medikamente, die Metalle, sondern auch Methoden ihrer Bearbeitung, sei es um die Metalle zu trennen, weil man reine Ausgangsmaterialien haben wollte, oder sei es um sie für die intendierten chemischen Veränderungen vorzubereiten. Das Auflösen der Metalle in Mineralsäuren und das Evaporieren des Lösungsmittels oder das Präzipitieren verstand man spätestens seit dem Ende des 16. Jahrhunderts als eine vorbereitende Arbeit für das anschließende Extrahieren von Essenzen durch die Destillation.[6] Die Metalle sollten durch die Säuren korrodiert oder „gewaltsam" zerkleinert werden, um die Körper für den nachfolgenden chemischen Extraktionsprozeß zu „öffnen". Die Säuren wirkten dieser Vorstellung gemäß wie mechanische Schneideinstrumente, und der gesamte Prozeß der sauren Auflösung wurde analog zur handwerklich-mechanischen Arbeit begriffen. Dieses handwerklich-mechanische Verständnis der sauren Auflösung beruhte auf der Erfahrung, daß die Metallkalke oder -pulver, die durch die saure Auflösung und nachfolgende Präzipitation oder Evaporation erhalten wurden, in der Regel wieder in die regulinischen Metalle überführbar waren. In der Metallurgie wurde die reversible Rückgewinnung von Gold, Silber und Kupfer nach ihrer Auflösung in Salpetersäure regelmäßig praktiziert und in der pharmazeutischen Praxis hin und wieder. Aber diese gelegentliche Rückführung der Metallkalke in regulinische Metalle im Rahmen der pharmazeutischen Praxis war für die Iatrochemiker durchaus hinreichend für das Wissen um die prinzipielle Reduzierbarkeit der Metallkalke in Metalle, da sie sich zusätzlich an der Metallurgie orientieren konnten.

Die vorbereitende Funktion, die die sauren Auflösungen innerhalb der Gesamtheit chemisch-pharmazeutischer Operationen hatten, führte dazu, daß das handwerklich-mechanische Verständnis dieser Operationen das generelle Verständnis der iatrochemischen Operationen als Förderungen natürlicher Veränderungsprozesse vorerst unberührt ließ. Es war möglich, das Pulverisieren der Metalle durch Säuren ganz analog zum mechanischen Zerschneiden und Mörsern pflanzlicher und tierischer Materialien zu verstehen, als vorbereitende Arbeiten, die seit eh und je zur Praxis des Apothekergewerbes gehörten.

Die Iatrochemiker des 16. und frühen 17. Jahrhunderts unterschieden ihre *chemische* Art und Weise der Medikamentengewinnung von derjenigen des traditionellen Apothekergewerbes durch die Anwendung des Feuers. Als chemische Operationen galten genau solche, in denen das Feuer oder seine abgeschwächte Form, die Wärme, eingesetzt wurde. Das Feuer galt bis etwa Mitte des 17. Jahrhunderts als das universelle Mittel chemischer Veränderungen.

---

[5] Zum Zusammenhang zwischen Naturbildern und Produktionsformen vgl. LEFÈVRE (1978). Der Zusammenhang zwischen teleologischen Naturbildern und einer agrarischen Produktionsform wird vor allem ebd. 59 ff. ausgeführt.

[6] Vgl. oben V.2.1.4.

Den zugesetzten Stoffen wurden Hilfsfunktionen für das Wirken des Feuers zugesprochen. Das Feuer sollte entweder wie ein mechanisches Instrument auf Stoffe einwirken und sie durch Kalzination mechanisch zerkleinern oder – und dies war seine chemisch bedeutsamere Funktion – mit Hilfe von Fermenten oder anderen Hilfsstoffen eine interne natürliche Veränderung der Substanzen initiieren und beschleunigen, sei es eine natürliche Scheidung, eine Erhöhung oder eine Transmutation. Wie wir gesehen haben, konnten alle diese Veränderungen als bloß beschleunigte natürliche Veränderungen begriffen werden, weil das Feuer ebenso wie die Wärme aus vorgefundenen natürlichen Wärmequellen als natürliches Agens chemischer Veränderungen galt.

Diese Auffassung, das Feuer sei das universelle Mittel der stets natürlichen chemischen Veränderungen wurde solange nicht in Frage gestellt, wie der Einsatz der Säuren als bloß vorbereitende Arbeit verstanden wurde. Im Laufe des 17. Jahrhunderts änderte sich jedoch der Stellenwert der sauren Auflösungen im Rahmen der iatrochemischen Praxis.[7] Der Umfang der chemischen Operationen in sauren Auflösungen nahm durch die Verwendung mehrerer verschiedener Säuren und die zunehmende Anzahl der verwendeten Metalle sowie durch den Einsatz von Alkalien und Erden zu. Man begann die Produkte der Auflösung, die zunächst teils als Metallkalke, d.h. als pulverisierte Metalle, und teils als Metallextrakte verstanden wurden, unmittelbar pharmazeutisch anzuwenden. Die sauren Auflösungen und ihre Produkte rückten näher ins Zentrum des praktisch-gewerblichen Interesses. Die Möglichkeiten, die die sauren Auflösungen und ihre Produkte boten, wurden, wie dies an R. Glauber exemplarisch verfolgbar ist, um die Mitte des 17. Jahrhunderts geradezu systematisch ausgelotet. Zahlreiche bisher unbekannte Stoffe, vor allem Salze, aber auch andere anorganische Verbindungen, wurden dabei entdeckt und zu praktischen Anwendungszwecken reproduziert. Aus der Anwendung von Säuren, die der ursprünglichen Intention nach wie das Werkzeug eines Handwerkers als bloß zerkleinerndes Instrument in einer vorbereitenden Operation für die eigentliche, das Feuer nutzende chemische Operation eingesetzt wurden, hatte sich ein neues chemisches Verfahren mit neuen Zwecksetzungen entwickelt. Die anorganische Chemie in Lösungen oder, wie es seit dem 18. Jahrhundert auch hieß, die auf nassem Wege vorgehende anorganische Chemie hatte sich neben der auf trockenem Wege vorgehenden etabliert. Die neuen damit verbundenen Zwecksetzungen bestanden in der Herstellung von Kunstprodukten, von koagulierten Auflösungen und künstlichen Salzen. Die sauren Auflösungen wurden, in der Mittel-Zweck-Relation ausgedrückt, zu neuen Mitteln der chemischen Praxis, die die Verfolgung neuartiger Zwecke nach sich zogen.[8] Neuartig waren die auf der Grundlage der neuen Mittel möglich gewordenen Herstellungen von Kunstprodukten in der Tat, denn diese lagen außerhalb des Denkhorizonts der Chemisten des 16. und frühen 17. Jahrhunderts. Die chemische Praxis zeigte nun, um die Mitte des 17. Jahrhunderts, ein neuartiges Gesicht. Sie hatte den Charakter einer *herstellenden* Kunst gewonnen.

---

[7] Vgl. oben IV.3.2.

[8] Vgl. dazu DAMEROW (1981).

VI.1.4 *Natürliche versus künstliche chemische Veränderungen*

Die Chemisten des 16. und frühen 17. Jahrhunderts verstanden ihre Tätigkeit noch ausschließlich als Initiierung und Forcierung natürlicher Veränderungen von Naturkörpern, die späteren jedoch verstanden sie daneben auch als Herstellung von Kunstprodukten. Die Herausbildung der Auffassung, man stelle Kunstprodukte her, und die Entwicklung erster chemischer Verbindungsvorstellungen stehen in einem unmittelbaren Zusammenhang. Die einzelnen chemischen Verbindungsvorstellungen, die die Chemisten im Laufe des 17. Jahrhunderts entwickelten, bezogen sich genau auf solche Produkte, die man als Kunstprodukte verstand. Im Zuge der Veränderung des praktischen Stellenwertes der sauren Auflösungen begannen die Chemisten diese zum Gegenstand weitergehender Reflexionen zu machen.[9] Der Vorgang der Auflösung selbst und eine zunehmende Zahl von einzelnen Auflösungsprodukten wurden, ausgehend vom ursprünglichen mechanisch-instrumentellen Verständnis der Wirkung der Säure, das die stoffliche Erhaltung der Ausgangsstoffe implizierte, als chemische Verbindungsbildungen auf der Grundlage stofflicher Beziehungen oder Affinitäten verstanden. In allen Einzelfällen war es stets die Reversibilität der fraglichen Operationen bzw., bleibt man bei den expressis verbis geäußerten Formulierungen der Chemisten, die Wiedergewinnbarkeit eines Ausgangsstoffs und die Möglichkeit der Rekonstruktion des Verbleibs des oder der anderen, was als Argument für die Auffassung angeführt wurde, das chemische Produkt enthalte die Ausgangsstoffe als Bestandteile.

Wie am Fall der Metallurgie schon gezeigt wurde, stimmt diese Auffassung mit dem handwerklichen Verständnis mechanischer Arbeit als mechanisches Zusammenbauen eines Artefaktes, das anschließend wieder reversibel in die Einzelteile zerlegt werden kann, überein. Die Reversibilität chemischer Operationen und die handwerklich-mechanischer Arbeitsvorgänge zeigen Übereinstimmungen, die ganz offenbar zu Übereinstimmungen im Verständnis dieser Vorgänge führten. Dies war nicht nur bei den Chemisten und den Autoren der metallurgischen Schriften der Fall, sondern, wie im Teil III gezeigt wurde, auch bei den mechanischen Korpuskulartheoretikern und Atomisten des 17. Jahrhunderts. Die Reversibilität der Herstellung chemischer Verbindungen oder der chemischen Synthese und der chemischen Analyse galt z.B. Boyle ebenso wie den atomistischen Elementen- und Prinzipientheoretikern als empirischer Beleg für die Erhaltung stoffspezifischer Korpuskeln in einer chemischen Veränderung. Die Vorstellung, daß Teile, die man zu einem Ganzen kombinieren oder zusammenbauen und anschließend durch Zerlegen des Ganzen wiedererhalten kann, individuell erhalten bleiben, selbst wenn im Ganzen die Teile nicht mehr sinnlich wahrnehmbar sind, ist vielleicht ein übergreifendes Denkschema für menschliche Handlungen. Ein solches Denkschema, das man als Baukastenprinzip bezeichnen könnte, prägte die ersten chemischen Verbindungsvorstellungen des 17. Jahrhunderts sowohl Boyles, Sennerts und anderer Atomisten als auch der Praktiker. Wir können sogar feststellen, daß selbst bis in die Beschreibungssprache chemischer Verbindungsbildungen hinein Übereinstimmungen zwischen den Praktikern und den Korpuskulartheoretikern und Atomisten zu finden sind. Boyles methodische Forderung an die Elementen- und Prinzipientheorie nach einer Ergänzung der Analyse durch

---

[9] Vgl. oben V.2.2.

eine Resynthese war keine Privatidee, sondern entstand im Kontext dieses gemeinsamen Verständnisses der reversiblen Operationen der gewerblichen chemischen Praxis.

Aber, und dies ist die Pointe, auf die es im Hinblick auf die Frage nach der Genese des Erhaltungstheorems des chemischen Verbindungskonzepts ankommt, die Praktiker waren nicht im geringsten von den im 17. Jahrhundert aufkommenden Korpuskulartheorien beeinflußt. Die Autoren der metallurgischen Schriften konnten schon aus zeitlichen Gründen nicht unter diesem Einfluß stehen, und die übergroße Mehrheit der Chemisten des 17. Jahrhunderts war Paracelsianer. Chemisten wie Libavius, Beguin, Le Fèvre, Glaser oder Glauber vertraten in ihren Schriften mit voller Überzeugung die paracelsische Naturphilosophie und verstanden die Mehrzahl der von ihnen beschriebenen chemischen Operationen in Übereinstimmung mit dieser Naturphilosophie und ihren Erfahrungen als natürliche Veränderungen. Die einzelnen chemischen Verbindungsvorstellungen konnten sich neben diesem traditionellen Verständnis chemischer Operationen herausbilden, weil sich beide Auffassungen auf streng separierte Bereiche bezogen und deshalb nicht in Widerspruch geraten konnten. Die chemischen Verbindungsvorstellungen bezogen sich ausschließlich auf Produkte, die man als Kunstprodukte auffaßte, das traditionelle paracelsische Verständnis dagegen auf Naturkörper und ihre natürlichen Veränderungen. In Übereinstimmung mit der aristotelischen Unterscheidung zwischen Naturkörpern bzw. ihren natürlichen Veränderungen und den Veränderungen der mechanischen Kunst hielten die Chemisten, freilich nur für eine kurze Zeit, Natur und chemische Kunst, die sie in Analogie zur mechanischen verstanden (als μηχανικη τεχνη), deutlich auseinander. Die chemischen Artefakte wurden als bloß einheitlich erscheinende Produkte des mechanischen Kombinierens und Zerlegens begriffen. Aber dies mußte nicht im mindesten ihre Auffassung tangieren, daß sie daneben und hauptsächlich auch die natürlichen Veränderungen der tatsächlich homogenen Naturkörper initiieren und forcieren konnten. Die Genese des Erhaltungstheorems des chemischen Verbindungskonzepts läßt sich somit plausibel als Resultat der Reflexion reversibler chemischer Operationen einer veränderten, nämlich chemische Kunstprodukte herstellenden gewerblichen chemischen Praxis des 17. Jahrhunderts erklären.

VI.1.5 *Chemische Operationen und chemische Reaktionen*

Ein Resultat der vorangegangenen Darlegungen war, daß die sauren Auflösungen, die als neue Mittel in der chemischen Praxis des 17. Jahrhunderts zum Einsatz kamen, bald auch als chemische Verfahren aufgefaßt wurden. Der Unterschied zwischen dem ursprünglichen Verständnis der Anwendung von Säuren als Instrumente der Zerteilung, in Analogie zur Anwendung mechanischer Arbeitsinstrumente in der handwerklichen Arbeit, und dem als ein chemisches Verfahren ist im Hinblick auf das generelle Verständnis chemischer Veränderungen fundamental. Die Chemisten entwickelten, bezogen auf einzelne reversible chemische Operationen, Verbindungsvorstellungen, die nicht nur ein Erhaltungstheorem, sondern zugleich die Annahme von Sympathien oder Affinitäten zwischen den Säuren und den aufgelösten Stoffen einschlossen. Ein modernes Verständnis dessen, was eine *chemische* Veränderung von einer mechanisch-handwerklichen und einer biologischen unterscheidet, begann sich abzuzeichnen. Feuer und Säuren sollten im Verständnis der Iatrochemiker des 16. und frühen 17. Jahrhunderts entweder bloß wie ein handwerkliches Arbeitsmittel die äußere Gestalt eines Körpers verändern oder initiierend und beschleunigend auf interne natürliche Veränderungen einwirken. Beides aber waren Einwirkungen von außen. In der Erklärung der Homogenität der sauren Auflösung als Aufnehmen oder Festhalten des aufgelösten Stoffs durch die Säure lag der Akzent noch stark auf dem instrumentellen Charakter der Säure. Das Geschehen bei der Präzipitation verstand man jedoch als wechselseitige Einwirkung von Stoffen auf der Grundlage stofflicher Beziehungen. Trotz der – aus späterer Sicht – Unzulänglichkeit des animistischen Verständnisses dieser stofflichen Beziehungen implizierte es doch eine grundlegend neue Sichtweise auf chemische Veränderungen. Man verstand die Präzipitation nicht als chemische Veränderung eines Stoffs durch ein von außen wirkendes Instrument, sondern als einen Vorgang zwischen „Reaktionspartnern", d.h. wie eine chemische Re-aktion im neuzeitlichen Sinn. Und diese chemischen Reaktionen sollten auf internen Beziehungen der Reaktionspartner beruhen. In dieser neuen Sichtweise ist zugleich im Keim das vorhanden, was einige Jahrzehnte später von Geoffroy als „Gesetz" stofflicher Beziehungen bezeichnet wird. Eine Verallgemeinerung dieser stofflichen Beziehungen und eine verallgemeinerte Vorstellung chemischer Reaktionen konnte freilich nicht eher herausgebildet werden, bis die vereinzelten chemischen Veränderungen, die wie interne chemische Reaktionen verstanden wurden, verglichen und integriert und somit vom Verständnis chemischer Operationen als Einwirkungen äußerer Instrumente abgehoben wurden. Dieser gegen Ende des 17. Jahrhunderts einsetzende Integrationsprozeß setzte Erfahrungen und vor allem Vergleichsmöglichkeiten mit einer hinreichenden Anzahl als interne chemische Reaktionen einsehbarer Veränderungen voraus.

Die gewerbliche chemische Praxis der Iatrochemiker und Apotheker der zweiten Hälfte des 17. Jahrhunderts war der Ort, wo diese Erfahrungen gemacht werden konnten. Sie bot alle praktischen Voraussetzungen für das sich anbahnende abstrakte Verständnis chemischer Operationen als chemische Reaktionen. Erstens standen in dieser Praxis isolierte chemische Reinstoffe zur Verfügung; zweitens waren dies zugleich hochwirksame Reinstoffe wie die Säuren, die ohne Erhitzen chemisch reagieren; und drittens waren es solche Reinstoffe wie die Metalle, Alkalien und Erden, die sich gegenüber Säuren ähnlich verhalten und daher vergleichbar sind, so daß Unterschiede der Affinität auf der Grundlage der Gemeinsamkeiten des chemischen Reaktionsverhaltens festgestellt werden können. Die gewerbliche Praxis hatte, mit anderen Worten, *praktisch* die Isolationen von Entitäten vollzogen und ihr Zusammenwirken realisiert, bevor die Reflexion dieser Praxis zu Abstraktionsleistungen wie dem Begriff der chemischen Reaktion und der Erkenntnis stofflicher Beziehungen oder gar chemischer Gesetze führte. Diese in der gewerblichen Praxis vollzogenen Isolationen und „Abstraktionen"[10] wurden bei den Präzipitationen am weitesten getrieben, und daher kam diesen eine Schlüsselfunktion für die Erkenntnis stofflicher Beziehungen oder Affinitäten zu, eine Erkenntnis, die oben im Teil I als zweites wesentliches Moment des neuzeitlichen chemischen Verbindungskonzepts herausgearbeitet wurde.

---

[10] Um die strukturellen Übereinstimmungen der Abstraktion im üblichen Sinne des Begriffs, d.h. der gedanklichen Abstraktion, und den Vorleistungen der Praxis herauszuheben, bezeichnet W. Lefèvre diese praktischen Vorleistungen ebenso als Abstraktionen: „Es liegt auf der Hand, daß die Möglichkeit solcher Erkenntnis nicht in erster Linie von intellektueller Potenz abhängt. Das Herausfinden des Identischen in den vielen besonderen Wirkprozessen zwischen Naturdingen und die Isolation der Momente an diesen Naturdingen, von denen die Wirkung abhängt, – diese theoretischen Abstraktionen setzen entsprechende, in der materiellen Produktion vollbrachte Abstraktionen voraus." (LEFÈVRE (1978) 24)

VI.1.6 *Die paradigmatische Bedeutung der Präzipitationen*

Die Präzipitationen waren chemische Operationen der gewerblichen Praxis, die Idealbedingungen für die Erkenntnis stofflicher Beziehungen oder Affinitäten boten. Solange bei der Durchführung chemischer Operationen das Feuer eingesetzt wurde, konnten die tatsächlichen Ursachen chemischer Veränderungen verborgen bleiben. Die Gewinnung einer Reihe von Salzen z.B. erfolgte durch langsames Evaporieren des Lösungsmittels oder alternativ dazu durch dessen Abdestillieren. Letzteres genügte oft schon, um den gesamten Vorgang als Extraktion einer erhöhten Essenz mit dem Instrument Feuer zu verstehen. Bei Präzipitationen jedoch konnte auf das Feuer völlig verzichtet werden. Sie erfolgten nach Zugabe eines Präzipitationsmittels binnen weniger Sekunden. Somit war bei den Präzipitationen von störenden Randbedingungen wie dem Erhitzen abstrahiert, d.h. sie boten für die Erkenntnis stofflicher Beziehungen Idealbedingungen, wie es sonst nur in gezielt arrangierten Experimenten der Fall ist.

Zudem konnten bei Präzipitationen die stofflichen Beziehungen zweier Stoffpaare, der Säure mit dem aufgelösten Stoff und der Säure mit dem Präzipitationsmittel, studiert und verglichen werden. Es war sogar möglich, in demselben Auflösungsmittel ohne einen Wechsel der Gefäße allein durch sukzessive Zugabe geeigneter Präzipitationsmittel eine ganze Serie von Präzipitationen vorzunehmen. Die Fällungsreihe der Metalle ist ein Exempel für eine solche Serie von Präzipitationen. Sie war eine unmittelbare Erfahrungsgrundlage für die Konstruktion anderer Vergleichs- oder Ordnungsreihen, wie sie die Tabelle Geoffroys enthält. Freilich waren schon im 16. Jahrhundert z.B. von Paracelsus und Agricola Vergleiche zwischen dem Verhalten des Quecksilbers oder dem des Schwefels mit verschiedenen Metallen angestellt worden. Solche Vergleiche waren auch damals schon eine Grundlage für die Annahme stofflicher Beziehungen zwischen den Metallen und dem Quecksilber bzw. Schwefel. Diese Vergleiche und Annahmen blieben jedoch für die Theoriebildung folgenlos, bis ihre Gemeinsamkeiten mit den Präzipitationsreihen entdeckt wurden. Da bei der Gewinnung und Zerlegung von Amalgamen und Metallsulfiden stets auch das Feuer eingesetzt wurde, war es unmöglich, das Verhältnis von Feuer und Affinitäten bei der Verursachung chemischer Veränderungen genauer zu klären.

Auf der Grundlage des Verständnisses saurer Auflösungen als Pulverisierungen der aufgelösten Stoffe und ihrer Bindung an die Säure waren die Präzipitationen zugleich ein einfacher Fall reversibler Verbindungsbildungen und Zerlegungen mit der Struktur $A + S \rightarrow AS$ und $AS + P \rightarrow PS + A$. Die Reflexion komplizierter reversibler Verbindungsbildungen und Zerlegungen – solche, die nicht von isolierten Ausgangsstoffen ausgingen, wozu insbesondere die doppelte Zerlegung zweier Verbindungen und die erneute kreuzweise Verbindung der Zerlegungsprodukte gehört – konnte von diesen einfachen Fällen ausgehen. Der Reflexion der einfachen chemischen Verbindungsbildung bei der sauren Auflösung und ihrer reversiblen Zerlegung durch Präzipitation kam für die Reflexion der komplizierten Fälle eine vermittelnde Funktion zu. Oder, anders ausgedrückt, da die Reflexion komplizierter Fälle reversibler Verbindungsbildungen und Zerlegungen auf die Reflexion der einfachen Fälle als Mittel der Reflexion zurückgreifen konnte, wurden die sauren Auflösungen und Präzipitationen zum paradigmatischen Bezugspunkt für das chemische Verbindungskonzept. Es ist somit kein Zufall, wenn die Herstellung von Salzen, die nicht mit isolierten Säuren erfolgte, – wie z.B. diejenige des Salmiaks aus dem flüchtigen Laugensalz und Kochsalz und die nachfolgende Zerlegung dieser Salze durch Zusatz eines Stoffs, der sonst auch als Präzipitationsmittel diente, oder wie die doppelte Zerlegung des Sublimats und des Antimonsulfids bei der Herstellung von Antimonbutter – in den pharmazeutischen Schriften des 17. Jahrhunderts und übrigens auch bei Boyle in derselben Terminologie und auf dieselbe Weise erklärt wurde wie die Auflösungen in isolierten Säuren und die Präzipitation.

Von dieser paradigmatischen Bedeutung der Präzipitationen in sauren Auflösungen ausgehend wurde die Bedeutung des Begriffs Auflösung in den pharmazeutischen Schriften der zweiten Hälfte des 17. Jahrhunderts erweitert. Der Begriff der Auflösung wurde geradezu synonym mit dem der chemischen Verbindung verwendet, wie u.a. der Terminus koagulierte Auflösung zeigt. Noch Mitte des 18. Jahrhunderts gebraucht z.B. Macquer in seinem *Chemischen Wörterbuch* die Begriffe „Auflösung" und „chemische Verbindung" in dieser synonymen Bedeutung.[11] Die Affinitätstheorien des 18. Jahrhunderts, insbesondere die dominierende sogenannte newtonianische mit der in ihr enthaltenen chemischen Verbindungstheorie, bewahrten den paradigmatischen Bezug auf die sauren Auflösungen und Präzipitationen. Dies änderte sich erst zu Beginn des 19. Jahrhunderts, als mit der Einführung der Elektrochemie neue Mittel chemischer Veränderungen gefunden worden waren. Bis dahin waren die Möglichkeiten und Grenzen der chemischen Affinitäts- und Verbindungstheorie ganz maßgeblich durch diesen paradigmatischen Bezug bestimmt. Dieser Bezug war dieser Theorie nicht äußerlich oder kontingent, denn er spielte nicht nur eine zentrale Rolle in ihrer Genese, sondern bestimmte die Bedeutung der Grundbegriffe dieser Theorie. In historischen Rekonstruktionen wie denen A. Thackrays, der die Genese der chemischen Affinitätstheorie als Resultat der Durchsetzung der materietheoretisch verallgemeinerten Gravitationstheorie Newtons erklären will, muß der herausgehobene Stellenwert saurer Auflösungen und Präzipitationen für diese Theorie bzw. die Frage, warum die Affinitätstheoretiker gerade auf diese und keine anderen Experimente verfallen sind, dagegen ein Rätsel bleiben.

VI.2 DER BEGINNENDE UMBRUCH – N. LEMERY UND W. HOMBERG

VI.2.1 *Erste Integrationsschritte*

Eine integrierende Zusammenfassung der chemischen Produkte, die zuvor vereinzelt von den Autoren der pharmazeutischen Schriften als chemische Verbindungen interpretiert worden waren, unternahmen im letzten Drittel des 17. Jahrhunderts N. Lemery und W. Homberg.[12] Die Herstellung der als koagulierte Auflösungen verstandenen künstlichen Vitriole, der Antimonbutter, die man als saure Auflösung auffaßte, der zuweilen als Doppelsalze bezeichneten Salze Salmiak, Tartarus vitriolatus (Kaliumsulfat), künstlicher Salpeter (Kaliumnitrat), Tartarus regeneratus (Kaliumacetat), Sal marinus regeneratus (Kaliumchlorid) und eventuell anderer,

---

[11] Vgl. in MACQUER (1)DC vor allem die Artikel „Dissolution", „Affinité" und „Composition".

[12] N. Lemerys bedeutendste Schrift ist sein *Cours de Chymie* (1675). W. Hombergs Publikationen sind in den *Mémoires* der Pariser Akademie enthalten. Im Hinblick auf sein Verständnis der sauren Auflösungen und Salze siehe insbesondere HOMBERG (1702).

neu hinzugekommener Salze faßten sie als Herstellung künstlicher Salze zusammen. Im Zusammenhang mit dieser Integration verschiedener chemischer Operationen der Salzbildung wurden die Alkalien und Salze neu definiert und klassifiziert. Als Alkalien wurden jetzt nicht mehr ausschließlich die fixen und flüchtigen alkalischen Salze bezeichnet, sondern ausnahmslos alle Substanzen, die mit Säuren efferveszieren und Salze bilden. Dazu gehörten über die bisher als Alkalien bezeichneten fixen und flüchtigen alkalischen Salze hinaus vor allem auch die Metalle und daneben auch andere Stoffe bzw. Stoffgemische wie die absorbierenden Erden, Korallen und Perlen.[13] Homberg nannte die so als Alkalien zusammengefaßten Stoffe erstmals auch Basen der Salze.[14] Die Salze, die aus der Kombination einer Säure mit einer der vier Salzbasen hervorgehen, faßte Lemery unter der Bezeichnung Sels salés zusammen und definierte diese als „eine Mischung aus einer Säure und einem Alkali oder vielmehr ein Alkali, das mit einer Säure gesättigt und gefüllt ist".[15] Die chemisch hergestellten Sels salés, die später auch Salia composita genannt werden, sind somit Stoffe, die die heterogenen Teile, aus denen sie hergestellt wurden, als Bestandteile enthalten und die wieder in diese chemisch zerlegbar sind.[16] Die Grenze dieser Integration der Salzbildungsarten lag bei den natürlichen Salzen. Das Konzept der Zusammensetzung der Sels salés oder Salia composita aus einer Säure und einer der vier Salzbasen bezog sich vorerst nur auf die künstlichen, chemisch hergestellten, Salze. Zwar gab es Differenzen in der Unterscheidung natürlicher und künstlicher Salze – bei Homberg wird die Grenze zwischen beiden schärfer gezogen als bei Lemery –, aber noch dreißig Jahre später schreibt H. Boerhaave (1668–1738), einer der einflußreichsten Chemiker des frühen 18. Jahrhunderts, in seinen *Elementa chemiae* (1732), nur die künstlichen Salia composita, nicht aber die natürlichen Sales neutres seien aus Alkalien und Säuren zusammengesetzt.[17]

Die Integration der verschiedenen Salzbildungsarten zu einer einheitlichen Klasse der chemisch hergestellten Salze konnte nur gelingen, wenn von den konkreten chemischen Operationen der Salzherstellung abstrahiert wurde. Alle vorangegangenen Autoren pharmazeutischer Schriften interpretierten die chemischen Veränderungen im Kontext der konkreten Durchführungsmodi der Operationen. Das Verständnis der Extraktion von Essenzen war gebunden an die Erfahrungen mit der Destillation bzw. der Extraktion mit Lösungsmitteln. Ebenso war das Verständnis der Erhöhung und Transmutation an die als Fermentation, Digestion, Putrefaktion und Projektion bezeichneten Verfahren gebunden und das der Kalzination an die Auflösung und Präzipitation in Säuren. Auch die vereinzelten bereits als Verbindungs-

---

[13] Vgl. LEMERY (1675) 21 ff. und Homberg: „Il se trouve outre les sels alkalis encore une infinité d'autre matieres alkalines, qui produisent a peu prés les mêmes effets avec les acides que les sels alkalis que nous venons d'examiner: ces matieres alkalines sont de differentes natures, quelques-unes en sont purement terreuses, comme la chaux, le marbre, les terres sigillés &; D'autres sont métalliques (...)". (HOMBERG (1708) 319)

[14] Homberg macht diese Bemerkung im Zusammenhang mit der Erklärung der Kristallform der Salze. Die Kristallformen „(...) doivent (...) être attribuées aux alcalis salins, terreux ou métalliques qu'ils ont dissout, & qui leur servent de base." (HOMBERG (1702) 44)

[15] „Quant à ce qu'on appelle sel salé, c'est un mêlange d'acide et d'alcali, ou plûtôt un alcali soulé & rempli d'acide." (LEMERY (1675) 24)

[16] Die Bezeichnungen Mittelsalze (Sels moyens) oder gemischte Salze (Sels mixtes), die ebenfalls für die chemisch hergestellten Salze verwendet wurden, blieben auf die aus fixen Alkalien und einer Säure hergestellten Salze beschränkt. Homberg bezeichnete diese Salze als Mittelsalze, weil sie eine Mittelstellung zwischen den *fixen* Alkalien und den *flüchtigen* Säuren einnehmen bzw. aus einem fixen und flüchtigen Bestandteil zugleich bestehen sollen: „(...) les deux sels qui les composent sont & demeurent l'un fixe & l'autre volatil." (HOMBERG (1702) 41)

[17] Vgl. KOPP GdCh III 67.

bildungen erkannten chemischen Veränderungen waren Interpretationen ganz konkreter einzelner Operationen. Lemery und Homberg beziehen sich natürlich auch auf solche Operationen, sprechen aber ganz abstrakt von dem Verhalten chemischer Stoffe. Ihr Gegenstand sind Salzbildungen aus Alkalien und Säuren unabhängig davon, ob diese Salze durch Präzipitation, Destillation oder Evaporation des Lösungsmittels gewonnen wurden. Damit aber liegt erstmals eine verallgemeinerte abstrakte Vorstellung von chemischen Reaktionen zwischen Reaktionspartnern vor. Geoffroy setzte beim Aufstellen seiner *Tabelle stofflicher Beziehungen* an dieser Abstraktion an und trieb sie weiter.

VI.2.2 *Mechanische Reduktionsversuche*

N. Lemery und W. Homberg nahmen nicht nur eine erste Integration der als chemische Verbindungsbildungen verstandenen chemischen Operationen vor, sondern versuchten auch, diese Operationen zu erklären. Anders als später Geoffroy versuchten sie, eine *Theorie* der als chemische Verbindungsbildungen verstandenen Salzherstellungen zu entwickeln. Dabei machten sie Anleihen bei den zeitgenössischen Korpuskulartheorien. Sie übernahmen diese jedoch nicht als allgemeine Materietheorien und versuchten nicht, ihre korpuskulartheoretischen Vorstellungen losgelöst von den Erklärungen chemischer Reaktionen zu konkretisieren.[18]

Im theoretischen Vorspann seines *Cours de Chymie* schreibt N. Lemery, man könne die Natur einer so verborgenen Sache wie die der Salze am besten verstehen, wenn man sich die heterogenen Teile, aus denen sie entstehen und zusammengesetzt sind, unterschiedlich geformt denke.[19] Die Säuren seien aus bewegten und spitzen Teilen zusammengesetzt, die Metalle und fixen oder flüchtigen Alkalien oder die absorbierenden Erden dagegen sollten eine poröse, schwammartige Struktur besitzen und leicht zerbrechlich sein. Die von seinen Vorgängern und Zeitgenossen aufgestellte Erklärung der Efferveszenz von Alkalien mit Säuren durch einen Antagonismus beider Substanzen wird bei Lemery mechanisch uminterpretiert. Die Säuren dringen nach Lemery mit ihren Spitzen in die Poren der Alkalien, Erden oder Metalle ein und reißen diese durch ihre Bewegung auseinander. Dieses Auseinanderreißen soll im Phänomen der Efferveszenz zum Ausdruck kommen.[20] Die Neutralität eines Salzes wird nun nicht mehr auf die gegenseitige Mortifikation von Säuren und Alkalien zurückgeführt, sondern auf eine Zerstörung der Formen. Die Porenstruktur soll durch das Auseinanderreißen der Basenpartikel und das Füllen ihrer Poren mit Säurepartikeln verloren gehen. Umgekehrt zerbrechen dieser Vorstellung gemäß die Spitzen der Säuren beim Eindringen in die

---

[18] Lemery und Homberg waren beide entschiedene Verteidiger der Elementen- und Prinzipientheorie, die sie zum Teil mit neuen Argumenten besser zu fundieren versuchten. Auf das Verhältnis von Korpuskulartheorie und Elementen- und Prinzipientheorie kann hier nicht genauer eingegangen werden.

[19] „Comme on ne peut pas mieux expliquer la nature d'une chose aussi cachée qu'est celle d'un sel, qu'en admettant aux parties qui le composent, des figures qui répondent à tous les effets qu'il produit (...)". (LEMERY (1675) 22)

[20] „Pour ce qui est des Alcali, on les reconnoît quand on verse de l'acide dessus; car aussi tost ou peu de temps après, il se fait une effervescence violente qui dure jusqu'à ce que l'acide ne trouve plus de corps à rarefier. Cet effet peut faire raisonnablement conjecture que l'alcali est une matiere composée de parties roides & cassantes dont les pores sont figurez de façon, que les pointes acides y étant entrées, elles brisent & écartent tout à qui s'oppose à leur mouvement, & selon que les parties qui composent cette matiere sont plus ou moins solides (...)". (LEMERY (1675) 23)

Auseinanderreißen der Alkalien[21] oder werden beim Eindringen in die Alkalien verhüllt.[22] Diese mechanische, mit korpuskulartheoretischen Annahmen operierende Erklärung der Auflösung und Salzbildung wird Jahre später von Homberg übernommen. Die Homogenität einer Auflösung, in der z.B. die Metallteile einerseits erhalten bleiben, andererseits aber nicht mehr wahrnehmbar sind, erklärt auch er mit der Winzigkeit der durch die Säure zerissenen Teile.[23] Die Salzbildung soll in einer Zusammenlagerung komplementär geformter Säure- und Alkali- oder Metallteile zu einer engen Verbindung („jonction tres-convenable") bestehen, in der die heterogenen Ausgangsstoffe als Bestandteile erhalten bleiben.

Die Annahme komplementär geformter Säure- und Basenpartikel war vor allem für N. Lemery der Ausgangspunkt, um die animistischen Vorstellungen, die zuvor mit dem Affinitätsbegriff der Chemisten verbunden waren, zu eliminieren. Lemery ging dabei, anders als zuvor Robert Boyle, stets von den Partikeln empirischer chemischer Stoffe aus, nämlich von denen der Säuren und Basen. Insofern kann sein Versuch tatsächlich als ein Versuch der mechanischen Reduktion der chemischen Affinitätsvorstellungen gelten. Dieser Versuch kam insbesondere im Zusammenhang mit der Präzipitation der Metallkalke und der Sättigung zum Tragen.

Lemery versuchte die Präzipitation der Metallkalke anstatt mit Sympathien, Kräften oder Affinitäten zwischen Stoffen mit einem Stoßmechanismus zu erklären. Die zugesetzten Präzipitationsmittel waren Metalle oder fixe oder flüchtige Alkalien, die erstens eine geeignete Porengröße für die Säurepartikel besitzen mußten und die zweitens so gegen die zusammensteckenden Säure- und Metallpartikel stoßen sollten, daß diese auseinanderbrachen. Dieses gewaltsame Auseinanderbrechen durch Stoß sollte nach Lemery mit einem Abbrechen der äußersten Säurespitzen einhergehen.[24] Die Säuren wurden so bei diesem Stoßvorgang modifiziert und im Extremfall in andere, nicht mehr saure Stoffe transmutiert. Der Preis der mechanischen Erklärung der Präzipitationen war somit die Aufgabe bzw. die Tendenz zur Aufgabe des Erhaltungstheorems des chemischen Verbindungskonzepts.

Der Terminus Sättigung wurde schon vor Lemery z.B. von Le Fèvre verwendet. Le Fèvre deutete die Auflösung eines Metalls als dessen Zerfressen- und Aufgenommenwerden durch eine Säure, und die Sättigung als Erschöpfung der Aufnahmekraft oder Affinität der Säure. Auf die Sättigung der vorhandenen Säure war es zurückzuführen, daß in vielen Fällen zur vollständigen Auflösung eines bestimmten Metallquantums weitere Säuremengen hinzugefügt werden mußten. Lemery und Homberg deuteten auch die Sättigung mechanisch um. Unter Sättigung verstanden sie die vollständige Füllung der Poren eines Alkalis mit Säureparti-

---

21 „Il y a encore à remarquer, que l'acide & l'alcali se détruisent tellement dans leurs combat; que quand on a versé peu à peu autant d'acide qu'il en faut pour penetrer un alcali dans toutes ses parties, il n'est plus alcali (...) parce qu'il n'a plus des pores disposez comme il avoit: & l'acide rompt ses pointes (...)". (LEMERY (1675) 25)

22 „(...) les pointes qui faisoient sa force [sc.: l'eau Regale – U.K.] sont fichées dans les perticules de l'or." (LEMERY (1675) 96) „(...) les pointes acides y demeurent comme enguainées et elles appesantissent le corps (...)". (ebd. 707)

23 „La précipitation avec laquelle les pointes des acides entrent dans les pores des ces sortes d'alcalis en éclate & en déchire le tissu, ensorte qu'ils en sont reduits en parties si menues que l'oeil ne sçauroit les plus décrouvir. C'est ainsi que ce sont les dissolutions de tous les métaux par les acides; & comme chacune de ces petites parties du métail dissout, ne laissent pas d'être toûjours du métail, ces parties se rejoignent & reparoissent en forme métallique, lorsqu'on en separe l'acide qui les avoit dissous." (HOMBERG (1702) 41)

24 Vgl. LEMERY (1675) 96 f. u. 106.

keln, die durch die Komplementarität der Formen gewährleistet war. Anders als die mechanische Reduktion der Affinität im Zusammenhang mit der Präzipitation, die das Erhaltungstheorem des chemischen Verbindungskonzepts in Frage stellte, enthielt die Reduktion der Vorstellung eines Erlöschens der Affinität durch Sättigung auf mechanische Vorgänge eine Implikation, die für das chemische Verbindungskonzept äußerst fruchtbar war. Die mechanische Reduktion der Sättigung legte einen Zusammenhang zwischen der Sättigung und der Gewichtszunahme des Salzes im Vergleich zum eingesetzten Alkali nahe. Lemery und Homberg erkannten diesen Zusammenhang, maßen ihm aber noch keine besondere Bedeutung bei.[25] Die Gewichtszunahme war nun nicht mehr bloß Resultat der gemeinsamen Koagulation des Alkalis und der Säure, sondern zugleich Sättigung und somit quantitativ begrenzt. Das mechanische Verständnis der Sättigung enthält damit Momente des späteren Gesetzes der konstanten Proportionen, das an der Wende vom 18. zum 19. Jahrhundert von L. Proust (1755–1826) formuliert wurde.

Das mechanische Verständnis der Sättigung wurde zu einem wichtigen Ausgangspunkt für die newtonianische chemische Affinitätstheorie des 18. Jahrhunderts. Im Rahmen dieser Theorie erhielt der Terminus Sättigung den Status eines theoretischen Grundbegriffs. Die newtonianische Affinitätstheorie des 18. Jahrhunderts, die die Idee einer stofflichen Beziehung mit der Annahme einer Newtonschen Anziehungskraft zwischen sich verbindenden Stoffen wieder aufnahm, unterschied chemische Verbindungen von Stoffgemischen über die Anziehungskraft oder Affinität der Bestandteile einer Verbindung. Dabei ging sie von konstanten Kraftbeziehungen zwischen Stoffpaaren aus. Die Präzipitation und die doppelte Zerlegung mit nachfolgender Neukombination, die sogenannte Wahlverwandtschaft, erklärte sie mit konstanten Affinitätsunterschieden zwischen den verschiedenen Stoffpaaren. Diese Affinitätsunterschiede wurden auf Unterschiede der Paßformen komplementär geformter Partikel oder der Oberflächenberührung zurückgeführt. D.h. man setzte voraus, daß bei einer Verbindung zweier Stoffe infolge einer konstanten Affinität in jedem Fall vollständige Oberflächenberührung stattfand. Vollständige Oberflächenberührung bedeutete aber nichts anderes als vollständige Sättigung oder – moderner ausgedrückt – konstante Proportionen. Als die zunehmenden Erfahrungen mit Salzbildungen zeigten, daß es Salze gibt, die Säuren in verschiedenen Proportionen enthalten können[26], kam nicht nur die Affinitätstheorie ins Wanken, sondern mit ihr auch die theoretische Fundierung des chemischen Verbindungsbegriffs. Die letzte Variante der newtonianischen Affinitätstheorie, die Verwandtschaftslehre Cl.L. Berthollets (1748–1822)[27], die durch das Attribut newtonianisch kaum noch angemessen zu charakterisieren ist, ersetzt sowohl die Annahme einer konstanten Anziehungskraft zwischen Stoffpaaren durch ein neues, in Analogie zur zeitgenössischen Wärmelehre formuliertes Konzept als auch den Begriff der konstanten Sättigung oder konstanten Proportion einer chemischen Verbindung durch die Annahme eines Verteilungsgleichgewichts der chemischen Stoffmassen in

---

25 Vgl. LEMERY (1675) 708 und HOMBERG (1708) 316.

26 So können z.B. Metall(I)-sulfate als Metallsulfat Me_2SO_4 und als Hydrogensulfat $MeHSO_4$ vorliegen.

27 Vgl. dazu vor allem BERTHOLLET (1803).

einer Auflösung.[28] Die Kontroverse[29], die sich seit dem Erscheinen seiner *Chimie statique* im Jahre 1803 zwischen Proust, der die konstanten Proportionen für ein chemisches Grundgesetz hielt, und Berthollet über mehrere Jahre hinzog, ist Ausdruck der prekären Situation, in der sich das chemische Verbindungskonzept noch zu Beginn des 19. Jahrhunderts befand.

VI.3 GEOFFROYS FORMULIERUNG DES CHEMISCHEN VERBINDUNGSKONZEPTS

VI.3.1 *Integration und Abstraktion*

Geoffroy ging bei der Integration der als chemische Verbindungsbildungen verstandenen chemischen Operationen weit über N. Lemery und W. Homberg hinaus. Lemery und Homberg konzentrierten ihre Integrationsbemühungen auf die Salzbildungen. Die praktischen pharmazeutischen Verwendungszwecke der Salze spielten bei dieser Integration zwar keine Rolle mehr, aber diese verblieb doch in dem Rahmen, den die iatrochemisch-pharmazeutische Praxis absteckte. Geoffroy überschritt diese Grenze, indem er versuchte, die vorhandenen Kenntnisse über chemische Verbindungsbildungen möglichst vollständig zusammenzufassen. In seiner *Tabelle der stofflichen Beziehungen* werden die chemischen Verbindungsbildungen der pharmazeutischen Praxis mit denen der Metallurgie zusammengebracht.

Dabei abstrahiert er *erstens* vollständig von den verschiedenen praktischen Zwecken, zu denen diese chemischen Operationen vorgenommen wurden.

Zweitens stellt er auch ganz verschiedene Stoffklassen, nämlich Salze, Metallsulfide, Legierungen, Amalgame und wässrige Auflösungen zusammen. Wenn Lemery und Homberg zuvor verschiedene chemisch hergestellte Salze in einer Klasse zusammengefaßt hatten, so konnten sie dies auf der Grundlage des traditionellen Klassifikationskriteriums für Salze, dem der sinnlich wahrnehmbaren Eigenschaften. Die chemisch hergestellten Salze waren als Salze identifizierbar und klassifizierbar, weil sie ebenso wie die natürlichen Salze wasserlösliche und den Geschmack erregende kristalline Feststoffe sind. Daneben wurde auch die einheitliche Zusammensetzung der chemisch hergestellten Salze aus einer Säure und einer Base erkannt. Aber diese Einheitlichkeit der Zusammensetzung war eine Gemeinsamkeit der künstlichen Salze neben der anderen der sinnlich wahrnehmbaren Eigenschaften und konnte so lange

[28] Bei Berthollet nimmt der Begriff der chemischen Masse die theoretische Stelle des Affinitätsbegriffs ein. Als chemische Masse wird das Produkt aus einer stoffspezifischen Sättigungskapazität und der variablen Stoffmasse definiert. D.h. Stoffe mit einer großen Sättigungskapazität benötigen zur Sättigung größere Massen eines anderen Stoffes als die mit einer kleineren Sättigungskapazität. Bei konstanter Sättigungskapazität von Stoff 1 verhält sich die zur Sättigung notwendige Masse eines Stoffes 2 proportional zur Stoffmasse 1. Befinden sich mehrere konkurrierende Stoffe in einer Lösung, so stellt sich ein Verteilungsgleichgewicht aller Stoffmassen in Abhängigkeit von den verschiedenen Sättigungskapazitäten und Massen ein. Die konstanten Proportionen einer *festen* Verbindung werden durch eine nicht-chemische Anziehungskraft, die Kohäsion zwischen *gleichartigen* Teilchen, hervorgerufen. Bei einem bestimmten Verteilungsgleichgewicht kann ein bestimmtes Stoffpaar einen Maximalwert der Kohäsion seiner gleichartigen Teilchen erreichen, wodurch diese Verbindung aus der Lösung ausfällt. Die konstante Proportion einer chemischen Verbindung ist somit eine chemisch unbedeutende Nebenwirkung. Berthollet konstruiert diese Theorie in Analogie zur zeitgenössischen Wärmelehre, die die Temperaturerhöhungen (analog zur Sättigung) verschiedener nebeneinander liegender Stoffe als Folge eines Verteilungsgleichgewichts des Wärmestoffes in Abhängigkeit von den verschiedenen Wärmekapazitäten (analog zur Sättigungskapazität) und den verschiedenen Stoffmassen erklärt.

[29] Diese Kontroverse ist im *Journal de Physique, de Chimie et d'Histoire naturelle* der Jahre 1804 bis 1806 dokumentiert.

kein Klassifikationskriterium sein, wie nicht auch andere Stoffklassen aufgrund der Zusammensetzung unterschieden wurden. Geoffroy abstrahiert nun in der Zusammenstellung der verschiedenen Stoffklassen gerade von den Eigenschaftsunterschieden und stellt sie als chemische Verbindungsklassen zusammen. Die chemische Zusammensetzung wurde damit zum ausschlaggebenden Klassifikationskriterium gemacht.

Die Integration pharmazeutischer und metallurgischer Operationen geht *drittens* mit einer vollständigen Abstraktion von den Verfahrensvarianten dieser Operationen einher. Amalgame werden durch bloßes Vermischen der Metalle mit Quecksilber bei relativ niedrigen Temperaturen hergestellt, die Legierungen und Metallsulfide dagegen durch Vermischen der stark erhitzten und geschmolzenen Ausgangsstoffe. Bei der Herstellung von Salzen wiederum wird in Säure aufgelöst und präzipitiert oder evaporiert oder die festen Ausgangsstoffe werden destilliert. Das Vermischen von Stoffen bei Normaltemperatur, das Verschmelzen, Auflösen, Präzipitieren, Evaporieren und Destillieren erfordert wiederum verschiedene Geräte, verschiedene Methoden zur Regulierung des Feuers und andere verschiedene Handgriffe. Dies sind technologische Aspekte, die allesamt für die Durchführung und den praktischen Erfolg der Operation von großer Bedeutung, für Geoffroy aber nicht von Interesse sind. Die Tabelle enthält keine Informationen darüber, ob z.B. ein Metallsalz durch Auflösung eines Metalls in einer Säure und Präzipitation oder durch Evaporation des Lösungsmittels hergestellt wurde oder – eine dritte Möglichkeit – ob man zu seiner Herstellung anstelle der freien Säure ein Salz, das die Säure als Bestandteil enthält, verwendete. Der sogenannte nasse Weg in einer sauren Auflösung ist ebenso möglich wie der trockene Weg durch Erhitzen und Destillieren fester Ausgangsstoffe. Umgekehrt bleibt in Bezug auf die chemische Zerlegung der chemischen Verbindung offen, ob das Analysemittel, also die Substanz, die in der Ordnungsreihe an jeweils übergeordneter Stelle steht, frei oder verbunden ist und weiterhin ob sie als Präzipitationsmittel wirksam ist oder ob sie die Verbindung auf trockenem Wege bei gleichzeitigem Erhitzen analysiert. Geoffroy betrachtet die Salzbildungen und die anderen Verbindungsbildungen und die chemischen Zerlegungen abstrakt als chemische Reaktionen zwischen Reaktionspartnern. Die Möglichkeit, chemische Operationen abstrakt als chemische Reaktionen zwischen Reaktionspartnern zu verstehen, die, wie weiter oben gezeigt wurde, mit der Erkenntnis stofflicher Beziehungen als Ursachen chemischer Veränderungen prinzipiell vorhanden war, wurde erst bei Geoffroy vollständig realisiert.[30]

VI.3.2 *Geoffroys Auswahlkriterien*

Die Substanzen, die Geoffroy in seine *Tabelle stofflicher Beziehungen* aufnimmt, waren nach dem zeitgenössischen prinzipientheoretischen Verständnis entweder natürliche vollkommene Mixta – dazu gehörten die Metalle, Galmei und Schwefel – oder Zerlegungsprodukte dieser Mixta – die Säuren, absorbierenden Erden und alkalischen Salze –, die den Prinzipien sehr na-

[30] Im Kommentar zur Tabelle führt Geoffroy noch einmal explizit die Umsetzung dieser Möglichkeit vor. Sublimat (Quecksilber(II)-chlorid) konnte auf fünf unterschiedlichen Wegen gewonnen werden. Diese waren alle relativ kompliziert und schwer durchschaubar, weil drei bis vier Ausgangsstoffe eingesetzt wurden. Geoffroy macht diese verschiedenen Methoden der Sublimatherstellung transparent, indem er sie jeweils in mehrere Schritte zergliedert und abstrakt als chemische Reaktionen zwischen Reaktionspartnern mit unterschiedlichen stofflichen Beziehungen erklärt – vgl. GEOFFROY (1718) 206–212.

hekommen, und einfachste, unzerlegbare Prinzipien wie das ölige Prinzip. In Anbetracht der zahlreichen Naturkörper, die die zeitgenössische Elementen- und Prinzipientheorie zum Gegenstand machte, trifft er aber eine sehr enge Auswahl unter allen bekannten Mixta. Es entfallen die beiden großen Gruppen der homogenen tierischen und pflanzlichen Materialien sowie Steine und andere Mineralien. Aus der Perspektive der Elementen- und Prinzipientheorie enthält Geoffroys Tabelle daher weder eine vollständige noch eine sinnvolle Stoffsystematisierung. Dies entsprach jedoch auch keineswegs der Intention Geoffroys, der die aufgenommenen Stoffe unter einem anderen Gesichtspunkt als die Elementen- und Prinzipientheorie betrachtet. Er versteht diese vielmehr wie empirische chemische Reinstoffe, nämlich als Entitäten chemischer Verbindungsbildungen und ihrer reversiblen Analyse. Das chemische Verbindungskonzept bildet das Fundament dieses Verständnisses und liefert die Auswahlkriterien für die aufgenommenen Stoffe. Nur diejenigen empirischen chemischen Stoffe finden Eingang in die Tabelle, die Anfang des 18. Jahrhunderts als Ausgangsstoffe chemischer Verbindungsbildungen sowie als Mittel der chemischen Analyse bekannt waren. Indem Geoffroy die naturphilosophischen Unterscheidungskriterien von Substanzen außer acht ließ, konnte sich ein neuer Gegenstand der Erkenntnis herausbilden, nämlich empirische chemische Reinstoffe als Entitäten chemischer Reaktionen. Aus der historisch späteren Perspektive erweist sich die Ausgliederung naturphilosophischer Aspekte als ein Weg, der zur Unterscheidung zwischen dem Begriff der homogenen, vollkommenen Mixta und dem des chemischen Reinstoffs führte. Solche vollkommenen Mixta, die wir heute als Stoffgemische bzw. als biochemische Stoffsysteme verstehen, müssen aus der Betrachtung herausfallen, weil sie sich nicht einheitlich gegenüber Säuren oder anderen als Reaktionspartnern in Frage kommenden Stoffen, d.h. weil sie sich nicht als Entitäten chemischer Verbindungsbildungen und Zerlegungen verhalten.

Die in die Tabelle aufgenommenen Substanzen sind freilich auch auf der Grundlage des Verständnisses Geoffroys nur relativ stabile Entitäten der jeweils ins Auge gefaßten Verbindungsbildung oder Zerlegung. Metalle und Schwefel z.B. konnte man diesem Verständnis gemäß zu Metallsulfiden kombinieren, und unter Erhaltung dieser Entitäten waren die Metallsulfide wieder reversibel zerlegbar. In anderen Operationen dagegen glaubte man Schwefel aus Schwefelsäure und dem öligen Prinzip kombinieren und z.B. durch Verbrennung wieder zerlegen zu können. Diese Erkenntnis chemischer Reinstoffe als relativ stabile Entitäten oder „relative Elemente" chemischer Reaktionen war das Fundament für den späteren absoluten Elementbegriff Lavoisiers. Lavoisier grenzte naturphilosophische Bestimmung des Elementbegriffs aus, indem er ihn ausschließlich auf chemische Reaktionen bezog. Als Elemente definierte er diejenigen Substanzen, die sich durch die chemische Analyse nicht mehr in einfachere zerlegen lassen.[31] Erst der Vergleich einer Vielzahl chemischer Verbindungsbildungen und Zerlegungen auf der Grundlage des chemischen Verbindungskonzepts konnte den relativen Elementbegriff in einen absoluten überführen. In diesem Vergleich zeigte sich, welche

31 Nachdem Lavoisier in seinem *Traité* einige Bemerkungen zur peripatetischen Elementenlehre und der Elementen- und Prinzipientheorie der Chemisten gemacht hat, heißt es: „Tout ce qu'on peut dire sur le nombre et sur la nature des éléments se borne, suivant moi, à des discussions purement métaphysique. (...) Je me contenterai donc de dire que, si par le nom d'éléments nous entendons désigner les molécules simples et indivisibles qui composent les corps, il est probable que nous ne les connaissons pas: que, si, au contraire, nous attachons au nom d'éléments ou de principes des corps l'idée du dernier terme auquel parvient l'analyse, toutes les substances que nous n'avons encore pu décomposer par aucun moyen sont pour nous des éléments (...)". (LAVOISIER (1789) 7)

Entitäten stets in allen Reaktionen erhalten bleiben und somit als absolut stabile Entitäten gelten können.

VI.3.3 *Die Aufhebung der Unterscheidung natürlicher und künstlicher chemischer Veränderungen*

Die Autoren der pharmazeutischen Schriften interpretierten, wie gesehen, nur solche chemischen Operationen als chemische Verbindungsbildungen, die zu Kunstprodukten führen sollten. Dem lag ein Verständnis der chemischen Kunst als – peripatetisch gesprochen – μηχανικη τεχνη zugrunde, das die chemischen Operationen in weitgehender Anlehnung an die handwerklich-mechanischen Künste als Kombinieren chemischer „Bausteine" und ihr reversibles Zerlegen begriff. Jedoch wurde das mechanische Verständnis der chemischen Verbindung von Anfang an ergänzt durch die Annahme von Affinitäten zwischen den Stoffen. Die Möglichkeit der Erkenntnis chemischer Operationen als chemischer Reaktionen zwischen Reaktionspartnern, wobei nicht von außen einwirkende Werkzeuge, sondern die Stoffe selbst auf der Grundlage interner Beziehungen die formierende Potenz darstellen, war damit vorhanden. Dadurch rückten die chemischen Operationen wiederum in die Nähe natürlich ablaufender Prozesse. Chemische Operationen bzw. chemische Reaktionen zeigen Übereinstimmungen sowohl mit handwerklichen als auch mit natürlichen Veränderungsvorgängen. Die Trennung zwischen chemischen Operationen, die natürliche Veränderungen bloß initiieren und forcieren, und solchen, in denen wie im mechanischen Handwerk Artefakte hergestellt werden, konnte somit nicht von langer Dauer sein.

Für die Willkürlichkeit der Unterscheidung zwischen der Herstellung von chemischen Artefakten und der Initiierung und Forcierung natürlicher chemischer Veränderungen gab es zunächst einige konkrete empirische Anhaltspunkte. Erstens zeigten viele der vermeintlichen Kunstprodukte so offensichtliche Ähnlichkeiten in ihren Eigenschaften mit Naturstoffen, daß sie mit diesen in eine einheitliche Stoffklasse eingeordnet wurden. Die chemisch hergestellten Vitriole wurden in der Regel als Vitriole bezeichnet, d.h. zusammen mit den natürlichen Vitriolen in die Klasse der Vitriole eingeordnet, und dasselbe geschah mit den künstlich hergestellten Salzen. Bezeichnungen wie Sal marinus regeneratus, Tartarus regeneratus, Gypsum arte factum und Künstlicher Salpeter bringen die ins Auge fallenden Ähnlichkeiten von Natur- und Kunstprodukten zum Ausdruck. Von fundamentalerer Bedeutung aber war die Erklärung der Entstehung und Zerlegung der chemischen Kunstprodukte mit Affinitäten. Bei der Entstehung chemischer Artefakte sollten Affinitäten zwischen Naturstoffen bzw. aus Naturstoffen isolierten Stoffen wirksam sein. Ein künstlicher blauer Vitriol (Kupfersulfat) z.B. sollte durch die Pulverisierung des Kupfers mittels der Schwefelsäure und die Verbindung der Schwefelsäure mit Kupfer aufgrund ihrer gegenseitigen Sympathie oder Affinität entstehen. Aber die Affinität der Naturstoffe, die an der Entstehung des Kunstprodukts beteiligt waren, blieb in diesem weiterhin wirksam. Sie erhielt die Einheit dieses Kunstproduktes und wurde als Ursache für die Möglichkeit der Zerlegung des künstlichen blauen Vitriols z.B. mit Eisen angeführt. Die Affinität verwischte systematisch die Grenze zwischen Naturstoffen und Kunstprodukten.

Gegen Ende des 17. Jahrhunderts wurde diese Grenze mit der Methodenforderung an die Elementen- und Prinzipientheorie, die Analyse von Naturstoffen müsse durch die chemische

Resynthese ergänzt werden, eingeebnet.[32] Zwischen der Analyse und Resynthese eines Naturstoffs und der Analyse und Resynthese eines künstlichen Salzes bestand nicht allein kein Unterschied, sondern die Methode der reversiblen Analyse und Synthese stammte überdies aus dem Bereich, der bis dahin als Herstellung von Kunstprodukten von natürlichen chemischen Veränderungen abgetrennt war. Geoffroy, der sich der neu erhobenen Forderung anschloß, führte selbst Experimente zur Analyse und Resynthese von Eisen und anderen Metallen sowie von Schwefel durch.[33] Die Ergebnisse der Experimente mit Schwefel ließen sich in eine Ordnungsreihe einordnen und wurden in die Tabelle aufgenommen. Damit war erstmals ein zuvor als vollkommenes Mixtum verstandener Naturkörper in das chemische Verbindungskonzept integriert worden. Diese Einordnung hatte eine über den Einzelfall hinausgehende allgemeinere Bedeutung. Geoffroy hatte damit im Prinzip gezeigt, daß das chemische Verbindungskonzept, das zunächst nur für Kunstprodukte galt, ausweitbar war und auch auf Naturkörper angewendet werden konnte. Die Möglichkeit einer einheitlichen, chemische Artefakte und Naturkörper umfassenden chemischen Theorie auf der Grundlage des verallgemeinerten chemischen Verbindungskonzepts war in den Denkhorizont der Chemisten gerückt. Ihre Realisierung, die Zusammenführung der tradierten Elementen- und Prinzipientheorie mit dem chemischen Verbindungskonzept und die Herausbildung eines neuzeitlichen chemischen Elementbegriffs, der mit dem chemischen Verbindungskonzept in notwendiger Beziehung steht, nahm Jahrzehnte in Anspruch und kulminierte schließlich in der chemischen Revolution Lavoisiers.

VI.3.4 *Die Suche nach chemischen Gesetzen*

Geoffroys Überzeugung, das chemische Verbindungskonzept sei ausweitbar und auch auf Naturkörper und ihre Veränderungen anwendbar, kommt noch in anderer Hinsicht zum Ausdruck, nämlich in seinem Begriff chemischer Gesetze. Die stofflichen Beziehungen, schreibt Geoffroy einleitend im Kommentar zu seiner Tabelle, „haben ihre Grade und ihre Gesetze" (GEOFFROY (1718) 202). Geoffroy spricht von Gesetzen im Plural und repräsentiert sie durch die Ordnungsreihen seiner Tabelle. Für das Auffinden solcher Gesetze stofflicher Beziehungen formuliert er eine Art empirische Regel. Eine Substanz A soll immer dann eine stärkere Beziehung als eine Substanz B zu einer Substanz C besitzen, wenn sie die Substanz B aus ihrer Verbindung mit C verdrängt.[34] In dieser Regel ist abstrahiert von der Frage, ob die chemischen Veränderungen durch chemische Kunst im Labor des Chemikers zustandekommen oder ohne Zutun des Menschen in der Natur ablaufen. Demgemäß bringen die Ordnungsreihen der Tabelle Gesetze stofflicher Beziehungen zum Ausdruck, die übergreifende Gültigkeit für natürliche und künstliche chemische Veränderungen besitzen sollen. Geoffroys Begriff der Gesetze stofflicher Beziehungen entspricht somit dem neuzeitlichen Begriff eines Naturgesetzes, in dem die aristotelische Unterscheidung zwischen künstlichen und natürlichen Veränderun-

[32] Vgl. oben III.1.

[33] Vgl. GEOFFROY (1704) u. (1709).

[34] „Et j'ai crû qu'on pourroit déduire de ces observations la proposition suivante (...) Toutes les fois que deux substances qui ont quelque disposition à se joindre l'une avec l'autre, se trouvent unies ensemble: s'il en survient une troisième qui ait plus de rapport avec l'une des deux, elle s'y unit en faisant lâcher prise à l'autre." (GEOFFROY (1718) 202 f.)

gen aufgehoben ist. Die Verwendung des Begriffs des Naturgesetzes im neuzeitlichen Sinn enthält zwei wichtige Implikationen, die die Methode der Erkenntnis der Natur und das Naturbild selbst betreffen.

Die Gesetze stofflicher Beziehungen sollen nach Geoffroy durch Beobachtung gefunden werden. „On observe en Chimie certains rapports", beginnt der Kommentar zu seiner Tabelle. Unter Beobachtung versteht Geoffroy freilich nicht die passive, kontemplative Naturbeobachtung, sondern die Beobachtung, die infolge der Eingriffe der chemischen Kunst in die Natur gemacht werden kann. Geoffroy stützt die Gesetze chemischer Beziehungen auf Erfahrungen mit chemischen Operationen der gewerblichen Praxis und auf Experimente, die die Beobachtungssituation zuvor herstellten durch Isolation der Gegenstände aus den natürlichen Zusammenhängen, durch Ausblenden störender natürlicher Randbedingungen und durch ein erneutes Arrangement isolierter Naturdinge, um deren Beziehung es geht. Es ist die experimentelle Methode, die hier zur Grundlage der Erkenntnis von Natur und Kunst übergreifenden chemischen Gesetzen gemacht wird. Theorien der Naturkörper wie die aristotelische oder paracelsische, die streng von Theorien mechanischer Artefakte separiert sind, können sich dagegen nicht auf Beobachtungen stützen, die infolge von Eingriffen in natürliche Abläufe gemacht werden. Denn diese würden nach ihrem Verständnis dasjenige, was untersucht werden soll, verfälschen, indem menschliche Zwecksetzungen an die Stelle natürlicher Finalursachen treten. Daher berufen sich solche Naturtheorien stets auf die Beobachtung der unbeeinflußten oder, wie in der paracelsischen Naturphilosophie, nur marginal beeinflußten Natur.

Wenn umgekehrt für zulässig erklärt wird, die experimentelle, in natürliche Abläufe eingreifende Methode zur Erkenntnis von *Natur*gesetzen anzuwenden, so zeigt das auch einen Wandel des Naturbilds an. Die Vorstellung, Naturkörper seien wie Kunstprodukte chemisch zerlegbar und durch Kombination wieder resynthetisierbar, war sowohl unvereinbar mit dem paracelsischen Verständnis der Naturkörper als belebten Wesen als auch mit der peripatetischen Lehre von der einheitlichen substantiellen Form der Naturkörper, die sich auf ein natürliches Telos hin entwickeln. Das auf Naturkörper ausgeweitete chemische Verbindungskonzept Geoffroys impliziert das Bild einer unbelebten Natur, einer Natur, deren Teile isolierbar sind und in der die Relationen zwischen den Teilen selbst in neuen, in der Natur nicht vorkommenden Arrangements nicht von den natürlichen abweichen, weil sie allein von Wirkursachen bestimmt sind. Es würde zu weit führen, alle Aspekte dieses neuen Naturbilds hier anzuführen. Das ausschließliche Akzeptieren von Wirkursachen und die Ablehnung von Zweckursachen sowie die Annahme einer unbelebten anstelle einer belebten Natur[35] gehören gewiß zu seinen wesentlichen Merkmalen. Genauer zu untersuchen wäre insbesondere die Frage, inwieweit bei den Chemisten des 18. Jahrhunderts tatsächlich eine Mechanisierung des Naturbilds vorliegt und ob nicht wesentliche Unterschiede bestehen zwischen der Vorstellung der Natur als Uhr, die sich nach Druck- und Stoßmechanismen bewegt, und der Vorstellung einer Natur, in der es auch andere Bewegungsgesetze, darunter chemische, gibt und für die vielleicht die Metapher von der chemischen Maschine[36] zutreffender wäre. Auch die komplexen Bedingungen des Wandels des Naturbilds der Chemisten, die nicht allein von der Chemie her zu verstehen sind, können hier nicht beleuchtet werden. Jedoch kann auf der Grundlage

[35] Zu letzterem vgl. TOULMIN (1961) 76 ff..

[36] Schon Le Fèvre spricht von der Natur als einer chemischen Maschine – vgl. LE FÈVRE (1660) I 22 u. 60 f..

des historischen Materials eines festgehalten werden. Es gab erste chemische Verbindungsvorstellungen *bevor* ein neues Naturbild vorlag, nämlich bei den paracelsisch beeinflußten Chemisten. Die Integration dieser chemischen Verbindungsvorstellungen und die Ausweitung des chemischen Verbindungskonzepts auf Naturkörper verlief zeitlich parallel zum Wandel des Naturbilds. Falsch ist also auf jeden Fall die weit verbreitete Ansicht, die Übernahme mechanischer, korpuskularer Vorstellungen vom Aufbau der Naturkörper oder gar die Mechanisierung des gesamten Naturbilds seien kausale Bedingungen der Entstehung des chemischen Verbindungskonzepts.

VI.3.5 *Chemische Operationen, Experimente und experimentelle Methode*

Geoffroy entnahm den überwiegenden Teil der empirischen Kenntnisse, auf denen seine Tabelle beruht, wie im Teil IV und V detailliert nachgewiesen wurde, der metallurgischen Praxis des 16. und der pharmazeutischen Praxis des 17. Jahrhunderts. Als ausgebildeter Apotheker war Geoffroy mit der pharmazeutischen Praxis seiner Zeit vertraut und konnte sich darüber hinaus nicht nur über persönliche Kontakte, sondern vor allem durch die metallurgischen und pharmazeutischen Schriften des 16. und 17. Jahrhunderts einen vollständigen Überblick über das empirische chemische Wissen seiner Zeit verschaffen. Dieses chemische Wissen war, wie im Teil V gezeigt wurde, vor allem in den pharmazeutischen Schriften bereits in reflektierter Form dargestellt und in der Generation vor Geoffroy von N. Lemery und W. Homberg einer ersten Integration und Abstraktion unterworfen worden.

Die chemiehistorischen Studien, die bisher zur Tabelle Geoffroys vorgelegt wurden, setzen dagegen voraus, es seien Experimente, die dieser Tabelle zugrundeliegen. Sie äußern sich in keiner Weise über den Kontext dieser „Experimente", über die Herkunft der dazu erforderlichen Substanzen, Geräte, Verfahrenstechniken etc.. A. Thackray[37] u.a. knüpfen an die Behauptung, daß der Tabelle Geoffroys Experimente zugrunde liegen, weitgehende wissenschaftstheoretische Schlußfolgerungen. Sie ordnen die vorgeblichen Experimente einer experimentellen Phase eines auf der materietheoretisch verallgemeinerten Gravitationstheorie Newtons basierenden Forschungsprogramms zu und nehmen daher die Tabelle als Fallbeispiel für eine allgemeine Theorie der Genese und Entwicklung wissenschaftlicher Theorien im Rahmen von Forschungsprogrammen. Angesichts solcher weitreichenden wissenschaftstheoretischen Konsequenzen ist eine Differenzierung zwischen chemischen Operationen und chemischen Experimenten nötig.

Als chemische Operationen, ein Terminus, den übrigens die Chemisten des 17. Jahrhunderts selbst verwendeten, wurden bisher die Arbeitsweisen der gewerblichen chemischen Praxis bezeichnet. Die chemischen Operationen der herstellenden chemischen Praxis des 17. Jahrhunderts zeigen eine Reihe von Übereinstimmungen mit den chemischen Experimenten des 18. Jahrhunderts und im allgemeinen. Es wurden schriftlich fixierte genaue Durchführungsvorschriften über die zu verwendenden Geräte, über die Ausgangsstoffe, einschließlich quantitativer Angaben, über die erforderlichen Handgriffe etc. gegeben. Diese Angaben waren eine Voraussetzung für die Reproduzierbarkeit der gewerblichen chemischen Operationen

[37] Vgl. THACKRAY (1970).

ebenso wie für die möglicher Experimente. Die herstellende chemische Praxis war ein gezielter Eingriff in natürliche Abläufe, und im Hinblick auf die Präzipitation ist schon darauf hingewiesen worden, daß mit isolierten chemischen Reinstoffen unter Idealbedingungen gearbeitet wurde, wie sie sonst in Experimenten bewußt herbeigeführt werden.

Der äußere Handlungsablauf der chemischen Operationen der herstellenden gewerblichen Praxis des 17. Jahrhunderts unterschied sich somit nicht von dem möglicher Experimente. Unterscheidet man dagegen mit der Handlungstheorie die äußeren Aspekte einer Handlung von ihren inneren und insbesondere von den Handlungszielen, so ergibt sich ein anderes Bild.[38] Die chemischen Operationen dienten den gewerblichen Zwecken der Herstellung von Gebrauchsgütern. Chemische Experimente dagegen werden im Kontext der Überprüfung oder Konkretisierung von Theorien oder Hypothesen durchgeführt, wobei die Stoffe nicht als konkrete Gebrauchsgüter von Interesse sind, sondern als Repräsentanten chemischer Reinstoffe.

Geoffroy wertete die zuvor im Zusammenhang mit der Verfolgung praktisch-gewerblicher Handlungsziele vorgenommenen chemischen Operationen wie chemische Experimente aus. Dieselben Handlungen, die zuvor gewerblichen Zwecken dienten, wurden von ihm aus der Perspektive der theoretischen Fragen nach der Zusammensetzung von Stoffen und ihrer gesetzmäßigen Beziehung ins Auge gefaßt. Dabei wurden alle technologischen und ökonomischen Aspekte ausgeblendet und nur noch das Verhalten chemischer Stoffe als Abstrakta studiert. Geoffroy stellte die Frage nach der Zusammensetzung und ihrer gesetzmäßigen Beziehung übergreifend für Naturstoffe, also für die Gegenstände der vorausgehenden Naturtheorie, und für die Produkte der chemischen Kunst, auf die sich die von den Praktikern entwickelten chemischen Verbindungsvorstellungen bezogen. Er unternahm einen ersten Versuch, die Elementen- und Prinzipientheorie mit dem zuvor nur auf die chemische Kunst bezogenen chemischen Verbindungskonzept zusammenzuführen. Wie oben gezeigt wurde, setzte eine solche Herangehensweise die Aufhebung der Trennung von Naturkörpern und Kunstprodukten voraus. Zugleich ging sie einher mit einer neuen empirischen Methode, die Experimente auch zur Klärung der Frage nach der Zusammensetzung von Naturkörpern durchführte, d.h. mit der experimentellen Methode.

Die paradigmatische methodische Idee, auch die Hypothesen der Elementen- und Prinzipientheorie durch chemische Analysen und Resynthesen experimentell zu überprüfen, war eine Konsequenz der Verallgemeinerung der Erfahrungen mit den anorganisch-chemischen Operationen der gewerblichen Praxis. Der Bezug auf Erfahrungen mit Operationen der chemischen Kunst war zunächst keine von den Inhalten des chemischen Verbindungskonzepts losgelöste *Methode*. Denn das chemische Verbindungskonzept war in seinem *Gehalt* Resultat der Reflexion der gewerblichen chemischen Operationen. Es bezog sich inhaltlich auf diese Operationen, d.h. Gehalt und Methode der Überprüfung fielen zusammen. Insofern kann, soweit das chemische Verbindungskonzept auf die Operationen der gewerblichen Praxis beschränkt war und nicht auch Gegenstände der Elementen- und Prinzipientheorie umfaßte, von einer von den Inhalten abgrenzbaren experimentellen Methode nicht die Rede sein.

Die Elementen- und Prinzipientheorie war jedoch im Unterschied zum chemischen Verbindungskonzept eine etablierte, tradierte Theorie, deren Hypothesen völlig unabhängig und

---

[38] Vgl. dazu von WRIGHT (1974).

sogar in theoretisch begründeter Abgrenzung von den als chemische Kunst verstandenen Operationen Geltung besitzen sollten. Indem an der Wende vom 17. zum 18. Jahrhundert an die Hypothesen dieser Theorie Überprüfungskriterien von außen, aus einem ihr fremden Bereich, angelegt wurden und man in Analogie zu den Synthesen und Analysen von Salzen und anderen anorganischen Verbindungen der chemischen Kunst gezielte Experimente zur Überprüfung einzelner Hypothesen wie z.B. der über die Zusammensetzung des Schwefels aus einem öligen Prinzip und Schwefelsäure durchführte, war eine vom Gehalt der Theorie unterscheidbare experimentelle Methode entwickelt worden. Freilich bezogen sich auch die Elementen- und Prinzipientheorie des Paracelsus und die daran anknüpfende des 17. Jahrhunderts auf Erfahrungen mit Operationen der gewerblichen Praxis, sei es die Verbrennung oder die Destillation. Aber abgesehen davon, daß diese Praxis als Förderung natürlicher Prozesse verstanden wurde, bezogen sich die Prinzipientheoretiker nur allgemein auf diese Erfahrungen. Es genügte ihnen der Nachweis, daß im allgemeinen aus Pflanzen als solchen und nicht aus jeder konkreten einzelnen drei oder fünf Prinzipien geschieden werden können.[39] Die Pflanzenanalysen, die die Mitglieder der Pariser Akademie durchführten, verfolgten dagegen das Ziel, die Zusammensetzung konkreter einzelner Pflanzen zu untersuchen. Dieses Programm scheiterte nicht nur aus internen Gründen, sondern hauptsächlich weil man, ausgehend von den Möglichkeiten des empirischen Nachweises der Zusammensetzung anorganischer Verbindungen, der nicht allein auf der Analyse, sondern auch auf der Resynthese beruhte, methodische Alternativen entdeckt hatte. Die Ende des 17. Jahrhunderts aufgekommene Forderung an die Elementen- und Prinzipientheorie nach einer Ergänzung der Analyse durch die Resynthese ist Ausdruck einer ersten kritischen Reflexion der bisherigen Methoden.[40]

Die neue experimentelle Methode der Überprüfung chemischer Theorien war aber andererseits auch nicht völlig unabhängig von deren Inhalten. Das chemische Verbindungskonzept übernahm von den Autoren der chemisch-technologischen Schriften die fundamentale, vortheoretische Vorstellung reversible chemische Operationen seien Kombinationen und Auseinanderlegungen stoffspezifischer körperlicher Teile, die individuell erhalten bleiben. Im Rahmen des chemischen Verbindungskonzepts wurde nicht versucht, dieses Verständnis reversibler chemischer Operationen, das schon in den metallurgischen Schriften des 16. Jahrhunderts zu finden und wohl für die handwerkliche Arbeit im allgemeinen charakteristisch ist, nachträglich zu begründen. Dasselbe gilt im übrigen auch für die gleichzeitige Aufhebung der Trennung zwischen natürlichen und künstlichen Veränderungen. Beide Annahmen gingen als unbegründete Paradigmen in das chemische Verbindungskonzept ein. Durch die Übernahme des vortheoretischen und selbst nicht experimentell überprüfbaren[41] Verständnisses reversibler chemischer Operationen in Form des Erhaltungstheorems des chemischen Verbindungskonzepts werden in der neuzeitlichen Chemie chemische Experimente immer schon im Lichte dieses Erhaltungstheorems ausgewertet und interpretiert. Die chemischen Experimente können daher keine vom Gehalt des chemischen Verbindungskonzept absolut unabhängige Überprüfungsinstanzen sein. Die Interpretation der jeweiligen chemischen Experimente geht nicht von unmittelbaren sinnlichen Wahrnehmungen oder überhistorischen und universellen

[39] Vgl. oben III.1.2.3.

[40] Vgl. dazu oben III.1 (Einleitung).

[41] Die Chemie des 20. Jahrhunderts hat physikalische (spektroskopische) Methoden einer solchen Überprüfung entwickelt.

Beobachtungsdaten aus, sondern von bereits historisch durch Erfahrung verarbeiteten Daten. Ein Beispiel ist das Experiment Geoffroys, das er als Schwefelsynthese interpretierte und das an das als Analyse des Schwefels verstandene Experiment Hombergs anschloß.[42] Geoffroy destillierte in diesem Experiment Salze der Schwefelsäure mit verschiedenen organischen Substanzen, wie z.B. Terpentinöl. Dabei entsteht durch Reduktion der Schwefelsäure ein Sulfid, das in der Retorte bleibt, und gleichzeitig oxidiert Terpentinöl zu Kohlenstoff und anderen abdestillierbaren organischen Oxidationsprodukten. Durch Ansäuern wird das Sulfid zu Schwefel oxidiert, der als gelbes Pulver aus der sauren Auflösung ausfällt. Glauber und Boyle machten zuvor ähnliche Versuche. Sie glaubten jedoch, der Schwefel sei ein Extrakt aus dem organischen Naturstoff (Glauber) bzw. aus dem verwendeten natürlichen Vitriol (Boyle).[43] Geoffroy setzt dagegen auf der Grundlage seines chemischen Verbindungskonzepts voraus, daß eine Analyse und Resynthese des Schwefels möglich sein müsse, und richtet daher alle Aufmerksamkeit auf das Vorliegen einer reversiblen chemischen Reaktion. Er interpretiert sein Experiment als ergänzende Resynthese der zuvor von Homberg durchgeführten Analyse des Schwefels, obwohl, anders als im Fall der Salze, das chemische Verhalten des Terpentinöls dabei nur sehr vermittelt rekonstruierbar war. Das bedeutet, daß die empirische Überprüfung und die Begründung der aus dem chemischen Verbindungskonzept gefolgerten Hypothesen über die Zusammensetzung eines chemischen Stoffs mittels der experimentellen Methode eine gewisse zirkuläre Struktur aufweist.[44] Das chemische Verbindungskonzept enthält das Paradigma, reversible chemische Reaktionen seien stets chemische Analysen und Resynthesen, und chemische Operationen, die man, wenn auch über noch so viele vermittelnde Schritte, als reversible erkannt hat, werden daher stets als chemische Analysen und Synthesen oder umgekehrt erklärt. Jedoch ist mit dieser zirkulären Struktur lediglich determiniert, daß die jeweiligen chemischen Reaktionen unter das chemische Verbindungskonzept fallen. Es bleibt nicht nur im einzelnen offen und durch Experimente entscheidbar, wieviele und welche Bestandteile eine chemische Verbindung enthält, sondern auch welche der reversiblen Teiloperationen als Synthese und welche als Analyse interpretiert werden soll. Dies zeigt u.a. die Umkehrung, die Ende des 18. Jahrhunderts Lavoisier mit der vorausgehenden Klassifikation der Stoffe als Elemente und chemische Verbindungen vornahm. Eine solche Umkehrung war wiederum nicht auf der Grundlage von Beobachtungen einzelner Experimente möglich, sondern nur ausgehend von der Gesamtheit der Erfahrungen mit einer Vielzahl chemischer Experimente.

VI.3.6 *Nochmals zur Rolle der Korpuskulartheorie*

Die Chemisten, die seit etwa Mitte des 17. Jahrhunderts begannen, chemische Verbindungsvorstellungen in Bezug auf einzelne Operationen der pharmazeutischen Praxis zu entwickeln, waren Paracelsianer. Ausschlaggebend für ihr Verständnis, es läge eine Kombination von Stoffen unter ihrer Erhaltung vor, war die Reversibilität der chemischen Operationen und ihr

---

[42] Vgl. oben II.1.2.1.1.

[43] Vgl. GEOFFROY (1704) 301.

[44] Auf die Zirkularität von Theorien und überprüfenden Experimenten hat insbesondere am Anfang dieses Jahrhunderts Pierre Duhem in seinen Schriften hingewiesen.

Verständnis als herstellende chemische Kunst. Die Korpuskulartheorie spielte dabei, wie die historischen Quellen belegen, keinerlei Rolle. Reversible chemische Operationen wurden in Anlehnung an die handwerkliche Arbeit als Herstellungen von chemischen Kunstprodukten nach dem Baukastenprinzip begriffen. Das mechanische Baukastenprinzip wurde jedoch von Anfang an modifiziert durch die Annahme interner stofflicher Beziehungen, die als Affinitäten im Sinne von Sympathie oder Vorliebe verstanden wurden.

N. Lemery und W. Homberg unternahmen im letzten Drittel des 17. Jahrhunderts erste Schritte zur Integration der einzelnen als chemische Verbindungsbildungen verstandenen chemischen Operationen und formulierten zugleich eine erklärende Theorie, die jedoch auf die als chemische Artefakte verstandenen Salzbildungen beschränkt blieb. Dabei griffen sie auf korpuskulartheoretische Vorstellungen zurück. Sie übernahmen die Korpuskulartheorie jedoch nicht als Materietheorie, sondern nur in ihrer erklärenden Funktion hinsichtlich der chemischen Herstellung künstlicher Salze.

Geoffroy wiederum verwendet im Kommentar zu seiner *Tabelle stofflicher Beziehungen* so gut wie kein korpuskulartheoretisches Vokabular. Er beschreibt die chemischen Verbindungsbildungen und Zerlegungen als verborgene Bewegungen empirischer chemischer Stoffe und redet lediglich an zwei Stellen auch von der Bewegung der Partikel dieser Stoffe.[45] Die Stoffe, so heißt es im Kommentar, sollen sich bei der Bildung einer Verbindung einander nähern (s'approcher), sich ergreifen (se prendre) oder sich angreifen (s'attaquer) und sich aneinanderheften (s'attacher) oder sich vereinigen (s'unir, se joindre). Bei der reversiblen chemischen Zerlegung dieser Verbindungen durch eine zugesetzte Substanz soll diese einen der Verbindungspartner entfernen (écarter), ihn veranlassen loszulassen (faire lâcher prise à l'autre) und seinen Platz einnehmen (occuper sa place), oder einer der Verbindungspartner soll seinen Platz verlassen (ceder la place, abandonner la place, quitter) bei der Annäherung des zerlegenden Stoffs.[46] Diese Art der Erklärung chemischer Verbindungsbildungen als verborgene Bewegungen empirischer chemischer Stoffe knüpft an das Baukastenprinzip der Chemisten des 17. Jahrhunderts an und zeugt von einem handwerklichen Verständnis chemischer Veränderungen. Sie unterscheidet sich jedoch erheblich von Erklärungen, wie sie zuvor von Lemery und Homberg und von Mitte des 18. Jahrhunderts an im Kontext der chemischen Affinitätstheorien gegeben wurden, die Anleihen bei elaborierten Naturtheorien, bei den mechanischen Korpuskulartheorien bzw. der newtonianischen Materietheorie, machten.

Im Hinblick auf die Frage nach der Rolle der Korpuskulartheorie für die Herausbildung des chemischen Verbindungskonzepts und für seine Ausweitung auf Naturkörper ist es sinnvoll, zwei Aspekte einer neuzeitlichen wissenschaftlichen Theorie zu unterscheiden. Neuzeitliche wissenschaftliche Theorien versuchen erstens, empirische Kenntnisse zu integrieren und

---

[45] Vgl. GEOFFROY (1718) 209 u. 212.

[46] Dazu einige Beispiele. In Bezug auf Spalte 1 der Tabelle heißt es: „(...) les Sels alkalis volatils (...) lui [sc.: la substance terreuse ou metallique – U.K.] *feront lâcher prise* & *prendront sa place*, s'unissant à ces mêmes acides. (...) lorsque ces Sels alkalis volatils sont unis avec les Esprits acides, ils les *abandonnent* à *l'approche* des Sels alkalis fixes à qui ils *cedent la place*." (GEOFFROY (1718) 204) In Bezug auf die Herstellung von Sublimat (Quecksilber (II)-chlorid) aus Sel nitreux-mercuriel (Quecksilbernitrat; un composé du Mercure uni à l'acide du Nitre – ebd. 207) und Sel marin (Kochsalz; composé de l'acide salin & d'une Terre absorbante – ebd.) heißt es: „(...) ce même acide [sc.: l'acide du Nitre – U.K.] (...) *commencera l'action*, il *abandonnera* le Mercure pour *s'attacher* à la Terre du Sel marin, & il en *détachera* l'acide. Cet acide du Sel se trouvant *seul* & *débarrassé* de sa Terre, *rencontrant* aussi le Mercure débarrassé, *se joindra* à lui, & ces deux substances formeront ensemble le composé du Sublimé (...)". (ebd. 210) (Alle Hervorhebungen U.K.)

im Zusammenhang damit zu abstrahieren, und zweitens zu erklären. Bei Lemery und Homberg sowie in den späteren chemischen Affinitätstheorien des 18. Jahrhunderts fielen beide Aspekte zusammen. Nicht jedoch bei Geoffroy. Geoffroy integrierte die auf das Apothekergewerbe bezogenen chemischen Verbindungsvorstellungen mit denen der Metallurgen und versuchte erstmals, auch Naturkörper in das chemische Verbindungskonzept einzubeziehen. Er klammerte jedoch in seinem auf Naturkörper ausgeweiteten chemischen Verbindungskonzept alle theoretischen Erklärungsversuche aus. Weder versuchte er, für die Einheitlichkeit und Homogenität einer Verbindung, sei sie chemisch hergestellt oder ein Naturkörper, oder für die Entstehung ihrer neuen Eigenschaften eine Erklärung zu geben, noch, einen genauen kausalen Mechanismus der Verbindungsbildungen und Zerlegungen aufzustellen. Derartige Erklärungen waren aber am Beginn des 18. Jahrhunderts nicht anders möglich als durch Rückgriff auf die theoretischen Mittel des philosophischen Atomismus bzw. der Korpuskulartheorie. Die Homogenität einer Auflösung oder einer chemischen Verbindung, in der zugleich die Ausgangsstoffe individuell erhalten bleiben sollen, konnte mit der Annahme kleinster, sinnlich nicht mehr wahrnehmbarer Teilchen dieser Ausgangsstoffe eine Erklärung finden. Die hervorstechende Eigenschaft der meisten Salze, ihre Neutralität, ließ sich mit der Reduktion der Säureeigenschaften auf spitz geformte Säureteilchen und die der Baseneigenschaften auf Poren sowie auf die gegenseitige Verdeckung dieser Korpuskelgestalten durch das Eindringen der Säurespitzen in die Poren erklären. Analog dazu erfordern auch die Erklärungen der chemischen Theorien des 19. und 20. Jahrhunderts begriffliche Mittel, die nicht aus der Chemie selbst stammen. Jedoch können diese physikalischen Theorien entnommen werden, nämlich dem physikalischen Atomismus und der Thermodynamik, die die entsprechenden Materietheorien des 17. und 18. Jahrhunderts ersetzen. Die Korpuskulartheorie war somit im 17. und 18. Jahrhundert unentbehrlich für die Formulierung erklärender chemischer Theorien *auf der Grundlage* des chemischen Verbindungskonzepts. Sie bestimmte zweifellos auch die spezifische Bedeutungsvariante des chemischen Verbindungsbegriffs im Kontext dieser Theorie. Jedoch spielte sie keine Rolle für die Herausbildung des chemischen Verbindugskonzepts selbst durch Integration und Abstraktion einzelner Verbindungsvorstellungen.

VI.4 DIE BACONISCHE WISSENSCHAFT CHEMIE

Das chemische Verbindungskonzept, das 1718 von E.F. Geoffroy in allgemeiner Form formuliert wurde, stellte eine Revolutionierung des bis dahin herrschenden Verständnisses chemischer Veränderungen dar. Es kann als die Grundlegung der neuzeitlichen Chemie und damit aller einzelnen chemischen Theorien bezeichnet werden. Nicht nur die Begriffe chemische Verbindung, chemische Synthese, chemische Analyse und stoffliche Beziehung oder Affinität waren Grundbegriffe dieses chemischen Verbindungskonzepts, sondern es konnte gezeigt werden, daß auch die noch abstrakteren Begriffe der Chemie wie chemische Reaktion, Reaktionspartner und chemischer Reinstoff das chemische Verbindungskonzept zur Voraussetzung haben. Die vorangegangene Rekonstruktion der Genese des chemischen Verbindungskonzepts zeigte außerdem, daß charakteristische Merkmale der neuzeitlichen

Naturwissenschaften, nämlich die Anwendung der experimentellen Methode und der Versuch, Naturgesetze zu formulieren, als konstitutive Momente des chemischen Verbindungskonzepts gelten können.

In vielerlei Hinsicht lassen sich Übereinstimmungen zwischen der Genese der neuzeitlichen klassischen Mechanik und der der neuzeitlichen Chemie festhalten. Beide fallen ungefähr in dieselbe Epoche, die allgemein als Zeitalter der Wissenschaftlichen Revolutionen bezeichnet wird. In beiden Fällen waren naturphilosophische Theoriesysteme zu überwinden, und in beiden Fällen war die Reflexion einer ihrerseits revolutionierten gewerblichen Praxis[47] der ausschlaggebende Faktor der Genese. In Bezug auf die Genese des chemischen Verbindungskonzepts konnte zudem gezeigt werden, daß die Reflexion dieser veränderten Praxis vermittelt war durch eine technologische Literatur. Die Chemie war freilich anders als die Mechanik und andere sogenannte klassische Wissenschaften kein akademisches Fach, und die paracelsische Naturphilosophie und Chemie unterlag neben dem der akademisch etablierten Scholastik weiteren naturphilosophischen Einflüssen. Dies sind jedoch relativ marginale Differenzen, die jedenfalls nicht berechtigen, von einem absoluten Neuanfang der Chemie im Unterschied zu einer Revolution der tradierten Voraussetzungen in den klassischen Wissenschaften zu sprechen.

Ein wirklich tiefer gehender und zugleich ins Auge fallender Unterschied zwischen der neuzeitlichen Chemie des 18. Jahrhunderts und den neuzeitlichen klassischen Wissenschaften bestand dagegen in methodischer Hinsicht. Da sich die neuzeitliche Mechanik, Statik, Astronomie etc. auf mathematische Methoden stützten und mittels mathematischer Methoden auch zu neuen Resultaten gelangen konnten, die Chemie aber ebenso wie die Wärme- und Elektrizitätslehre des 18. Jahrhunderts ohne Mathematik auskam und sich stattdessen auf die experimentelle Methode beschränkte, wurde zwischen der ersten Gruppe als der klassischen und der zweiten als der baconischen Wissenschaften unterschieden. Offen blieb dabei die Frage, worauf diese Methodendifferenz beruht. Darauf kann hier keine abschließende Antwort gegeben werden. Im Hinblick auf die Chemie läßt sich jedoch zeigen, daß diesem methodischen Unterschied eine Differenz der Begrifflichkeit zugrunde liegt. Am Problem der Formulierung eines Gesetzes stofflicher Beziehungen läßt sich diese Differenz demonstrieren.

Geoffroy formuliert im Kommentar zu seiner Tabelle eine Proposition, für die er keine Allgemeingültigkeit im strengen Sinne, aber eine sehr breite Anwendbarkeit beansprucht. Die Proposition lautet, eine Substanz A besitze dann eine stärkere Beziehung als eine Substanz B zu einer Substanz C, wenn sie die Substanz B aus ihrer Verbindung mit C verdrängen könne.[48] Die verschiedenen „Grade" der stofflichen Beziehungen sollen den Ordnungsreihen der Tabelle entnommen werden. Die Ordnungsreihen drücken konstante Beziehungen zwischen Stoffpaaren aus, geben die Verhältnisse oder Grade dieser Beziehungen an und lassen, allerdings nur in sehr engen Grenzen, auch einige Voraussagen zu. Mit Hilfe der Tabelle, so Geof-

[47] Vgl. zu den technologischen Umwälzungen im 16. und 17. Jahrhundert, deren Reflexion für die wissenschaftliche Revolution der Mechanik ausschlaggebend war, insbesondere GROßMANN (1935) und WOLFF (1978) u. (1987).

[48] „Et j'ai crû qu'on pourroit déduire de ces observations la proposition suivante (...) Toutes les fois que deux substances qui ont quelque disposition à se joindre l'une avec l'autre, se trouvent unies ensemble; s'il en survient une troisième qui ait plus de rapport avec l'une des deux, elle s'y unit en faisant lâcher prise à l'autre." (GEOFFROY (1718) 202 f.)

froy, könne man mit einem Blick die verschiedenen Beziehungen der Stoffe sehen.[49] Tatsächlich ist die Tabelle ein sehr geeignetes gegenständliches Mittel der Reflexion stofflicher Beziehungen. Aber die Proposition und die Ordnungsreihen bringen das Gesetz nur implizit zum Ausdruck und sind noch keine Formulierung eines allgemeinen Gesetzes stofflicher Beziehungen. Ein Naturgesetz im neuzeitlichen Sinn formuliert konstante Relationen zwischen abstrakten Relaten, die Klassen von Naturdingen bzw. bestimmte Aspekte dieser Klassen repräsentieren. Die abstrakte Form der Relate gewährt die Allgemeinheit des Naturgesetzes und die Möglichkeit, mit ihm konkrete Ereignisse vorauszusagen. Aus der historisch früheren Perspektive erweisen sich chemische Reinstoffe, die als Relate in ein Gesetz stofflicher Beziehungen eingehen sollen, durchaus als Abstrakta. Damit chemische Stoffe, an denen nur interessiert, daß sie Entitäten chemischer Verbindungsbildungen und Zerlegungen und Relate stofflicher Beziehungen sind, zum Gegenstand der Erkenntnis gemacht werden konnten, mußten, wie oben gezeigt wurde, viele Abstraktionsschritte durchlaufen werden. Jedoch waren es stets bestimmte und benannte Stoffe, die als Relate des Gesetzes stofflicher Beziehungen fungieren sollten, denn von der qualitativen Verschiedenheit der Stoffe konnte nicht abstrahiert werden, ohne den Stoffbegriff auf den Körperbegriff zu reduzieren. Im chemischen Stoffbegriff sind analytisch die Bestimmungen der Qualität und der qualitativen Verschiedenheit enthalten. Dies hat zur Konsequenz, daß ein *allgemeines* Gesetz stofflicher Beziehungen andere abstrakte Relate als chemische Stoffe enthalten muß.

Es bestand somit für die Chemiker des 18. Jahrhunderts die paradoxe Situation, daß sie genügend Anhaltspunkte für ein Gesetz stofflicher Beziehungen hatten, aber die Relate der Gesetzesbeziehung erst aufgefunden werden mußten. Dies war die Ausgangssituation, in der zahlreiche Chemiker von der Mitte des 18. Jahrhunderts an die materietheoretisch verallgemeinerte Newtonische Gravitationstheorie für die Formulierung eines Gesetzes stofflicher Beziehungen oder eines Affinitätsgesetzes als Kern einer Affinitätstheorie fruchtbar zu machen versuchten. Die Bemühungen einer anderen, gegenüber solchen theoretischen Bestrebungen eher skeptisch eingestellten Gruppe von Chemikern waren darauf gerichtet, Affinitätstabellen nach dem Vorbild der Tabelle Geoffroys aufzustellen, sie sukzessive zu erweitern und zu verbessern. Der berühmteste Exponent dieser Richtung ist Torbern Bergman, der mit seiner Schrift *De attractionibus electivis disquisitio* (1775) der chemischen Affinitätstheorie zu breitem Ansehen verhalf. Bergman verbannte alle auf der verallgemeinerten Newtonischen Gravitationstheorie beruhenden Erklärungen in ein kurzes Vorwort. Seine Schrift ist in der Hauptsache eine Erläuterung seiner Affinitätstabelle, die auf einen beträchtlichen Umfang angewachsen war. Die Arbeit der stärker theoretisch orientierten Gruppe von Chemikern – ihr entschiedenster Exponent ist Guyton de Morveau[50] – konzentrierte sich darauf, ein Affinitätsgesetz zu finden, das dem Paradigma der Naturgesetze der Mechanik entsprach. Ihr Unternehmen lief darauf hinaus, nicht nur abstrakte, sondern darüber hinaus auch quantifizierbare Relate einer Affinitätsbeziehung analog zu den quantifizierten Größen der Mechanik anzugeben. Der Ansatz scheiterte, vor allem weil der Versuch der Quantifizierung der chemischen Anziehungskraft auf der Grundlage der Annahme einer konstanten Sättigung sich anziehender Stoffmassen zu Paradoxien des Kraftbegriffs führte und weil er mit der empirischen

49 „(...) une Table, où d'un coup d'oeil on pût voir les differents rapports qu'elles ont les unes avec les autres." (GEOFFROY (1718) 203)

50 Vgl. seinen Artikel „Affinité" in EM I.

Erkenntnis multipler Sättigungen oder Proportionen, die wiederum die stärker an experimentellen Resultaten interessierte Gruppe zu Tage förderte, unvereinbar war. Mit dem Scheitern dieses Versuches war aber vorerst auch die Anwendung der mathematischen Methode ausgeschlossen. Die neuzeitliche Chemie des 18. Jahrhunderts konnte die mathematische Methode nicht anwenden, weil ihre theoretischen Grundbegriffe nicht quantifizierbar waren.

Anhang

Glossar

zu wichtigen Fachausdrücken der chemischen Praxis und Theoriebildung in der Zeit von Paracelsus bis Geoffroy

Unter allen Fachausdrücken für chemische Stoffe oder Stoffklassen wird zunächst und soweit möglich eine Übersetzung oder Erläuterung in chemischer Nomenklatur gegeben. Bei den Namen von Einzelstoffen wird nur die moderne Übersetzung angegeben. So wird z.B. „Bleikalk“ übersetzt mit „Bleioxid und Bleisalze wie Bleinitrat oder -acetat“, obwohl im Verständnis des 17. Jahrhunderts der Name „Bleikalk“ pulverisiertes Blei bedeutete. Nur bei den Stoffklassen – z.B. Salze oder Alkalien – wird auch auf das zeitgenössische Verständnis eingegangen.

ACIDE
→ Säure

ÄTZSUBLIMAT
→ Sublimat

ALAUN o. Alumen o. Aluminis
Kaliumaliminiumsulfat

ALGAROTPULVER
→ Mercurius vitae

ALKALIEN o. alkalische Salze
Alkalicarbonate
Als A. bezeichnete man Substanzen mineralischer, pflanzlicher oder tierischer Herkunft. Als ihr charakteristischstes Merkmal galt ihre Efferveszenz mit Säuren. Aufgrund ihrer Wasserlöslichkeit wurden die A. auch als Salze klassifiziert. Eine Reihe von Eigenschaften unterschied diese A. von den mineralischen Salzen, dem (→) Meersalz, Steinsalz, (→) Vitriolen, (→) Alaunen und Salpeter. Sie hatten eine eigentümliche Schärfe, seifenartigen Geschmack und wirkten auf der menschlichen Haut ätzend. Die (→) Soda gewann man aus Sodaseen oder durch Auslaugen bestimmter Arten südeuropäischer Strandpflanzen. Andere pflanzliche A. wurden durch Auslaugung von Pflanzenaschen oder Verbrennen von (→) Weinstein erhalten. Durch Destillation von Blut, Urin oder Hörnern gewann man A. tierischer Herkunft. Beim Erhitzen sublimierten die sogenannten flüchtigen alkalischen Salze (→ A., flüchtige) tierischer Herkunft.
N. Lemery u. Homberg: Als A. werden nicht mehr ausschließlich die fixen und flüchtigen alkalischen Salze bezeichnet, sondern alle Substanzen, die mit Säuren efferveszieren und Salze bilden. Dazu gehören über die bisher als A. bezeichneten fixen und flüchtigen alkalischen Salze hinaus vor allem auch die Metalle und daneben auch andere Stoffe bzw. Stoffgemische wie die (→) absorbierenden Erden, Korallen und Perlen. Homberg nennt die als A. zusammengefaßten Stoffe erstmals auch Basen der Salze.

FIXE
Natrium- und Kaliumcarbonat
Unter den Begriff fixe A. oder fixe alkalische Salze fiel sowohl Kaliumcarbonat als auch Natriumcarbonat, die man erst seit 1736 als vegetabilisches und mineralisches A. unterschied. Kaliumcarbonat wurde im Handel unter der Bezeichnung Pottasche geführt und durch Auslaugen von Holzasche und mehrfaches Umkristallisieren gewonnen. Uneinig war man sich in der Frage, ob die aus verschiedenen Hölzern ausgelaugte Pottasche chemisch völlig identisch oder, wie Tachenius (Mitte 17. Jahrhunderts) behauptete, verschieden sei. Für besondere Zwecke benutzte man das aus verkohltem (→) Weinstein erhaltene (→) Weinsteinsalz, auch (→) Sal tartari genannt. Glauber stellte Kaliumcarbonat durch Verpuffen von Salpeter (Kaliumnitrat) mit Kohle her und bezeichnete dieses Salz als (→) Nitrum fixum. Diese auf verschiedene Weise hergestellten und häufig für verschieden gehaltenen und bezeichneten Salze wurden zusammen mit der (→) Soda unter der Bezeichnung fixe A. zusammengefaßt und den flüchtigen gegenübergestellt. Nachdem mehrfach, z.B. von Boyle und Kunckel, die Identität der aus Pflanzen erhaltenen fixen Salze behauptet worden war, wird Anfang des 18. Jahrhunderts häufig nur noch von dem fixen A. im Singular gesprochen.

FLÜCHTIGES
Als flüchtiges A. wurde das aus Harn, Blut oder Salmiak destillierte Ammoniumcarbonat bezeichnet.

ALUMINIS
Bei Glauber Ausdruck für (→) Alaun.

AMALGAM
Quecksilber-Legierung

ANTIMON

ANTIMOINE
Antimonsulfid

ANTIMONBUTTER
Antimon(III)-chlorid
Auch als Butyrum o. Oleum Antimonii o. Öl von Mercur (Libavius) bezeichnet.

ANTIMONIUM
Antimonsulfid
Auch als Spießglanz o. -glas bezeichnet, frz.: Antimoine. War das metallische Antimon gemeint, so sprach man stets von regulinischem Antimonium.
REGULE D'ANTIMOINE
Antimon

AQUA FORTIS, Aquafort
Die mit Salpeter und einem (→) Vitriol gewonnene Salpetersäure (Glauber); davon unterscheidet sich die (→) Spiritus nitri genannte Salpetersäure nur in der Konzentration.

AQUA REGIS
→ Königswasser

ARKANUM
Bei Paracelsus aus der alchemistischen Literatur übernommener Terminus, mit dem er die aus einem Naturkörper durch Destillation oder (→) Extraktion mit einem Lösungsmittel hervorgeholten (→) Essenzen bezeichnete. So ist z.B. (→) Mercurius vitae ein A., das einen höheren Vollkommenheits- oder (→) Reinheitsgrad besitzen soll als die (→) Quinta essentia. Ein A. ist nach Paracelsus „unkörperlich, unsterblich und ewig lebend“, das „jede Tugend des Dinges tausendfach verbessert“. Das A. Mercurius vitae soll noch die Tugend aller anderen A., darunter auch des „Steins der Weisen“, übertreffen.
Libavius hebt (→) Tinkturen, (→) Öle, (→) Spiritus und Wässer als „spezifische A.“ von den (→) Quintessenzen ab. Während das spezifische A. ein „Extrakt der inneren Natur“ ist, „der die Substanz einer jeden Spezies ziemlich genau wiedergibt“, und zwar so, „daß die substanzielle innige Mischung nicht verlorengeht“, wird die (→) Quintessenz so definiert: „Die Quintessenz ist das zur Reinheit der ätherischen Natur und zu den vorzüglichsten Kräften erhöhte Mysterium. Daher pflegt man sie als Himmel und himmliche Substanz zu bezeichnen, in der die reinste und echteste innige Mischung haftet“. (LIBAVIUS (1597/D) 350)

AUFLÖSUNG
Die A. eines Metalls in einer Säure diente im Verständnis der Iatrochemiker der (→) Kalzinierung oder Zerkleinerung des Metalls, durch die das Metall geöffnet werden sollte, um daraus (→) Essenzen (→) extrahieren zu können. Nicht die bloße A. galt als die vollständige mit dem Terminus Kalzination belegte Operation, sondern die A. mit nachfolgender Präzipitation. Im Hinblick auf die Veränderung körperlicher Merkmale faßte man die A. eines festen Körpers auch als dessen Verflüssigung auf.
Ein neuer Begriff der A. zeichnet sich in der zweiten Hälfte des 17. Jahrhunderts ab. Als A. oder (→) koagulierte A. wurden auch bestimmte chemisch hergestellte Salze bezeichnet. Die als ölige Substanz erhaltene (→) Antimonbutter galt als eine A., die aus regulinischem Antimon und einem sauren (→) Spiritus besteht und zwischen deren Bestandteilen eine Kraft oder Sympathie vorliegt. Als koagulierte A. bezeichnete man einige aus einer Auflösung eines Metalls in einem sauren Spiritus verfestigte, den natürlichen Salzen ähnliche Substanzen. Das durch A. in einer Säurre kalzinierte oder verflüssigte Metall sollte zusammen mit dem als A.-mittel verwendeten sauren Spiritus wieder leibhaft gemacht werden. Was bei derartigen Verfestigung koagulieren sollte, waren nicht, der üblichen Verwendung von (→) Koagulieren entsprechend, einheitliche und homogene Substanzen, sondern aus dem verflüssigten Metall und dem sauren Spiritus zusammengesetzte Stoffe, die zu der Stoffklasse der koagulierten A. zusammengefaßt wurden. Im 18. Jahrhundert wurde der Begriff der A. synonym mit dem der chemischen Verbindung verwendet.
KOAGULIERTE AUFLÖSUNG
Metallsalze
Die aus einem Metall und einer Säure gewonnene k. A. galt seit Glaser als eine durch chemische Kunst gewonnene, den natürlichen Salzen ähnliche Gruppe von Stoffen, bei denen die zur Herstellung verwendeten Stoffe als Bestandteile erhalten bleiben.

AURUM VOLATILE
→ Knallgold

BALSAM
Bei Paracelsus galt das (→) Prinzip Salz außer als Prinzip des Geschmacks auch als das der Farbe, sowie der (→) Koagulation oder des Festwerdens und des B., das heißt der Erhaltung der Naturkörper.

BLEI
BLEIGLÄTTE
Bleioxid
BLEIKALK
Bleioxid und Bleisalze wie Bleinitrat oder Bleiacetat
BLEIVITRIOL
Bleiacetat und Bleinitrat; letzteres bezeichnete man auch als Crystalli Saturni.
BLEIWEISS
Bleicarbonat

BLEIZUCKER
Bleiacetat

BUTYRUM
→ Antimonbutter

CROCUS
MARTIS
Eisen(III)-oxid

CRYSTALLI
Metallsalze mit auffallender Kristallform
DIANAE bzw. Lunae
Silbernitrat
→ Silberkalk
JOVIS
Zinnitrat
LUNAE
→ Crystalli Dianae
SATURNI
Bleinitrat
Auch als Bleivitriol bezeichnet.

CUPRUM GUMMATOSUM
Kupferchlorid

DESTILLATION
→ Scheidung
Durch D. wurden „subtile Substanzen", d.h. flüchtige (volatile) Dämpfe oder Rauch, also Stoffe oder Stoffgemische mit niedrigen Siedepunkten, von fixen, d.h. nicht flüchtigen Stoffen oder solchen mit höheren Siedepunkten, geschieden.
TROCKENE
Bei diesem Verfahren, das in der iatrochemischen Praxis zur Gewinnung von Arzneimitteln angewandt wurde, werden die zerkleinerten organischen Materialien in einer geschlossenen D.-apparatur, d.h. ohne Luftzufuhr und unter Vermeidung des Entweichens gasförmiger D.-produkte, unter allmählicher Temperatursteigerung erhitzt und destilliert.
NASSE
D. nach vorheriger Auflösung der Materialien in Säure oder einem anderen Lösungsmittel.

DIGERIEREN o. Digestion
→ Extraktion, → Fermentation, → Scheidung
Als D. bezeichnete man den Prozeß des langsamen, durch Wärme geförderten Herauslösens von Substanzen aus mechanisch zerkleinerten Materialien mit einem (→) Menstruum oder Lösungsmittel, sei es, um aus dem Hervorgeholten Destillate zu gewinnen, sei es, um sie zu (→) Extrakten (im engeren Sinn) oder (→) Tinkturen durch Destillieren und Evaporieren des Lösungsmittels einzudicken. Das D. nahm längere Zeit in Anspruch, oft einen oder mehrere Monate.
Die chemische Operation der D. galt als eine der wichtigsten Operationen der Chemie, d.h. sie war nicht auf pflanzliche Materialien beschränkt, sondern wurde ebenfalls mit tierischen und auch mit mineralischen Stoffen durchgeführt. Die D. oder Verdauung der (→) Mixta bedeutete zunächst die (→) Scheidung des subtilen Reinen und für den Menschen Nützlichen vom körperlich Groben oder Unreinen und Nutzlosen. Die D. sollte die Substanzen zugleich (→) erhöhen oder veredeln.
Anstelle von D. sprach man zuweilen auch von Mazerieren oder Zirkulieren. Die Zirkulation wurde allerdings in einem besonderen Gefäß, dem Pelikan, vorgenommen, in dem leicht siedende Lösungen aufsteigen und verdampfen und an den kalten Gefäßwänden kondensieren und absteigen konnten.

EISEN
EISENSALZ
Eisenacetat (Le Fèvre)
EISENVITRIOL
Eisen(II)-sulfat

ELEMENTE
Unter E. verstand die auf Paracelsus zurückgehende Elementen- und Prinzipientheorie des 16. und 17. Jahrhunderts generierende Anfänge und unter (→) Prinzipien unzerlegbare Träger irreduzierbarer Qualitätssets. Durch das Zusammenwirken von E. und Prinzipien werden alle Naturkörper mit ihren manifesten und okkulten Qualitäten hervorgebracht. (Vgl. III.1)

Zum E.-begriff der atomistischen Elementen- und Prinzipientheorie des 17. Jahrhunderts sowie zum hypothetischen E.-begriff Boyles vgl. III.2.
ELEMENTMATRIX
Die generierenden Elemente werden in diesem Paracelsischen Sinne auch Matrices genannt.

EMETISCHES PULVER
→ Mercurius vitae

ENGLISCHROT
ein Eisenoxid

ERDE
1.) Nicht flüchtiges, im Rückstand der Retorte verbleibendes Produkt der Destillation. Es wurde als E. bezeichnet, weil es wie die als (→) Erden klassifizierten natürlichen Stoffe in der Destillation nicht flüchtig sowie wasserunlöslich und unverbrennlich war.
2.) Im 17. Jahrhundert bei vielen der Elementen- und Prinzipientheoretiker eines der (→) Prinzipien, das zusammen mit dem Prinzip Wasser oder Phlegma zu den drei Prinzipien des Paracelsus (Mercur, Sulphur, Sal) hinzukam.

ERDEN
Oxide und Carbonate der Leichtmetalle
ABSORBIERENDE
Alkalische Erden
Als absorbierende, nämlich Säure absorbierende E. waren um 1700 nur die Kalkerde (Kalziumcarbonat), die aus Marmor, Kalkstein oder Muschelschalen etc. stammen konnte, und die aus Alaun (Kaliumaluminiumsulfat) nach dem Abdestillieren der Schwefelsäure gewonnene E. (ein Gemisch aus Kalium- und Aluminiumoxid) bekannt, die lange Zeit als „kalkichte E." (→ Kalk, k.E.) nicht von der (→) Kalkerde chemisch unterschieden wurde.

KALKERDE
→ Kalkerde

ERHÖHEN
Veredeln einer (→) extrahierten (→) Essenz. Das Erhöhen „tritt in zweifacher Gestalt auf: als Reifen (maturatio) und als Gradieren (gradatio)". „Das Reifen ist das Erhöhen aus dem Rohen und Unreifen (e rudi crudove) in das Gereifte und Vervollkommnete (ad maturum et perfectum)." (LIBAVIUS (1597/D) 99)

ESPRIT
→ Spiritus

ESSENZ
→ Extraktion, → Scheidung
Unter E. bzw. (→) Extrakten im weiteren Sinne wurden nicht gewöhnliche empirische chemische Stoffe verstanden. Eine E., so Libavius, ist eine Substanz, mit der „zugleich die Wirkkraft (virtus) verbunden ist, durch die der Stoff, wie man sagt, lebt (vivere) oder in Blüte steht (in vigore esse) und kraftvoll ist" (LIBAVIUS (1597/D) 72). Sie sei die „innere Natur" eines Naturkörpers, „die die Kräfte der gesamten Substanz im subtilen und verborgenen Teil der Materie mit sich führt" (ebd. 350). Dasjenige, wovon die E. geschieden wurde, sollte dagegen die körperliche Hülle, in der die innere Natur und Kraft verborgen war, das Grobe und Tote oder das Caput mortuum sein. Paracelsus bezeichnete die E. als (→) Mysterium, (→) Arkanum, (→) Quinta essentia etc. und stellte sie in sehr emphatischen Formulierungen als besonders wirksame Medizinen und höhere Wesen vor. Die späteren pharmazeutischen Schriften differenzieren dagegen die verschiedenen E.. Sie unterscheiden zwischen veredelten oder erhöhten E. wie der (→) Quintessenz und den aus dem natürlichen (→) Mixtum bloß hervorgeholten wie den geschiedenen (→) Prinzipien.

ESSIG
Essigsäure

EXTRAKT
→ Essenz, →Extraktion, →Tinktur
Manche Autoren wie Libavius und Beguin gebrauchen den Begriff E. relativ umfassend für alle Produkte der (→) Destillation, (→) Sublimation, (→) Digestion, (→) Fermentation und der (→) Extraktion mit Lösungsmitteln im Sinne von (→) Essenz. Le Fèvre und Glaser dagegen sprechen allgemein nur von Essenzen und benutzen den Begriff E. hauptsächlich, wenn das ohne Destillation mit Lösungsmitteln Hervorgeholte gemeint ist.

EXTRAKTION, Extrahieren
→ Extrakt, →Scheidung
1.) Jedes chemische Zerlegen oder Scheiden eines homogenen (→) Mixtums durch die (→) Destillation, (→) Sublimation, (→) Digestion, (→) Fermentation und die E. mit Lösungsmitteln wurde als Trennung der körperlichen Hülle vom subtilen oder spirituellen Inneren oder des (→) Reinen vom Unreinen verstanden und als E. *im weiteren Sinne* bezeichnet.
2.) E. oder Ausziehen *im engeren Sinne* nannte man die chemische Operation des Herauslösens pflanzlicher Substanzen aus mechanisch zerkleinerten pflanzlichen Materialien mit Lösungsmitteln wie Alkohol. Während bei der Destillation die Wärme die „hervorholende Kraft" (Libavius) sein sollte, war es in diesem Fall das Lösungsmittel, das die (→) Essenz herausziehen sollte.
Das zeitgenössische Verständnis der E. (im engeren Sinn) von (→) Extrakten und (→) Tinkturen mit (→) Menstruen unterscheidet sich eklatant vom modernen Begriff des E.. Während heute unter E. der Vorgang des Lösens oder Diffundierens einer Substanz aus einem Stoff*gemisch* in ein Lösungsmittel verstanden wird, und die Lösung oder der Extrakt ebenso als Stoffgemisch gilt, verstanden die Autoren der pharmazeutischen Schriften darunter erstens das chemische, mit einem Menstruum erfolgende Zerlegen eines homogenen (→) Mixtums. Zweitens sollten die extrahierten Substanzen nicht in derselben Weise körperliche Substanzen sein wie die natürlichen Körper. E. bedeutete nicht chemische Zerlegung *in* gleichermaßen körperliche Teile, sondern die (→) Scheidung grober körperlicher Teile *von* reinen, subtilen, die in der Kette der Wesen eine höhere Rangstufe als die groben körperlichen einnehmen.
Die Termini (→) Destillation, (→) Sublimation, (→) Digestion, (→) Fermentation und E. im engeren Sinne, als Bezeichnungen für konkrete chemische Operationen, werden in den pharmazeutischen Schriften unterschiedlich gegeneinander abgegrenzt. Libavius führt eine E. mit (→) Menstruen als besondere Art der E. neben der Destillation bzw. Sublimation und neben der Digestion noch nicht an. Beguin dagegen nennt die E. mit Menstruen eine dritte Variante der E.. Er unterscheidet aber nicht zwischen E. und Digestion, sondern bei ihm ist Digestion wiederum ein Sonderfall der E. mit einem Menstruum. In den späteren pharmazeutischen Schriften wie denen Le Fèvres oder Glasers werden in den terminologischen Erläuterungen E. und Digestion gesondert aufgeführt. Die E. wird als Ausziehen mit einem Menstruum erläutert. Die Digestion soll dagegen mit einem Menstruum *und* mit Wärme als chemischen Agentien durchgeführt werden.
In den *metallurgischen* Schriften bedeutet die E. reiner Stoffe das mechanische Absondern stofflicher bzw. körperlicher Bestandteile einer Mischung.

FERMENT
→ Tinktur
Im Kontext der (→) Transmutation verstand man unter F. einen (→) Extrakt, der die Umwandlung der gesamten Masse einer zu fermentierenden Substanz in die Substanz des F. bewirken soll. Das geeignete F., die Medizin, (→) Tinktur oder das „vollkommene Elixir", das hier für die Metallveredelung gesucht wurde, unterschied sich kaum vom „Stein der Weisen" der mittelalterlichen Alchemisten.

FERMENTIEREN, Fermentation
→ Tingieren, → Scheidung
Kam es während der (→) Digestion zur Gährung, so bezeichnete man sie als F.. Aus praktischen Zwecken, um (→) Spiritus zum pharmazeutischen Gebrauch oder als Genußmittel zu gewinnen, wurde die F. durch Zugabe von Fermenten (Hefearten) gefördert.
Bei der chemischen Operation der F. oder Gärung sollten (→) Spiritus von groben körperlichen Teilen getrennt werden. Man erhielt dabei erheblich mehr und, wie man meinte, auch bessere Spiritus als ohne diese Operation. Im Unterschied zur (→) Digestion mußte man bei der F. keine Wärme von außen zuführen, sondern es wurde Wärme frei. Als Erklärung wurde ein inneres Feuer als Agens der F. unterstellt.

FIX/FLÜCHTIG
Generelle Unterscheidung von Stoffen nach ihren Aggregatszuständen, die auf die Destillationspraxis zurückgeht. Durch Destillation werden „subtile Substanzen", d.h. flüchtige (volatile) Dämpfe oder Rauch, also Stoffe oder Stoffgemische mit niedrigen Siedepunkten, von fixen oder nicht flüchtigen Stoffen, solchen mit höheren Siedepunkten, getrennt.

FLORES
sublimierte Metalloxide
ANTIMONII
Antimonoxid
ARSENS, des
Arsen(III)-oxid
BLEIS, des
Bleioxid
VENERIS
Kupferoxid

GALMEI
Zinkcarbonat
Auch als Pierre calaminaire bezeichnet.

GEIST
→ Spiritus
VITRIOLISCHER GEIST
→ Spiritus vitrioli

GLAUBERSALZ
Natriumsulfat

GOLD
GOLDKALK
Aus der Auflösung von Gold in (→) Königswasser ausfallende Gold(III)-Verbindungen
GOLDLEBER
Goldsulfid

GYPSUM ARTE FACTUM
Kalziumsulfat

HÖLLENSTEIN
Geschmolzenes Silbernitrat

HOMBERGSCHER PHOSPHOR
Kalziumchlorid

HORNSILBER
Silberchlorid

KALK
KALKERDE
Kalziumcarbonat
→ Kalkichte Erde

KALKICHTE ERDE
Die aus Alaun (Kaliumaluminiumsulfat) nach dem Abdestillieren der Schwefelsäure erhaltene (→) Erde (ein Gemisch aus Kalium- und Aluminiumoxid), die aber lange Zeit nicht von der (→) Kalkerde chemisch unterschieden wurde.
KALKSALPETER
Kalziumnitrat
UNGELÖSCHTER
Kalziumoxid
Der ungelöschte K. wurde im 17. Jahrhundert als Alkali klassifiziert.

KALKE
Produkte der (→) Kalzination; meist (→) Metallkalke.

KALOMEL
Quecksilber(I)-chlorid
Auch als süßer Sublimat o. weißer Präzipitat bezeichnet.

KALZINIERUNG, Kalzination der Metalle
Als K. der Metalle bezeichnete man im 17. Jahrhundert das starke Erhitzen der Metalle im Feuer, ihr Erhitzen unter Zusatz eines Salzes oder Schwefels, ihr reversibles Amalgamieren und ihr Auflösen in einer Säure. Diese chemischen Operationen wurden als mechanisches Zerkleinern der Metalle zu Pulvern verstanden. Entsprechend verstand man unter (→) Metallkalken nicht im heutigen Sinn chemisch veränderte, mit den späteren Metallverbindungen analogisierbare Substanzen. So heißt es z.B.

bei Libavius: „Ein Kalk aber ist nach der allgemeinen Bezeichnung ein beliebiges, zu unfühlbaren (impalpabilis) Teilen zerkleinertes Pulver (...)". (LIBAVIUS (1597/D) 61). Ebenso heißt es bei Beguin: „Calcination est une reduction du mixte en chaux, appellee par Geber pulverisation du compose (...)" (BEGUIN (1615) 49) oder Glaser: „Calcinieren ist zu Kalck oder Pulver machen (...)" (GLASER (1663/D) 17).
Bei der K. durch (→) Auflösung eines Metalls in einer Säure verstand man nicht die bloße Auflösung schon als die *vollständige* mit dem Terminus K. belegte Operation, sondern die Auflösung mit nachfolgender Präzipitation.

KNALLGOLD
Gold(III)-oxid mit angelagertem Ammoniak
Auch als Aurum volatile o. Or fulminant diaphoretic bezeichnet.

KOAGULATION
Man faßte im 17. Jahrhundert alle Verfestigungen aus Flüssigkeiten als K. zusammen. Libavius z.B. erläutert K. folgendermaßen: „Das ‚Koagulieren' ist das Zusammenziehen (coactio) von Stoffen gleicher Natur aus einer dünnen und flüssigen Konsistenz zu einer festen." (LIBAVIUS (1597/D) 96. Vgl. BEGUIN (1615) 70 und GLASER (1663/D) 18.)
Generell verstand man die K. als Verfestigung einer einheitlichen und homogenen Substanz. Wichtige Ausnahme: das Verständnis der (→) koagulierten Auflösung.
Die chemische Reaktionen begleitenden Aggregatzustandsänderungen, die heute als chemisch irrelevant gelten, wurden im 17. Jahrhundert für so bedeutsam gehalten, daß einige Autoren sie zum Systematisierungskriterium für chemische Operationen machten. So z.B. Libavius und noch grundsätzlicher Beguin, der chemische Operationen als solche in Solutionen und K. unterteilt.

KOBALTBLAU
mit Kobaltoxid blau gefärbtes Glaspulver

KOCHSALZ
Natriumchlorid

KÖNIGSWASSER o. Aqua regis
Ein Gemisch aus einem Teil Salpetersäure und drei Teilen Salzsäure, das meist durch Auflösen von Salmiak in Salpetersäure hergestellt wurde.

KUPFER
KUPFERGRÜN
Kupferacetat
KUPFERKALK
Kupfersalze wie Kupfernitrat oder -acetat und Kupferoxid
KUPFERKIENSTÖCKE
Eine Kupfer-Blei-Legierung.
KUPFERSALPETER
Kupfernitrat
KUPFERVITRIOL
Kupfersalze wie Kupferacetat oder -nitrat oder -sulfat
KUPFERZEMENT
Im (→) Zementationsprozeß anfallendes pulverförmiges, schwammartiges Kupfer

LAUGENSALZ
FIXES Laugensalz
Kalium- oder Natriumcarbonat; Kaliumcarbonat wurde auch als Sal lixiviosum bzw. Sel lixiviel bezeichnet.
FLÜCHTIGES Laugensalz
Ammoniumcarbonat

MAGISTERIUM
Im Unterschied zu erhöhten (→) Extrakten galten M. als Substanzen, die ohne (→) Extraktion durch (→) Erhöhung der ganzen Ausgangssubstanz erhalten werden. Von Libavius abgesehen, bezeichneten die meisten pharmazeutischen Schriften die als Transmutationsprodukte aufgefaßten Metallsalze als M..
MAGISTERIUM DES BLEIS
Bleicarbonat (präzipitiert)
MAGISTERE DE JUPITER
Zinn(II)-hydroxid (präzipitiert)
MAGISTERIUM SATURNI
Bleisulfat (präzipitiert)

MATRIX
→ Element, Elementmatrix

MAZERIEREN
→ Digerieren

MEERSALZ
Natriumchlorid

MENNIGE
Bleioxid
Auch als Minimum bezeichnet.

MENSTRUUM
Nach der erforderlichen Zeit für das (→) Digerieren, dem Monat (mens), nannte man die Lösungsmittel auch M..

MERCUR
1.) Als (→) Spiritus genanntes flüchtiges oder subtiles Destillationsprodukt: eines der (→) Prinzipien.
2.) (→) Quecksilber
MERCURIUS SUBLIMATUS
Quecksilber(II)-chlorid
Auch als M. vivus sublimatus, sublimierter M. vivus o. als Sublimat bezeichnet.
→ Mercurius vivus
MERCURIUS VITAE
Antimonoxidchloride
Auch als emetisches o. Algarotpulver u. als Oleum Mercurii bezeichnet.

MERCURIUS VIVUS
Quecksilber
→ Mercurius sublimatus

METALLE
Als M. galten im 17. Jahrhundert Gold, Silber, Kupfer, Eisen und Zinn. Um die Zahl sieben (Planetenzahl) zu erreichen wurde zuweilen auch Quecksilber zu den M. gezählt. Zink (nur in Form von (→) Galmei gewonnen), Arsen, Antimon und Wismut galten als den M. ähnliche Mineralien oder als Halbmetalle.

METALLKALKE
Metalloxide, -hydroxide und -salze
Unter M. verstand man im 17. Jahrhundert nicht im heutigen Sinn chemisch veränderte, mit den späteren Metallverbindungen analogisierbare Substanzen, sondern durch (→) Kalzination zu Pulvern zerkleinerte Metalle. Für die Bezeichnung chemischer Produkte als M. und deren Verständnis als Metallpulver gab es zwei Kriterien. Erstens die Reduzierbarkeit der präzipitierten, amalgamierten, mit Salzen korrodierten oder im Feuer oxidierten Metalle und zweitens, im speziellen Fall der sauren Auflösung, die Präzipitation.
In Abweichung von diesem Gebrauch des Terminus M. macht Libavius den Vorschlag, unter M. nur die Transmutationsprodukte zu verstehen und diese von den (→) Metallpulvern abzugrenzen. Libavius bezeichnet auch die (→) Metallsalze als M..

METALLPULVER
In Abweichung vom üblichen Gebrauch des Terminus (→) Metallkalk macht Libavius den Vorschlag, unter Metallkalken nur die Transmutationsprodukte zu verstehen und diese von den M. abzugrenzen. Das Abgrenzungskriterium ist die Reduzierbarkeit der M.. Libavius betont z.B., daß nach seiner Terminologie die üblicherweise als (→) Goldkalk bzw. (→) Silberkalk bezeichneten Produkte wegen ihrer Reduzierbarkeit M. zu nennen seien. Die Gewinnung von Blei- und Zinnsalzen durch Auflösung dieser Metalle in Salpetersäure, Schwefelsäure oder Essigsäure hielt Libavius dagegen für Transmutationen.

METALLSALZE
→ Vitriole

SCHWEFELMETALLE
Metallsulfide

MINERALSÄUREN
Schwefelsäure, Salptersäure und Salzsäure

MINIMUM
Bleioxid

MIXTUM
Die Naturkörper galten in der Elementen- und Prinzipientheorie gleichermaßen als M., d.h. als Körper, die aus (→) Elementen und (→) Prinzipien konstituiert werden. Obwohl die M. also aus Verschiedenem entstehen sollten, wurden sie als homogene Einheiten begriffen. In der peripatetischen Elementenlehre und der paracelsischen Elementen- und Prinzipientheorie bestehen die sogenannten homogenen M. nicht aus verschiedenen Teilen mit Körpereigenschaften, sondern aus heterogenen Qualitätssets, die sich in ihrem Zusammenwirken ausgleichen.

MYSTERIUM
Bei Paracelsus aus der alchemistischen Literatur übernommener Terminus, mit dem er die aus einem Naturkörper durch (→) Destillation o. (→) Extraktion mit Lösungsmitteln hervorgeholten (→) Essenzen bezeichnete.

NEPALGELB
Bleiantimonat

NITRUM
FIXUM (Glauber)
Kaliumcarbonat
FLAMMANS
Ammoniumnitrat
VITRIOLATUM
Kaliumsulfat
→ Tartarus vitriolatus

ÖL, Oleum
1.) Als eines der flüchtigen Destillationsprodukte: eines der (→) Prinzipien, näml. (→) Sulphur. Man nannte es Ö., weil es wie die natürlichen Öle bei der Destillation flüchtig war und eine ölige oder fettige Konsistenz besaß.
2.) Als Produkt der Destillation von Salzen: Säure, die sich von den (→) Spiritus genannten Säuren durch höhere Konzentration und höheren Siedebereich unterscheidet.
3.) Als Produkt der (→) Extraktion: Salz. Durch Auflösung der Metalle oder (→) Metallkalke bzw. (→) Flores (beides Metalloxide) in Salzsäure gewann Glauber die Chloride der Metalle Eisen, Kupfer, Zinn, Blei, Antimon, Arsen und Zink. Es gelang ihm allerdings nicht, diese Salze in kristallinem Zustand zu erhalten, sondern nur als wasserhaltige, zähflüssige Substanzen, die er unter anderem wegen dieser äußeren Merkmale als Olea zusammenfaßte.

ÖL VON MERCUR
Auch als Oleum mercuri bezeichnet, bei Libavius für (→) Antimonbutter verwendet.

OLEA DER METALLE
Metallchloride

OLEUM ANTIMONII
→ Antimonbutter

OLEUM ARSENICI
Arsen(III)-chlorid

OLEUM JOVIS
Zinn(II)-chlorid
→ Spiritus fumans Libavii

OLEUM LAPIDIS CALAMINARIS
Zink(II)-chlorid

OLEUM MARTIS
Eisen(II)-chlorid

OLEUM SATURNI

Blei(II)-chlorid
OLEUM TARTARI
wasserhaltiges Kaliumcarbonat
OLEUM VENERIS
Kupfer(II)-chlorid
OLEUM VITRIOLI
(Konzentrierte) Schwefelsäure
→ Spiritus vitrioli

OR FULMINANT DIAPHORETIC
→ Knallgold

PHLEGMA
→ Wasser (als eins der Prinzipien)

PIERRE CALAMINAIRE
Zinkcarbonat
→ Galmei

POTTASCHE
Kaliumcarbonat
P. wurde durch Auslaugen von Holzasche und mehrfaches Umkristallisieren gewonnen. Uneinig war man sich in der Frage, ob die aus verschiedenen Hölzern ausgelaugte P. chemisch völlig identisch oder, wie Tachenius (Mitte 17. Jahrhunderts) behauptete, verschieden sei.

PRÄZIPITAT
GRÜNER
Basisches Kupfercarbonat
PRAECIPITATIO MERCURII EGREGIA
Quecksilber(I)- u./o. Quecksilber(II)-nitrat
Auch als Quecksilbervitriol o. -salpeter bezeichnet.
SCHWARZER
Silberoxid
WEISSER
Quecksilber(I)-chlorid
Auch als Kalomel bezeichnet.

PRINZIPIEN
Unter (→) Elementen verstand die auf Paracelsus zurückgehende Elementen- und Prinzipientheorie des 16. und 17. Jahrhunderts generierende Anfänge und unter P. unzerlegbare Träger irreduzierbarer Qualitätssets. Durch das Zusammenwirken von Elementen und P. bei der Genese sollten alle Qualitäten der Naturkörper, einschließlich ihrer Körperlichkeit, zustandekommen. P. waren also unkörperliche *Konstituentien* der unterschiedlichen Naturkörper. (Vgl. III.1)
Paracelsus nahm drei P. an, nämlich (→) Sulphur, (→) Mercur und (→) Sal. Die Prinzipientheoretiker des 17. Jahrhunderts nahmen dagegen meist fünf P. an, nämlich die drei des Paracelsus und darüberhinaus (→) Erde und (→) Wasser.
Als *geschiedene* P., d.h. durch die chemische Kunst per (→) Scheidung aus den natürlichen (→) Mixta hervorgeholte Substanzen, bildeten sie Mittelglieder in der Kette der Wesen, die die Tendenz zur vollkommenen Spiritualisierung in sich tragen sollten. Die fünf Destillationsprodukte (→) Spiritus, (→) Öl, (→) Wasser, (→) Salz und (→) Erde galten als geschiedene P., weil diese verschiedenen Substanzen in sich dieselben Qualitäten vereinigen sollten wie die konstituierenden P.. Dabei wurden Spiritus, Öl und Salz als aktive P. und Wasser und Erde als passive bezeichnet. Neben der Flüchtigkeit spielten bei dieser Unterscheidung die lösenden Eigenschaften der aktiven P. eine Rolle.
Die geschiedenen P. wurden von den (→) erhöhten (→) Extrakten abgegrenzt. Während die geschiedenen P. die vorhandenen Qualitäten des natürlichen Mixtums, durch Neukombination auf verschiedene Teile konzentriert, enthalten sollten, sprach man den erhöhten Extrakte edlere Qualitäten zu, als im ursprünglichen Mixtum vorhanden waren.

PROBIEREN
In der Metallurgie Bezeichnung für die verschiedenen Verfahren der quantitativen Bestimmung des Metallgehalts von Erzen und Metallegierungen.

PROJIZIEREN, Projektion
Im Zusammenhang mit der als (→) Fermentation aufgefaßten (→) Transmutation (vgl. V.2.3) Bezeichnung für den Einsatz eines (→) Ferments, das die Metallveredelung befördern soll. Während das (→) Tingieren wie das (→) Fermentieren langsam erfolgen sollte – das unedle Metall sollte zuerst durch Schmelzen flüssig gemacht werden, damit die Tinktur dieses wie Hefe oder Sauerteig durchdringen und es vollständig verwandeln kann –, sollte das P. mit einem „großen Elixier" oder einer „Medizin" dagegen unter „plötzlichem Eindringen" und „Umwandeln" verlaufen.

PUTREFIZIEREN, Putrefaktion (Fäulnis)
Der Modus der chemischen Operation des P. unterschied sich kaum von dem des (→) Digerierens. Die zu transmutierende Substanz sollte in sogenannte P.-flaschen gegeben, mit einem (→) Menstruum übergossen und in Mist eingebettet werden.

PYRIT
Natürlich vorkommendes Eisensulfid

QUECKSILBER o. (→) Mercur
1. Als (→) Spiritus genanntes flüchtiges Destillationsprodukt: eines der (→) Prinzipien.
2. Quecksilber
LEBENDIGES
Quecksilber
QUECKSILBERSALPETER
Quecksilber(I)- u./o. Quecksilber(II)-nitrat
Auch als Praecipitatio mercurii egregia und Quecksilbervitriol bezeichnet.

QUECKSILBERVITRIOL
Quecksilber(I)- u./o. Quecksilber(II)-nitrat
Auch als Praecipitatio mercurii egregia und Quecksilbersalpeter bezeichnet.
GETÖTES
Quecksilberverbindungen, aus denen Quecksilber zurückgewonnen, revivifiziert, werden konnte.

QUINTESSENZ, Quinta essentia
→ Essenz
Bei Paracelsus die aus einem Naturkörper durch Destillation oder (→) Extraktion mit Lösungsmittel hervorgeholten (→) Essenzen. Im 17. Jahrhundert wurden (→) erhöhte Essenzen Qu. genannt. Libavius z.B. hebt (→) Tinkturen, (→) Öle, (→) Spiritus und (→) Wässer als „spezifische (→) Arkana" von den Qu. ab. Während das spezifische Arkanum ein „(→) Extrakt der inneren Natur" ist, „der die Substanz einer jeden Spezies ziemlich genau wiedergibt", und zwar so, „daß die substanzielle innige Mischung nicht verlorengeht" (LIBAVIUS (1597/D) 368), wird die Qu. so definiert: „Die Quintessenz ist das zur Reinheit der ätherischen Natur und zu den vorzüglichsten Kräften erhöhte Mysterium. Daher pflegt man sie als Himmel und himmliche Substanz zu bezeichnen, in der die reinste und echteste innige Mischung haftet". (ebd. 350)

REIFEN (maturatio)
Modus des (→) Erhöhens oder Veredelns von Substanzen, ein Terminus, der – im Zusammenhang mit der (→) Transmutation unedler in edle Metalle und der (→) Digestion verwendet – das prinzipientheoretische Verständnis der chemischen Operationen als Förderung oder Beschleunigung natürlicher, biologieförmiger Vorgänge besonders plastisch zum Ausdruck bringt.

REINES/UNREINES
Die Begriffe des R. und U. hatten eine vollkommen andere Bedeutung als die neuzeitlichen chemischen Begriffe des Reinstoffs und Gemischs. R. bedeutete in den pharmazeutischen Schriften nicht ein homogener, unvermischter Reinstoff, denn homogen war ja nach Auffassung der Iatrochemiker bereits das (→) Mixtum, aus dem (→) extrahiert wurde. Vielmehr wurden solche Substanzen als reine bezeichnet, die von ihrer groben Körperlichkeit befreit sein sollten, und von denen man annahm, daß sie als subtile Substanzen den menschlichen Körper schnell durchfringen können und daher als Medikamente besonders nützlich sind

SÄTTIGUNG
Le Fèvre deutete die (→) Auflösung eines Metalls als dessen Zerfressen- und Aufgenommenwerden durch eine Säure, und die S. als Erschöpfung der Aufnahmefähigkeit der Säure. Auf die S. war es zurückzuführen, daß in vielen Fällen zur vollständigen Auflösung eines bestimmten Metallquantums weitere Säuremengen hinzugefügt werden mußten. N. Lemery und Homberg deuteten die S. mechanisch um. Unter S. verstanden sie die vollständige Füllung der Poren eines Alkalis mit Säurepartikeln. Diese mechanische Umdeutung legte einen Zusammenhang zwischen der S. und der Gewichtszunahme des Salzes im Vergleich zum eingesetzten Alkali nahe. Die Gewichtszunahme war nicht bloß Resultat der gemeinsamen Koagulation des Alkalis und der Säure (→ Auflösung, koagulierte), sondern zugleich S. und somit quantitativ begrenzt.

SÄURE, Acide
DU SEL MARIN, Acide
Salzsäure
NITREUX, Acide
Salpetersäure
VITRIOLISCHE, vitriolique
Schwefelsäure

SAL
→ Salz

SALIS NITRI SPIRITUS
→ Spiritus nitri

SALMIAK
Ammoniumchlorid

SALPETER
Kaliumnitrat
KALKSALPETER
Kalziumnitrat
KÜNSTLICHER
Kaliumnitrat
WÜRFELFÖRMIGER
Natriumnitrat

SALZ, Sal, Sel
1. Eines der drei (→) Prinzipien des Paracelsus. Mitte des 17. Jahrhunderts wurde das Prinzip Salz mit dem (→) Laugensalz identifiziert.
2. Salz hieß das zweite in der Retorte verbleibende Scheideprodukt, weil es wie die natürlichen Salze geschmackerregend, wasserlöslich und kristallin war.
3.) Das gewöhnliche Stein- oder Meersalz.
→ Alkalien

SALZE
Stoffklasse für wasserlösliche, den Geschmack erregende und kristalline Feststoffe. In diese Stoffklasse wurden die natürlich vorkommenden oder auch natürlich entstehenden S. Steinsalz und Meersalz, Vitriole, Alaune, Salpeter und Salmiak eingeordnet sowie die durch chemische Operationen gewonnenen und als na-

türliche (→) Extrakte geltenden fixen und flüchtigen (→) alkalische Salze. Einige der als chemische Kunstprodukte verstandenen Metallsalze wurden ebenfalls unter diese Stoffklasse subsumiert. Auch Zucker wurde zuweilen als S. klassifiziert.

ALCALI FIXE, Sel
→ Salze, fixe alkalische

ALCALI VOLATILE, Sel
→ Salze, flüchtige alkalische

AMMONIACUM LIQUIDUM, Sal
Ammoniumacetat

AMMONIACUM SECRETUM GLAUBERI, Sal
Ammoniumsulfat

COMPOSITA, Salia
→ Sels salés

DIURETICUM, Sal
Kaliumchlorid
Auch als Sal marinus regeneratus bezeichnet.

FIXA, Salia
→ Salze, fixe alkalische

FIXE ALKALISCHE Salze
Als Salia fixa oder fixe alkalische Salze wurden die aus Pflanzenasche ausgelaugten, nichtflüchtigen, wasserlöslichen Salze bezeichnet.
→ Alkalien, fixe

FLÜCHTIGE ALKALISCHE Salze
Ammoniumcarbonat
→ Alkalien, flüchtige

GLAUBERI, Sal mirabile
Natriumsulfat (Glaubersalz)

GEMISCHTE Salze
→ Sels moyens

JUPITER, Sel de
Zinnitrat
→ Vitriol de Jupiter

LAUGENSALZ
→ Laugensalz

LIXIVIOSUM, Sal oder Sel lixiviel
Kaliumcarbonat
→ Laugensalz, fixes

LUNE, Sel de
Silbernitrat
→ Vitriol de Lune

MARIN, Sel
Natriumchlorid

MARINUS REGENERATUS, Sal
Kaliumchlorid
Auch als Sal diureticus o. Sylvisches Fiebersalz bezeichnet.

MARTIS, Sal
Eisenacetat

MARS, Sel de
Eisensulfat
→ Vitriol de Mars

MEERSALZ
Natriumchlorid

METALLE, Salze der
→ Vitriole

MITTELSALZE
→ Sels moyens

MIXTES, Sels
→ Sels moyens

MOYENS, Sels o. Sels mixtes
Homberg bezeichnete als Mittelsalze die aus (→) fixen Alkalien und Säuren chemisch hergestellten Salze, weil sie eine Mittelstellung zwischen den fixen Alkalien und den flüchtigen Säuren einnehmen bzw. aus einem fixen und flüchtigen Bestandteil zugleich bestehen sollten.
Geoffroy bezeichnet aus Alkalien im Sinne einer Base und Säuren hergestellten Salze als S.m..

NITRUM, Sal
Kaliumnitrat
Auch als künstlicher Salpeter bezeichnet.

NITREUX-MERCURIEL, Sel
Quecksilbernitrat

SALÉS, Sels o. Salia composita
Die Salze, die aus der Kombination einer Säure mit einer der vier Salzbasen hervorgehen, faßt N. Lemery unter der Bezeichnung Sels salés zusammen und definiert diese als „eine Mischung aus einer Säure und einem Alkali oder vielmehr ein Alkali, das mit einer Säure gesättigt und gefüllt ist".

SATURNE, Sel de
Bleiacetat
→ Vitriol de Saturne

SYLVISCHES FIEBERSALZ
→ Sal marinus regeneratus

TARTARI PURGATIVUM, Sal
Kaliumacetat
→ Weinsteinsalz

URINOSISCHES
Ammoniumcarbonat

VENUS, Sel de
Kupferacetat
→ Vitriol de Venus

VOLATILE URINAE, Sal
→ Laugensalz, flüchtiges

ZINNSALZ
Zinnitrat

SALZGEIST
→ Spiritus salis

SCHEIDEWASSER
Salpetersäure

SCHEIDUNG, Scheiden
→ Extraktion
In der *pharmazeutischen* Literatur:
Die S. oder Extraktion eines homogenen (→) Mixtums wurde als Trennung der körperlichen Hülle vom subtilen o. spirituellen Inneren oder des (→) Reinen vom Unreinen verstanden. S. bedeutet in diesem Kontext also nicht chemische Zerlegung *in* gleichermaßen körperliche Teile, sondern das S. grober körperlicher Teile *von* reinen, subtilen, die in der Kette der Wesen eine höhere Rangstufe als die groben körperlichen einnehmen.
S. bedeutete in Bezug auf die pharmazeutischen Operationen (→) Destillation, (→) Sub-

limation, (→) Extraktion (im engeren Sinn), (→) Digestion und (→) Fermentation:
- Das Zerlegen eines Naturkörpers mit dem chemischen Mittel Wärme oder einem (→) Menstruum in zwei oder mehrere heterogene Substanzen.
- Ein schöpferischer Prozeß, bei dem aus dem homogenen Ganzen eines (→) Mixtums chemisch heterogene Teile durch Neukombination der Qualitäten des Ganzen erst geschaffen und zugleich durch die unterschiedliche Einwirkung der Wärme getrennt werden.
- Das S. in grobe, unreine Teile des Mixtums, die die körperlichen Qualitäten des Mixtums in sich vereinigen, und in subtilere, reinere, die die vorhandenen höheren Qualitäten des Naturkörpers tragen und in der Kette der Wesen Mittelglieder bilden, die zwischen der Körperlichkeit natürlicher irdischer Körper und der Spiritualität himmlischer Wesen stehen. Oder
- das S. in (→) Prinzipien, ebenfalls höherrangige Substanzen in der Kette der Wesen, durch Neukombination vorhandener Qualitäten des Mixtums auf verschiedene Teile in der Weise, daß die ursprünglichen Qualitätssets der konstituierenden Prinzipien wieder hergestellt werden.
- Das (→) Erhöhen oder Veredeln der Qualitäten des Naturkörpers durch (→) Reifen, wodurch die geschiedenen Substanzen eine höhere Rangstufe in der Kette der Wesen einnehmen sollten.
In der *metallurgischen* Literatur:
Auseinanderlegen der verschiedenartigen körperlichen Teile eines Ganzen.

NASSE Scheidung
Das Scheiden in Auflösungen.

SCHWEFEL
→ Sulphur

SCHWEFELLEBER
hauptsächlich Kaliumsulfid

SCHWEFELMETALLE
Metallsulfide

SEL
→ Salz

SILBER

SILBERKALK
Silberoxid und Silbersalze
Während das aus der Auflösung von Silber in Salpetersäure durch Evaporieren des Lösungsmittels auskristallisierende Salz (Silbernitrat) wegen seiner kristallinen Form und Ähnlichkeit mit natürlichen Vitriolen als Silbervitriol bezeichnet wurde, wurden die präzipitierten Silbersalze, z.B. Silberchlorid, als S. klassifiziert.
→ Silbervitriol

SILBERVITRIOL
Silbersulfat oder Silbernitrat (Beguin)
Durch langsames Evaporieren des Lösungsmittels in der Kälte auskristallisierendes Silbersalz.
→ Silberkalk

SODA
Natriumcarbonat

SOUPHRE
→ Sulphur

SPIRITUS, Esprit, Geist
1. Als eines der flüchtigen Destillationsprodukte: eines der (→) Prinzipien, nämlich (→) Mercur.
2. Als flüchtiges Produkt der Destillation von Salzen: Säure. Mineralsäuren wurden durch Destillation von Salzen gewonnen und, da sie sich in der Destillationsapparatur als flüchtige, rauchförmige Destillate nach oben bewegen, als S. bezeichnet.
→ Öl

ACIDES, Esprits
Säuren

ARDENTS, Esprits
Bei der Destillation erhaltene flüchtige Substanzen, die den Geruchs- und Geschmackssinn erregen, wie z.B. Aceton.

BRENNBARER Spiritus
Bei der Destillation erhaltene flüchtige und brennbare organische Stoffe, vor allem Alkohole.

ESSIGSAURER Spiritus
Essigsäure

FUMANS LIBAVII, Spiritus
Zinn(IV)-chlorid

NITRI, Spiritus o. Esprit de nitre
Die mit Salpeter und Alaun gewonnene Salpetersäure (Glauber); davon in der Konzentration zu unterscheiden die (→) Aqua fortis genannte Salpetersäure.
Auch als Spiritus salis nitri bezeichnet.

NITRE, Esprit de
→ Spiritus nitri

SALIS, Spiritus o. Esprit de sel
Salzsäure

SAURER, Spiritus
Säure, gewonnen durch Destillation.

SEL, Esprit de
→ Spiritus salis

VENERIS, Spiritus
Schwefelsäure

VINAIGRE, Esprit de
Essigsäure

VITRIOL, Esprit de o. Esprit vitriolique
→ Spiritus vitrioli

VITRIOLI (volatile), Spiritus
(Verdünnte) Schwefelsäure
Auch als S. vitriolatus, sulphurischer S. o. Esprit de vitriol bezeichnet.
→ Oleum vitrioli

SPIESSGLANZ
Antimonsulfid
Auch als Antimonium, Spießglas o. Stibium bezeichnet.

SPIESSGLAS
→ Spießglanz

STIBIUM
→ Spießglanz

SUBLIMAT
1. Produkt der (→) Sublimation
2. Mercurius sublimatus o. Ätzsublimat: Quecksilber(II)-chlorid
SÜSSER
→ Kalomel

SUBLIMATION
Die S. unterscheidet sich von der (→) Destillation nur dadurch, daß feste statt flüssiger Destillate im Rezipienten erhalten werden.

SULPHUR
1. Als (→) Öl genanntes flüchtiges Destillationsprodukt: eines der (→) Prinzipien.
2. Schwefel

SULPHUR ANTIMONII AURATUM
Zur Gewinnung regulinischen Antimons röstete man Antimonsulfid z.B. mit Weinsteinsalz (Kaliumcarbonat) und reduzierte anschließend das dabei entstandene Antimonoxid mit Holzkohle zu Antimon, wobei allerdings die reduzierende Wirkung des Brennmaterials nicht erkannt wurde. Bei diesem Röstvorgang entsteht eine kaliumsulfidhaltige Schlacke, aus der beim Kochen in Wasser nach Zugabe von Essigsäure infolge der Oxidation des Sulfids Schwefel ausfällt. Dieser Schwefel wurde als S. antimonii auratum bezeichnet.

SYLVISCHES FIEBERSALZ
Kaliumchlorid
Auch als Sal marinus regeneratus bezeichnet.

TARTARUS
NATÜRLICHER
→ Weinsteinsalz
REGENERATUS
Kaliumacetat
Der Name T. regeneratus deutet auf den regenerierten T. oder Weinstein (Kaliumtartrat) hin. Daß Kaliumacetat für regeneriertes Kaliumtartrat gehalten wurde, liegt unter anderem daran, daß Weinsäure und Essigsäure zunächst nicht unterschieden werden konnten.
VINI
→ Tartarus regeneratus
VITRIOLATUS
Kaliumsulfat
→ Nitrum vitriolatum

TERRE ABSORBANTE
→ Erden, absorbierende

TINGIEREN
Im Zusammenhang der als (→) Fermentation aufgefaßten (→) Transmutation (vgl. V.1.3) Bezeichnung für den Einsatz einer (→) Tinktur (eines (→) Ferments), das die Metallveredelung befördern soll.
Das T. sollte wie das (→) Fermentieren langsam erfolgen. Das unedle Metall sollte zuerst durch Schmelzen flüssig gemacht werden, damit die Tinktur dieses wie Hefe oder Sauerteig durchdringen und es vollständig verwandeln kann.

TINKTUR
→ Ferment
T. wurde gewöhnlich ein gefärbter (→) Extrakt genannt, mittels dessen andere Stoffe gefärbt werden können. „Eine Tinktur ist das spezifische Arkanum, das zusammen mit der Essenz und den formalen Qualitäten auch die Farbe des Stoffes hat, so daß es zu einer ihm ähnlichen Natur tingieren kann." (LIBAVIUS (1597/D) 368) Im Zusammenhang mit der als (→) Fermentation aufgefaßten (→) Transmutation (vgl. V.2.3) Bezeichnung für das zu findende (→) Ferment, das die Metallveredelung befördern soll. Die dafür aufzufindende T. sollte diese Metalle aber über das Färben hinaus in ein „viel edleres Wesen" bringen.

TRANSMUTATION
T. bedeutet die vollständige Umwandlung eines Stoffes. Sie ist eine Veränderung und Veredelung der Qualitäten eines Stoffes, so daß der verwandelte Stoff anders klassifiziert werden muß als der Ausgangsstoff. T., so Libavius, ist ein Übergang der „Species" oder sogar der „Gattung" eines Stoffes in eine andere.
Drei grundlegende Varianten der Vorstellungen des T.-verlaufs lassen sich unterscheiden, die der (→) Putrefaktion oder Fäulnis, die des (→) Fermentierens, (→) Tingierens oder (→) Projizierens und die des (→) Reifens. (Vgl. V.2.3.)

TURPETHUM MINERALE
Quecksilbersulfat

VERKALKUNG
→ Kalzinierung

VITRI ANTIMONII CORRECTIO
Antimonsulfat

VITRIOL(E)
1.) Heute: Sammelname für Metallsulfate, die ein- oder zweiwertige Metalle enthalten. Im 17. Jahrhundert wurden die natürlich vorkommenden V. mit chemisch gewonnenen Metallsalzen, die aus Auflösungen durch langsames Evaporieren der Säure in Form größerer Kristalle erhalten wurden und den natürlich vor-

kommenden V. und anderen Salzen glichen, in einer Klasse zusammengefaßt.
Die Tatsache, daß es unter den künstlichen V. Differenzen gibt, je nachdem, mit welcher Säure sie gewonnen wurden, vertrug sich weder mit der Auffassung, ein künstlicher V. sei ein hervorgeholter (→) Extrakt des Metalls, noch mit der, die Mineralsäuren, ganz gleich welcher Art, wirkten nur als öffnende mechanische Zerkleinerungsinstrumente. In der zweiten Hälfte des 17. Jahrhunderts wurden daher die künstlichen V. auch als (→) koagulierte Auflösungen verstanden. Nach Glaser sind die V. verschieden, weil sie verschiedene Säuren enthalten
2.) z.T. gleichbedeutend mit (→) grüner V.

BLAUER Vitriol
Kupfersulfat
→ Kupfervitriol

GRÜNER Vitriol
Eisensulfat

JUPITER, Vitriol de
Zinnitrat
→ Sel de Jupiter

LUNE, Vitriol de
Silbernitrat
→ Sel de Lune, → Silbervitriol

MARS, Vitriol de
Eisensulfat
→ Sel de Mars

METALLISCHER Vitriol
Nach Le Fèvre Anfang und inneres Wesen eines jeden Metalls.

SATURNE, Vitriol de
Bleiacetat
→ Sel de Saturne

VENUS, Vitriol de
Kupferacetat
→ Sel de Venus

WEISSER Vitriol
Zinksulfat

VITRIOL von Zinn
Zinnitrat

VITRIOLÖL o. Oleum vitrioli
(Konzentrierte) Schwefelsäure

WASSER o. Phlegma
Nicht flüchtiges, im Rückstand der Retorte verbleibendes Produkt der Destillation.
Im 17. Jahrhundert bei vielen der Elementen- und Prinzipientheoretiker eines der (→) Prinzipien, das zusammen mit dem Prinzip Erde zu den drei Prinzipien des Paracelsus (Mercur, Sulphur, Sal) hinzukam.

WEINSTEIN
Kaliumtartrat

VITRIOLISIERTER
Kaliumsulfat

WEINSTEINSALZ
Kaliumcarbonat

ZEMENT

ZEMENTATION
Heute versteht man die Z. von Metallen mit Salzen als chemische Reaktion, und zwar als Oxidation, bei der Metalloxide gebildet werden. Im 17. Jahrhundert wurde dagegen die Z. als mechanisches Zerkleinern der Metalle zu Pulvern verstanden.
→ Kalzinierung

ZEMENTATIONSPROZESS
Verfahren der Gewinnung von Kupfer aus kupfersulfathaltigen Grubenwässern. Dabei werden Eisenstangen in das kupfervitriolhaltige Wasser eingetaucht, wobei sich Kupfer als sogenannter Zementkupfer an den Eisenstangen niederschlägt.

ZEMENTGEMISCH
Salzgemisch das zur (→) Zementation verwendet wird.

ZEMENTKUPFER
Der im (→) Zementationsprozeß gewonnene Kupfer
→ Kupferzement

ZINN

ZINNKALK
Zinnitrat oder Zinnacetat (Libavius)

ZINNSALZ
Zinnitrat

ZINNVITRIOL
Zinnitrat

ZINNOBER
Quecksilbersulfid
Sowohl Agricola als auch Biringuccio bezeichnen als Z. nur die künstlich hergestellte Verbindung. Der Name Z. für das natürlich vorkommende Mineral war aber andererseits schon seit dem Altertum in Gebrauch und wurde z.B. von Le Fèvre und N. Lemery verwendet.

ZIRKULIEREN
→ Digerieren

Zitierte Literatur

A. *Primärliteratur*

AdS Veröffentlichungen der Académie Royale des Sciences Paris. Die Zitierweise orientiert sich an PARTINGTON HC III 10:

(H) Histoire de l'Académie Royale des Sciences depuis 1666 jusqu'à son Renouvellement en 1699. 2 Bde., Paris 1733.

(M) Mémoires de l'Académie Royale des Sciences depuis 1666 jusqu'à 1699, Bde. 3–10, Paris 1733.

(T) Table générale des matières contenues dans l'Histoire et les Mémoires de l'Académie Royale des Sciences, Bd.1, Paris 1734.

(HuM) Histoire de l'Académie Royale des Sciences. Année MDCXCIX [etc.] Avec des Mémoires de Mathématique & de Physique, pour la même Année, Paris 1702–1797.

AGRICOLA, Georg

1530 Bermannus sive de re metallica. Basel 1530. Zit. n. der dt. Übers. in: Ders.: *Ausgewählte Werke*. Bd. 2, übers. u. bearb. von H. Wilsdorf u.a., Berlin 1955.

1556 De Re Metallica Libri XII. Basel 1556. Zit. n. der dt. Übers in: Ders.: *Ausgewählte Werke*. Bd. 8, übers. u. bearb. von G. Fraustadt u.a., Berlin 1974.

1557 *Vom Bergkwerck*. XII Bücher. Basel 1557 (Repr. Leipzig 1985).

BEGUIN, Jean

1615 *Les Elemens de Chymie*. Paris 1615 (franz. Ausg. von Ders.: Tyrocinium Chymicum, 1610).

BERTHOLLET, Claude Louis

1803 *Essai de statique chymique*. Paris 1803.

BIRINGUCCIO, Vanoccio

1540 *De la Pirotechnia* (1540). Zit. n. der engl. Ausg., The Pirotechnia, Transl. with an Introd. and Notes by C.S. Smith and M.T. Gnudi, Cambridge (Mass.) u. London 1959 (Paperback-Ausg. 1966).

BOYLE, Robert

W *The Works*. Ed. by Thomas Birch, 6 Bände, London 1772.

1661 *The Sceptical Chymist*. London 1661, ^{2}1680. Zit. n. BOYLE (W) I 458 ff..

1661/D *Der skeptische Chemiker*. Gekürzt hg. u. übers. von E. u. M. Färber, Leipzig 1929 (Ostwalds Klassiker Nr. 229).

1666 *The Origin of Forms and Qualities according to the Corpuscular Philosophy*. Zit. n. BOYLE (W) III 1 ff.

CLAVE, Estienne de

1641 *Nouvelle Lumière Philosophiques des vrais principes et elémens de la Nature, et qualité d'iceus, contre l'opinion commune*. Paris 1641.

1646 *Cours de Chimie*. Paris 1646.

DTC Friedrich Roth-Scholtz (Hg.): *Deutsches Theatrum Chemicum*. 3 Bde., Nürnberg 1728 (Repr. Hildesheim 1976).

ED *Encyclopédie ou Dictionnaire Raisonné des Sciences, des Arts et des Métiers*. Paris 1751–80.

EM *Encyclopédie méthodique, Chymie, pharamacie et métallurgie*. Paris u. Liège 1786 ff..

ERCKER, Lazarus

1574 *Beschreibung der allervornehmsten mineralischen Erze und Bergwerksarten (Großes Probierbuch 1574)*. Frankfurt/Main ^{2}1580. Hg. u. in heutiges Deutsch übertr. v. Paul Reinhard Beierlein, Berlin 1960.

FACHS, Modestin
1595 *Probier Büchlein* (1595). Leipzig 1678.

GELLERT, C.E.
1751 *Anfangsgründe zur metallurgischen Chemie.* 2 Bde., Leipzig 1751/55.

GEOFFROY, Etienne François
1704 „Maniere de recomposer le Souffre commun par la réünion de ses principes, et d'en composer de nouveau par le mélangé de semblables substances, avec quelques conjectures sur la composition des métaux." In: *AdS (HuM)* 1704, (M) 278–286.
1709 „Experiences sur les Metaux, faites avec le Verre ardent du Palais Royal." In: *AdS (HuM)* 1709, (M) 162–176.
1718 „Table des differents rapports observés en Chimie entre differentes substances." In: *AdS (HuM)* 1718, (M) 202–212.
1720 „Eclaircissements Sur la Table insérée dans les Mémoires de 1718 concernant les Rapports observés entre différentes Substances." In. *AdS (HuM)* 1720, (M) 20–34.

GLASER, Christopher
1663 *Traité de la Chymie.* Paris 1663.
1663/D *Chimischer Wegweiser / das ist / Sichere Anweisung zur Chimischen Kunst.* Übersetzt von einem Philochimico, Nürnberg 1677.

GLAUBER, Johann Rudolph
1646–49 *Furni novi philosophici oder Beschreibung einer New-erfundener Distillir-Kunst.* Amsterdam (Johann Fabel) (Bd.1) 1648 (1646?), (Bd.2) 1647, (Bd.3) 1648, (Bd.4) 1648 u. (Bd.5) 1649.
OC *Opera Chymica.* Frankfurt 1658.

HOMBERG, Wilhelm
1701 „Observations sur les Analyses des Plantes." In: *AdS (HuM)* 1701, (M) 113–117.
1702 „Essays de Chimie." In: *AdS (HuM)* 1702, (M) 33–52.
1703 „Essay de l'analyse du Souffre commun." In: *AdS (HuM)* 1703, (M) 31–40.
1708 „Mémoire, Touchant les Acides & les Alcalis, pour servir d'addition à l'article du Sel principe." In: *AdS (HuM)* 1708, (M) 312–323.

LAVOISIER, Antoine Laurent
1789 *Traité Elémentaire de Chimie.* Paris 1789. Zit. n. Oeuvres de Lavoisier. Publiées par les soins de son Excellence le Ministre de l'Instruction publique et des Cultes. Bd.1, Paris 1864.

LE FÈVRE, Nicolas
1660 *Traicté de la Chymie.* 2 Bde. (1660). Zit. n. der Ausg. in 5 Bde., Paris ^{5}1751.
1660/D1 *Chymischer Handleiter und Guldnes Kleinod.* Nürnberg 1676.
1660/D *Chymischer Handleiter und Guldnes Kleinod.* Übers. von Johann Hiska Cardilucio, Nürnberg 1685.

LEMERY, Louis
1719 „Réflexions Physiques. Sur le défaut & le peu d'utilité des Analyses ordinaires des Plantes & des Animaux." In: *AdS (HuM)* 1719, (M) 173–188.

LEMERY, Nicolas
1675 *Cours de Chymie* (1675). Leiden ^{11}1716.

LIBAVIUS, Andreas
1597 *Alchemia.* Frankfurt/M. 1597.
1597/D *Die Alchemie des Andreas Libavius.* Weinheim (Bergstr.)1964.

MACQUER, Pierre Joseph
1749 *Elemens de Chymie Theorique.* Paris 1749.
1749/D *Anfangsgründe der Theoretischen Chemie.* Leipzig 1751.
(1)DC *Dictionnaire de Chymie.* Paris 1766.
(2)DC *Dictionnaire de Chymie.* 2.Aufl., Paris 1778.

NEWTON, Isaac
1704 *Opticks.* London 1704.

PARACELSUS, *Theophrastus Bombast von Hohenheim*
W *Paracelsus.* Sämtliche Werke, nach der 10bändigen Huserchen Gesamtausgabe (1589–1591) in neuzeitl. Deutsch übers. v. Bernhard Aschner. Jena 1930.

STAHL, Ernst Georg
1718 *Zufällige Gedancken und nützliche Bedencken über den Streit von dem sogenannten Sulphure.* Halle 1718.
1723 *Ausführliche Betrachtung und zulänglicher Beweis von den Saltzen.* Halle 1723

VALENTINUS, Basil
1604 *Triumph=Wagen Antimonii.* Leipzig 1604. Zit. n. dem Abdruck in: DTC I Anhang.

B. *Sekundärliteratur*

ALEXANDER, Peter
1985 *Ideas, Qualities and Corpuscles – Locke and Boyle on the External World.* Cambridge 1985.

BOAS, Marie
1952 „The Establishment of the Mechanical Philosophy." In: *OSIRIS* 10(1952), 412–541.
1958 *Robert Boyle and Seventeenth-Century Chemistry.* Cambridge 1958.

BORMANN, C. von u. a.
1972 „Form und Materie". In: J. Ritter u.a. (Hg.): *Historisches Wörterbuch der Philosophie.* Bd. 2, Basel 1972, 977–1030.

BUGGE, Günther
1929 *Das Buch der großen Chemiker.* 2 Bde., Berlin 1929/30.

BUTTERFIELD, Herbert
1957 *The Origins of modern science 1300–1800.* New York 1957.

CARRIER, Martin
1986 „Die begriffliche Entwicklung der Affinitätstheorie im 18. Jahrhundert. Newtons Traum – und was daraus wurde." In: *Archive for History of Exact Sciences*, 6(1986), 327–389.

CLERICUZIO, Antonio
1990 „A Redefinition of Boyle's Chemistry and Corpuscular Philosophy." In: *Annals of Science*, 47 (1990), 561–589.

COHEN, I. Bernard
1964 „Isaac Newton, Hans Sloane and the Académie Royale des Sciences." In: Ders. u. R. Taton (Hg.): *L'aventure de la science.* 2 Bde., Paris 1964, I 61–116.
1985 *Revolution in Science.* Cambridge (Mass.) u. London 1985.

CONTANT, Jean-Paul
1952 *L'Enseignement de la Chimie au Jardin Royal des Plantes de Paris*. Straßburg 1952.

COWEN, David L. u. William H. Helfand
1990 *Die Geschichte der Pharmazie in Kunst und Kultur*. Köln 1990.

CROSLAND, Maurice
1963 „The Development of chemstry in the eigteenth century." In: *Studies on Voltaire and the Eigteenth Century*, 24(1963), 369–441.
1980 „Chemistry and the Chemical Revolution." In: Ders., G.S. Rousseau and R. Porter (Hg.): *The Ferment of Knowledge*. Cambridge 1980, 389–416.

DAMEROW, Peter und Wolfgang Lefèvre
1981 „Arbeitsmittel der Wissenschaft." In: Dies. (Hg.): *Rechenstein, Experiment, Sprache. Historische Fallstudien zur Entstehung der exakten Wissenschaften*. Stuttgart 1981, 223–233.

DARMSTAEDTER, Ernst
1926a *Berg-, Probier- und Kunstbüchlein*. München 1926.
1926b *Georg Agricola – Leben und Werk*. München 1926.

DEBUS, Allen G.
1967 „Fire Analysis and the Elements in the Sixteenth and the Seventeenth Centuries." In: *Annals of Science*, 23(1967), 127–147.
1977 *The Chemical Philosophy. Paracelsian Science and Medicine in the Sixteenth and Seventeenth Centuries*. 2 Bde., New York 1977.
1991 *The French Paracelsians – The Chemical Challenge to Medical and Scientific Tradition in Early Modern France*. New York 1991.

DIJKSTERHUIS, E.J.
1956 *Die Mechanisierung des Weltbildes*. Berlin/Göttingen/Heidelberg 1956.

DOBBS, B.J.T.
1975 *The Foundations of Newton's Alchemy, or „The Hunting of the Greene Lyon"*. Cambridge Univ. Press 1975.
1991 *The Janus faces of genius. The role of alchemy in Newton's thought*. Cambridge Univ. Press 1991.

DONOVAN, Arthur (Hg.)
1988 The Chemical Revolution – Essays in Reinterpretation. *OSIRIS*, 4(1988).

DUHEM, Pierre
1902 *Le mixte et la combinaison chimique – Essai sur l'évolution d'une idée* (1902). Paris 1985.

DUNCAN, A.M.
1964 „Some theoretical Aspects of Eighteenth-Century Tables of Affinity – I." In: *Annals of Science*, 18(1962)/3, 177 ff..
1970 „Introduction" zu dem Repr. von T. Bergmann: *A Dissertation on Elective Attractions* (London 1785), London 1970.

EAMON, William
1984 „Arcana disclosed: The Advent of Printing, the Books of Secrets Tradition and the Development of Experimental Science in the Sixteenth Century." In: *History of Science*, 22(1984), 111–150.

ENGEWALD, Gisela-Ruth
1982 *Georgius Agricola*. Leipzig 1982.

FESTER, G.
1969 *Die Entwicklung der chemischen Technik bis zu den Anfängen der Großindustrie* (1923). Berlin/ Heidelberg/New York 1969.

FREUND, Ida
1904 *The Study of Chemical Composition – An Account of its Method and Historical Development.* Cambridge 1904 (Repr. New York 1968).

GANZENMÜLLER, Wilhelm
1938 *Die Alchemie im Mittelalter.* Paderborn 1938 (Repr. Hildesheim 1967).

GILLISPIE, Charles Coulston
1960 *The Edge of Objektivity – An Essay in the History of Scientific Ideas.* Princeton (NJ) 1960.

GOUPIL, Michelle
1991 *Du Flou au clair? Histoire de l'affinité chimique.* Paris 1991.

GROSSMANN, H.
1935 „Die gesellschaftlichen Grundlagen der mechanistischen Philosophie und die Manufaktur." In: *Zeitschrift für Sozialforschung*, 4(1935).

GUERLAC, Henry
1981 *Newton on the Continent.* Ithaca u. London 1981.

HALL, Ruppert
1959 „The Scholar and the Craftsman in the Scientific Revolution." In: Marshall Clagett (Hg.): *Critical Problems in the History of Science.* Madison u. London 1969.
1983 *The Revolution in Science – 1500–1750.* London u. New York 1983.

HANKINS, Thomas L.
1985 *Science and the Enlightenment.* Cambridge 1985.

HARTMANN, Hans
1953 *Georg Agricola.* Stuttgart 1953.

HOEFER, F.
1866 *Histoire de la chimie.* 2 Bde., Paris 1866.

HOLMES, Frederic Lawrence
1989 *Eighteenth-Century Chemistry as an Investigative Enterprise.* Berkeley (Cal.) 1989.

HOOVER, Herbert Clark u. Lou Henry
1912 „Appendix B" in: *Georgius Agricola De re metallica.* Transl. from the First Latin Edition of 1556, London 1912.

HOOYKAAS, R.
1935 „Die Elementenlehre des Paracelsus." In: *Janus*, 39(1935), 175–187.

HUTCHISON, Keith
1982 „What Happened to Occult Qualities in the Scientific Revolution?" In: *ISIS*, 73(1982), 233–252.

JOHANNSEN, Otto
1929 „Vannoccio Biringuccio." In: *BUGGE* (1929).

KOPP, Hermann
GdCh *Geschichte der Chemie.* Braunschweig (Bd.1) 1843, (Bd.2) 1844, (Bd.3) 1845, (Bd.4) 1847 (Repr. Hildesheim 1966).

KUHN, Thomas S.
1952 „Robert Boyle and Structural Chemistry in the Seventeenth Century." In: *ISIS*, 43(1952), 12–36.
1977 „Mathematische versus experimentelle Traditionen in der Entwicklung der physikalischen Wissenschaften." In: Ders.: *Die Entstehung des Neuen.* Frankfurt/M. 1977.

LASSWITZ, Kurd
1890 *Geschichte der Atomistik vom Mittelalter bis Newton.* 2 Bde., Hamburg u. Leipzig 1890 (Repr. Darmstadt 1963).

LEFÈVRE, Wolfgang
1978 *Naturtheorie und Produktionsweise.* Darmstadt 1978.

LEICESTER, Henry M.
1956 *The Historical Background of Chemistry.* New York 1956.

LIPPMANN, Edmund O. von
1919 *Entstehung und Ausbreitung der Alchemie.* Berlin (Bd. 1) 1919, (Bd. 2) 1931 u. Weinheim (Bd. 3) 1954 (Repr. Hildesheim1978).

LOSOS, Ludovik
1988 *Die Technik der Malerei.* Prag 1988.

LOVEJOY, Arthur O.
1985 *The Great Chain of Being* (1936). Dt. Ausgabe: *Die große Kette der Wesen – Geschichte eines Gedankens.* Frankfurt/M. 1985.

MEINEL, Christoph
1988 „Early Seventeenth-Century Atomism – Theory, Epistemology, and the Insufficiency of Experiment." In: *ISIS*, 79(1988), 68–103.

MELSEN, A.G. van
1960 *From Atomos to Atom.* New York 1960.

MERCKS, Klemens
1890 *Warenlexikon für Handel, Industrie und Gewerbe.* Hg. von G. Heppe, Leipzig 1890.

METZGER, Hélène
1923 *Les doctrines chimiques en France du début du XVIIe à la fin du XVIIIe Siècle.* Bd.1, Paris 1923.

MEYER, Ernst von
1904 *Geschichte der Chemie.* Leipzig ^{3}1904.

MILLEN, Ron
1985 „The Manifestation of Occult Qualities in the Scientific Revolution." In: M.J. Osler u. P.L. Farber (Hg.): *Religion, science, and worldview.* Cambridge 1985, 185–216.

MITTELSTRASS, Jürgen
1970 *Neuzeit und Aufklärung.* Berlin u. New York 1970.
1980 Artikel „Boyle". In: Ders. (Hg.): *Enzyklopädie Philosophie und Wissenschaftstheorie.* Bd. I , Mannheim/Wien/Zürich 1980, 342 f..

MULTHAUF, Robert T.
1954 „Medical Chemistry and ‚The Paracelsians'." In: *Bull. of the Hist. of Medicin*, 28(1954), 101–127.
1954a „John of Rupescissa and the Origin of Medical Chemistry." In: *ISIS*, 45(1954), 359–367.
1966 *The Origins of Chemistry.* London 1966.

OLSCHKI, Leonardo
1919 *Geschichte der neusprachlichen wissenschaftlichen Literatur.* 3 Bde., Heidelberg/Leipzig/Halle 1919–27.

PAGEL, Walter
1958 *Paracelsus – An Introduction to Philosophical Medicine in the Era of the Renaissance* (1958). Basel ^{2}1982.

PARTINGTON, James Riddick
HC *A History of Chemistry.* London (Bd.II)1961, (Bd.III)1962, (Bd.IV) 1964 u. (Bd.I/1)1970.
1960 *A Short History of Chemistry.* New York 1960 (1. Aufl. London 1937).

PERRIN, C.E.
1988 „Research Tradition, Lavoisier and the Chemical Revolution." In: *OSIRIS*, 4(1988), 53–81.

PRESCHER, Hans
1985 *Georgius Agricola.* Leipzig 1985.

REES, Graham
1975 „Francis Bacon's Semi-Paracelsian Cosmology and the Great Instauration." In: *Ambix*, 22(1975), 168–173.

ROSSI, Paolo
1968 *Francis Bacon – From Magic to Science.* London 1968.
1970 *Philosophy, Technology, and the Arts in the Early Modern Era.* New York 1970.

SCHELENZ, Hermann
1904 *Geschichte der Pharmazie.* Berlin 1904 (Repr. Hildesheim 1962).

SCHNEIDER, Wolfgang
1961 „Der Wandel des Arzneischatzes im 17. Jahrhundert und Paracelsus." In: *Sudhoffs Archiv*, 45(1961), 201–215.
1972 Geschichte der pharmazeutischen Chemie. Weinheim 1972.

SMEATON, W.A.
1971 „E.F. Geoffroy was not a Newtonian Chemist." In: *Ambix*, 18(1971), 212–214.
1972 „E.F. Geoffroy." In: Ch.C. Gillispie (Hg.): *Dictionary of Scientific Biography*, New York 1970–78, Bd. 5, 352–354.

SMITH, Cyril Stanley
1959 „Life of Biringuccio." In: *BIRINGUCCIO* (1540).

SPLETER, Max
1929 „Geoffroy d.Ä. (1672–1731)." In: *BUGGE* (1929), 221–227.

STILLMAN, John Maxson
1960 *The Story of Alchemy and Early Chemistry.* New York 1960.

STRÖKER, Elisabeth
1968 „Element und Verbindung – Zur Wissenschaftsgeschichte zweier chemischer Grundbegriffe." In: *Angewandte Chemie*, 80(1961)/18, 747–53.

SUDHOFF, Karl
1894 *Hohenheims literarische Hinterlassenschaft – Versuch einer Kritik der Echtheit der Paracelsischen Schriften.* 2 Bde., Berlin 1894 u. 1899.

THACKRAY, Arnold
1970 *Atoms and Powers – An Essay on Newtonian Matter-Theory and the Development of Chemistry.* Cambridge (Mass.) 1970.

THORNDIKE, Lynn
1923 *A History of Magic and Experimental Science.* 8 Bde., London u. New York 1923–58.
1938 „Alchemy during the first half of the sixteenth century." In: *Ambix*, 2(1938), 26–37.

TOULMIN, Stephen
1961 *Foresight and Understanding. An Inquiry into the Aims of Science.* London 1961. Zit. n. der dt. Ausg.: Voraussicht und Verstehen. Frankfurt/M. 1981.

URDANG, Georg u. Hans Dieckmann
1954 *Einführung in die Geschichte der deutschen Pharmazie*. Frankfurt/M. o.J.

VICKERS, Brian (Hg.)
1984 *Occult and scientific mentalities in the Renaissance.* Cambridge 1984.

VIDAL, Bernard
1989 *La liaison chimique: Le concept et son histoire.* Paris 1989.

VRIES, Josef de
1983 *Grundbegriffe der Scholastik.* Darmstadt 1983.

WALDEN, Paul
1929 „Glauber." In: *BUGGE* (1929), 151–172.
1950 *Geschichte der Chemie.* Bonn [2]1950.

WILSDORF, Helmut
1956 „Agricola und seine Zeit." In: *Georg Agricola: Ausgewählte Werke.* Bd. 1, Berlin 1956.

WILSON, Catherine
1988 „Visual Surface and Visual Symbol: The Microscope and the Occult in Early Modern Science." In: *Journal of the History of Ideas*, 49(1988)/1, 85–108.

WOLFF, Michael
1978 *Geschichte der Impetustheorie.* Frankfurt/M. 1978.
1987 „Impetus Mechanics as a Physical Argument for Copernicanism. Copernicus, Benedetti, Galileo." In: *Science in Context,* 2(1987), 215–256.

WRIGHT, G.H. von
1974 *Erklären und Verstehen.* Frankfurt/M. 1974.

YATES, F.A.
1967 „The Hermetic Tradition in Renaissance Science." In: Charles S. Singleton (Hg.): *Art, Science, and History in the Renaissance.* Baltimore 1967, 255–274.

ZIPPE, F.X.M.:
1857 *Geschichte der Metalle.* Wien 1857 (Repr. Wiesbaden 1967).

GPSR Compliance

The European Union's (EU) General Product Safety Regulation (GPSR) is a set of rules that requires consumer products to be safe and our obligations to ensure this.

If you have any concerns about our products, you can contact us on ProductSafety@springernature.com

In case Publisher is established outside the EU, the EU authorized representative is:

Springer Nature Customer Service Center GmbH
Europaplatz 3
69115 Heidelberg, Germany

Batch number: 10577884

Printed by Printforce, the Netherlands